Prof. Dr. Michael Rost · M.Sc. Tim-Michael Romahn
Brandschutz in Hochhäusern

Brandschutz in Hochhäusern

Praxisbeispiele für Neubau und Bestand

mit 139 Abbildungen und 28 Tabellen

Prof. Dr. Michael Rost

Prüfingenieur Brandschutz,
Ingenieurbüro FIROSEC GmbH

M.Sc. Tim-Michael Romahn

Projektingenieur Fachbereich Sicherheitstechnik,
GICON® Großmann Ingenieur Consult GmbH

Die Deutsche Nationalbibliothek verzeichnet diese Publikation in der Deutschen Nationalbibliografie; detaillierte bibliografische Daten sind im Internet über http://dnb.dnb.de abrufbar.

Maßgebend für das Anwenden von Normen ist deren Fassung mit dem neuesten Ausgabedatum, die bei der Beuth Verlag GmbH, Burggrafenstraße 6, 10787 Berlin, erhältlich ist. Maßgebend für das Anwenden von Regelwerken, Richtlinien, Merkblättern, Hinweisen, Verordnungen usw. ist deren Fassung mit dem neusten Ausgabedatum, die bei der jeweiligen herausgebenden Institution erhältlich ist. Zitate aus Normen, Merkblättern usw. wurden, unabhängig von ihrem Ausgabedatum, in neuer deutscher Rechtschreibung abgedruckt.

Das vorliegende Werk wurde mit größter Sorgfalt erstellt. Verlag, Herausgeber und Autoren können dennoch für die inhaltliche und technische Fehlerfreiheit, Aktualität und Vollständigkeit des Werkes keine Haftung übernehmen.

Wir freuen uns Ihre Meinung über dieses Fachbuch zu erfahren. Bitte teilen Sie uns Ihre Anregungen, Hinweise oder Fragen per E-Mail: lektorat@feuertrutz.de oder Telefax: 0221 5497-140 mit.

Umschlagfoto: Aditya Chinchure, Unsplash
Blick auf die Innenstadt von Vancouver (Kanada). Wie bei vielen internationalen Großstädten prägen unterschiedlichste Hochhäuser das Stadtbild. Allerdings gibt es eine Besonderheit: Bereits 1995 beschloss die Stadt auf Initiative von Baubehörden und Feuerwehr, Neubauten nur noch mit Sprinkleranlagen zu bauen und alle Hochhäuser entsprechend nachzurüsten. Grund war die Auswertung von Brandereignissen in den 70er, 80er und 90er Jahren, vor allem in Hochhäusern. Seit über 15 Jahren gibt es in Vancouver (nicht nur in Hochhäusern) faktisch fast keine Brandtoten mehr.

Lektorat: Petra Sander, Köln

Umschlaggestaltung und Satz: Hardy Kettlitz, Berlin

Druck und Bindearbeiten: Westermann Druck Zwickau GmbH, Zwickau

Printed in Germany

ISBN: 978-3-86235-473-3 (Buch-Ausgabe)

ISBN: 978-3-86235-474-0 (E-Book als PDF)

ISBN: 978-3-86235-475-7 (Buch + E-Book)

MIX
Papier aus verantwortungsvollen Quellen
FSC® C110508

Vorwort

Modernes Bauen, moderne Architektur – das 20. Jahrhundert war das Jahrhundert der Hochhäuser. Der Wettkampf um die imposantesten Bauten wurde in die dritte Dimension geführt. Es entstand weltweit nicht nur in den Supermetropolen, sondern auch in vielen Großstädten eine Vielzahl von Hochhäusern unterschiedlichster Geometrie und Gestaltung. Auch heute noch werden Wettbewerbe um das höchste Hochhaus geführt. Mehrere Hundert Meter Bauhöhen sind heute in den Supermetropolen keine Ausnahme mehr.

Die Höhe der Bauwerke ist nicht nur den Grundstückspreisen in den Innenstädten geschuldet, die dafür verantwortlich sind, dass Wohnnutzungen hier kaum noch infrage kommen, sondern auch kommunalen und unternehmerischen Statussymbolinteressen. Hochhäuser stellen darüber hinaus zunehmend einen bedeutsamen Tourismusfaktor dar, da sie als Aussichtstürme mit Dachgaststätten und Erlebnisbereichen sowie als Wahrzeichen viele Menschen anziehen.

Die Innenstadtverdichtung, das Bauen nach oben, wird auch in den kommenden Jahren eine Antwort auf den Flächenbedarf und auf die steigenden Grundstückspreise sein. Umweltverträgliches Bauen, insbesondere im Hochbau, stellt gleichzeitig neue zu bewältigende Anforderungen in jeglicher Hinsicht. Die architektonische Imposanz barg und birgt zudem jede Menge bautechnische Probleme: Statik, Erdbebensicherheit, Brandschutz und, spätestens seit 2001 allgegenwärtig, Terroranfälligkeit.

Mit der Höhe der Bauwerke wachsen auch die Schwierigkeiten des Einsatzes von Feuerwehren. Brände in Hochhäusern können trotz umfangreicher Sicherheitsmaßnahmen nicht vollständig ausgeschlossen werden und sind immer spektakulär, da sehr oft infolge der großen Personenzahl im Gebäude mit einer hohen Zahl von Toten und Verletzten verbunden und auch als „brennende Fackel“ weithin sichtbar. Hochhausbrände ziehen deshalb eine große mediale Aufmerksamkeit auf sich, wie gerade Fassadenbrände in den letzten Jahren gezeigt haben.

Bei dem Hochhausbrandschutz geht es nicht nur um „Superbauten“, wie das World Trade Center, den Grenfell Tower oder sehr hohe Hotelhochhäuser, in denen es zu Bränden kam, sondern auch um die ganz „normalen“ kleineren Hochhäuser. Diese Hochhäuser (oft Wohnhochhäuser) haben ganz eigene Brandschutzprobleme, sowohl hinsichtlich des Umgangs mit Bestandslösungen als auch der Einsatztaktik der Feuerwehren, die in der öffentlichen Aufmerksamkeit häufig zu kurz kommen.

In Deutschland, einem Land, das über eines der leistungsfähigsten Feuerwehrsysteme weltweit verfügt, wurde im Gegensatz zum angelsächsischen Kulturraum generell dem abwehrenden und dem baulichen Brandschutz Priorität eingeräumt, während der anlagentechnische Brandschutz eher als „Nischenlösung“ vorgesehen war, wenn nichts anderes mehr ging. Dabei zeigt gerade der Brandschutz in Hochhäusern, wo sich für die Feuerwehreinsatzkräfte infolge der Notwendigkeit des Innenangriffs besondere Risiken und Anforderungen ergeben, exemplarisch, dass die Ganzheitlichkeit von baulichem, anlagentechnischem, abwehrendem und organisatorischem Brandschutz erforderlich ist, um sinnvolle, risikogerechte und auch kostengünstige Lösungen zu erreichen. Bei immer komplizierteren Gebäudestrukturen führen bisherige rein paragrafenbasierte Bemessungen nicht optimal zum Ziel. Zukunftsfähige Hochhäuser, wie Holzhochhäuser, Hochhäuser mit begrünten Fassaden und in energiesparenden Bauweisen, sind nur noch als ganzheitliche Lösungen unter Berücksichtigung der baulichen, anlagentechnischen, abwehrenden und organisatorischen Brandschutzplanung möglich. Der abwehrende Brandschutz kann gerade bei Hochhäusern nur eine begrenzte Wirkung haben, wenn die anderen Brandschutzmaßnahmen nur begrenzt genutzt werden. Das Umdenken hat in Deutschland, aber auch weltweit begonnen.

Die „Reparatur“ von Fehlentwicklungen, wie die Anwendung von Kunststoffen als brennbare Wärmedämmung, und der risikogerechte Umgang mit Bestandshochhäusern sind zukünftige Probleme, während der zunehmende Einsatz von Brandschutzingenieurmethoden eine Basis für Lösungsansätze darstellt. Brandschutzingenieurmethoden auf der Grundlage von begründeten Brandszenarien, bei denen alle Aspekte des Brandschutzes gleichzeitig und kompensierend berücksichtigt werden, können einen wesentlichen Beitrag zur Risikobewertung leisten, unabhängig von baurechtlichen Einzelanforderungen. Bei Brandsimulationen muss es allerdings darum gehen, alle Einflussfaktoren tatsächlich zu berücksichtigen.

Die zentralen zu erreichenden Schutzziele des Hochhausbrandschutzes werden auch zukünftig sein:

- die Personenrettung,
- die Verhinderung der Brandausbreitung (vor allem der vertikalen),
- die Verhinderung der Rauchausbreitung innerhalb der Geschosse und
- wirksame Löscharbeiten.

Das vorliegende Buch soll neben der schutzzielbezogenen Vorgehensweise bei der Brandschutzplanung in Erweiterung der MHHR auch weiterführende Lösungskonzepte aufzeigen und helfen, einen wirkungsvollen Hochhausbrandschutz zu ermöglichen, der im Interesse sowohl der Betreibenden als auch der Feuerwehren liegt. Dafür sollen brandschutztechnische Gestaltungslösungen, die dem aktuellen Baurecht entsprechen, dargestellt werden, aber auch internationale Entwicklungen, Fehler in Planungsprozessen sowie neue nationale Entwicklungen, die aus dem Klimawandel, aus dem energieeffizienten Bauen, aus veränderten Nutzungen mit ihren Herausforderungen und aus der Bevölkerungskonzentration in Großstädten mit der damit verbundenen Innenstadtverdichtung entstehen.

Schwerpunkte des vorliegenden Buches sind ebenfalls grundsätzliche baurechtliche Fragen sowie die Entwicklung des Hochhausbrandschutzes selbst, um ein Verständnis dafür zu geben, wie es zu bestimmten Anforderungen kam.

Hochhäuser sind meist sehr kapitalintensive Bauinvestitionen, stellen in den exponierten Innenstadtlagen sehr teure Mietobjekte dar und sind daher auch auf eine konsequente Brandschutzplanung jenseits von kostensparenden und renditeoptimierten Lösungen angewiesen. Architekturschaffende, Bau- und Brandschutzplanende sollten gerade bei der Planung und Erstellung von Hochhäusern weltweit einen bestimmten Qualifikationsmindeststandard erfüllen, um „Billiglösungen“ auszuschließen, die nicht risikogerecht sind.

Danksagung

Großer Dank gilt den Studierenden und Absolvent*innen des Studiengangs „Sicherheit und Gefahrenabwehr“, die mit ihren Diskussionen, Projektarbeiten, Bachelor- und Masterarbeiten einen entscheidenden Beitrag zu dem vorliegenden Buch geleistet haben. Besonderer Dank kommt dabei Florian Fritsch, Denny Thom, Kai-Uwe Elz und Franz Schlottig für ihre Mitwirkung durch ihre Abschlussarbeiten sowie Sebastian Ude für seine Mitwirkung beim Glossar und Michael Brautzsch für seine Mitwirkung bei dem Beispiel in Kapitel 6.6 zu.

Besonderer Dank gilt weiterhin Gerald Wiesner, Patrick Schüller und Thomas Kirstein für ihre persönliche Genehmigung zum Abdruck von Abbildungen und Zitaten.

Tim Romahn möchte sich weiterhin bei seiner Familie für ihre Unterstützung und ihren Rückhalt bei diesem Projekt bedanken. Ebenfalls danke an die Feuerwehren Salzgitter, Magdeburg und Dresden für die Möglichkeit zu lernen, Erfahrungen zu gewinnen und anzuwenden sowie Wissen weitergeben zu dürfen. Danke insbesondere an die Kamerad:innen der Ortsfeuerwehr Magdeburg-Südost und der Stadtteilfeuerwehr Dresden-Bühlau.

Im Januar 2023 Die Autoren

Inhalt

1 Geschichte der Hochhäuser, Hochhausbrände und Hochhausbrandschutz

Aufgrund steigender Bodenpreise, aber auch aus Prestigedenken heraus sind Hochhäuser immer mehr **stadtbildend** für **Großstädte**. So ist zur modernen Hochhausentwicklung in Berlin zu lesen:

„... *In einer auch vertikal gedachten Stadt könnten Hochhäuser einen Beitrag dazu leisten, der anhaltend hohen Nachfrage nach qualifizierten Räumen für gut angebundene Wohnungen und attraktive Büros, für den Handel und wichtige kulturelle und soziale Angebote vor dem Hintergrund von Bevölkerungszunahme und Wirtschaftswachstum zu begegnen.*

Doch keine andere Bebauungstypologie ist so umstritten: Hochhäuser gelten nach wie vor als wesentlicher Bestandteil moderner Innenstädte sowie als faszinierende Projektionsfläche für Urbanität, wirtschaftliche Prosperität und dynamische Entwicklung. Sie können als städtebauliche Landmarken mit hohem Orientierungswert wirken, Zentrenfunktionen stärken und die vorrangige Innenstadtentwicklung durch Nachverdichtung unterstützen. ..." (Hochhausleitbild für Berlin, 2020, S. 7)

Hochhäuser prägen also das äußere Stadtbild. International wird allerdings sehr unterschiedlich bewertet, was Hochhäuser eigentlich sind. Zumindest in Deutschland und in mitteleuropäischen Staaten spielt der Brandschutz in Hochhäusern eine entscheidende Rolle.

Abb. 1.1: Monadnock Building (1889), Chicago, USA; links: Straßenansicht (Quelle: Bauwelt [2013], Nr. 14); rechts: Front und Grundriss (Quelle: Bauwelt [2013], Nr. 40)

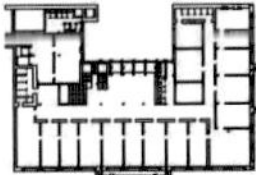

Abb. 1.2: Home Insurance Building (1885), Chicago, USA (Quelle: Bauwelt [2013], Nr. 40)

1.1 Geschichte der Hochhäuser

Das Bauen in die Höhe begann bereits in der Antike mit den Pyramiden in Ägypten, mit hohen Leuchttürmen, wie in Alexandria, und mit Sakralbauten. Diese Gebäude waren aber nicht zum Wohnen oder Arbeiten vorgesehen, sondern wurden mit Ausnahme der Leuchttürme aus religiösen Gründen erstellt. Im Mittelalter waren es vor allem Sakralbauten, wie die Münster und Dome in Ulm, Köln oder Magdeburg, die in die Höhe gebaut wurden. Die Gebäudehöhen erreichten bis zu 160 m. In Burganlagen entstanden aus militärischen Gründen Burgtürme. All diese Bauten waren Vorläufer der Hochhausentwicklung, die **Ende des 19. Jahrhunderts** einsetzte.

Tabelle 1.1: Der Wettlauf um die höchsten Hochhäuser weltweit

Jahr	Gebäude	Ort	Land	Höhe in m	Nutzung
1885	Home Insurance Building	Chicago	USA	42	Büro
1890	World Building	New York	USA	92	Büro
1892	Masonic Temple Building	Chicago	USA	92	Mischnutzung
1894	Manhattan Life Insurance Building	New York	USA	106	Büro
1908	Singer Building	New York	USA	187	Büro
1909	Metropolitan Life Tower	New York	USA	213	Büro
1913	Woolworth Building	New York	USA	241	Büro
1930	Manhattan Company	New York	USA	254	Büro
1930	Chrysler Building	New York	USA	274	Büro
1931	Empire State Building	New York	USA	381	Mischnutzung
1973	World Trade Center	New York	USA	415	Mischnutzung
1974	Sears Tower	Chicago	USA	442	Mischnutzung
1998	Petronas Towers	Kuala Lumpur	Malaysia	452	Büro
2004	Taipei 101	Taipeh	Taiwan	509	Büro
2009	Burj Khalifa (auch: Burj Dubai)	Dubai	Vereinigte Arabische Emirate	818	Mischnutzung

Neben den explodierenden Bodenpreisen in vielen Großstädten, wie Chicago und New York, die nach einer optimalen Ausnutzung des Bodens durch das Wachsen der Gebäude nach oben verlangten, waren es vor allem die Entwicklung der **Stahlskelettbauweise**, die größere Gebäudehöhen statisch ermöglichte, und die Entwicklung der **Aufzüge**, die den Hochhausbau vorantrieben. Seit Mitte des 19. Jahrhunderts gibt es absturzsichere Aufzüge, die anfangs noch mit Dampfmotoren, ab Anfang des 20. Jahrhunderts mit Elektromotoren betrieben wurden. Durch die Aufzüge konnten auch die oberen Geschosse sehr hoher Gebäude schnell erreicht werden, ohne Bewohnenden und Nutzenden zuzumuten, mehr als 5 Geschosse zu Fuß zu erschließen.

Die ersten Hochhäuser entstanden Ende des 19. Jahrhunderts in den United States of America (USA), vor allem in **Chicago** infolge eines folgenreichen Innenstadtbrandes 1871. Dieser Brand bot die Möglichkeit für Hochhausneubauten unterschiedlicher Nutzungen. Zumeist wurde eine Industrie- oder Wohnnutzung realisiert. Hochhäuser wurden in diesen Jahren eher als „höhere Häuser" wahrgenommen. In den meisten Staaten der USA gab es deshalb keine gesonderten Regelungen für diese neuen Hochhäuser.

Die ersten Hochhäuser waren noch aus Mauerwerk, wie das Monadnock Building in Chicago (mit Wandstärken von bis zu 1,8 m). Die statischen Probleme der sehr hohen Bauweise führten dann im 20. Jahrhundert zu neuen Konstruktionsweisen. Die beginnende Stahlskelettbauweise war anfangs noch teilweise hinter klassischen Fassaden verborgen.

Die Hochhäuser mit ihren Besonderheiten wurden noch im allgemeinen Baurecht abgebildet. Dementsprechend veränderten sich die Anforderungen an Hochhäuser kaum, zumal die industrielle Nutzung, vor allem durch die Textilbranche und das verarbeitende Gewerbe, überwog. So spielten Brandschutzanforderungen bei den ersten Hochhäusern noch eine untergeordnete Rolle.

In den **1920er-** und **1930er-Jahren** wuchs die Zahl der Hochhäuser erstmalig stark an. Es begann aus Prestige- und aus ökonomischen Gründen ein „Wettbewerb nach oben" um das höchste Hochhaus weltweit. Diese Entwicklung hat sich fortgesetzt und die Gebäude haben vor allem durch die Beteiligung der asiatischen und der arabischen Staaten neue Höhen erreicht.

Aber nicht nur in der Höhe, auch in der Nutzung und Gestaltung veränderten sich die Hochhäuser im 20. Jahrhundert. Die industrielle bzw. gewerbliche Nutzung verschwand fast ganz, dafür entstanden in den Innenstädten vor allem Büro- und Hotelhochhäuser, die repräsentativ und damit für Wirtschaft und Tourismus geeignet waren. Hochhäuser wurden zunehmend Prestigeobjekte und als Zeichen der weltweiten Globalisierung wahrgenommen.

Neue Konstruktionsprinzipien, wie die steife Rahmenröhre, die technisch sparsames und zugleich höheres Bauen ermöglichten, führten zu immer höheren Hochhäusern. Das World Trade Center in New York (1973) oder der Sears Tower in Chicago (1974) sind prominente Beispiele dieser durch minimalistisch-monumentale Architektur gekennzeichneten Bauphase.

Zusätzlich entstanden in der **2. Hälfte des 20. Jahrhunderts** vor allem in den Randgebieten großer Städte zahlreiche Wohnhochhäuser mit meist einfacher Geometrie, oft nur gering über der Hochhausgrenze. Mit diesen eher kleineren

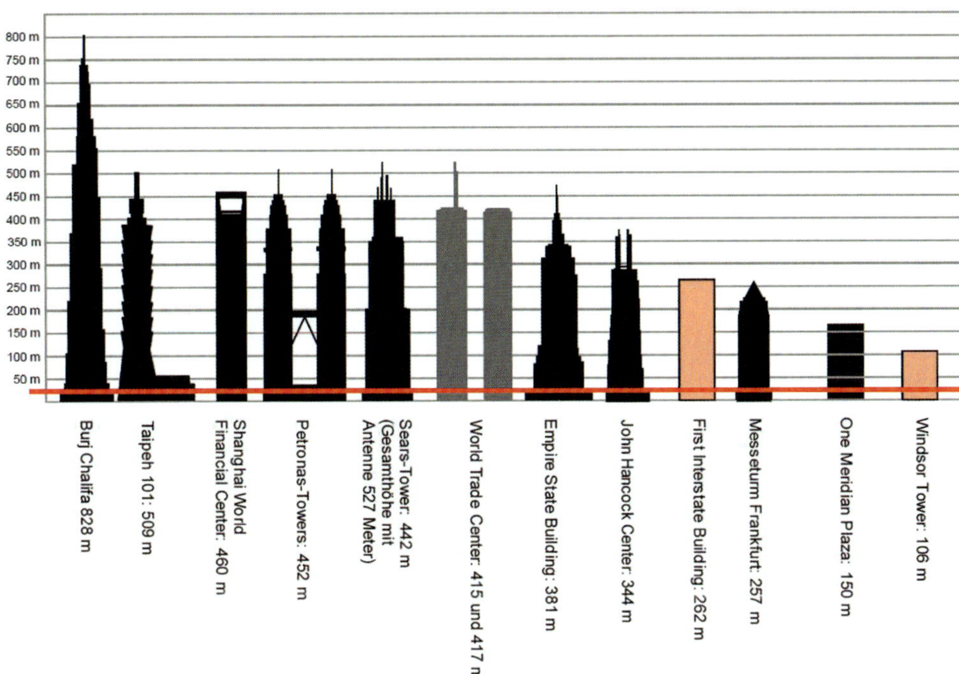

Abb. 1.3: Die höchsten Hochhäuser weltweit (Quelle: Grünwald/Kaufmann, v. in: Kaufmann, v./Schmid, 2019)

Hochhäusern wurde versucht, das Wohnungsproblem in vielen Großstädten zu lösen. Aus den Randgebieten war die Entfernung zu den Arbeitsplätzen in den teuren Innenstädten noch überwindbar. Und es war auch der Versuch, die in etlichen Großstädten zum Teil marode Gebäudestruktur mit Neubauten zu ersetzen.

Durch neue Informationstechniken entstanden neben Wohnhochhäusern auch besonders hohe Fernsehtürme als Spezialform superhoher Bauwerke.

Erst zu Beginn des **21. Jahrhunderts** wurden die Umwelt- und Klimaprobleme dieser Bauweisen deutlich, z. B. Verkehrsprobleme, Zersiedelung und Zementverbrauch, was derzeit zumindest zu einem partiellen Umdenken führt. Es fand eine Rückbesinnung auf nachwachsende Rohstoffe, wie Holz, statt und die Innenstadtbegrünung bekam ebenso wie die Wärmedämmung von Gebäuden ein stärkeres Gewicht. Allerdings offenbarte die Verwendung von brennbaren Dämmstoffen plötzlich neue Brandschutzprobleme. Den Herausforderungen dieser neuen Entwicklungen müssen sich heute sowohl das Bauwesen als auch der Brandschutz stellen. Hochhäuser mit neuen Gestaltungsformen sollen einerseits touristische Wahrzeichen werden, andererseits aber auch die Urbanität in

Abb. 1.4: Hochhäuser in Innenstädten wie der Post Tower in Bonn (links; Quelle: Erich Westendarp, Pixabay) werden meist als Büro genutzt, trotzdem ist eine Verdichtung und Mischnutzung mit Wohnungen usw. wie in Hongkong (rechts; Quelle: Gerald Friedrich, Pixabay) sowohl im Bestand als auch perspektivisch anzunehmen.

den Städten verbessern. So werden zunehmend Mischnutzungen mit einem sehr großen Büroanteil für Hochhäuser vorgesehen.

Deutschland ist in dieser weltweiten Entwicklung keine Ausnahme. Auch hier wurden seit der Mitte des 20. Jahrhunderts immer mehr Hochhäuser gebaut, sowohl in der Bundesrepublik als auch in der früheren DDR.

In den Innenstädten, wie in Frankfurt am Main, entstanden Bürowolkenkratzer und prägten das Innenstadtbild. Der begrenzte Platz führte zur Ausweitung der Großstädte. Ein Großteil der in Stadtrandlagen errichteten Wohnhochhäuser ist heute noch im Bestand vorhanden und spiegelt damit auch den Stand des Hochhausbrandschutzes des vorigen Jahrhunderts wider. Einige dieser Hochhäuser sind zurückgebaut, aber in vielen Stadträndern dominiert weiterhin die quaderförmige Bauweise der Wohnhochhäuser.

Neue Wohnhochhäuser entstehen heute vor allem in den Innenstädten – nicht nur durch Neubau, sondern auch durch die Aufstockung bestehender Standardbauten infolge der Innenstadtverdichtung. Diese aufgestockten Bestandsbauten müssen mit ihren Erweiterungen in den Hochhausbereich hinein auch unter Brandschutzaspekten besonders bewertet werden.

1.2 Ein Rückblick auf Hochhausbrände

Während Brände unterhalb der Hochhausgrenze (in Deutschland 22 m) zumeist nur eine Randnotiz in den Medien darstellen, ist ein Hochhausbrand fast immer ein Medienereignis, selbst wenn es nicht zu Toten und Verletzten kommt. Das liegt an folgenden **Besonderheiten**:

- objektiv schwierige Rettungs- und Brandbekämpfungsbedingungen sowie
- Symbolik und Sichtbarkeit eines Hochhausbrandes.

Hochhäuser sind infolge ihrer herausragenden Geometrie immer auch ein Symbol für das Brandsicherheitsniveau eines Staates, einer Region, einer Gesellschaft.

Da Hochhäuser erst seit dem Beginn des 20. Jahrhunderts das Bild sehr großer Städte prägen, haben sich die Anforderungen an den Hochhausbrandschutz erst in der Mitte des 20. Jahrhunderts entwickelt. Brandschutzingenieurmethoden gewannen erst in der 2. Hälfte des 20. Jahrhunderts an Bedeutung. Zuvor basierten die Anforderungen im Brandschutz meist auf Erfahrungswerten aus vorangegangenen Katastrophen bzw. auf den Kenntnissen der Feuerwehren. Erst die zeitverzögerte Auswertung von Hochhausbränden führte schrittweise zu den heute bestehenden Brandschutzanforderungen an Hochhäuser.

Im 20. Jahrhundert waren es aufgrund der dort besonders ausgeprägten Innenstadtentwicklung vor allem Hochhäuser in den USA, in denen es zu spektakulären Bränden kam. Ab dem Ende des 20. Jahrhunderts waren auch Hochhäuser in Europa und Asien betroffen, wo die Zahl an Hochhäusern rasant anwuchs. Eine Übersicht über die wichtigsten Hochhausbrände zeigt Tabelle 1.2.

Nicht aufgenommen in Tabelle 1.2 sind 3 **Flugzeugkollisionen** mit Hochhäusern, die zu Vollbränden und den opferreichsten Ereignissen geführt haben:

- Bijlmermeer Apartments, Amsterdam (1992),
- World Trade Center, New York (2001) und
- Tohid-Town, Teheran (2005).

Ein spezieller Hochhausschutz gegen Terror und Flugfehler lässt sich aus der baulichen Gestaltung heraus nicht umsetzen. Terroranschläge oder vergleichbare Katastrophen sind mit vorbeugenden und abwehrenden Brandschutzmaßnahmen nicht beherrschbar. Deshalb sind diese Folgebrände hier nicht weiter untersucht.

Die **Brandursachen** in den Hochhäusern mit überwiegend Wohn-, Hotel- und Büronutzung unterscheiden sich nicht wesentlich von den Brandursachen bei anderen Wohn-, Hotel- und Bürogebäuden. Insbesondere elektro- und haustechnische Defekte sowie Zigarettenglut als Ursache sind typisch. Hinzu kommen jedoch gerade bei Hochhäusern

Abb. 1.5: Hochhausbrände wie in Bejing, China, 2009, in London, Großbritannien, 2017, in Dubai, Vereinigte Arabische Emirate, 2017, in Madrid, Spanien, 2005, in Grozny, Russland, 2013 und in Roubaix, Frankreich, 2012 (Auswahl aus den Fotos), gelten immer als spektakuläre Ereignisse, insbesondere aufgrund der vertikalen Brandausbreitung über Fassaden oder im Inneren des Gebäudes. (Quelle: Spearpoint et al., 2019)

Tabelle 1.2: International wesentliche Hochhausbrände (Auswahl)

Jahr	Staat	Ort	Name	Nutzung	Höhe[1] in m	n	F	Sprinkler-anlage	Brandaus-breitung[2]	Tote	Verletzte
1911	USA	New York	Ash Building	Textil-industrie	35	10	–	keine	Fassade, Treppen	146	ca. 150
1946	USA	Atlanta	Winecoff Hotel	Hotel	48	15	A	keine	Fenster	119	65
1971	Südkorea	Seoul	Daeyeonggak Hotel	Hotel	ca. 75	22	–	keine	Treppen	164	63
1973	Japan	Kumamoto	Taiyo Depart-ment Store	Kaufhaus	ca. 32	10	–	defekte Sprinkler	Aufzüge, Treppen	104	100
1974	Brasilien	Sao Paulo	Joelma Building	Büro	ca. 80	25	–	keine	Treppen-raum	179	300
1980	USA	Las Vegas	MGM Grand Hotel	Hotel/ Casino	93	27	–	Teilsprinkle-rung	Haustech-nik	85	650
1981	USA	Las Vegas	Hilton Hotel	Hotel	114	30	B	Teilsprinkle-rung	Fassade	8	350
1981	Chile	Santiago	Santa Maria	Büro	ca. 100	29	–	(unvollstän-dige Brand-meldeanlage)	–	11	0
1982	USA	Minneapolis	Donaldson Office	Büro/ Verkauf	–	11	–	keine	Atrium	0	10
1986	USA	Boston	Prudential Building	Büro	228	54	–	Teilsprinkle-rung (Keller-geschoss)	Aufzug	0	24
1986	Puerto Rico	San Juan	Dupont Plaza	Hotel	67	21	–	Teilsprinkle-rung	Lobby	97	140
1987	USA	New York	Schomburg Plaza	Wohnen	105	35	–	defekte Sprinkler	Müll-abwurf-schacht	7	25
1988	Schweiz	Zürich	International	Hotel	85	31	–	(Brandmelde-anlage)	–	6	20
1988	USA	Los Angeles	First Interstate Building	Büro	262	62	B	in Bau	–	1	40
1991	USA	Philadelphia	One Meridian Plaza	Büro	150	38	B	Teilsprinkle-rung	Haustech-nik	1	25
1992	Deutschland	Magdeburg	Punkthoch-haus, Reform	Wohnen	48	16	A	keine	Maisonette	2	1
1995	Kanada	Toronto	2 Forest Laneway	Wohnen	84	30	–	keine	hori-zontale Brandaus-breitung	6	–
1996	China	Hongkong	Garley Building	Büro/ Verkauf	ca. 50	16	–	keine	Aufzug	41	80
2003	USA	Chicago	Cook County Administration Building	Büro	145	35	–	Teilsprinkle-rung	Fassade und Haus-technik	6	16
2004	Venezuela	Caracas	Parque Central Complex	Büro	221	52	B	defekte Sprinkler	Fassade	0	25
2005	Spanien	Madrid	Windsor Tower	Büro	106	30	B	in Bau	Fassade	0	0
2006	Kasachstan	Nur-Sultan	Transport Tower	Büro	155	34	B	–	Fassade	0	3

Jahr	Staat	Ort	Name	Nutzung	Höhe[1] in m	n	F	Sprinkler-anlage	Brandaus-breitung[2]	Tote	Verletzte
2007	VAE	Dubai	Fortune Tower	Büro	138	35	B	in Bau	Baustellen	4	67
2008	USA	Las Vegas	Monte Carlo Resort	Hotel/ Casino	109	32	B	vorhanden	Fassade	0	13
2009	China	Beijing	Television Cultural Center	Hotel/ Versamm-lung	159	31	B	keine	Fassade	1	7
2010	China	Shanghai	Jiaozou Road	Wohnen	ca. 95	28	B	keine	Fassade und Balkon	58	70
2010	Südkorea	Busan	Wooshin Gold Suites	Wohnen	–	–	B	in Bau	Fassade	0	5
2011	Vietnam	Hanoi	Twin Towers	Büro	147	33	–	keine	Baumate-rialien	0	11
2012	Frankreich	Roubaix	Mermoz Tower	Wohnen	ca. 55	18	B	keine	Fassade	1	8
2012	VAE	Scharjah	Al Tayer Tower	Wohnen	161	40	B	Teilsprinkle-rung	Fassade	0	0
2013	Russland	Grozny	Grozny Tower	Hotel/ Wohnen	145	40	B	–	Fassade	0	0
2014	Australien	Melbourne	Lacrosse Building	Hotel	68	21	B	vorhanden	Fassade und Balkon	0	0
2015	VAE	Dubai	The Address Downtown	Hotel	306	63	B	vorhanden	Fassade	0	16
2015	VAE	Dubai	Torch Tower	Hotel	352	87	B	vorhanden	Fassade	0	0
2015	Aserbai-dschan	Baku	Binagadi district	Misch-nutzung	64	19	B	keine	Fassade	17	50
2015	VAE	Sharjah	El Nasr Tower	Hotel	142	32	B	keine	Fassade	0	40
2016	VAE	Dubai	Sulava Tower	Wohnen	250	75	B	keine	Fassade	0	16
2017	Groß-britannien	London	Grenfell Tower	Wohnen	67	24	B	keine	Fassade	72	74
2017	VAE	Dubai	Marina Tourch	Wohnen	337	79	B	vorhanden	Fassade	0	0
2017	USA	Honolulu	Marco Polo Apartments	Wohnen	110	36	A	keine	Treppen-raum und Flure	4	13
2018	VAE	Dubai	Zen Tower	Wohnen	50	15	B	keine	Fassade und Balkon	0	0
2020	VAE	Scharjah	Abbco Tower	Wohnen	184	46	B	keine	Fassade	0	12
2020	Südkorea	Ulsan	Apartment-Block	Wohnen/ Büro	102	33	B	keine	Fassade	0	93
2021	Italien	Mailand	Torre del Moro	Wohnen	60	20	B	keine	Fassade	0	0

n Zahl der überirdischen Geschosse
F Baustoffklasse der Fassade bzw. Fassadenbekleidung
A nicht brennbare Fassade
B brennbare Fassadenbestandteile, insbesondere Kunststoffe
– nicht bekannt
VAE Vereinigte Arabische Emirate
1) Unter der Höhe ist die Höhe des höchsten Aufenthaltsraumes über der Geländeoberfläche zu verstehen. (Es kann sein, dass sich einzelne Gebäudehöhen auf die Gesamthöhe beziehen.)
2) Brandausbreitung: angegebener Hauptweg der vertikalen Brandausbreitung von Geschoss zu Geschoss

Abb. 1.6: Nach dem Brand im Windsor Tower, Madrid, Spanien, 2005

Baumaßnahmen beim Bau oder Umbau des Gebäudes, die oft mit Schweiß- und Schneidarbeiten verbunden sind. Auch Pyrotechnik trat als Brandursache auf. Brandstiftungen kommen in Hochhäusern ebenfalls häufiger vor, da der Aufmerksamkeitseffekt, der dadurch erreicht wird, sehr hoch ist.

Während verhaltensbedingte Ursachen, wie Rauchen und Bau- und Instandhaltungsarbeiten, durch organisatorische Brandschutzmaßnahmen in einem begrenzten Umfang reduziert werden können, besteht diese Möglichkeit z. B. bei defekten Elektroanlagen kaum. Es muss also in Hochhäusern trotz bestimmter Verhaltensanforderungen, wie z. B. Rauchverboten, immer von der Möglichkeit des Auftretens von Entstehungsbränden ausgegangen werden.

Abb. 1.7: Hochhausbrand in Grosny, Russland, 2013 (Quelle: Kazbek Vakhayev, dpa)

Abb. 1.8: Eher untypischer Hochhausbrand in Bohumin, Tschechien, 2020 nach Brandstiftung (Quelle: dpa Picture-Alliance)

Erhebliche Veränderungen in den letzten 100 Jahren ergab die Analyse der **Brandausbreitung**. Während vor allem im 20. Jahrhundert unzureichende, fehlende, im Bau befindliche, außer Betrieb gesetzte oder nur teilweise vorhandene Sprinkleranlagen eine wesentliche Rolle spielten, sind seit Anfang der 1990er-Jahre immer mehr spektakuläre Hochhaus-Fassadenbrände weltweit festzustellen. Unzureichend waren insbesondere Teilsprinklerungen, z. B. nur im Breitfuß, d. h. einem Gebäudeteil des Hochhauses auf Bodenniveau mit einer größeren Grundfläche als jener Teil, der sich bis zum höchsten Punkt des Gebäudes erstreckt, nur im Erdgeschoss oder nur im Kellergeschoss. Vollsprinkleranlagen wurden immer häufiger vorgesehen und konnten zumindest die Brandausbreitung innerhalb des Gebäudes begrenzen. Die Brandausbreitung erfolgte daher zunehmend über brennbare Wärmedämmungen von Außenfassaden. Bei einer Sprinklerung des Gebäudes waren die Opferzahlen dieser Brände geringer.

Bei kaum einer anderen Gebäudeart ist die Entwicklung des baulichen Brandschutzes von so einschneidenden Brandereignissen geprägt wie bei Hochhäusern. Die Brandschutzanforderungen an Hochhäuser wurden entsprechend konkretisiert und an die Risiken angepasst. Diese Anpassungen führten zu einer Vielzahl von Einzelanforderungen, die weltweit mit unterschiedlicher Konsequenz umgesetzt wurden.

In den 1970er-Jahren weckten einige spektakuläre Brände die Aufmerksamkeit für den Hochhausbrandschutz. Bis dahin spielte der Hochhausbrandschutz in der öffentlichen Wahrnehmung und auch in der Gebäudeplanung eher eine untergeordnete Rolle. Auch der Kinofilm „Flammendes Inferno“ leistete einen großen Beitrag zum Verständnis der Brandschutzproblematik in Hochhäusern und brachte die Thematik einem breiten Publikum näher, insbesondere folgende **Aspekte des Hochhausbrandschutzes**:

- die Nichtnutzbarkeit von Aufzügen im Brandfall,
- die Bedeutung eines zweiten unabhängigen Rettungsweges,
- die Probleme der Arbeit einer Einsatzleitung und die Schwierigkeiten des Innenangriffs sowie
- die Bedeutung der Löschwasserversorgung und letztendlich von automatischen Feuerlöschanlagen im Hochhaus.

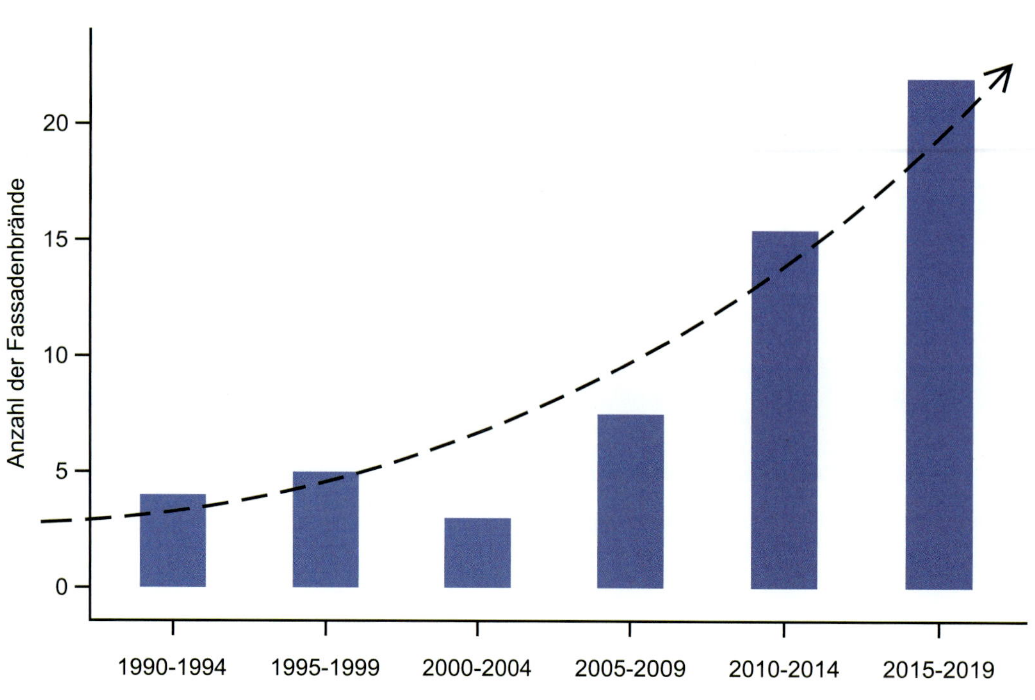

Abb. 1.9: Zunahme der Anzahl der Fassadenbrände bei Hochhäusern (Quelle: nach Bonner et al., 2020)

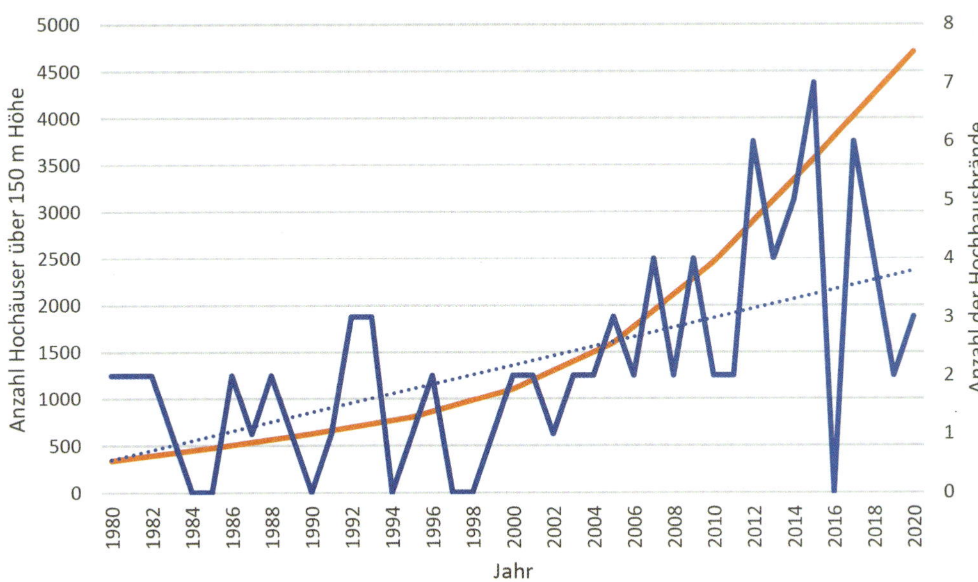

Abb. 1.10: Hochhäuser mit über 150 m Höhe und Zahlen von Hochhausbränden (Quelle: Fritsch, 2020)

Die stark anwachsende Zahl von Hochhäusern über 150 m weltweit (rote Kurve in Abb. 1.10) weist auf die besondere Brandschutzproblematik seit 1980 hin. In diesem Zeitraum gab es auch einen Zuwachs an Hochhausbränden und Brandtoten (Fritsch, 2020). Allerdings stieg die Zahl der Brände auf Basis der Datenlage (blaue Kurve in Abb. 1.10) wesentlich geringer als die Zahl von Hochhäusern über 150 m. Das bedeutet, dass in den Industriestaaten mit sehr hohen Hochhäusern das Verständnis für die Brandschutzproblematik und für **risikogerechtere Gestaltungslösungen wächst** und die Umsetzung von Brandschutzanforderungen konsequenter erfolgt. Das bedeutet nicht, dass in allen Staaten der Hochhausbrandschutz ausreichend ernst genommen wird, gerade was die Verwendung von brennbaren Dämmstoffen in der Fassade betrifft. Erst, wenn die Zahl der Hochhausbrände nicht mehr ansteigt, sondern zurückgeht, kann von einem ausreichenden Sicherheitsniveau weltweit gesprochen werden.

1.3 Ausgewählte Hochhausbrände

Einige der in Tabelle 1.2 dargestellten Brände haben die Entwicklung des Brandschutzes in Hochhäusern maßgeblich mit beeinflusst (siehe Kapitel 1.5). Letztendlich haben sich die heutigen baurechtlichen Anforderungen an den Hochhausbrandschutz sowohl national als auch international aus diesen Hochhausbranderfahrungen ergeben. Die folgende Darstellung der ausgewählten Brände soll die Entwicklung dieser Anforderungen verständlich machen. Im Einzelnen sollen folgende Brände beschrieben werden:

- Joelma Building, Sao Paulo (1974),
- Punkthochhaus, Magdeburg (1992),
- The Address Downtown, Dubai (2015),
- Grenfell Tower, London (2017) sowie
- Marco Polo Apartments, Honolulu (2017).

1.3.1 Joelma Building, Sao Paulo (1974)

Der Brand im Joelma Building 1974 war wohl der Brand, der im 20. Jahrhundert die meisten Konsequenzen zur Folge hatte. Bis dahin wurden die Besonderheiten der Gebäudehöhe von Hochhäusern, die besonderen Anforderungen an die Rettung und die besonderen Schwierigkeiten bei der Brandbekämpfung in Hochhäusern kaum beachtet. In Deutschland führte der Brand im Joelma Building zu Verschärfungen der Hochhaus-Richtlinie in den darauffolgenden Jahren, z. B. zu der Forderung von Sprinkleranlagen und Feuerwehraufzügen bei einer Gebäudehöhe über 60 m sowie zum weitgehenden Verbot brennbarer Baustoffe.

Eine Brandentstehung im 12. Obergeschoss, ausgelöst durch eine Klimaanlage, führte zuerst zu einer horizontalen Brandausbreitung im gesamten Geschoss, weil brennbare Materialien sowohl als Baustoffe bzw. Verkleidungen als auch als betriebsmäßig vorhandene Materialien diese Ausbreitung begünstigten. Außerdem wurde diese Brandausbreitung auch durch fehlende Brand- und Rauchschutztrennungen sowie eine fehlende Brandfrüherkennung und fehlende Feuerlöschanlage (z. B. Sprinkleranlage) bewirkt. Feuer und insbesondere Rauch breiteten sich dann über den gesamten Treppenraum auf die darüber liegenden Geschosse aus. Weiterhin gab es zusätzlich eine Brandübertragung über die Fassade, allerdings langsamer. Eine große Personenzahl war über dem 13. Obergeschoss praktisch eingeschlossen und ohne Fluchtmöglichkeiten, während sich der Brand vertikal weiter ausbreitete. Ein Teil der sich im Gebäude aufhaltenden Personen konnte anfangs noch über Aufzüge fliehen. Mit der fortschreitenden horizontalen Brandausbreitung fielen diese Aufzüge aus, was eine hohe Zahl an Opfern und Verletzten verursachte. Die Einsatzkräfte der Feuerwehr waren infolge der Höhe kaum in der Lage, den Brand von außen zu bekämpfen.

Abb. 1.11: Brand im Joelma Building, Sao Paulo, Brasilien, 1974

1.3.2 Punkthochhaus, Magdeburg (1992)

In einem 16-geschossigen Punkthochhaus (Bestand aus den 1970er-Jahren) kam es am 18. Oktober 1992 um 4.15 Uhr zu einem Brand in einer der obersten Wohnungen. Im obersten Geschoss gab es Maisonette-Wohnungen, die das 15. und 16. Obergeschoss miteinander verbanden. In der oberen Ebene hatten diese Wohnungen aber keinen direkten Zugang zum Treppenraum. Hinzu kam, dass diese Wohnungen zwar über einen einseitig offenen Gang als Sicherheitstreppenraum verfügten, die betreffenden Türanlagen aber zum Teil verschlissen waren, sodass der Zugang zu den Wohnungen des obersten Geschosses über Stichflure von ca. 28 m Länge sowie über das 15. Obergeschoss erfolgte. Es ergaben sich Rettungsweglängen von über 40 m. Die Wohnungen waren nur mit einer Sondergenehmigung nutzbar. Brandursache war Brandstiftung: Die Fußabtreter wurden angezündet. 3 Personen konnten sich nicht retten bzw. sind beim Sprung aus dem 15. Obergeschoss ums Leben gekommen.

Obwohl diese Bestandshochhäuser mit den inneren Treppen und fehlenden Zugängen zum Treppenraum aus der obersten Ebene nicht den Anforderungen des Hochhausbrandschutzes der Bundesrepublik Deutschland entsprachen, wurde Bestandsschutz geltend gemacht. Der Brand dieses Hochhauses ist ein Beispiel dafür, wie notwendig eine Diskussion über die Berechtigung des Bestandsschutzes ist.

1.3.3 The Address Downtown, Dubai (2015)

The Address Downtown in Dubai ist ein 306 m hohes Hotelhochhaus mit 63 oberirdischen und 4 unterirdischen Geschossen. 2008 wurde es fertiggestellt und verfügte über eine flächendeckende Sprinkleranlage sowie eine automatische Brandmeldeanlage.

Am Silvesterabend 2015 brach nach einem Kurzschluss eines Scheinwerferkabels zwischen dem 14. und 15. Obergeschoss ein Brand aus. Im Wesentlichen handelte es sich um einen Fassadenbrand. Das Gebäude wies eine Aluminiumvorhangfassade mit einer Polyurethan-Wärmedämmschicht auf, die in Teilen als normal entflammbar eingeschätzt wurde. Die Fassade brannte zu großen Teilen ab. Die Brandausbreitung war von dem

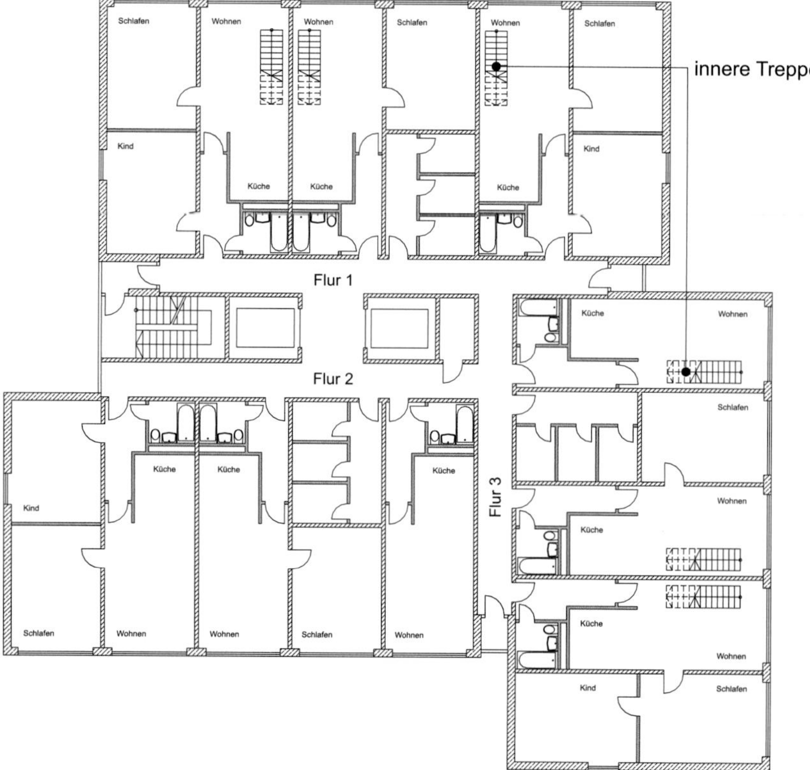

Abb. 1.12: Grundriss (15. Obergeschoss) eines 16-geschossigen Punkthochhauses in Magdeburg

Brandausbruchsgeschoss (14. Obergeschoss) bis zum 50. Obergeschoss festzustellen. Hingegen wurde eine Brandausbreitung ins Innere des Gebäudes von der Sprinkleranlage verhindert. Die Rettungswege blieben weitgehend intakt und es gab nur 16 Verletzte durch Rauchgasvergiftungen. Die brennbare Fassade war in den Jahren des Erbaus von 2005 bis 2008 für Hochhäuser weltweit zunehmend verwendet worden.

Dieser Brand und der Vergleich mit dem nachfolgend beschriebenen Brand des Grenfell Towers zeigen das Zusammenwirken von Brandschutzlösungen. Die Brandentstehung durch defekte Scheinwerfer konnte und kann nicht generell ausgeschlossen werden. Auch die Brandausbreitung im Fassadenbereich über viele Geschosse, unterstützt durch starke Winde, kann nicht verhindert werden, wenn brennbare Wärmedämmungen verwendet werden. Je nach Auslegung der Sprinkleranlage und Ausmaß des Fassadenbrandes ist es aber möglich, eine horizontale Ausbreitung von der Fassade ins Innere des Gebäudes zu unterbinden. Deshalb kam es bei einer vergleichbaren Fassadenausbildung in Dubai zu einem wesentlich geringeren Brandschaden und einer viel geringeren Opferzahl als bei dem Brand des Grenfell Towers in London.

1.3.4 Grenfell Tower, London (2017)

Der Brand des Grenfell Towers im Juni 2017 ist in Teilen vergleichbar mit dem Brand in Dubai. Unterschiede bestehen neben der im Grenfell Tower **fehlenden Sprinkleranlage** vor allem in der Nutzung (Wohnen statt Hotel) und in der baulichen Gestaltung der Rettungswege.

Die Brandentstehung durch einen Kühlschrankbrand (als elektrische Ursache) ist durchaus repräsentativ für derartige Hochhausbrände. Die Fassade bestand aus normal bzw. schwer entflammbaren Aluminium-Sandwich-Platten mit einem Polyethylen-Kern.

Die **brennbaren Fassadenbestandteile** ermöglichten die vertikale Brandausbreitung, die durch nicht brennbare Außenwandmaterialien, bemessene Feuerüberschlagswege oder eine Begrenzung der horizontalen Brandausbreitung durch eine Sprinkleranlage hätte verhindert werden können. Gleichzeitig fallen weitere Probleme auf: Beim Grenfell Tower fehlte eine saubere Rettungsweglösung. Es gab nur einen vertikalen Rettungsweg, der über eine Lobby erreichbar war. Weder ein zweiter Rettungsweg noch ein Sicherheitstreppenraum waren vorhanden. Die Lobby, eine Art Flur, in dem auch die Aufzüge angeordnet waren, hatte ca. 6 bis 8 Zugänge zu Wohnungen bzw. Nutzungseinheiten. Es bestand damit auch kein speziell geeigneter Feuerwehraufzug.

Ferner gab es keinen ausreichenden organisatorischen Brandschutz, was zu großen Schwierigkeiten bei der Evakuierung führte. So war nicht klar, ob diejenigen, die sich nicht mit der ersten Alarmierung aus dem Gebäude gerettet hatten, ca. 186 von 297 Personen, in den Wohnungen verbleiben oder das Gebäude verlassen sollten.

Damit hat die Kombination aus fehlender Sprinkleranlage, nicht ausreichenden Rettungswegen und fehlenden Feuerwehraufzügen zwar eine äußerlich vergleichbare vertikale Brandausbreitung über die Fassade geschaffen wie in Dubai. Die Brandszenarien im Inneren des Gebäudes unterscheiden sich jedoch grundlegend, da im Grenfell Tower die horizontale Brandausbreitung in einer Vielzahl von Geschossen eintrat und zu einer hohen Opferzahl führte. Hinzu kamen schwerwiegende Fehler bei der Einsatzdurchführung der Feuerwehr. So wurde anfangs ein Verbleiben innerhalb der Wohnungen ausgerufen, was

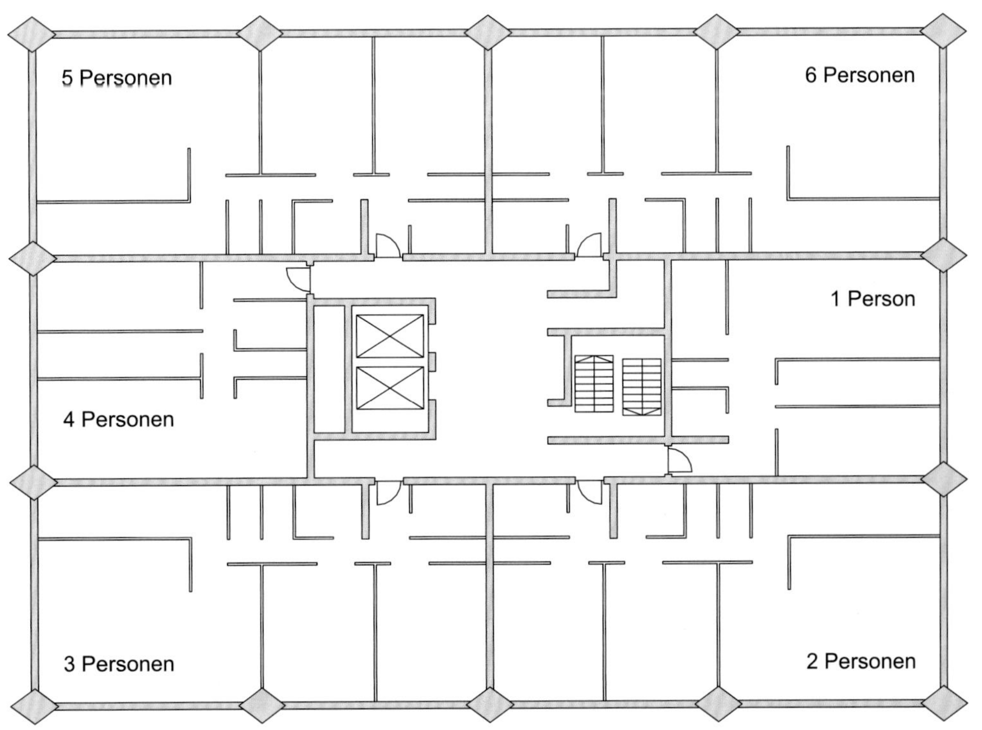

Abb. 1.13: Grenfell Tower; Grundriss eines Standardgeschosses

erst korrigiert wurde, als es zu spät war. Die unzureichende Brandschutzsituation war bei diesem Bestandsgebäude über Jahre bekannt gewesen, jedoch wurden notwendige bauliche Veränderungen aus Kostengründen immer wieder verschoben. Grenfell Tower ist mit diesem Brand zu dem international bekanntesten Beispiel für einen aus kommerziellen Gründen versagenden Hochhausbrandschutz geworden. Die Mängel bestanden in baulichen Mängeln (fehlende Rettungsweglösungen, brennbare Fassade, fehlende Feuerwehraufzüge), anlagentechnischen Mängeln (fehlende Sprinkleranlage), Einsatzmängeln der Feuerwehr und auch organisatorischen Brandschutzmängeln, da die Bewohnenden keine Kenntnisse über notwendige Verhaltensmaßnahmen hatten.

Interessant ist bei diesem Beispiel das Verhalten der Behörden, die die Möglichkeiten der Sperrung von Gebäuden mit derart erheblichen Mängeln nicht ausgeschöpft hatten. Obwohl die Mängel bekannt waren, erfolgte aus ökonomischen Gründen keine Sperrung.

International hat der Brand zu einem Umdenken hinsichtlich der Verwendung brennbarer Materialien geführt. In vielen Ländern wurden die Hochhausbrandschutzanforderungen verschärft. Beispielsweise hat in Schottland eine Diskussion zum Umbau bestehender Wohnhochhäuser begonnen und zu neuen Anforderungen für alle Gebäude zwischen 18 und 60 m Höhe geführt, wobei in Schottland dieser Höhenbereich als Hochhaus zählt.

1.3.5 Marco Polo Apartments, Honolulu (2017)

Wenige Wochen nach dem Brand des Grenfell Towers kam es in Honolulu zu einem Brand in einem Wohnhochhauskomplex. Im Unterschied zum Grenfell Tower gab es hier keine brennbare Außenverkleidung. Es kam jedoch innerhalb des Gebäudes zu einer vertikalen Brandausbreitung über 11 Geschosse hinweg über Installationskanäle, Treppenanlagen und Aufzüge, da keine Sprinkleranlage vorhanden war und so der Entstehungsbrand nicht beherrscht werden konnte. Es war der Feuerwehr unmöglich, die Brandausbreitung durch eine Brandbekämpfung über Loggien von unten zu begrenzen.

Abb. 1.14: Brandbekämpfung bei den Marco Polo Apartments, Honolulu, Hawaii, USA, 2017 (Quelle: Marco Garcia, Associated Press [AP])

Der Brand in Honolulu führte „nur" zu 4 Opfern, da die vertikale Brandausbreitung innerhalb des Gebäudes (über Treppenräume und Schächte) wesentlich langsamer war als eine solche über die Fassaden. Ein nicht unerheblicher Teil der vertikalen Brandausbreitung erfolgte außen über Balkone bzw. Loggien, deren seitliche Anschlüsse die vertikale Ausbreitung ebenfalls begünstigten.

Dieser Brand führte dazu, dass die Notwendigkeit von Sprinkleranlagen in den USA überprüft wurde. Es wurde festgestellt, dass es keine einheitlichen Regelungen, sondern nur einen „Flickenteppich" gab. Mehrere US-Metropolen forderten daraufhin, auch bestehende Hochhäuser mit Sprinkleranlagen auszustatten, so San Antonio, Houston, Los Angeles, Chicago und Philadelphia. Allerdings bezog sich die Nachrüstpflicht vor allem auf Bürogebäude und nur in wenigen Fällen auf Wohnhochhäuser.

1.4 Typische Brandschutzprobleme von Hochhäusern

Die **Brandursachen** bei Hochhausbränden unterscheiden sich nicht wesentlich von denen bei Bränden in Wohnungen, Büros und Hotelräumen in anderen Gebäudearten: Technische Defekte sowie Zündung durch Zigarettenglut und Heizkörper fallen am stärksten ins Gewicht. Es ist ein etwas höherer Anteil an Brandstiftungen festzustellen, weil die Aufmerksamkeitswirkung bei Hochhäusern eine größere ist als bei Standardgebäuden.

Es ist aber keine Option, die Schutzmaßnahmen bei Hochhäusern auf mögliche Brandstiftungen auszurichten. Interessanter ist die Auswertung von Hochhausbränden hinsichtlich ihrer Auswirkungen und ihres Bezugs zu bestimmten Gestaltungslösungen.

Im 20. Jahrhundert waren es vor allem Installationsmängel, Fehler bei der Rettungsweggestaltung (unzureichende Vertikalerschließung für Rettung und Einsatzkräfte der Feuerwehr) sowie nicht ausreichende oder fehlende Feuerlöschanlagen, die zu großen Schäden bzw. einer sehr hohen Zahl an Toten und Verletzten geführt haben.

Nachdem die Anforderungen an den Brandschutz Ende des 20. Jahrhunderts bzw. Anfang des 21. Jahrhunderts international erhöht und beispielsweise Sprinkleranlagen überwiegend Standard wurden, spielen zunehmend brennbare Fassaden, die im Rahmen der Gebäudedämmung eingesetzt sind, eine entscheidende Rolle bei der Zahl der Brände und deren Auswirkungen. Weiterhin sind es vor allem zwischenzeitliche Baumaßnahmen, die für zusätzliche Brandrisiken sorgen. Aufgrund der Größe von Hochhäusern muss regelmäßig mit Instandhaltungsarbeiten gerechnet werden, die teilweise zu zeitweiligen Außerbetriebnahmen von Sicherheitseinrichtungen führen.

Es wird weiterhin noch auf ein anderes Brandschutzproblem bei Hochhäusern hingewiesen: Die Inbetriebnahme bestimmter Teile des Gebäudes aus kommerziellen Gründen bei unvollständiger Fertigstellung des Gebäudes hat in einigen Fällen zu Bränden mit zum Teil besonders gravierenden Auswirkungen geführt, da z. B. Sicherheitseinrichtungen noch nicht in Betrieb genommen waren und die Sprinkleranlage noch nicht einsatzbereit war. Bei sehr langen Bauzeiten gibt es ein Interesse, in unteren

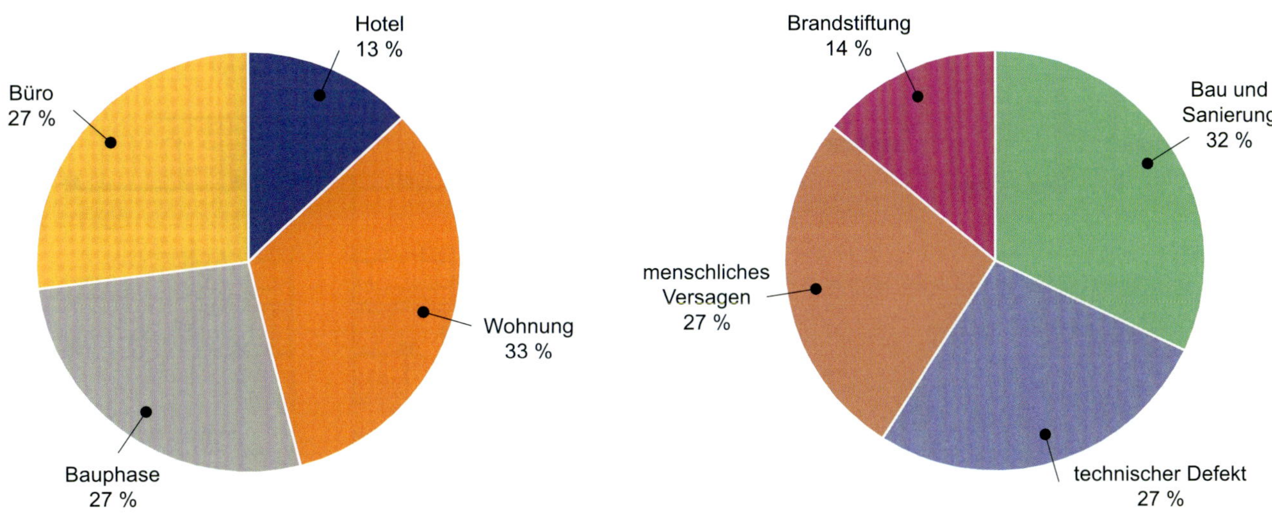

Abb. 1.15: Hochhausbrände 1980 bis 2020; links: Nutzung der Gebäude bei Hochhausbränden; rechts: Brandursachen bei Hochhäusern (Quelle: nach Fritsch, 2020)

Geschossen oder im Breitfuß schon vor der Fertigstellung des Gebäudes Nutzungen zuzulassen. Dies sollte aber in aller Regel erst dann geschehen, wenn die gesamten Sicherheitsmaßnahmen des baulichen und des anlagentechnischen Brandschutzes installiert und funktionsfähig sind.

Die wesentlichsten Brandsc hutzprobleme sind derzeit in Deutschland bei Bestandshochhäusern festzustellen, die modernisiert oder umgenutzt werden, während ihre brandschutztechnische Aktualisierung aus Kostengründen unterbleibt oder unvollständig ausgeführt wird.

1.5 Historie des Hochhausbrandschutzes

Im Mittelalter, als die sehr hohen Gebäude vor allem Kirchen, Burgen und Türme waren, wurde Brandschutz noch kaum eine Bedeutung beigemessen. Das änderte sich erst im 19. Jahrhundert, als immer mehr sehr hohe Gebäude entstanden und Brandereignisse zunehmend als Problem wahrgenommen wurden. Untersuchungen zu Hochhausbränden und daraus folgenden Konsequenzen können die heutigen gesetzlichen Anforderungen an den Hochhausbrandschutz erklären. Es zeigt sich auch, dass viele Brandschutzanforderungen historisch nicht aus einer präventiven Perspektive, sondern fast immer aus der nachrangigen Auswertung von Bränden, insbesondere von opferreichen Großbränden, resultierten.

Erste Entwicklungsphase

Die ersten Hochhäuser in Großstädten vor allem der USA waren Anfang des 20. Jahrhunderts **Industriebauten** und **Geschäftshäuser**, für die es noch keinen Hochhausbrandschutz gab. Nach dem Brand der Triangle Shirtwaist Factory im Asch Building 1911 in New York kam es zu ersten wesentlichen Veränderungen des Hochhausbrandschutzes. In dieser ersten Phase der Entwicklung des Hochhausbrandschutzes bis nach dem Zweiten Weltkrieg wurde insbesondere die **Rettungswegproblematik** von Hochhäusern thematisiert, aber auch die Arbeitsschutzbedingungen in Hochhäusern rückten in den Fokus.

In Deutschland sorgte die Dissertation von Silomon „Sicherheit in Wolkenkratzern und anderen Gebäuden von größerer als der üblichen Bauhöhe“ 1922 für einige Nutzungs- und Gestaltungsveränderungen. Die Verwendung von Hochhäusern zu Wohnzwecken, mit Ausnahme von Hotels, wird von Silomon für zu gefährlich gehalten.

Zur Verminderung der Gefährlichkeit sehr hoher Bauten werden folgende **Maßnahmen** vorgeschlagen:

- Beschränkung in der Art der Verwendung,
- bauliche Maßnahmen zur Förderung der Sicherheit,
- maschinentechnische Maßnahmen und
- betriebstechnische Maßnahmen.

Ein Abstand von 25 m von Brandwänden, die mit 1,5 bis 2 Backsteinen dimensioniert sind, wird ebenfalls benannt (Silomon, 1922). Dies entspricht mindestens einer feuerbeständigen Bauweise.

Gleichzeitig entwickelte Silomon die Idee des **„gesicherten Treppenraumes“**, der als Vorläufer des heutigen Sicherheitstreppenraumes mit offenem Gang bezeichnet werden kann. Durch einen Vorsprung von mindestens 1 m sollte verhindert werden, dass Flammen aus Nachbarfenstern in den Treppenraum gelangen. Ein weiterer Ansatz war die Verbindung unterschiedlicher Treppenräume über das Dach, um von einem zum anderen Treppenraum zu gelangen (Silomon, 1922).

So entstanden in den 1920er-Jahren das Ullstein-Druckhaus und das Siemens-Schalthaus in Berlin. Beides sind Industriebauten im 12- bis 13-stöckigen Bereich im Stahlskelettbau. Die Gebäude verfügten über 2 Treppenräume als vertikale Erschließung, was den Ursprung des zweiten Rettungsweges darstellt, so wie wir ihn heute in Deutschland kennen. Grundlage dafür war die in Berlin 1925 als

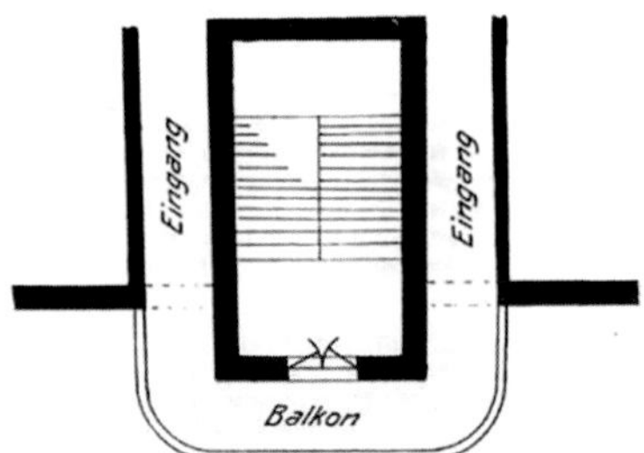

Abb. 1.16: Gesicherter Treppenraum (Quelle: Silomon, 1922)

erste in Kraft getretene Bauordnung. Darin war geregelt, dass besondere Anforderungen an Geschosstreppen in Geschäfts- und Industriegebäuden gestellt werden können.

Die Idee, **Wohnhochhäuser** zu bauen, geht auf Gropius zurück, der dazu Entwürfe in den Jahren 1931 bis 1933 machte, ohne jedoch die Brandschutzprobleme zu benennen.

Zweite Entwicklungsphase

Während der 1930er-Jahre und des Zweiten Weltkriegs waren sowohl Hochhausentwicklung als auch Hochhausbrandschutz kein Thema. Die Weiterentwicklung des Hochhausbrandschutzes erfolgte erst nach dem Zweiten Weltkrieg. So entstanden erste **Nottreppenräume** und erste Sicherheitstreppenräume, die auf der Idee des offenen Ganges von Silomon basierten (Silomon, 1922), ohne dass sie explizit als solche bezeichnet wurden.

In einem Hochhaus in der Kloppstockstraße in Berlin wurden 1957 bei 10 Wohnungen pro Geschoss 2 Zugänge zum **Sicherheitstreppenraum** mit offenem Gang angeordnet. Damit wurde das Problem der Stichflure (bzw. Flure mit nur einer Fluchtrichtung) leicht entschärft.

Über die Entwicklung von Sicherheitstreppenräumen hinaus setzte sich die Erkenntnis durch, dass **2 voneinander unabhängige Rettungswege** die Rettung insgesamt wesentlich erleichtern können, insbesondere wenn sie Verbindungen in den Geschossen oder zur Not auf dem Dach haben. So gab es mehr und mehr Hochhäuser mit einem Zugang zu 2 unabhängigen Treppenräumen, die über Flure verbunden waren.

Abb. 1.17: Lake Shore Drive Apartments (1951), Chicago, USA

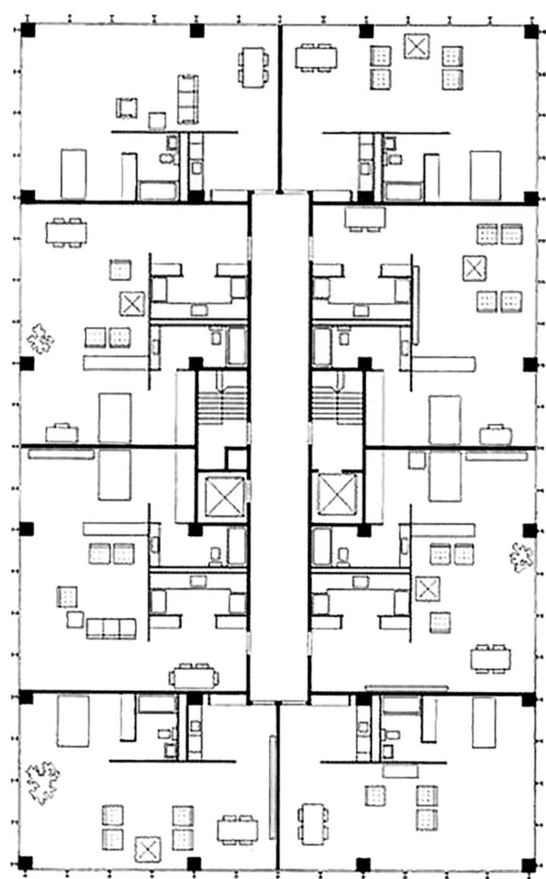

Abb. 1.18: Grundriss eines Standardgeschosses des Hochhauses Lake Shore Drive Apartments in Chicago, USA

Bei dem Entwurf des Chicagoer Hochhauses Lake Shore Drive Apartments in Skelettbauweise 1951 waren Stichflure noch kein wesentliches Thema. Es wurde hier eine Redundanz (ein Überangebot) der Treppenräume durch 2 voneinander unabhängige Treppenräume hergestellt, d. h., es war eigentlich nur ein Treppenraum zur vertikalen Erschließung notwendig. Im Brandfall war jedoch durch die redundante Ausführung für den Fall der Nichtzugänglichkeit eines der Treppenräume, z. B. durch Rauchentwicklung, eine zweite Möglichkeit zum Verlassen des Gebäudes gegeben. Sicherheitstreppenräume waren nicht vorgesehen.

In der zweiten Entwicklungsphase des Hochhausbrandschutzes in der Mitte des 20. Jahrhunderts verlagerte sich die Hochhausnutzung immer mehr hin zu Hotel- und Wohnnutzung, auch weil knapper Wohnraum in den Großstädten eine effizientere Bodennutzung für Wohnungen erforderte. Vor allem in den USA waren zweite Rettungswege aufgrund der geringen Hochhausflächen unökonomisch und entfielen deshalb. Es kam zu spektakulären Hotelbränden, die schließlich nach einem Hochhausbrand 1946 in Atlanta zu einer Veränderung der Bauvorschriften und der Regelungen von Rettungswegen führten. Während sich bis dahin der Begriff „feuerfeste Bauten" auf die Verkleidung von Stahlkonstruktionen beschränkte und die Rettungswegthematik noch weitgehend ausgeblendet war, gewann nun erstmalig die Frage der **Rauchausbreitung** an Bedeutung. Das Brandverhalten brennbarer Gebäudebestandteile, wie Innenverkleidungen, wurde erstmalig thematisiert und insbesondere die Abtrennung der Treppenräume von horizontalen Rettungswegen wurde neu geregelt, um die Rauchausbreitung einzugrenzen. Es kam zur Inkraftsetzung der „Life Safety Codes", in denen nicht nur wie bisher der versicherungsrechtliche Gebäudestatus („feuerfest"), sondern auch die Personensicherheit geregelt wurde.

Auch in Deutschland gab es erstmals Regelungen, in denen der Brandschutz an Bedeutung gewann und auch die Personenrettung und das Thema Rauchausbreitung berücksichtigt wurde (z. B. in Berlin mit den „Baupolizeilichen Richtlinien für Hochhäuser" [1955]). Insgesamt spielte in Deutschland die Problematik der Verhinderung der Rauchausbreitung eine wesentlich größere Rolle als in den USA, übrigens noch bis heute.

Dritte Entwicklungsphase

In der dritten Entwicklungsphase des Hochhausbrandschutzes in den 1970er- und 1980er-Jahren wurde infolge einer größeren Zahl von internationalen Hochhausbränden, unzureichend ausgeführten Sprinkleranlagen und zunehmender **Büronutzung** vor allem in den USA und in Großbritannien viel in die Brandschutzforschung investiert, besonders in die Grundlagenforschung, was zu einem weltweit besseren Verständnis der Brand- und Löschprozesse führte. Einige Großbrände mit Feuerlöschanlagen wurden analysiert und insbesondere für **Sprinkleranlagen** entstanden neue Einsatzkriterien. Die Problematik der Teilsprinklerung und des Unterlaufens bei einer Brandausbreitung vom nicht gesprinklerten in den gesprinklerten Bereich des Gebäudes, also einer schnelleren horizontalen Brandausbreitung als die Auslösung der einzelnen Sprinkler (siehe Kapitel 4.7.2), wurde besser verstanden und führte fortan zu einer Vollsprinklerung in vielen Hochhäusern, vor allem in den Bürobauten, die sich immer mehr durchsetzten. Bei Wohnhochhäusern wurde allerdings weiterhin noch oft auf die Sprinklerung verzichtet.

Während in Europa die Ausführung von Sicherheitstreppenräumen und die Verhinderung der Rauchausbreitung zunehmend thematisiert wurden, lag in den USA der Schwerpunkt auf der Sprinklerung als „Allheilmittel" bei einem vergleichsweise weniger organisierten Feuerwehrwesen. So kam es, dass Mitte der 1970er-Jahre einige Metropolen der USA, allen voran Chicago, beschlossen, Hochhäuser nur noch mit Sprinkleranlagen zuzulassen. Es wurden schnell auslösende Sprinkler entwickelt und vor allem in den USA auch die theoretischen Grundlagen der Brandlehre und des Auslöse- und Löschverhaltens von Sprinklern erforscht, was für den Hochhausbrandschutz weltweit entscheidend war und den Weg öffnete für das wachsende Verständnis des Hochhausbrandschutzes.

Vierte Entwicklungsphase

In der vierten Phase der Entwicklung des Hochhausbrandschutzes zu Beginn des 21. Jahrhunderts entstanden weltweit viele neue Hochhäuser, insbesondere in den arabischen Staaten, in den USA und in China, darunter auch zahlreiche Wohnhochhäuser, bei denen brennbare Fassadenbestandteile als Dämmmaterial eingesetzt wurden. Verbreitet waren hier kostengünstige **Kunststoffmaterialien**, die in der zweiten Hälfte des 20. Jahrhunderts entwickelt worden waren. In Deutschland war die Verwendung brennbarer Dämmmaterialien durch die Muster-Hochhaus-Richtlinie (2008) verboten. Eine Vielzahl von Fassadenbränden führte nach 2017 auch international zu Einsatzverboten für derartige Dämmstoffe in Hochhausneubauten. Dennoch sind kunststoffgedämmte Hochhäuser nach wie vor weltweit vorhanden und stellen ein erhebliches Brandrisiko dar. In Deutschland wurde nach dem Brand des Grenfell Towers 2017 eine Überprüfung der Hochhäuser hinsichtlich der Fassadendämmung vorgenommen.

Fünfte Entwicklungsphase

Unter Klimaschutzaspekten wird derzeit in einer fünften Phase der Entwicklung des Hochhausbrandschutzes der Einsatz von **Holz** wegen seiner Umweltverträglichkeit auch in Hochhäusern geprüft. Dabei werden sehr strikte Einsatzgrenzen für Holz und Holzwerkstoffe in Hochhäusern definiert, um ähnliche Fehlentwicklungen wie bei der Anwendung brennbarer Kunststoffe für die Dämmung nicht zu wiederholen. Die statisch und klimapolitisch meist günstigere Verwendung des Baustoffes Holz ist daher aus Brandschutzgründen bei Hochhäusern nur unter ganz bestimmten Randbedingungen möglich.

Die Innenstadtverdichtung bewirkt zunehmend den Aufwuchs von Bestandsbauten über die Hochhausgrenze hinaus. Der Blick in andere Industriestaaten kann aufzeigen, wie die zukunftsfähige Umsetzung eines effektiven Hochhausbrandschutzes sowohl für Neubauten als auch für Bestandsbauten gelingen kann. International führt die Globalisierung gegenwärtig zu vergleichbaren Regelungen bei Hochhäusern und die neuen Herausforderungen des **Klimawandels** an den Hochhausbrandschutz werden thematisiert.

Das von der International Associaton of Fire Safety Sciences (IAFSS) initiierte Projekt „IAFSS Agenda 2030 for a Fire Safe World" (2019) schließt insbesondere die aktuellen Probleme des Bevölkerungswachstums und der Globalisierung in Zeiten des Klimawandels mit ein und verlangt weltweit und national konsistente ganzheitliche Lösungen für den Brandschutz; dies vor allem unter Beachtung von körperlich und geistig eingeschränkten Personen bei der Personenrettung sowie von veränderten Brandszenarien durch die Innenstadtverdichtung und den Klimawandel. Gerade bei Hochhäusern zeigen sich diese Probleme besonders deutlich.

1.6 Zukünftiger Hochhausbrandschutz beim Übergang zur Klimaneutralität

Hochhäuser werden in allen Nutzungs- und Gestaltungsformen zukünftig weiterhin eine entscheidende Rolle vor allem in den Innenstädten spielen. Innenstadtverdichtung, ökologisches Bauen und Ressourceneinsparung sind dabei zentrale Punkte, für die Brandschutzlösungen gefunden werden müssen – unter Berücksichtigung der Aspekte:

kurze Wege, verändertes Mobilitätsverhalten, Energieeinsparung und regenerative Energien sowie nachwachsende Rohstoffe. Die Verhinderung von Brandkatastrophen in Hochhäusern erfordert auch die Anpassung sowohl der Rechtsvorschriften des Brandschutzes als auch der Methoden der Genehmigungsprüfung von Brandschutznachweisen.

Deutschland hat dazu Stärken und Schwächen aufzuweisen. Zu den Stärken gehört, dass sehr konsequente Anforderungen an den Hochhausbrandschutz durch Sonderbauregelungen bestehen und so ein recht hohes Brandschutzniveau gesichert wird. Das zeigt sich insbesondere auch in der Konsequenz der Umsetzung von Brandschutzanforderungen im Vergleich zu vielen anderen Industriestaaten. Die tatsächliche Realisierung der Brandschutzanforderungen aus der Baugenehmigung wird in der Ausführungsphase sehr stringent kontrolliert, was weitgehend verhindert, dass „Pfusch am Bau" in großem Umfang zu unzureichenden Brandschutzmaßnahmen führt. Auch ein jahrelanges Beibehalten eines Hochhauses wie dem Grenfell Tower mit einem mangelhaften Brandschutz wäre in Deutschland nicht vorstellbar. Die sehr hohe Leistungsfähigkeit im abwehrenden Brandschutz in den hochhausrelevanten Großstädten mit Berufsfeuerwehren sorgt ebenfalls für eine große Personen- und Sachschadenminimierung.

Dieses „Verlassen" auf den **abwehrenden Brandschutz** hat allerdings in den letzten 60 Jahren zu einer Unterbewertung des anlagentechnischen Brandschutzes im Vergleich zu anderen Industriestaaten geführt. Während dies bei Standardgebäuden fast nur Probleme bei der Gewährleistung der Flächen für die Feuerwehr zur Sicherstellung des zweiten Rettungsweges zur Folge hat, entsprechen die baurechtlichen Vorgaben zur Hochhausgestaltung in Zeiten des Klimawandels nur begrenzt den aktuellen Herausforderungen. Paragrafengetreues Abarbeiten von baurechtlichen Anforderungen wird diese Probleme nicht lösen, da insbesondere Kompensationen über rechtlich mögliche Abweichungen und Erleichterungen mit einem sehr großen Aufwand verbunden sind im Vergleich mit „Acceptable Solutions", wie sie in einigen Staaten der Welt genutzt werden können, oder mit semiquantitativen und Indexmodellen des Brandschutzingenieurwesens.

Dabei kann die szenarienbasierte Vorgehensweise bei der Anwendung von **Brandschutzingenieurmethoden** ein wesentliches Mittel sein, um Brandschutzwissen in den baurechtlichen Rahmen so einzupassen, dass einerseits Hochhausbrandereignisse, wie Fassadenbrände bei brennbaren Wärmedämmungen, ausgeschlossen werden, aber gleichzeitig andererseits der Weg für die Anwendung nachhaltiger Baustoffe, wie Holz, für die Fassadenbegrünung und die Anwendung von regenerativen Energiesystemen frei gemacht wird.

2 Besondere Bedingungen für den Brandschutz in Hochhäusern

Brände in Hochhäusern weisen eine Reihe von Besonderheiten auf. In den frühen Brandphasen, d. h. in der Brandentstehungs- und frühen Brandausbreitungsphase, ergeben sich in aller Regel keine wesentlichen Unterschiede zu Bränden in „normalen" Wohn- und Bürogebäuden oder Gebäuden mit sonstigen Nutzungen. Die besondere Gebäudehöhe von Hochhäusern hat erstmalig dann eine Bedeutung, wenn es zum Zerbersten von Außenfenstern kommt und unter Umständen eine höhere Ventilation einen Einfluss auf die Wärmefreisetzungsrate bekommt. Das ist aber im Vergleich zu sonstigen Brandeinflussfaktoren eher unbedeutend, gerade wenn das Gebäude klimatisch sehr gut isoliert und so der Höheneinfluss ausgeglichen ist. Die horizontale Brandausbreitung hängt von der Bauweise ab. Da es sich bei den meisten Nutzungen bei einer ungestörten Brandentwicklung um eine mittlere Brandausbreitungsgeschwindigkeit handelt, ist im Hochhaus der Übergang zum Vollbrand interessant, der dann vor allem zu einer vertikalen Brandausbreitung sowohl über Fassaden als auch innen über vorhandene Vertikalverbindungen führen kann.

In vielen Fällen kommt es bei einer ungestörten Brandentwicklung in Hochhäusern zu einer **vertikalen Brandausbreitung** über Fassaden sowie Schachtanlagen der Haustechnik. Brandausbreitungen über Atrien sind eher Ausnahmen. Dies führt dazu, dass sich Brände über mehrere Geschosse bzw. über die gesamte Höhe des Hochhauses erstrecken können. Brandbekämpfungsmöglichkeiten durch Einsatzkräfte der Feuerwehr sind deshalb sowohl extern als auch intern weitgehend eingeschränkt.

Die **horizontale Brandausbreitung** im Hochhaus spielt dagegen eher eine untergeordnete Rolle, bedingt durch einen sehr großen Anteil an Zellenbauweise. Dabei wird das Gebäude in kleinteilige Nutzungseinheiten (Zellen) untergliedert. Da Nutzungseinheiten untereinander mit feuerwiderstandsfähigen Bauteilen abgetrennt werden müssen, wird eine Brandausbreitung bei der Zellenbauweise stärker behindert als bei großflächigen Nutzungseinheiten. Auch die verbreitet vorhandene automatische Löschtechnik wirkt der horizontalen Brandausbreitung effektiv entgegen.

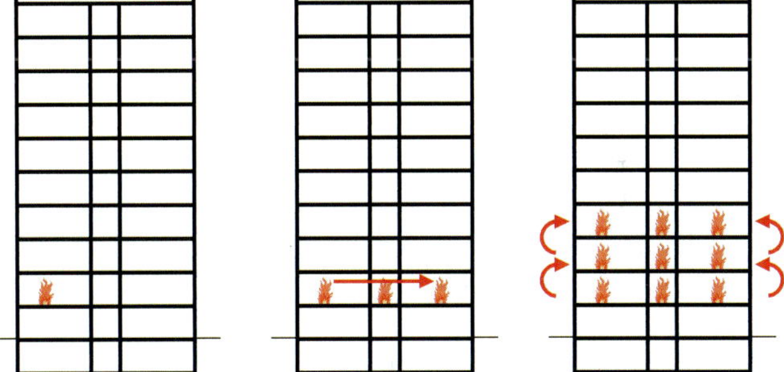

Abb. 2.1: Brandbegrenzung, horizontale Brandausbreitung und vertikale Brandausbreitung, bezogen auf Nutzungseinheiten (Quelle: nach Gernay/Ni, 2020)

Massive **Rauchausbreitung** innerhalb eines Hochhauses tritt insbesondere bei erheblichen Temperaturunterschieden in Treppenräumen aufgrund ihrer Höhe bei einem Raucheintritt ein sowie in offenen atrienartigen Verbindungen, besonders im Breitfußbereich und den darüber liegenden Geschossen des Hochhauses.

Relativ hohe Todes- und Verletztenzahlen sind auf die Besonderheiten der **Evakuierung** im Brandfall zurückzuführen. Meistens sind es Mängel bei den vertikalen Rettungswegbestandteilen, die zu höheren Todeszahlen führen, auch weil über dem Brandbereich liegende Geschosse infolge der Nichtnutzbarkeit der Treppenräume nicht geräumt werden können.

Die horizontalen Rettungswegbestandteile tragen nur in wenigen Fällen zu Personenschäden bei. Daher müssen besondere Anforderungen an die vertikalen Rettungswegbestandteile (Treppenräume, Treppenraumabschnitte, Aufzüge und Feuerwehraufzüge) vorgesehen werden.

Hochhäuser sind infolge ihrer repräsentativen Funktion auch Objekte von Terroranschlägen. Die Anschläge am 11. September 2001 haben gezeigt, welche besonderen Brandschutzprobleme bei Hochhäusern in Extremfällen auftreten können. Es ist allerdings nicht möglich, allgemeine und auch Brandschutzanforderungen an Hochhäuser auf Terrorrisiken auszulegen. Bauaufsichtliche Anforderungen berücksichtigen deshalb Terrorrisiken ausdrücklich nicht.

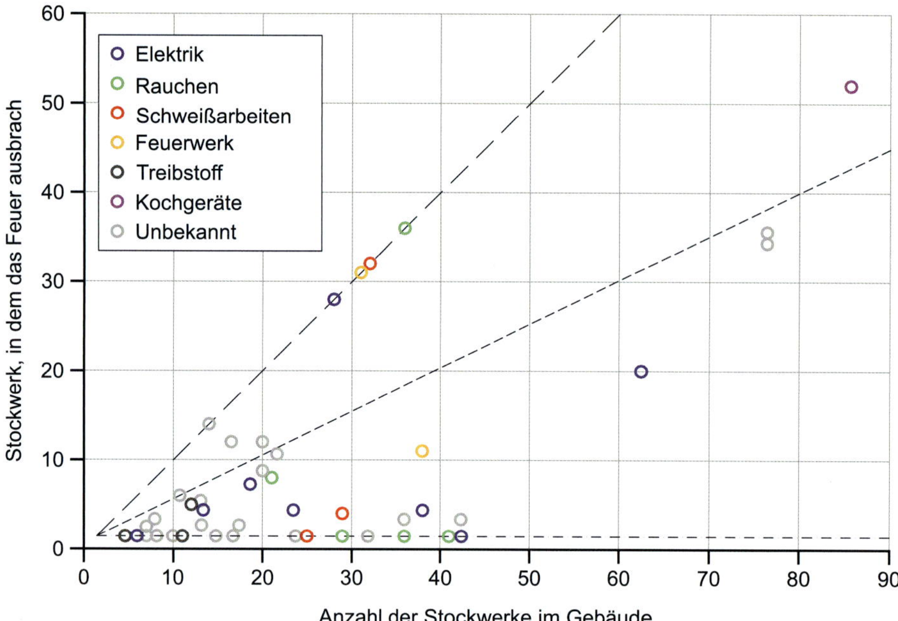

Abb. 2.2: Brandursachen, Brandausbruchsgeschoss und Geschosszahl bei Hochhausbränden (Quelle: nach Spearpoint et al., 2019)

Ähnlich ist die Situation bei Bränden, die aufgrund von Naturrisiken entstehen können. Diese können letztendlich in der Brandschutznachweisführung nur begrenzt berücksichtigt werden.

2.1 Vertikale Brandausbreitung

Während bei Gebäuden geringerer Höhe die vertikale Brandausbreitung von Geschoss zu Geschoss zwar beachtet wird, aber nicht im Fokus steht, spielt sie bei Hochhäusern eine zentrale Rolle, da über die Flammenausbreitung an den Außenwandseiten wesentlich größere flächenbezogene Brandleistungen und damit größere Flammenhöhen erreicht werden können als bei der horizontalen Brandausbreitung. Dies kann wiederum zu einer größeren Zahl betroffener Geschosse der Nutzungseinheiten führen.

Da die vertikale Brandausbreitung bei Hochhäusern eines der wesentlichen Brandrisiken darstellt, muss sie durch bauliche oder anlagentechnische Maßnahmen verhindert werden. Spektakulär sind Hochhausbrände vor allem durch die allseitige Sichtbarkeit der vertikalen Brandausbreitung. Wohnungsbrände in Hochhäusern (ohne Einwirkung einer Feuerlöschanlage) mit Wärmefreisetzungsraten von ca. 4 bis 6 MW können selbst bei einer nicht brennbaren Außenwand in Abhängigkeit von der Fensteröffnungsgeometrie **Flammenhöhen** von bis zu 8 m erreichen. Die feuerbeständigen Außenwandbestandteile (1 m zwischen den Öffnungen von Geschoss zu Geschoss) erwirken zwar eine Verzögerung der vertikalen Brandausbreitung, stellen aber keinen dauerhaften Schutz dar, da die Wärmestrahlung zeitverzögert auf die brennbaren Materialien im Fensterbereich (Vorhänge, Gardinen usw.) der jeweils über dem Brand liegenden Geschosse einwirkt und eine Entzündung verursacht. Dies wiederum kann bei einem ungestörten Vollbrand zu einer vertikalen Brandausbreitungskaskade führen. Da ein relativ großer Anteil der Brände in den unteren Geschossen stattfindet, muss eine vertikale Brandausbreitung in aller Regel über das gesamte Gebäude angenommen und verhindert werden.

Eine zweite Möglichkeit der vertikalen Brandausbreitung ist im Inneren des Gebäudes gegeben, insbesondere wenn vertikal notwendige Öffnungen die Ausbreitung von Feuer und Rauch ermöglichen. Hier sind folgende **Ausbreitungswege** zu beachten:

- Treppenräume,
- Aufzüge,
- gewollte bauliche Verbindungen, wie Atrien, Maisonetten usw.,
- Haustechnikschächte (Lüftungs-, Elektro- und Sanitärschächte) sowie
- Müllabwurfschächte.

Doppelfassaden werden unter dem Kriterium der äußeren vertikalen Brandausbreitung bewertet, können aber bei speziellen architektonischen Lösungen, wie „Haus in Haus“ (das bedeutet bei einem Hochhaus eine zusätzliche äußere, nicht formangepasste Glasfassade als Spezialform der Doppelfassade), auch zu inneren vertikalen Brandausbreitungen führen. „Haus-in-Haus“-Lösungen sind bislang nicht bei Hochhäusern aufgetreten. Sie tragen insbesondere zu einer sehr schnellen Rauchausbreitung bei und erschweren die Personenrettung und den Feuerwehreinsatz zusätzlich.

Die vertikale Rauchausbreitung, die dann folgend zu einer vertikalen Brandausbreitung führen kann, ist ebenso wie die eigentliche vertikale Brandausbreitung zu betrachten. Bei einigen Hochhausbränden hatte insbesondere die innere vertikale Brand- und Rauchausbreitung sehr hohe Todeszahlen zur Folge (siehe Kapitel 1.2 und 1.3).

Hinsichtlich der vertikalen Ausbreitungswege gibt es im heutigen Baurecht Regelungen zur Gestaltung (Treppenräume und Aufzüge), Verbote (Müllabwurfschächte), baulich-technische Lösungen zu Haustechnikschächten und kompensatorische Lösungen (Feuerlöschanlagen) zu gewollten baulichen Verbindungen.

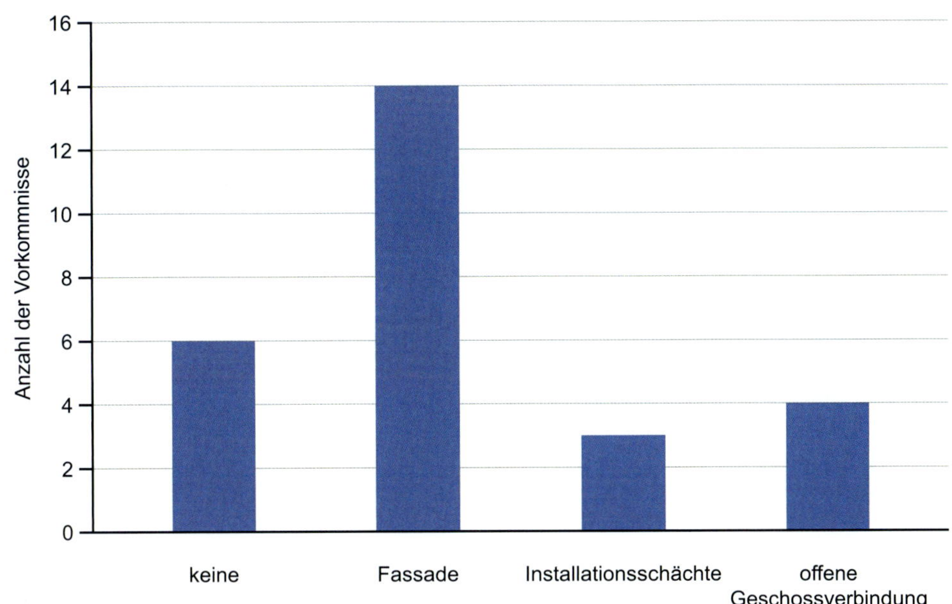

Abb. 2.3: Hauptwege der vertikalen Brandausbreitung bei internationalen Hochhausbränden zwischen 1980 und 2020 (Quelle nach Fritsch, 2020)

Tabelle 2.1: Fassadenbrände in Hochhäusern international zwischen 1990 und 2020 (Quelle: Bonner/Rein, 2020)

Land	**Jahr**																														
	1990	1991	1992	1993	1994	1995	1996	1997	1998	1999	2000	2001	2002	2003	2004	2005	2006	2007	2008	2009	2010	2011	2012	2013	2014	2015	2016	2017	2018	2019	2020
China																				gelb	gelb	gelb					gelb		gelb	orange	
USA								gelb	gelb									gelb	gelb												
VAE*																					gelb		orange	gelb			gelb	orange	gelb		
Südkorea																					gelb										
Japan								gelb																							
Indonesien																											gelb				
Australien													gelb												gelb						
Kanada	gelb																														
Russland																								gelb	gelb						
Türkei																							gelb						gelb		
England		gelb			gelb									gelb						gelb						gelb		gelb		gelb	
Deutschland							gelb									gelb															
Spanien																gelb															
Frankreich																					gelb		gelb				gelb		gelb		
Polen																														gelb	
Venezuela															gelb																
Niederlande																			gelb												
Schottland										gelb																					
Aserbaidschan																										gelb					
Ungarn																				gelb											

gelb einzelner Fassadenbrand in Hochhäusern
orange mehrere Fassadenbrände in Hochhäusern
weiß keine Fassadenbrände in Hochhäusern
* VAE Vereinigte Arabische Emirate

Von besonderem Interesse ist die Schadensauswertung von internationalen Hochhausbränden. Danach sind in den letzten 25 Jahren vor allem **Fassadenbrände** infolge vertikaler Brandausbreitung über brennbare Fassadenverkleidungen unterschiedlicher Materialien festzustellen. Die vertikale Brandausbreitung ist insbesondere bei Kunststoffmaterialien sehr hoch. Hinsichtlich der vertikalen Brandausbreitung bei Holzoberflächen in der Fassade liegen noch wenig Erfahrungen vor.

In den Vereinigten Arabischen Emiraten und in China ist es zu einer relativ großen Zahl an Fassadenbränden gekommen, vor allem bei Bestandsgebäuden. Seit 2016 ist in den Vereinigten Arabischen Emiraten für Neubauten eine brennbare Fassadenausbildung ausgeschlossen. Ungeachtet dessen verbleiben nicht nur dort, sondern auch in vielen anderen Staaten der Welt die brennbaren Fassaden als Bestandslösungen. Grundsätzlich wäre ein Rückbau dieser brennbaren Fassaden insbesondere dann kurzfristig erforderlich, wenn keine flächendeckenden, funktionierenden automatischen Feuerlöschanlagen, wie Sprinkler- oder Wassernebellöschanlagen, vorhanden sind, die eine Brandausbreitung von der Fassade ins Innere des Gebäudes verhindern können. Das ist vor allem in Wohnhochhäusern die Regel.

Infolge der schnellen Brandausbreitung über die Fassade kann es zum Unterlaufen der **Sprinkleranlagen** kommen, da in Fensternähe schnell eine sehr hohe Zahl an Sprinklern auslösen kann, was dann wiederum die Wirkflächen überschreitet. Je nach Rohrnetzauslegung kann dies zu geringeren Wasserbeaufschlagungen in den betroffenen Räumen führen. Bei einer Wirkfläche von ca. 200 m^2 ist diese Grenze bei ca. 25 auslösenden Sprinklern erreicht. Damit wird deutlich, dass die Feuerlöschanlagen zwar einen gewissen Schutz gegen die Brandübertragung ins Innere des Gebäudes geben, dieser Schutz aber begrenzt ist.

Die Statistik der Hochhausbrände zeigt, dass die vertikale Brandausbreitung mit Feuerlöschanlagen zwar nicht gestoppt, aber der Übergang in die horizontale Brandausbreitung in die Geschosse eingeschränkt und damit maßgeblich die Zahl der Todesopfer und Verletzten – in Abhängigkeit von der Rettungsweglösung – reduziert werden kann.

2.2 Rettungswegsituation

Aufgrund der erheblichen Entfernung der obersten Bereiche und Geschosse von Hochhäusern zur Geländeoberfläche und damit zum öffentlichen Verkehrsraum entstehen besondere Anforderungen an die Personenrettung. In der Regel ist eine Personenrettung mit dem **Rettungsgerät** der Feuerwehr **nicht möglich**, da standardisiertes Rettungsgerät in Deutschland nur mit einer Anleiterhöhe von bis zu 23 m ausgestattet ist. Hubrettungsfahrzeuge gibt es bei der Feuerwehr in Einzelfällen auch bis zu einer Höhe von 30 m, sie sind aber in Deutschland keine Standardrettungssysteme, die immer vorzuhalten wären. Sonstige vertikale Rettungswege, wie Abseilsysteme, Sprungtücher, Schlauchrutschen und Hubschrauber, sind zwar ebenfalls im Einzelfall anwendbar, nicht aber Bestandteil einer baulichen Genehmigungsplanung oder einer akzeptierten Brandschutzlösung.

Der Einsatz von **Feuerwehrkräften** wird bei einem Hochhausbrand durch folgende **Bedingungen erschwert**:

- die Zeitproblematik, insbesondere bezogen auf eine mögliche Verrauchung, des Innenangriffs,
- die meist sehr hohe Personenzahl im Gebäude, die eine Intervention zur Personenrettung nur in Einzelfällen möglich macht sowie
- der sehr hohe personelle und technische Aufwand für die Brandbekämpfung bei einer hohen Geschossanzahl.

Deshalb gilt der Grundsatz bei der Rettungswegplanung, dass das **Verlassen des Gebäudes ohne** die Unterstützung von Einsatzkräften der **Feuerwehr** möglich sein muss. Dazu sind vielfältige bauliche Lösungen vorgesehen, wie mehrere unabhängige vertikale Treppenräume oder Sicherheitstreppenräume, in bestimmten Fällen auch Außentreppen.

Da in allen Fällen die Vertikalverbindungen erreicht werden müssen, ergeben sich ebenfalls höhere Anforderungen an die horizontalen Rettungswege als bei Standardgebäuden, sofern diese Rettungswege nicht redundant ausgeführt sind, d. h., sofern nicht 2 voneinander unabhängige horizontale Rettungswege vorhanden sind.

Die Redundanz der horizontalen wie auch der vertikalen Rettungswege ist ein zentrales Element bei der Hochhausplanung in Deutschland. Das bedeutet, dass bei der Planung sowohl horizontal als auch vertikal ein **zweiter Rettungsweg** vorgesehen wird. International wird die Redundanz der Rettungswege differenzierter gesehen. Bei Wohnhochhäusern ist der zweite Rettungsweg beispielsweise in Dänemark, England, Kroatien, Finnland, Wales, Spanien und Slowenien nicht zwingend vorgesehen (Comparative study of national fire safety requirements Identifying key trends across the EU for high-rise residential buildings and hospitals, 2021). In der Schweiz ist die Redundanz der Rettungswege an eine bestimmte Geschossgrundfläche gebunden. Neben Deutschland sind es vor allem Schottland, Belgien, Tschechien, Schweden, Rumänien, Bulgarien, Griechenland, und Italien, die in Wohnhochhäusern redundante Rettungswege als erforderlich festlegen.

Möglich sind die verschiedensten Ausführungen vertikaler Rettungswege in Form von **Treppenräumen**, die allerdings unterschiedliche **Sicherheitsniveaus** erreichen:

- Treppenräume mit oder ohne Horizontalabtrennungen zu Fluren (ohne meistens in Deutschland für Hochhäuser nicht zulässig),
- innen oder außen liegende Treppenräume,
- innen liegende Treppen mit oder ohne Rauchableitungsöffnungen,
- außen liegende Treppenräume mit öffenbaren Fenstern mit oder ohne Rauchabzüge an oberster Stelle,
- innen liegende Treppenräume mit Vorräumen, die nicht mit Überdruck betrieben sind,
- innen liegende Treppenräume ohne Vorraum mit einer Luftspülanlage und einem bestimmten Luftwechsel,
- innen liegende Treppenräume mit Überdruckvorräumen, die eine bestimmte Durchströmgeschwindigkeit entgegen der Fluchtrichtung bei geöffneten Türen gewährleisten (Sicherheitstreppenräume),

- innen liegende Treppenräume mit Zugängen über einen offenen Gang, der dreiseitig, zweiseitig oder einseitig offen ist (Sicherheitstreppenräume), und
- innen liegende Treppenräume mit einem Zugang über einen innen liegenden offenen Schachtraum (Firetower).

Es sind aber nicht nur die baulichen Besonderheiten, die zu beachten sind: Ein Großteil der sich im Hochhaus aufhaltenden Personen nutzt meist die Aufzüge und kennt ggf. die Treppenanlagen kaum. Deshalb ist auch die Kenntnis der Rettungswegsituation durch die Nutzenden Voraussetzung für das Erreichen des Schutzzieles der Personenrettung.

2.3 Brandbekämpfung durch die Einsatzkräfte der Feuerwehr

Wie bei kaum einer anderen Gebäudeart ist bei Hochhäusern die Ganzheitlichkeit des Brandschutzkonzeptes notwendig, also die Abgestimmtheit der Lösungen des baulichen, anlagentechnischen, abwehrenden und organisatorischen Brandschutzes. Die vertikale Brandausbreitung erfordert nicht nur eine bestimmte Materialeingrenzung, sondern auch eine Außenwand- und Fenstergestaltung in Abhängigkeit von dem anlagentechnischen Brandschutz innerhalb des Gebäudes.

Die besonders langen Rettungswege in die ggf. sehr weit von der Geländeoberfläche entfernten Brandbereiche verlangen infolge des großen Zeitaufwandes für die Fortbewegung einen höheren Feuerwiderstand der Bauteile als in Standardgebäuden bzw. besondere Anforderungen an die Zuverlässigkeit der Rettungswegnutzung im Brandfall. Die Notwendigkeit des Innenangriffs bedeutet damit höhere **Anforderungen an die Bauteile** im Geschoss sowie an den **anlagentechnischen Brandschutz** als bei Gebäuden unterhalb der Hochhausgrenze. Das betrifft im Einzelnen:

- höhere Anforderungen an raumabschließende Trennungen innerhalb der Geschosse,
- Bereiche im Brandgeschoss, von denen aus der Innenangriff beginnen kann,
- vertikale Treppenraumerschließungen, die ein Erreichen des Brandgeschosses von den darunter liegenden, nicht vom Brand betroffenen Geschossen aus auf relativ kurzem Weg ohne Verrauchungsgefahr des Zugangs ermöglichen, sowie
- Löschwasserentnahmestellen innerhalb des Brandgeschosses (in der Regel Wandhydranten an wasserführenden „nassen" Steigleitungen, sog. Nasssteigleitungen), die im Brandgeschoss eine direkte Einspeisung ermöglichen.

Da der Einsatz für das Gesamtgebäude vorgesehen wird, ist es nicht möglich, bei der Brandschutzplanung nur auf einen Brandausbruch bzw. Außenangriff z. B. im Breitfuß abzustellen oder zweite Rettungswege über Rettungsgerät der Feuerwehr zu planen, auch wenn ein Erreichen des Brandgeschosses im Breitfuß mit Geräten der Feuerwehr möglich wäre.

Von besonderer Bedeutung ist die Bereitstellung des **Löschwassers** oder anderer Löschmittel in sehr hohen Höhen. Es muss also immer Lösungen geben, die einen Aufbau des Wassertransportes nach oben bzw. das Verlegen von Schläuchen in Treppenräumen oder an der Außenseite des Gebäudes nicht notwendig werden lassen. Solche Lösungen können fest installierte Steigleitungen mit Pumpenanlagen oder stationäre automatische Feuerlöschanlagen sein.

3 Brandschutzlösungen in Hochhäusern

Brandschutzanforderungen an Hochhäuser können aufgrund des Alters, der Nutzung und auch der Höhe der Hochhäuser sehr unterschiedlich sein. Während bei sehr hohen Hochhäusern mit einer Höhe von über 100 m teilweise weitergehende Anforderungen als die in der MHHR festgelegten zu berücksichtigen sind und Umnutzungen oft von dem aktuellen Baurecht nicht erfasst werden, sodass sie häufig nur mit Brandschutzingenieurmethoden geplant werden können, ergeben sich für niedrigere Hochhausneubauten relativ klare Planungsprinzipien.

Nachfolgend sollen die Entwicklung des deutschen Baurechts sowie Unterschiede zu internationalen Lösungen für Hochhäuser dargestellt werden. Einen Schwerpunkt stellen Lösungen für Bestandsgebäude dar, da aufgrund der veränderten Rechtsgrundlagen vielfach mit Brandschutzlösungen umgegangen werden muss, die nicht mehr den aktuellen Hochhausanforderungen genügen.

3.1 Rechtsgrundlagen

In Deutschland ist ergänzend zu der Musterbauordnung eine **Muster-Hochhaus-Richtlinie** erlassen worden. International gibt es nur in Einzelfällen spezielle Hochhausregelungen. Die Anforderungen sind dort eher ins jeweilige allgemeine Baurecht mit speziellen Anmerkungen zu Hochhäusern integriert.

Der Beginn der Überlegungen zum Brandschutz in Hochhäusern geht in Deutschland auf Rappold zurück: „*..., dass die Feuersicherheit viel zu wünschen übrig lässt, und dass bei einer Nutzung der Hochhäuser als Wohngebäude selbst eine kühne Phantasie kaum vermögen [wird], sich die Folgen eines größeren Feuerausbruches bei Nacht in einem derartigen Gebäude auszumalen.*“ (Rappold, 1913, S. 263) Er ist damit einer der ersten, der die Brandschutzprobleme erkannte.

Erst nach dem Zweiten Weltkrieg kam es mit dem Erlass der Musterbauordnung zur Entwicklung der eigenständigen Muster-Richtlinie über den Bau und Betrieb von Hochhäusern (Muster-Hochhaus-Richtlinie), die insbesondere die internationalen Erfahrungen, die wissenschaftlichen Arbeiten (z. B. zum Sicherheitstreppenraum) sowie die Anforderungen an 2 unabhängige Rettungswege und an den Feuerwiderstand der Bauteile berücksichtigte.

Im Laufe der weiteren Entwicklung fand die Thematik der Rauchausbreitung Eingang in die Rechtsvorschriften.

In der **Musterbauordnung** sind die folgenden **Schutzziele** des Brandschutzes festgelegt (vgl. § 14 MBO):

- Verhinderung der Brandentstehung,
- Verhinderung der Ausbreitung von Feuer,
- Verhinderung der Ausbreitung von Rauch,
- Rettung von Menschen und Tieren sowie
- wirksame Löscharbeiten.

3.1.1 Muster-Hochhaus-Richtlinie

Seit über 50 Jahren sind in Deutschland in den einzelnen Bundesländern auf der Grundlage der Muster-Hochhaus-Richtlinie spezielle Hochhausrichtlinien geltend.
Die Muster-Hochhaus-Richtlinie spiegelt den Stand der Technik seit ihrer Erstfassung 1954/55 wider. In dieser Zeit ist sie mehrfach geändert und den aktuellen Brandschutzproblemen angepasst worden. Während bei vielen anderen Sonderbaunutzungen die Anforderungen eher reduziert wurden, haben sie sich bei Hochhäusern aufgrund der Erfahrungen aus Bränden erhöht. Das betrifft insbesondere die Anforderungen an den anlagentechnischen Brandschutz.

Die Veränderung von der ursprünglich vorrangigen Wohn- und Hotelnutzung von Hochhäusern mit einer relativ stark ausgeprägten Zellenbauweise zu einer universellen oder Mischnutzung mit besonderen Gestaltungen, wie Glas- und Doppelfassaden, Großraumbüros usw., hat zu der Erhöhung der Brandschutzanforderungen beigetragen. Im 20. Jahrhundert war der Hochhausbau zumindest in Deutschland von Wohnhochhäusern geprägt. Seit etwa 20 bis 30 Jahren werden Hochhäuser vorrangig für Büros, Mischnutzungen und Hotels vorgesehen. Dieser Entwicklung trägt die Muster-Hochhaus-Richtlinie in ihrer Fassung 2008 Rechnung, wobei ausdrücklich nicht mehr der bauliche Brandschutz, sondern anlagentechnische Lösungen im Mittelpunkt stehen.

Zukünftig sind Regelungen in der Muster-Hochhaus-Richtlinie zur Entwicklung von Holzbauweisen, die bislang noch gar nicht abgedeckt sind, und zu einer intensiveren

Tabelle 3.1: Entwicklung der Muster-Hochhaus-Richtlinie hinsichtlich der Erfordernis von Feuerlöschanlagen, Brandmeldeanlagen und Feuerwehraufzügen

Anlage/Feuerwehraufzug; Gebäudehöhe	Richtlinie über den Bau und die Errichtung von Hochhäusern	Richtlinie über den Bau und die Errichtung von Hochhäusern	Richtlinie über den Bau und die Errichtung von Hochhäusern	Muster-Richtlinie über den Bau und Betrieb von Hochhäusern
	1955	1973	1983	2008
automatische Feuerlöschanlage; über 60 m	kann nach Art und Nutzung des Hochhauses verlangt werden	kann nach Art und Nutzung des Hochhauses verlangt werden	erforderlich	erforderlich
automatische Feuerlöschanlage; 30 bis 60 m	kann nach Art und Nutzung des Hochhauses verlangt werden	kann nach Art und Nutzung des Hochhauses verlangt werden	ggf. erforderlich	erforderlich (Ausnahme Zellenbauweise/ Brandbegrenzung auf ein Geschoss)
automatische Feuerlöschanlage; 22 bis 30 m	kann nach Art und Nutzung des Hochhauses verlangt werden	kann nach Art und Nutzung des Hochhauses verlangt werden	kann nach Art und Nutzung des Hochhauses verlangt werden	erforderlich (Ausnahme Zellenbauweise/ Brandbegrenzung auf ein Geschoss)
Brandmeldeanlage; über 60 m	kann nach Art und Nutzung des Hochhauses verlangt werden	kann nach Art und Nutzung des Hochhauses verlangt werden	Kategorie 1 nach DIN 14675-1 1)	Kategorie 1 nach DIN 14675-1
Brandmeldeanlage; 22 bis 60 m	kann nach Art und Nutzung des Hochhauses verlangt werden	kann nach Art und Nutzung des Hochhauses verlangt werden	kann nach Art und Nutzung des Hochhauses verlangt werden	Kategorie 1 nach DIN 14675-1
Feuerwehraufzug; über 30 m	keine Anforderung	erforderlich	erforderlich	erforderlich
Feuerwehraufzug; 22 bis 30 m	keine Anforderung	keine Anforderung	keine Anforderung	erforderlich

1) DIN 14675-1 „Brandmeldeanlagen – Teil 1: Aufbau und Betrieb" (2020)

Anwendung von Brandschutzingenieurmethoden zu erwarten.

Die Muster-Hochhaus-Richtlinie (MHHR) wurde und wird in den einzelnen **Bundesländern sehr unterschiedlich** umgesetzt. In einigen Bundesländern wurde sie wortgleich inhaltlich übernommen, in manchen Bundesländern wurden Reduzierungen der Anforderungen vorgenommen, wie z. B. in Bayern, Bremen, Hessen, Schleswig-Holstein, Hamburg und Berlin. In Berlin ist beispielsweise die Hochhausgrenze von 22 m auf 25 m verschoben worden. In Sachsen-Anhalt gibt es keine Hochhausrichtlinie.

Die Abweichungen von der Muster-Hochhaus-Richtlinie führen zu einem bundesweiten Flickenteppich, zu Fehlern und teilweise zu einem Unverständnis bestimmter Einzelanforderungen bei Planenden. Bei der Reduzierung der Anforderungen der MHHR in einigen Bundesländern geht es meist nur darum, Erleichterungen zu begründen und umzusetzen, ohne die Ganzheitlichkeit der Anforderungen zu beachten, wenn mit Brandschutzingenieurmethoden Gesamtlösungen nicht nachgewiesen werden können.

3.1.2 Internationale Regelungen

Die Regelungen in Deutschland zu Anforderungen an Hochhäuser unterscheiden sich erheblich von den Regelungen in anderen Industriestaaten. In den meisten Staaten werden Hochhäuser nicht explizit gesondert geregelt, z. B. in Großbritannien und Neuseeland, während es in Österreich und in der Schweiz gesonderte Regelungen gibt (siehe auch Kapitel 4.7.1). In der Schweiz wird den Baubehörden eine relativ große Regelungsmacht zugestanden. In angelsächsischen Staaten werden zunehmend sog. „Acceptable Solutions" als empfohlene Standardlösungen angeboten, wobei eine ingenieurmäßige Brandschutzlösung immer möglich ist. Die Anforderungen ergeben sich dann z. B. aus der Geschosszahl.

Anders in Deutschland und einigen anderen mitteleuropäischen Staaten. Hier werden gesonderte Regelungen für Hochhäuser im Rahmen von Sonderbauverordnungen erlassen. In Deutschland resultiert dies aus der besonderen Situation des Brandschutzes, der sich auf einem sehr hohen Niveau des abwehrenden Brandschutzes befindet. Deshalb legt die Gebäudehöhe gesondert die Anforderungen an den abwehrenden Brandschutz mit fest.

Tabelle 3.2: Anforderungen an die Feuerwiderstandsdauer der raumabschließenden sowie tragenden und aussteifenden Bauteile innerhalb Europas

Land	Feuerwiderstandsdauer der tragenden und aussteifenden Bauteile nach länderspezifischen Vorgaben in Minuten	Feuerwiderstandsdauer der raumabschließenden Trennwände nach länderspezifischen Vorgaben in Minuten
Belgien	60	60
Bulgarien	120	120
Kroatien	90	90
Tschechien	90	90
Dänemark	120	60
England/Wales	120	60
Finnland	90	60
Deutschland	90	90
Griechenland	120	120
Ungarn	120	180
Italien	90	90
Litauen	90	120
Nordmazedonien	90	90
Polen	120	60
Rumänien	150	180
Schottland	120	60
Slowenien	90	90
Spanien	120	120
Schweden	60	60
Schweiz	90	60

3.1.3 Gebäudehöhe und Hochhausgrenze

Wohnhochhäuser im Bereich von 22 bis ca. 30 m Höhe werden zum Teil selbst von Fachleuten kaum als Hochhäuser wahrgenommen. So antwortete der Bauminister von Sachsen-Anhalt (damals Vorsitzender der Bauministerkonferenz), als er nach dem Brand des Grenfell Towers 2017 medial gefragt wurde, wie viele Hochhäuser es in Sachsen-Anhalt gibt, es seien insgesamt 5, 4 in Halle und 1 in Magdeburg (Portul, 2018); tatsächlich sind es insgesamt weit über 500.

Die Abgrenzung von Hochhäusern zu Nichthochhäusern erfolgt in Deutschland durch den Abstand der Gebäudehöhe zur Geländeoberfläche. Überschreitet dieser **22 m**, handelt es sich um ein Hochhaus. Dabei ist nicht die konstruktive Gebäudehöhe gemeint, sondern die in der Musterbauordnung mit dem höchstgelegenen Aufenthaltsraum definierte. Die Höhendifferenz des Fußbodens des höchstgelegenen Aufenthaltsraumes, für den die Personenrettung nachzuweisen ist, zur Geländeoberfläche entscheidet damit über die Einstufung als Hochhaus. Dieses Maß resultiert aus der Anleiterhöhe von Drehleitern der Feuerwehr von bis zu 23 m abzüglich einer Brüstungshöhe von 1 m. Insofern ist es durchaus sinnvoll, von einem **höchsten Fluchtniveau** (Definition aus Österreich) als Hochhausgrenze bei 22 m zu sprechen. Diese Regelung gilt nur für Deutschland. In der DDR lag die Hochhausgrenze bei 28 m Gesamtgebäudehöhe. So kommt es, dass vor allem 9- und 10-geschossige Gebäude im Osten Deutschlands vormals keine Hochhäuser waren, jetzt aber als Hochhäuser zählen.

Die Hochhausgrenze ist auf die Möglichkeit des Anleiterns bezogen und trägt damit einerseits der Begrenztheit des zweiten Rettungsweges über Standard-Hubrettungsfahrzeuge der Feuerwehr, andererseits der Begrenztheit des Außenangriffs Rechnung. Wenn bei Hochhäusern im Innenangriff die Zugänglichkeit bis zu 2 Geschossen unter dem Brandgeschoss vorgesehen ist, ergibt sich daraus auch die Möglichkeit, den Außenangriff bis zu einer Höhe von ca. 28 m durchzuführen.

Tabelle 3.3: Hochhausgrenze und Feuerlöschanlagenpflicht im internationalen Vergleich

Staat	Hochhausgrenze in m	Feuerlöschanlage gefordert ab einer Gebäudehöhe in m
Deutschland Berlin ehemalige DDR	22 25 28	60[1)] 60[1)]
Neuseeland	25	25
Australien	25	25
Portugal	28	–
Schottland	(18) 60[5)]	–
USA	23	30[2)]
Irland	30	30[3)]
England	30	–
Kanada	36	ca. 18[4)]
Litauen	45	–
Schweiz	30	–
Ungarn	30	–
Polen	50	–
Niederlande	70	–
Schweden	ca. 50	–
Luxemburg	60	–
Spanien	80	–
Frankreich	200[6)]	–

1) bei fehlender Zellenbauweise ab 22 m
2) außer Wohnhochhäuser
3) außer Garagen
4) abhängig von Grundfläche und Nutzung
5) Neubauten und neue Hochhausgrenze ab 18 m (6 Vollgeschosse), bisher und Bestand ab 60 m (20 Vollgeschosse)
6) Ab 28 m bzw. 50 m Gebäudehöhe bestehen höheren Anforderungen, diese Gebäude werden aber nicht als Hochhäuser bezeichnet.

Aus den international unterschiedlichen Hochhausgrenzen (Tabelle 3.3) wird ersichtlich, dass nicht überall die Notwendigkeit des Innenangriffs der Feuerwehr das ausschlaggebende Kriterium ist. Es ist jedoch nicht davon auszugehen, dass in den Niederlanden oder in Spanien die Brandbekämpfung zwischen ca. 25 und 70 bzw. 80 m einzig im Außenangriff erfolgt.

Hochhäuser in Deutschland lassen sich nach den Brandschutzanforderungen in folgende **4 Gruppen** unterscheiden:

- Hochhäuser mit einer Höhe von 22 bis 30 m,
- Hochhäuser mit einer Höhe von 30 bis 60 m,
- Hochhäuser mit einer Höhe von 60 bis 100 m und
- Hochhäuser mit einer Höhe von über 100 m.

Für den Bereich bis zu 30 m Höhe können insbesondere bei Bestandsbauten Sonderlösungen zum Tragen kommen. Teilweise wird für die Personenrettung auf dem zweiten Rettungsweg noch nicht standardisierte Leitertechnik verwendet. Für den Bereich zwischen 22 und 60 m Höhe gelten Regeln, die höhere Feuerwiderstände fordern und bei Zellenbauweise eine Abweichung von der Feuerlöschanlagenpflicht ermöglichen. Zwischen 60 und 100 m Höhe erhöhen sich die Anforderungen an den Feuerwiderstand und an die Gestaltung der Treppenräume. Über 100 m Höhe gelten zusätzliche Anforderungen, insbesondere im Aufzugsbereich, wobei es dazu keine direkten rechtlichen Vorgaben gibt. Zusätzlich zu der Erfüllung der Anforderungen der Hochhaus-Richtlinien der Länder muss für diese Höhe auch dass Erreichen der Schutzziele nachgewiesen werden.

Ähnlich ist das bei Hochhäusern über 90 m in **Österreich**. Dort können je nach genauer Risikobewertung zusätzliche Anforderungen gestellt werden, wie z. B.:

- Erhöhung des Feuerwiderstandes der Bauteile,
- eigenes Sicherheitstreppenhaus für die Einsatzkräfte der Feuerwehr,
- zusätzlicher Feuerwehraufzug,
- zusätzliche Redundanzen der anlagentechnischen Brandschutzeinrichtungen,
- organisatorische Brandschutzmaßnahmen sowie
- Fluchtwegekonzept auf Basis von Personenstromanalysen.

Weitere Besonderheiten ergeben sich daraus, dass Architekturschaffende oft Gestaltungslösungen wählen, die bisherige Nichthochhäuser zu Hochhäusern aufstocken, z. B. durch zusätzliche Räume oder Wohnungen im Dachgeschoss oder bei Aufstockungen im Zuge der Innenstadtverdichtung.

In aller Regel finden sich Hochhäuser in Großstädten oder zumindest Landkreiszentren, sodass sie in den meisten Fällen von einer **Berufsfeuerwehr** in kurzen Einsatzzeiten erreicht werden können. Eine Hochhausbrandbekämpfung in Kommunen ohne Berufsfeuerwehr bedingt in Deutschland Einsatzzeiten von über 13 Minuten. Wenn es im Rahmen von Innenstadtverdichtungen auch in kleineren Städten ohne Berufsfeuerwehr zu mehr Hochhausnutzungen kommen sollte, wären veränderte Regelungen des Hochhausbrandschutzes nicht nur für den Bestand bis 30 m, sondern auch für Neubauten und Aufstockungen zu diskutieren.

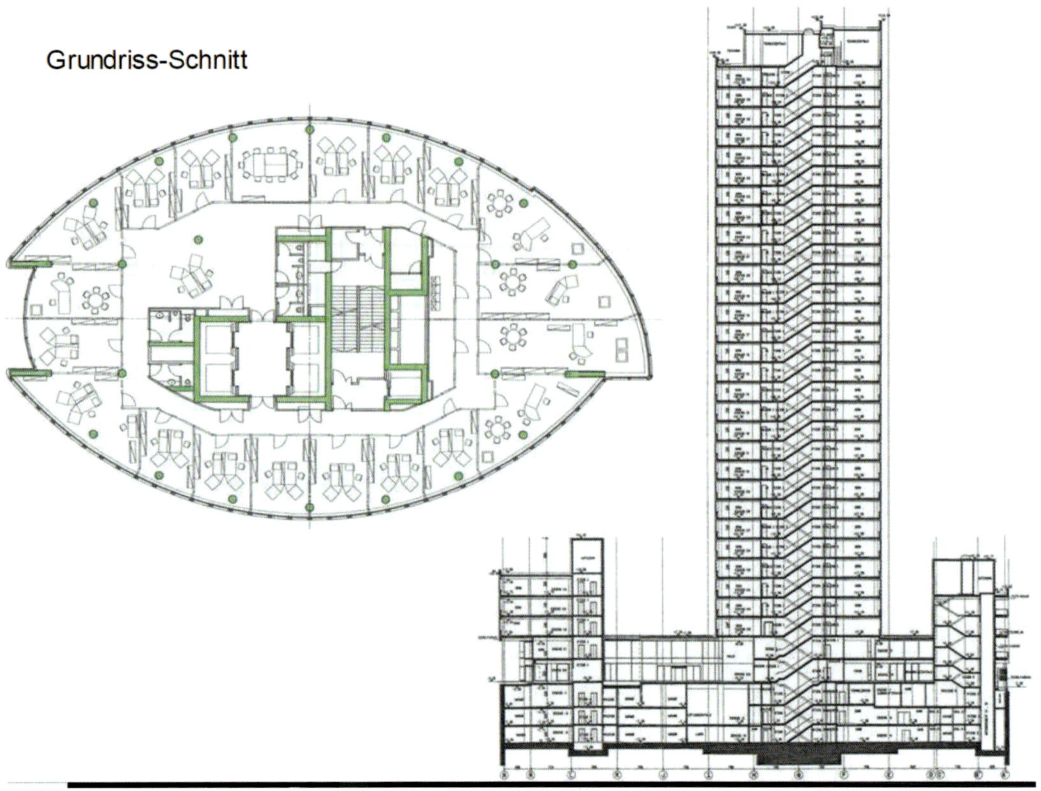

Abb. 3.1: Hochhaus mit Breitfuß, Wien, Österreich (Quelle: Waldfogel, 2017)

Auch die **Breitfußthematik** und besondere Geometrien können nach einer differenzierten Bewertung der Hochhausgrenze verlangen: Während das eigentliche Hochhaus in Abb. 3.1 ca. 35 Geschosse aufweist (über 90 m Höhe) und der eigentliche Hochhausteil in ovaler Form nur ca. 15 m × 30 m Grundfläche aufweist, kommt es im Breitfuß zu einem Vielfachen dieser Grundfläche. Im vorliegenden Fall besteht der Breitfuß nur aus ca. 8 Geschossen, die durch eigene Treppenräume erschlossen sind. Solche sehr ungewöhnlichen Grundrisse, mit denen einerseits eine optimale Flächenausnutzung, andererseits eine architektonische Besonderheit erreicht werden sollen, erfordern oft besondere Brandschutzlösungen, ggf. sogar noch Nachweise durch bestimmte Brandschutzingenieurmethoden, wie eine spezielle Bauteilbemessung mit Naturbrandmodellen oder einen Nachweis der Rauchableitung, selbst wenn Feuerlöschanlagen vorhanden sind (siehe auch Kapitel 4.5.5).

Da bei Hochhäusern eine externe Brandbekämpfung und Rettungswege über Rettungsgerät der Feuerwehr über einer Höhe von 22 m in Deutschland nicht oder nur in Ausnahmefällen möglich sind, ist die **Standardeinsatzgrenze der Hubrettungsfahrzeuge** eine insgesamt sinnvolle Abgrenzung von Hochhäusern zu Standardbauten.

3.2 Bestandslösungen

Bei kaum einem Gebäudetyp haben sich die Brandschutzanforderungen aufgrund zunehmender Erkenntnisse des wissenschaftlichen Brandschutzes so schnell verändert wie bei Hochhäusern. Das bedeutet, dass bei Gebäudelebenszeiten von durchschnittlich 100 Jahren heute noch Hochhäuser im Bestand vorhanden sind, die vor 100 Jahren nach einem Baurecht genehmigt wurden, das mehrere Generationen der Hochhausentwicklung zurückliegt. So kann es sein, dass unveränderte Bestandsbauten heute nur noch bedingt die Schutzziele des aktuellen Brandschutz-Baurechts für Hochhäuser erfüllen.

Der grundlegende Standard für den Hochhausbrandschutz wird in Deutschland bei Bestandsbauten in aller Regel nicht erreicht. Die Anforderungen der MHHR gelten zunächst für Neubauten und Bestandsbauten gleichermaßen, jedoch genießen Bestandsbauten, die nach alten Fassungen der MHHR erstellt wurden, bauordnungsrechtlich einen Bestandsschutz. In der Einsatzpraxis vieler Feuerwehren finden sich häufig solche Hochhäuser, sodass tatsächlich vorgefundene und in der aktuellen MHHR geforderte Brandschutzmaßnahmen oftmals voneinander abweichen. Dieser Umstand muss im Rahmen der Einsatzvorbereitung der Feuerwehren durch eine individuelle Betrachtung und die Festlegung objektspezifischer Maßnahmen berücksichtigt werden.

Der **Bestandsschutz** für Bestandsbauten gilt nur so weit, wie sie unverändert geblieben sind und aktuell das **Schutzziel** „Rettung von Menschen und Tieren" erfüllen. Der Nachweis des Erreichen des Schutzzieles ist dabei entscheidend. Wenn beispielsweise ein Bestandshochhaus nur einen Treppenraum aufweist, der nicht als Sicherheitstreppenraum ausgebildet ist, kann von einer Nichtgewährleistung dieses Schutzzieles ausgegangen werden und es besteht insofern akuter Handlungsbedarf.

Es gibt viele Bestandshochhäuser, in denen Anpassungen vorgenommen wurden, um das Brandschutzniveau zu verbessern, gleichzeitig aber auch Bestandshochhäuser, in denen durch weitgehende bauliche Änderungen das Schutzniveau abgesenkt wurde, wie z. B. durch den Einbau von Verglasungen an offenen Gängen von Sicherheitstreppenräumen, durch die Veränderung von Rettungsfensterlösungen bei Hochhäusern mit 22 bis 30 m Höhe, durch Veränderungen der Haustechnik, den Einbau von Zwischendecken oder die teilweise Gebäudedämmung mit brennbaren Dämmstoffen.

Grundsätzlich gilt, dass bei **baulichen Veränderungen** von Bestandsbauten das bestehende Brandsicherheitsniveau mindestens gleichwertig erhalten bleiben muss. In der Regel sollen bauliche Veränderungen eine Verbesserung in Richtung der aktuellen Anforderungen erreichen, ohne zwingend alle Anforderungen der aktuellen MHHR erfüllen zu müssen.

Beispielsweise nicht vertretbar ist es, die genehmigten offenen Flächen eines offenen Ganges eines Sicherheitstreppenraumes zu verkleinern oder manuell bedienbar zu verschließen, weil sich dann eine zusätzliche Ausfallwahrscheinlichkeit hinsichtlich des Versagens der eingesetzten Bauteile ergibt und die relativ störungsunabhängige, über Rauchmelder ausgelöste Öffnung nur noch begrenzt wirksam wird.

Ein besonderes Problem stellen bei Bestandshochhäusern **Umnutzungen** oder teilweise Umnutzungen dar. Umnutzungen von Wohnungen in Bürobereiche sind dann relativ unproblematisch, wenn die Größe der Nutzungseinheiten erhalten bleibt. Allerdings kann die Einrichtung von Bürobereichen in ehemaligen Wohnungen die Zahl der nutzenden Personen erhöhen. Das Risiko selbst sinkt infolge nicht mehr vorhandener Beherbergung. Wenn Wohnhochhäuser zu Hotelhochhäusern umgebaut werden, steigt das Brandrisiko infolge fehlender Ortskenntnisse der untergebrachten Personen. In den beginnenden 2000er-Jahren sind Wohnhochhäuser zunehmend zu Pflege- oder Tagespflegeeinrichtungen mit betreutem Wohnen umgenutzt worden. Auch das birgt eine Erhöhung des Risikos im Fall eines Brandes, da die Vertikalrettung einer größeren Zahl körperlich eingeschränkter Personen im Hochhaus kaum möglich ist.

Gerade bei Mischnutzungen kann es sein, dass neben der MHHR unterschiedlichste zusätzliche Anforderungen berücksichtigt werden müssen, z. B. aus Sonderbaurichtlinien, wie der Beherbergungsstättenverordnung oder der Versammlungsstättenverordnung, oder, wenn es für eine Nutzung keine Sonderbauregelung gibt, z. B. bei Krankenhäusern oder Pflegeeinrichtungen, zusätzliche Anforderungen für ungeregelte Sonderbauten, die nach der aktuellen Musterbauordnung über ein für das jeweilige Bauvorhaben individuell zugeschnittenes Brandschutzkonzept verfügen müssen.

Ein weiteres Bestandsproblem stellen „variable Büronutzungen" dar. Vermietergerechte Grundrisse wurden mit Trockenbaulösungen geschaffen, ohne z. B. die Feuerbeständigkeit von Flurwänden oder Trennwänden zu gewährleisten. Teilweise ist es sogar zur Einschränkung der Treppenräume gekommen, indem deren Wände zurückgebaut und durch unterdimensionierte Trockenbaulösungen ersetzt wurden.

3.2.1 Bestandslösungen aus der Bundesrepublik Deutschland

Die Muster-Hochhaus-Richtlinie in den Fassungen der 1950er- bis 1970er-Jahre basierte zu einem wesentlichen Teil auf einem Bestand von **Wohngebäuden in Zellenbauweise**. Erst später erhöhte sich der Anteil anderer Nutzungen, insbesondere in Großstädten der **Büronutzung**. Grund waren u. a. die steigenden Mieten in den Innenstädten, die das Wohnen verteuerten und damit andere Nutzungen in der zweiten Hälfte des 20. Jahrhunderts attraktiv machten. Ein weiterer Grund waren städtebauliche Aspekte, da besonders gestaltete Hochhäuser zum Bild der Stadt gehörten und dann auch vor allem Büronutzungen anzogen. Um die Verödung der Innenstädte zu verhindern, entstanden in den Erdgeschossen zunehmend Verkaufsstätten und auch Versammlungsstätten, was dann zu Breitfußlösungen und Mischnutzungen führte.

Der Hochhausbrandschutz war Anfang der 1970er-Jahre sehr unklar geregelt. In § 15 der Durchführungsverordnung zum Muster der Hochhausrichtlinie 1971 heißt es wörtlich: *„... je nach Art und Nutzung des Hochhauses können weitere Feuerlöscheinrichtungen wie selbsttätige Feuerlöschanlagen, Ringwasserleitungen, Hydranten, Schlauchanschlüsse und Feuerlöscher sowie Feuermeldeeinrichtungen und Rettungsgeräte verlangt werden. ...“*

Es wird deutlich, dass es sich um „Kann-Bestimmungen“ handelt. Den Bauordnungsämtern und den Feuerwehren wurde damals ein sehr großer **Ermessensspielraum** eingeräumt, der in vielen Fällen letztendlich zum Verzicht auf Sprinkleranlagen und andere Brandschutzmaßnahmen aufgrund ihrer zusätzlichen Kosten führte. Oft genug wurde **abwehrender gegen anlagentechnischen** Brandschutz ausgespielt. Leistungsfähige Feuerwehren fühlten sich über ihre Brandschutzdienststellen häufig in der Lage, in Anwendung der „Kann-Bestimmungen“ auch den jeweiligen Hochhausbrand zu beherrschen und so auf Feuerlöschanlagen verzichten zu können, sodass Feuerlöschanlagen meist nur für sehr hohe Hochhäuser vorgesehen wurden und die MHHR erst 2008 grundsätzlich verändert wurde.

1973 schrieb Karlsch dazu: *„Wie soll nun ein erhöhter Brandschutz bei Hochhäusern aussehen? Es muss zunächst festgestellt werden, dass wohl die baurechtliche Handhabe zu verschärften Forderungen in Form allgemeiner Rahmen- und Ermessensbestimmungen gegeben ist. Was im Einzelfall zu fordern ist, wird aber den örtlichen Behörden überlassen. Wenn keine konkreten Anwendungsrichtlinien bestehen, wird in den einzelnen Bereichen das Ermessen oft unterschiedlich ausgelegt. Dieses Ermessen soll zukünftig im Einvernehmen mit den obersten Baubehörden der Bundesländer durch Einzelbestimmungen eingeschränkt werden.“* (Karlsch, 1973, S. 14)

„Verschärfte“ **Brandschutzmaßnahmen** waren danach (Karlsch, 1973) erforderlich **für**:

- Großraumnutzungen, wie Großraumbüros über ca. 400 m², Redaktions- oder Schreibsäle, erweiterte und möblierte Flurbereiche und Hallen,
- Hochhäuser mit hoher Brandbelastung, wie Archiv- und Lagerhäuser, Ausstellungs- und Geschäftshäuser und sonstige gewerblich genutzte Hochhäuser,
- Hochhäuser mit Versammlungs- und Veranstaltungsräumen, wie Restaurants, Bars, Diskotheken, Tanzsäle

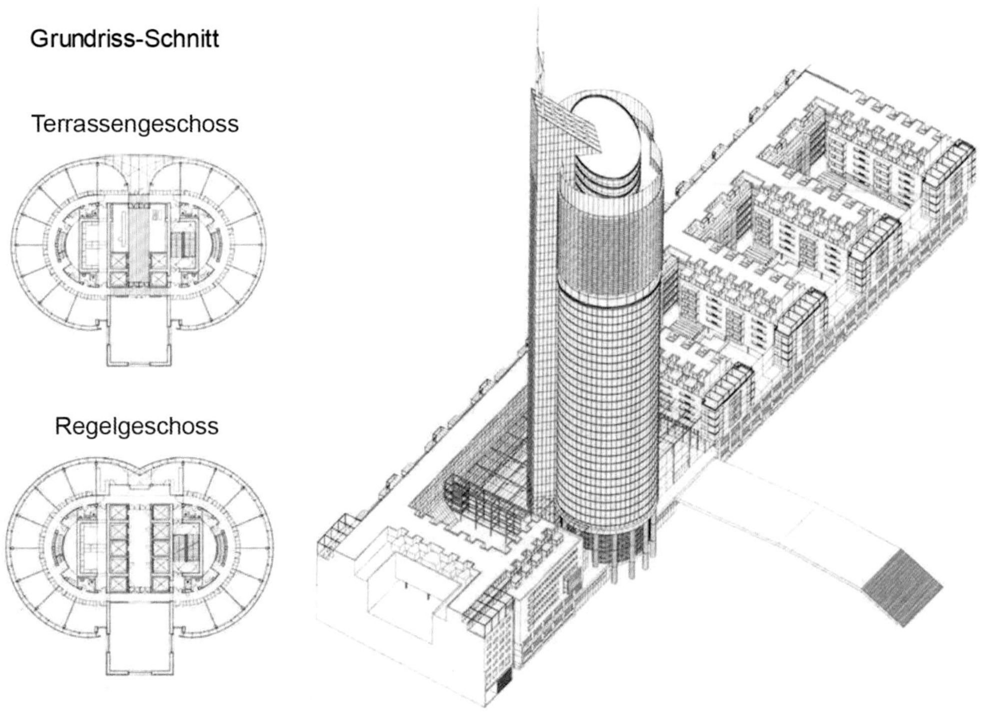

Abb. 3.2: Hochhaus mit Mischnutzung und Breitfuß (Quelle: Waldfogel, 2017)

und Bowlingbahnen, in denen sich eine größere Anzahl ortsunkundiger Personen aufhält,
- vielgeschossige Hotelhochhäuser, Hochhäuser mit der Nutzung als Pflegeheime oder Heime für ältere Menschen oder Krankenhochhäuser, bei denen eine Evakuierung des Gebäudes im Brandfall schwierig ist,
- Hochhäuser mit Mehrfachnutzung, wie Gewerbe-, Büro- und Wohnnutzung, in denen die Nutzungen gemeinsame Rettungswege haben,
- großflächige, verschachtelte Hochhauskomplexe, bei denen die unteren Geschosse in Gewerbezonen liegen, deren Zugänge überbaut sind oder die in einer Hang- oder Berglage liegen, sowie
- besondere Hochhäuser außerhalb der Groß- und Mittelstädte, wo Feuerwehren nicht schnell genug zur Verfügung stehen, wie in Feriengebieten, auf Inseln oder in Einzellagen außerhalb bebauter Gebiete.

Die Muster-Hochhaus-Richtlinie 2008 bildet die Entwicklung zu Büronutzungen mit **flexiblen Gestaltungen** ab. Diese flexiblen Gestaltungen sind bei Hochhäusern in Stahlskelettbauweise relativ einfach mit Trockenbaulösungen zu realisieren. So können Grundrisse den Platz- und Gestaltungsbedürfnissen von Mietern angepasst werden. Die Flexibilisierung hat jedoch ihre Konsequenzen: Flurlösungen innerhalb der Geschosse sind meist nur bei Vorhandensein einer Feuerlöschanlage umsetzbar.

Gerade bei Breitfußlösungen, Doppelfassaden und speziellen Büro- und Mischnutzungen wird mit der MHHR 2008 mehr Flexibilität in der Gestaltung durch den Übergang von baulichen zu **anlagentechnischen** Brandschutzlösungen erreicht. Auch perspektivisch bietet die MHHR 2008 damit die Grundlage für eine klimaneutrale Anpassung der Lösungen, z. B. durch die Verwendung von speziellen Holzbaustoffen.

3.2.2 Bestandslösungen aus der früheren DDR

Eine Vielzahl von Hochhäusern aus der früheren DDR (insbesondere Plattenbauten) in den östlichen Bundesländern erfordert auch die Bewertung dieser Gebäude. In der früheren DDR existierte eine andere Definition und Zuordnung von Hochhäusern als in der Bundesrepublik Deutschland. Hochhäuser wurden nach der Gebäudehöhe eingeteilt (Tabelle 3.4).

Tabelle 3.4: Hochhausgruppen nach DDR-Baurecht

Gebäudehöhe in m	Benennung der Gebäude
über 16 bis 28	vielgeschossige Gebäude
über 28 bis 50	Hochhäuser Gruppe 1
über 50 bis 80	Hochhäuser Gruppe 2
über 80	Hochhäuser Gruppe 3

Mit Gebäudehöhe war hier jedoch nicht der Fußboden des höchsten Geschosses mit Aufenthaltsräumen über der Geländeoberfläche gemeint (wie es im bundesdeutschen Baurecht vorgesehen ist), sondern die **tatsächliche Gebäudehöhe**, wobei auch noch die Bezugslinie des Erdgeschosses von der Geländeoberfläche abweichen konnte. Insofern ist die Definition nicht eindeutig. So

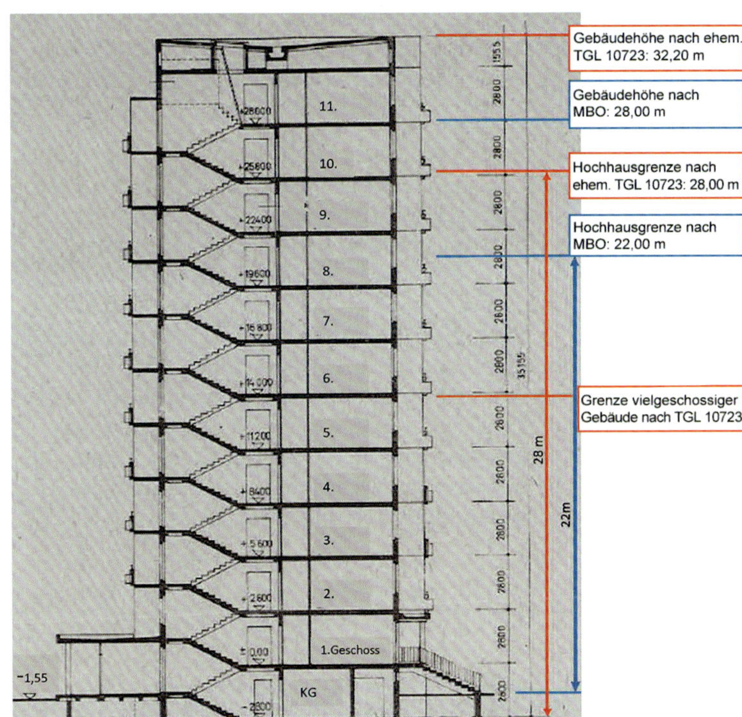

TGL	Technischen Normen, Gütevorschriften und Lieferbedingungen
MBO	Musterbauordnung
Aufzugs-M-R	Aufzugsmaschinenraum

Abb. 3.3: Hochhausgrenze nach DDR-Baurecht im Vergleich zum aktuellen Baurecht

genannte „Wohnscheiben", Scheibenhochhäuser mit einer rechteckigen Grundfläche (sehr großes Längen-zu-Breiten-Verhältnis) gegenüber Punkthochhäusern mit einer quadratischen Grundfläche, die meist 9 bis 11 Geschosse haben, zählten nicht als Hochhäuser, sondern als „vielgeschossige Gebäude", müssen aber inzwischen als Hochhäuser eingestuft werden. Eine Einstufung als vielgeschossiges Gebäude war bis zu einem Rettungsbezugspunkt von ca. 25 m möglich, da der zweite Rettungsweg noch über Drehleitern mit Anleiterhöhen von bis zu ca. 30 m erfolgen konnte.

Das ergab ein Rechtsanpassungsproblem für Bestandshochhäuser aus DDR-Zeiten, was in den Jahren 1993 und 1994 zu Anpassungsverordnungen für die östlichen Bundesländer führte. Darin wurde ein grundsätzlicher **Bestandsschutz** und damit die Beibehaltung der genehmigten Lösungen festgelegt, sofern keine akute Gefahr für Leben und Gesundheit vorliegt. Das den Technischen Normen, Gütevorschriften und Lieferbedingungen (TGL) der früheren DDR zugrundeliegende Brandschutz- und Rettungswegekonzept wurde zwar nicht als identisch mit dem Sicherheitskonzept der Bauordnungen, aber bezüglich des Sicherheitsgrades grundsätzlich als diesem vergleichbar angesehen, sodass eine allgemeine Nachrüstung nicht für erforderlich gehalten wurde.

Allerdings wurden Maßnahmen als notwendig angesehen, wenn in oberen Geschossen von **Maisonette-Wohnungen** der Anschluss an einen Treppenraum fehlt. Das bedeutet, dass in einer Maisonette-Wohnung auch der obere Bereich an den notwendigen Treppenraum anzuschließen ist, da der zweite Rettungsweg nicht über Rettungsgerät der Feuerwehr führen kann.

Ein Problem stellen die nach DDR-Recht genehmigten Lösungen der **Sicherheitstreppenräume** im Übergang zum **Kellergeschoss** dar, die den Bestandsschutz der Sicherheitstreppenräume insgesamt infrage stellen. In den Anpassungsverordnungen der östlichen Bundesländer wurde zwar festgelegt, dass zwischen Kellergeschoss und Sicherheitstreppenraum ein Vorraum vorhanden sein sollte, der den Charakter einer Schleuse hat, wenn eine direkte Verbindung vom Kellergeschoss zum Sicherheitstreppenraum besteht. Diese Vorraumlösung ohne Überdruckbelüftung bedeutet jedoch nichts anderes, als dass die Sicherheitstreppenraumverrauchung durch einen Brand im Kellergeschoss in Kauf genommen wird.

Ist die Ausbildung eines Vorraumes aufgrund der örtlichen Gegebenheiten nicht möglich, sollte die Verbindungstür zwischen Sicherheitstreppenraum und Kellergeschoss feuerbeständig, rauchdicht und selbstschließend ausgebildet werden. Damit ergibt sich für das Kellergeschoss eine Anforderung, die nicht über die an eine Kellertür eines einfachen Treppenraumes von Nichthochhäusern hinausgeht. Ein Kellergeschossbrand kann deshalb in den Bestandshochhäusern aus der früheren DDR ein nicht akzeptables Brandrisiko darstellen. Die Aussage, dass die Sicherheitsgrade der TGL-Vorschriften und der Bauordnungen grundsätzlich als vergleichbar anzusehen sind, ist daher nicht nachzuvollziehen.

Ein weiteres Problem sind die Bestandslösungen der **Türen zu Sicherheitstreppenräumen** mit offenen Gängen. Dazu hieß es in der Anpassungsverordnung für Hochhäuser in Sachsen-Anhalt (1993), mit der der Bestand nach TGL 10685/04 „Evakuierungswege für Menschen in Bauwerken, Zugänge und Zufahrten der Feuerwehr" (1971) an das bundesdeutsche Baurecht angepasst werden sollte (in den anderen neuen Bundesländern waren die Regelungen ähnlich), Abschnitt 9.2:

„Türen von offenen Gängen zu Sicherheitstreppenräumen müssen dicht und selbstschließend sein. Öffnungen von allgemein zugänglichen Fluren zu offenen Gängen müssen selbstschließende Türen erhalten, die einschließlich etwaiger Seitenteile und oberer Blenden mindestens feuerhemmend sein müssen. Sofern diese Öffnungen

- *zu Öffnungen in gegenüberliegenden oder rechtwinklig anschließenden Wänden einen Abstand von mehr als 5 m und*
- *zu Öffnungen in derselben Wand einen Abstand von mehr als 2,5 m aufweisen,*

sind dicht- und selbstschließende Türen zulässig."

Diese Anforderungen an Türen, insbesondere zu Innenecken, sind infolge der Möglichkeit von einseitig offenen Gängen noch sinnvoll und vertretbar und reduzieren tatsächlich die Wahrscheinlichkeit der Gangverrauchung. Weiterhin heißt es bezüglich des **einseitig offenen Ganges**:

„... Die Funktionsfähigkeit der offenen Gänge und Laubengänge ist zu gewährleisten. Der Öffnungsquerschnitt darf durch Wetterschutzvorrichtungen und Einbauten wie Jalousien oder Fenster nicht eingeschränkt werden. ..." (Anpassungsverordnung für Hochhäuser in Sachsen-Anhalt, Abschnitt 9.3)

Einschränkungen des Öffnungsquerschnitts des offenen Ganges, die danach nicht zulässig waren, sind jedoch regelmäßig vorgenommen worden, um die Möglichkeit von Suiziden einzuschränken. Unklar ist auch, was eigentlich der freie Öffnungsquerschnitt war. War das bei einseitiger Öffnung die volle Breite und Höhe zwischen Wänden und Decken? Durfte eine Brüstung in der Öffnung herausgerechnet werden? Inwieweit sind Fenster und Jalousien zulässig, wenn diese für die gesamte Öffnung ausgelegt waren, abzüglich der Jalousie- oder Fensterrahmen? Diese unklaren Regelungen sicherten einerseits den Bestandsschutz, beinhalteten jedoch keine Quantifizierungen und auch keine schutzzielbezogenen Vorgaben, z. B. dass Rauch nicht eindringen kann. Sie führten dazu, dass im Rahmen von energetischen Sanierungen schrittweise die offenen Gänge außer Funktion gesetzt und damit die Redundanzen der Rettungswege außer Kraft gesetzt wurden. Vielen Hochhausbetreibenden, Bauordnungsämtern und Brandschutzdienststellen war das in den Genehmigungsverfahren nicht klar. Heute noch gibt es viele Bestandshochhäuser, deren Sicherheitstreppenräume kaum den Anforderungen an Sicherheitstreppenräume genügen, allenfalls an Treppenräume mit erhöhten Anforderungen.

Das trifft auch für die **Türen** zu:

„... Öffnungen von Treppenräumen notwendiger Treppen zu allgemein zugänglichen Fluren müssen selbstschließende Türen enthalten, die einschließlich etwaiger Seitenteile und oberer Blenden mindestens feuerhemmend sein müssen. Sofern diese Öffnungen

- *zu Öffnungen in gegenüberliegenden oder rechtwinklig anschließenden Wänden einen Abstand von mehr als 5 m,*
- *zu Öffnungen in derselben Wand einen Abstand von mehr als 2,5 m*

aufweisen, sind dicht- und selbstschließende Türen zulässig. Türen von vorhandenen Nutzungseinheiten zu Treppenräumen notwendiger Treppen müssen mindestens dichtschließend, feuerhemmend und selbstschließend, Wände mindestens feuerbeständig ausgebildet sein."

„... Türen in Kellergeschossen zu Treppenräumen notwendiger Treppen müssen mindestens dichtschließend, feuerhemmend und selbstschließend ausgebildet sein. ..." (Anpassungsverordnung für Hochhäuser in Sachsen-Anhalt, Abschnitte 9.4 und 9.5)

Die Anforderungen an Türen weichen beim unveränderten Bestand nicht nur wesentlich von den aktuellen Anforderungen ab, sondern es gibt auch keinerlei umbaubezogenes Anpassungsverlangen, was dazu geführt hat, dass sich viele Bestandstüren jahrelang in einem sehr unzureichenden Zustand befanden und die Gewährleistung der Schutzziele der Personenrettung und der wirksamen Löscharbeiten nur begrenzt erreicht werden konnte.

Für Türen zu notwendigen Fluren (ursprünglich als „allgemein zugängliche Flure“ benannt) gab es folgende Anforderungen:

„Türen zu Wohnungen und anderen Räumen müssen mindestens dicht schließen. Wenn aufgrund der konkreten örtlichen Verhältnisse erhebliche Bedenken wegen des Brandschutzes bestehen (z. B. fehlende Rauchableitung, besonders ungünstige Rettungswegausbildung), können feuerhemmende, dicht- und selbstschließende Türen gefordert werden.“

„Wände aus brennbaren Baustoffen, z. B. bei Abstellräumen, in allgemein zugänglichen Fluren sind durch mindestens feuerhemmende Wände aus nicht brennbaren Baustoffen zu ersetzen. Türen in diesen Wänden müssen mindestens dicht schließen.“

„... in allgemein zugänglichen Fluren von mehr als 10 m Fluchtweglänge und einseitiger Fluchtrichtung sollen Rauchabzugsmöglichkeiten vorhanden sein. Der Einbau dichtschließender, feuerhemmender Türen ist anzustreben.“ (Anpassungsverordnung für Hochhäuser in Sachsen-Anhalt, Abschnitte 10.1 bis 10.3)

Auch die **Haustechnik** in Bestandshochhäusern ist problematisch:

„... Werden Teile bestehender Leitungs- und Lüftungsanlagen instandgesetzt, so kann in aller Regel davon ausgegangen werden, dass die von der Instandsetzungsmaßnahme nicht betroffenen Teile nicht mit den Anforderungen der SächsBO oder den aufgrund dieses Gesetzes erlassenen Vorschriften in Einklang gebracht werden müssen, es gilt Bestandsschutz für diese Teile. ...“

„... beim Wechsel von Leitungen im Bereich von Decken und Wänden, an die Feuerwiderstandsforderungen gestellt werden, sind die hierfür geltenden Baubestimmungen zu beachten. Werden Installationsschächte, die über mehrere Geschosse führen, ersetzt oder neu eingebaut, gelten die Forderungen wie sie an Neubauten gestellt werden.“ (Anpassungsverordnung für Hochhäuser in Sachsen-Anhalt, Abschnitte 11.1 und 11.2)

Hier ist für Bestandsbauten ein teilweises Anpassungsverlangen festgelegt, was aber zur Folge hatte, dass Umbauten in diesem Bereich weitgehend umgangen wurden.

Die Anpassung bei der **Beschilderung** von Aufzügen war unkritisch, hinsichtlich der Rauchableitung wurden die aktuellen Anforderungen weitgehend übernommen:

„... Bei den Zugängen zu den Aufzügen muss ein Schild vorhanden sein, das auf das Verbot der Benutzung im Brandfall hinweist. In den Flurbereichen vor den Aufzügen muss durch Schilder auf die Geschossnummer und auf die Treppen hingewiesen werden. ...“

„... der Fahrschacht muss zu lüften und am oberen Ende mit Rauchabzugsöffnungen versehen sein. Die Rauchabzugsvorrichtungen in Fahrschächten müssen eine Größe von mindestens 2,5 v. H. der Grundfläche des Fahrschachtes, mindestens jedoch von 0,10 m² haben. Die Fläche der Seildurchführung kann auf den Entlüftungsquerschnitt angerechnet werden. ...“ (Anpassungsverordnung für Hochhäuser in Sachsen-Anhalt, Abschnitte 12.1 und 12.2)

Sehr vage waren die Bestandsanforderungen für Feuerwehraufzüge:

„... Hochhäuser, bei denen der Fußboden mindestens eines Aufenthaltsraumes mehr als 60 m über der Geländeoberfläche liegt, sollen mit einem Feuerwehraufzug einschließlich Vorräumen ausgerüstet werden.“ (Anpassungsverordnung für Hochhäuser in Sachsen-Anhalt, Abschnitt 12.3)

Damit sind Feuerwehraufzüge als wesentliche Voraussetzung für den Innenangriff allenfalls über einer Höhe von 60 m vorgesehen.

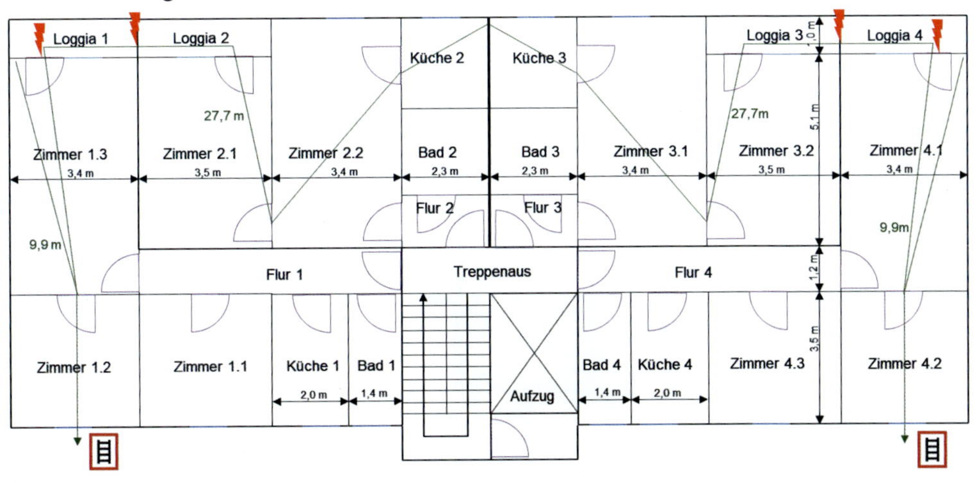

Abb. 3.4: Grundriss eines Treppenraumes mit 4 angeschlossenen Wohnungen eines Plattenbauwohnhochhauses; die „Durchschlupföffnungen“ der Loggien sollten z. B. aus der Wohnung 2 ein Erreichen der Anleiterstelle an der Gebäuderückseite in Wohnung 1 im Zimmer 1.2 ermöglichen. (Quelle: Schlottig, 2020)

Abb. 3.5: Nachträglich verschlossene Öffnung zwischen Loggien als Rettungsweg (Quelle: Schlottig, 2020)

Das sind einige formale Punkte der Anpassungsschwierigkeiten für Bestandsbauten, die nach TGL 10685/04 errichtet waren. Viele bestehende Hochhäuser entsprachen nach der deutschen Wiedervereinigung nicht in Ansätzen den Anforderungen der MHHR. Dies traf insbesondere auf Wohnhochhäuser zu, die in vielen Gestaltungsvarianten in den Großstädten Bestand waren.

Im Bestand haben diese Wohnhochhäuser meist nur einen Treppenraum, bestenfalls einen Treppenraum mit erhöhten Anforderungen, nicht aber einen Sicherheitstreppenraum. Für den **zweiten Rettungsweg** wurde wiederholt auf Balkonanleiterstellen verwiesen, die mit einer Anleiterhöhe von bis zu 30 m zu erreichen waren. Teilweise bestanden Baugenehmigungen für Grundrisse mit Loggiadurchschlupföffnungen (Abb. 3.4). Abgesehen von Problemen des Betretungsrechts sind dies wegen der Verschließbarkeit der Zugänge Lösungen, bei denen ein Bestandsschutz kaum zu rechtfertigen ist, zumal es in vielen Fällen zu einer nachträglichen baulichen Beseitigung der Öffnungen der Loggien gekommen ist. Hier wäre im Bestand zu prüfen, ob eine Annäherung an die aktuellen Anforderungen durch eine Aufwertung des Treppenraumes zu einem Treppenraum mit erhöhten Anforderungen (siehe Kapitel 4.4.6) vertretbar ist.

Eine andere aus heutiger Sicht schwer verständliche Treppenraumlösung ist in 10-geschossigen Wohnhochhäusern umgesetzt, die im Erdgeschoss und ggf. auch im 1. Obergeschoss einen abgetrennten Breitfuß mit Gaststätten-, Versammlungsstätten- oder Büronutzung aufwiesen.

In den Obergeschossen dieser Wohnhochhäuser gibt es unterschiedliche Grundrisse: Im 3., 4., 6., 7. und 9. Obergeschoss werden die Wohnungen über innen liegende Treppenräume erschlossen, die bei Errichtung eine Rauchabzugsöffnung an oberster Stelle hatten. Im 2., 5. und 8. Obergeschoss sind die 3 Treppenräume durch eine Art Flur verbunden (Abb. 3.6 und 3.7).

Über alle Geschosse hinweg gibt es darüber hinaus noch einen gesonderten außen liegenden Treppenraum, der im Erdgeschoss einen direkten Ausgang ins Freie aufweist, aber nur in den Verbindungsgeschossen zum Verbindungsflur Zugang hat. Der Aufzugzugang ist auch nur in jedem 3. Geschoss möglich.

Für diese zu DDR-Zeiten genehmigten Bauten mussten nicht standardisierte Lösungen gefunden werden, die das Sicherheitsniveau der Rettungswege an das aktuelle Recht heranführten und die Schutzziele erreichten. Das wurde dadurch möglich, dass die **Wohnungstüren** analog der MHHR durch feuerhemmende dicht- und

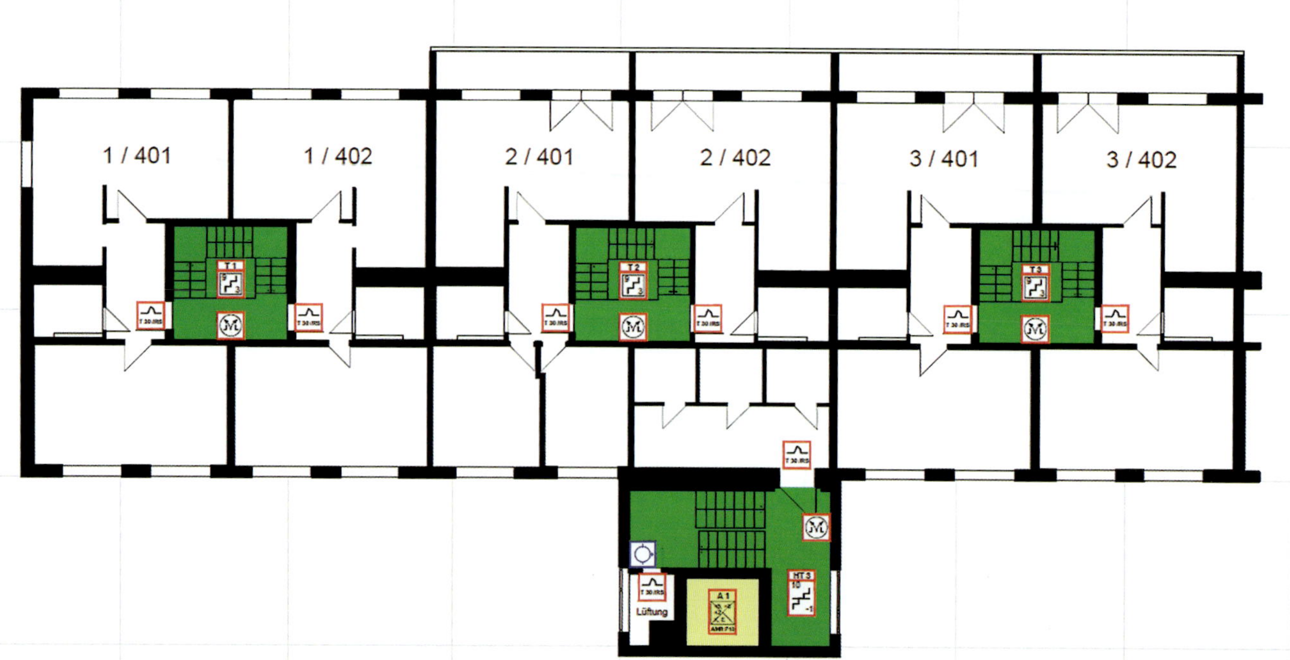

Abb. 3.6: Grundriss eines Bestandswohnhochhauses in 2 von 3 Obergeschossen (Quelle: Schlottig, 2020)

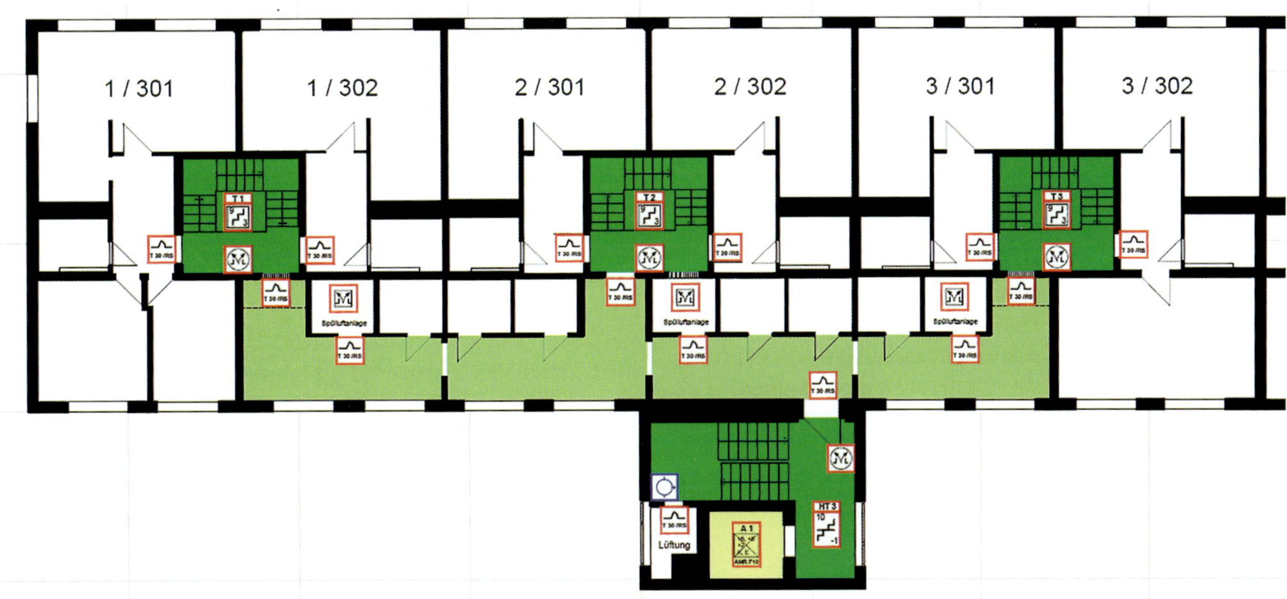

Abb. 3.7: Grundriss eines Bestandswohnhochhauses mit Horizontalverbindung in jedem 3. Obergeschoss (2./5./8. Obergeschoss) (Quelle: Schlottig, 2020)

selbstschließende Türen ersetzt wurden. Auch die **Türen in den Verbindungsfluren** der Treppenräume erhielten rauchdichte, selbstschließende und feuerhemmende Türen. Als Verbindung des Rettungsweges zwischen 2 versetzten Treppenräumen sind die Verbindungsflure hinsichtlich ihrer Funktion des vertikalen Rettungsweges eigentlich keine Flure, sondern horizontaler Bestandteil des Treppenraumes. Folglich gelten für diesen Teil die Anforderungen an Treppenräume. Angrenzende **Türen zu technischen Betriebsräumen** müssen demnach vollständig feuerhemmend und selbstschließend sein, auch wenn aus dem Bestand bedingt diese Verbindungsflure als Flure gewertet wurden.

Die Hauptprobleme stellen aber der **nicht redundante** Teil des **außen liegenden Treppenraumes** zwischen dem 2. Obergeschoss und dem Erdgeschossausgang aus dem Treppenraum und die Führung beider Rettungswege aus den oberen Wohnungen über einen **einzigen innen liegenden Treppenraum** dar.

Da der außen liegende Treppenraum nur 3 horizontale Verbindungen in das Gebäude hat, kann die Wahrscheinlichkeit eines Raucheintritts aus einer Wohnungsnutzungseinheit als sehr gering bewertet werden. Schwieriger ist das in den Obergeschossen mit den 3 innen liegenden Treppenräumen zwischen dem 2. und dem 9. Obergeschoss: Bei einer notwendigen Flucht aus einer Wohnung muss der innen liegende Treppenraum betreten werden, und dort ergibt sich neben dem ersten Rettungsweg nach unten zum 2. Obergeschoss nur die Möglichkeit, nach oben zu gehen oder aus dem darunter liegenden Geschoss über die Verbindung den anderen Treppenraum zu erreichen.

Hier kommen 2 Lösungen in Betracht: Eine **Sicherheits-Überdruck-Lüftungs-Anlage** (SÜLA), die innerhalb eines Treppenraumes einen Überdruck erzeugt und so verhindert, dass Rauch in den Treppenraum eindringen kann (in Hamburg für Treppenräume mit erhöhten Anforderungen zugelassen), oder eine **Luftspülanlage** als nicht standardisierte Schutzmaßnahme, die durch einen sehr hohen Luftwechsel die Nutzbarkeit eines Treppenraumes bei Raucheintritt sicherstellen soll. Der eintretende Rauch wird mit dieser Anlage durch den hohen Luftwechsel stark verdünnt und aus dem Treppenraum mit herausgetragen.

Im Vergleich zur SÜLA-Anlage hat die Luftspülanlage den Vorteil, dass auch im Treppenraum entstehende Rauchgase freigeströmt werden. Außerdem treten Probleme der Türöffnung infolge der hohen Druckdifferenzen von bis zu 50 Pa, die bei der SÜLA entstehen, nicht auf.

Eine erhöhte Sicherheit wird mit Zuluftöffnungen im 2. Obergeschoss erreicht, die eine Luftspülung im Treppenraum ermöglichen sollen. Versuche haben ergeben, dass ein 30facher Luftwechsel pro Stunde erforderlich ist, um die Nutzbarkeit eines Treppenraumes mit Treppenauge (lichter Raum im Kern eines Treppenumlaufs) auch bei Raucheintritt, z. B. bei einer geöffneten Wohnungstür, zu gewährleisten (Rost/Schneider/Romahn, 2017). Die Spüllüfter können in technischen Betriebsräumen (Lüfterzentralen) neben dem Verbindungsgang im 2. Obergeschoss angeordnet und entweder manuell von jedem Geschoss aus oder automatisch über Rauchmelder im Treppenraum ausgelöst werden. Gleichzeitig öffnet eine Rauchabzugsklappe von mindestens 1 m^2 Fläche in der Decke des innen liegenden Treppenraumes. Auf diese Weise ist die Nutzbarkeit des Treppenraumes für die Flucht als erster und zweiter Rettungsweg und als Angriffsweg der Einsatzkräfte der Feuerwehr auch bei Raucheintritt in den Treppenraum gegeben.

3.2.3 Bestandslösungen bei denkmalgeschützten Hochhäusern

Einige Hochhäuser stehen aufgrund ihrer architektonischen Besonderheiten unter Bestandsschutz. Dabei geht es weniger um Kirchen als um historische Gebäude mit einem sehr hoch gelegenen Rettungsniveau infolge exponierter Lage.

Die Umnutzung solcher Bestandsgebäude, z. B. zu Museen oder Archiven, oder ein geringfügiger Umbau zeigen meist Brandschutzdefizite auf. Die Anpassung an aktuelle Gesetzesanforderungen ist oft nicht möglich oder würde zulasten des Denkmalschutzes gehen. Wie bei anderen denkmalgeschützten Bauwerken kommt es darauf an, mit möglichst weitgehend unsichtbaren, aber hochwirkungsvollen Brandschutzmaßnahmen die Schutzziele des Brandschutzes zu erreichen. Darüber hinaus ist auch der Kulturgutschutz gesondert zu beachten.

Als hochwirkungsvolle, unumgängliche Maßnahme wird deshalb die **Sicherung der baulichen Rettungswege** zur Personenrettung und der Angriffswege für die Feuerwehr als Zugang zu den Brandbereichen gewertet. Unumgänglich ist bei denkmalgeschützten Gebäuden ebenfalls die automatische Brandfrüh- oder **Brandfrühesterkennung** über z. B. die eher trägen Temperaturauslöseelemente einer Sprinkleranlage hinaus. Hierbei geht es insbesondere um die Erkennung von Schwelbränden mit Brandmeldern der Brandkenngröße „Rauch", ggf. auch „Flamme". Letztere reagieren auf die Ultraviolett- bzw. Infrarotstrahlung des Feuers.

Das Installieren einer Sprinkleranlage ist meist mit dem Denkmalschutz nicht vereinbar und aufgrund baulicher Besonderheiten nicht möglich. In Betracht kommen daher vor allem **Hochdruckwassernebelanlagen**, bei denen die Rohrleitungen kleiner sind und in der Regel weniger sichtbar angeordnet werden können als bei Sprinkleranlagen. Gleichzeitig ist ihre Löschwirkung aufgrund eines Tropfenspektrums von größtenteils < 0,1 mm wesentlich effektiver, sodass geringere Löschwasserintensitäten benötigt werden.

Eine besondere Art denkmalgeschützter Hochhäuser sind Turmanlagen in Burgen und Schlössern mit einer Höhe über der Hochhausgrenze, wenn sich in den Geschossen über 22 m Höhe Aufenthaltsbereiche befinden. Eine Anwendung der Muster-Hochhaus-Richtlinie ist hier kaum möglich.

Unter denkmalgeschützte Hochhäuser fallen auch bestimmte Fernsehtürme, die in sehr hoher Höhe z. B. Restaurants oder Büros aufweisen. Derartige Fernsehtürme sind oft vor mehr als 50 Jahren geplant und errichtet worden, sodass sie mit dem heutigen Baurecht häufig nicht kompatibel sind. Nach einem Fernsehturmbrand in Moskau im Jahr 2000 kam es zu Überprüfungen der Brandschutzlösungen in deutschen Fernsehtürmen, die teilweise zu Sperrungen führten, wie in Stuttgart 2013 wegen unzureichender Rettungswege.

3.2.4 Internationale Bestandslösungen

Bereits in den 1960er- und 1970er-Jahren entstanden in internationalen Metropolen zahlreiche Bürohochhäuser in Zellenbauweise, aber auch mit Großraumbüros.

In **New York** wird bei einem 60-geschossigen Bürohochhaus mit einer Bürofläche von 1.690 m² pro Geschoss aus den 1960er-Jahren mit 3 einfachen innen liegenden Treppenräumen und einer Art Sicherheitstreppenraum (hier Innentreppe mit Rauchabzugsschacht genannt) ein damals international relativ hohes Brandschutzniveau erreicht. Erste Sprinkleranlagen verhindern zudem in diesem Gebäude mit den großen Brandabschnittsflächen ohne Zellenbauweise eine schnelle Feuer- und Rauchausbreitung. Sprinkleranlagen sind in den 1960er-Jahren international noch sehr selten in Hochhäusern eingesetzt worden und wurden auch nicht durchgehend nachgerüstet.

Der Brand des Grenfell Towers hat gezeigt, dass es international noch **nicht Standard** ist, **2 bauliche Rettungswege**

Abb. 3.8: Bürohochhaus in New York, USA, aus den 1960er-Jahren (Quelle: Beate, Pixabay)

vorzufinden. Die meisten internationalen Bestandshochhäuser haben heute zwar Rettungsweglösungen, die das Schutzziel der Personenrettung weitgehend erfüllen, da meist mehrere Treppenanlagen, teilweise auch als Sicherheitstreppenräume ausgeführt, vorhanden sind. Es finden sich aber nach wie vor immer noch Bestandshochhäuser mit unzureichenden Rettungswegen, die nicht verändert wurden.

Das größte Bestandsproblem sind Hochhäuser mit **brennbaren Fassaden**, vor allem Wohnhochhäuser. Trotz der fatalen Erfahrungen mit brennbaren Fassaden weigern sich viele Gebäudeeigentumsparteien von Hochhäusern aus Kostengründen, die notwendigen Anpassungen umzusetzen.

3.3 Brandschutzrelevante Nutzungsbesonderheiten

Die häufigsten Nutzungen von Hochhäusern sind heute Wohnungen, Büros und Hotels. Dazu kommen kombinierte Nutzungen.

3.3.1 Wohnhochhäuser

Das Wohnhochhaus ist eine der Urformen der Hochhausnutzung. Diese Wohnhochhäuser sind in Zellenbauweise analog zu den Mehrfamilienhäusern unter 22 m Höhe gebaut worden. Heute handelt es sich bei Wohnhochhäusern vor allem um Bestandswohnhochhäuser, da die meisten in der Mitte des 20. Jahrhunderts entstanden sind.

Typisch sind Wohnhochhäuser in den Randgebieten von Großstädten, wo in stadtnaher Umgebung eine sehr hohe Personenzahl Unterkunft findet. Der Brandschutz dieser Wohnhochhäuser ist weniger vom anlagentechnischen Brandschutz geprägt als viel mehr von den Feuerwiderständen der Baukonstruktion (im Wesentlichen feuerbeständig und nicht brennbar) sowie von leicht erhöhten Anforderungen an die Rettungsweggestaltung, hier insbesondere an die Treppenräume.

Für viele Wohnhochhäuser in der früheren DDR war es durchaus üblich, den zweiten Rettungsweg bei einer Höhe von 22 bis 30 m über spezielle, nicht brandschutzstandardisierte Drehleiterfahrzeuge abzusichern. Auch sind die Anforderungen an Sicherheitstreppenräume mit offenem Gang in diesen Gebäuden eher gering.

Wohnhochhäuser im Bestand haben aufgrund der **Zellenbauweise** nur in den seltensten Fällen eine Feuerlöschanlage. Die Ortskenntnis der Bewohnenden ist zwar eine erleichternde Bedingung im Brandfall, aber die sich aus einer Beherbergung grundsätzlich ergebenden Brandrisiken sind dennoch gegeben. Da die meisten Brände in Wohnungen auftreten, ergeben sich vor allem bei einem Umbau, einer Umnutzung oder einer energetischen Sanierung besondere Anforderungen an Bestandshochhäuser.

Die mittleren Brandlasten, d. h. die Menge und die Art der brennbaren Materialien und die Wärme, die bei der Verbrennung von Gegenständen entstehen kann, sind in Wohnungen in den letzten Jahren erheblich angestiegen. Bei größeren Kunststoffanteilen in den Gebäuden als noch vor 50 Jahren und einer gleichzeitig besseren Gebäudedämmung (moderne Bauweise) ist im Brandfall mit einem frühzeitigeren Auftreten des Übergangs in die Vollbrandphase zu rechnen. Während bei Standardwohnungen mit Fensterlüftung die Zeiten bis zum **Flashover** (schlagartige Ausbreitung eines Brandes zum Vollbrand) bei ca. 10 Minuten und mehr, in speziellen Fällen bei bis zu 30 Minuten (ein gewichteter Mittelwert liegt bei einer Verteilungsfunktion etwa bei 14 bis 15 Minuten), anzusetzen sind, liegen sie bei moderner Bauweise deutlich unter 10 Minuten. Umfangreiche Simulationsberechnungen der Brand- und Rauchausbreitung innerhalb von Wohnungen in Zellenbauweise ergaben Zeiten von ca. 300 bis 360 Sekunden (Schubert-Polzin, 2017). Das hat erhebliche Auswirkungen sowohl auf die Rettungszeiten als auch auf die Brandbekämpfung und die erforderliche Feuerwiderstandsdauer der tragenden und raumabschließenden Bauteile.

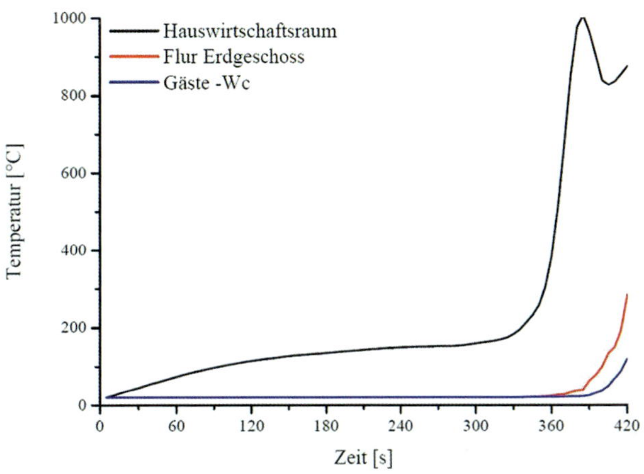

Abb. 3.9: Typische Brandverläufe innerhalb von Wohnungen moderner Bauweise mit kombiniertem Zu- und Abluftsystem (Quelle: Schubert-Polzin, 2017)

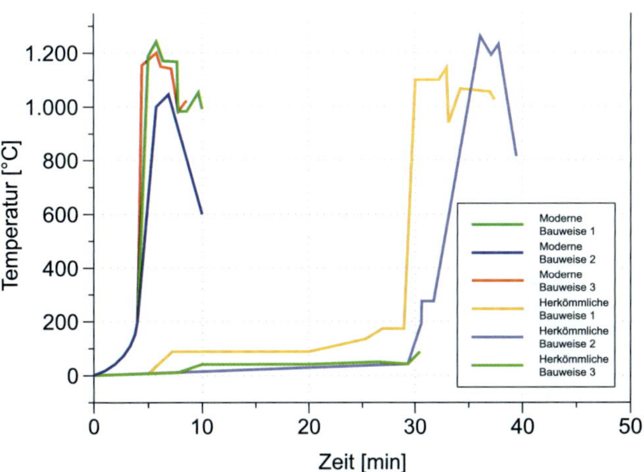

Abb. 3.10: Reduzierte Zeiten bis zum Flash-over bei mehr Kunststoffen, modernem Bauen und moderner Nutzung (Quelle: nach Nakrani/Srivastava, 2021)

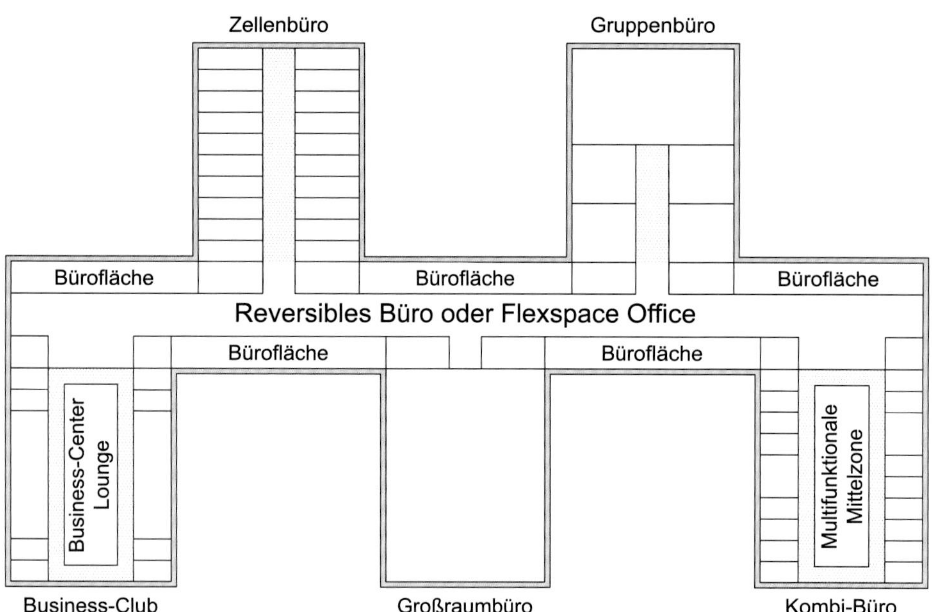

Abb. 3.11: Gestaltung von Büroflächen

Gerade bei Hochhäusern ist der Grad der Gebäudedämmung noch höher als bei niedrigen Standardgebäuden. Insofern ist die Grundsatzforderung nach automatischen Feuerlöschanlagen für Hochhäuser auch als Antwort auf die dadurch entstehenden kürzeren Brandszenarien zu verstehen und ebenso die Forderung einer strikten Begrenzung von Ausnahmen der feuerbeständigen Zellenbauweise, mit der ein Entstehungsbrand auf eine Fläche von maximal 200 m² eines Geschosses begrenzt werden kann.

3.3.2 Bürohochhäuser

Die Büronutzung kann die unterschiedlichste **Gestaltung** der Büroflächen aufweisen. Neben den herkömmlichen Zellen- und Großraumbüros gibt es Kombibüros, bei denen Zellenbüros um eine Kommunikationszone herum angeordnet sind, Gruppenbüros, eine Mischform aus Großraumbüro und Kombibüro, Business-Clubs mit je nach Tätigkeit und Arbeitsstil zeitweise genutzten Arbeitsorten und einem informell gestalteten Club, sowie Flexspace-Büros, die Arbeitsplätze zu flexiblen Bedingungen bieten. Diese neuen Gestaltungen resultieren aus modernen Arbeitsabläufen und Kommunikationsformen.

Außer dem reinen Zellenbüro sind die Büros meistens mit Nutzungseinheitsgrößen von über 200 m² verbunden, weshalb Bürohochhäuser in der Regel **keine Zellenbauweise** aufweisen. Notwendige Flure werden durch Gänge bzw. Hauptgänge ersetzt. Oft ist gerade bei Bürovermietungen ein flexibles Wandsystem oder eine flexible Grundrissanpassung vorgesehen. Damit wird eine automatische Feuerlöschanlage unumgänglich, unabhängig davon, in welchem Geschoss sich die betreffenden Bürobereiche befinden.

Probleme können bei solchen flexiblen Lösungen hinsichtlich des dauerhaften Zugangs aller Nutzungseinheiten zu den Treppenräumen und den Aufzügen entstehen. Insgesamt ist das Brandrisiko im Vergleich zu Wohnungen infolge der fehlenden Beherbergung kleiner, weswegen die Rettungsweganforderungen mit einem zweiten Rettungsweg in der Regel erfüllt sind.

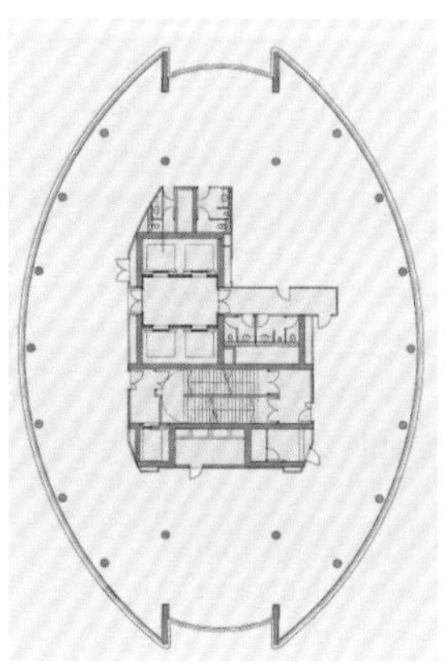

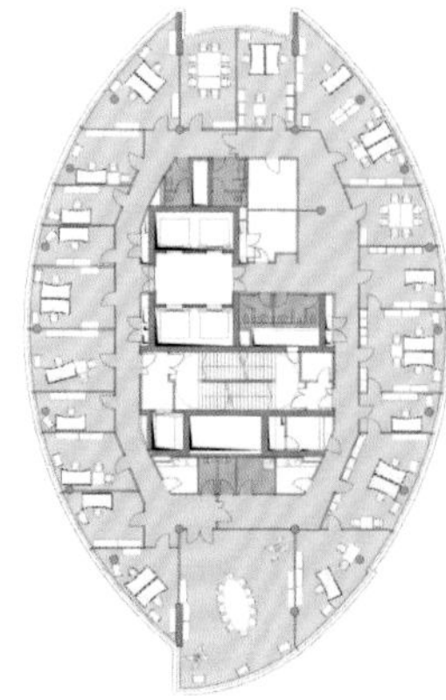

Beispiel Einzelbüros ca. 800 m²

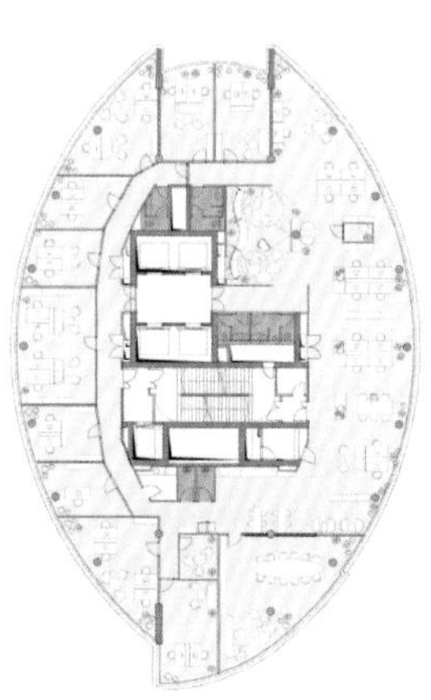

Beispiel Großraumbüros ca. 800 m²

Abb. 3.12: Grundrisse eines Wiener Bürohochhauses mit Großraum- und Einzelbüros

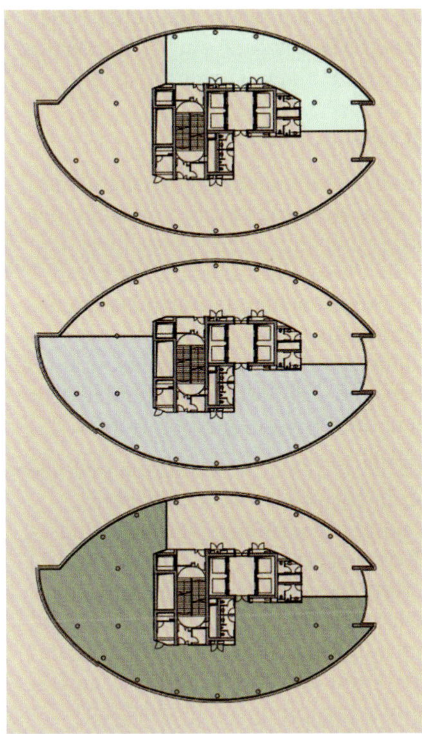

Abb. 3.13: Grundrisse eines Wiener Bürohochhauses mit unterschiedlichen Nutzungseinheiten

Die **Trennwände** zur Herstellung variabler Nutzungseinheitsgrößen müssen in Deutschland nach der MHHR feuerhemmend sein. Variable Raumnutzungen haben vergleichbare Brandlasten, Rauch- und Brandausbreitungsmöglichkeiten sowie insgesamt vergleichbare Brandverläufe wie herkömmliche Büros, insbesondere Großraumbüros. Hinsichtlich des vorbeugenden Brandschutzes sind der Büronutzung vergleichbare Nutzungen z. B. Arztpraxen, Krankengymnastikpraxen, Fitnessstudios, Fotoateliers, Studios und Galerien.

3.3.3 Hotelhochhäuser

Hotelhochhäuser werden vollständig, teilweise oder auch nur in einzelnen Geschossen oder Geschossbereichen als Beherbergungsstätten genutzt. Anders als bei Wohnhochhäusern sind die beherbergten Personen **ortsunkundig,** was das Risiko im Brandfall erhöht. Die Übernachtungsbereiche sind zumeist kleiner als in Wohnungen. Insofern kann von einer Zellenbauweise ausgegangen werden.

Bei einem Verzicht auf eine Feuerlöschanlage sind die Abtrennungen der Hotelzimmer untereinander und zu notwendigen Fluren feuerbeständig auszuführen. Um ggf. bei einer **Teilevakuierung** ein Verbleiben der Hotelgäste in den Hotelräumen zu ermöglichen, bedarf es feuerhemmender, rauchdichter und selbstschließender Türen vom Flur.
Die Anforderungen an notwendige Flure (Stichflurlänge, Rauchabschnitte, Belüftung/Fenster) und Rettungswege sind die gleichen wie bei Wohnhochhäusern.

Vergleichbare Nutzungsbedingungen wie Hotelhochhäuser weisen Wohnheime in Hochhäusern mit einer gemeinsamen Sanitär- oder Küchennutzung der Bewohnenden auf.

3.3.4 Krankenhochhäuser

Einige Hochhäuser werden als Krankenhäuser genutzt. Hier sind die Anforderungen an Hochhäuser und an Krankenhäuser schutzzielbezogen zu koppeln. Das bedeutet, das Gebäude muss mindestens eine **feuerbeständige** Bauweise aus nicht brennbaren Baustoffen, mindestens **2 Brandabschnitte** (2 baulich abgegrenzte Bereiche, die im Brandfall keinen Feuerüberschlag auf andere Brandabschnitte zulassen), die über 2,25 m breite Flure verbunden sind, und eine **automatische Feuerlöschanlage** aufweisen.

Operations- und Intensivbereiche dürfen ohne Feuerlöschanlage nicht betrieben werden. Es kann notwendig werden, bestimmte Krankenhochhausbereiche mit einer zusätzlichen Brandmeldeanlage zu versehen, um eine Brandfrüherkennung vor dem Auslösen der Sprinkleranlage zu gewährleisten. Alternativ können auch gruppenauslösende Wassernebellöschanlagen installiert werden, die über Rauchmelder und weitere Meldesysteme ausgelöst werden (siehe Kapitel 4.7.3).

Von besonderer Bedeutung in Krankenhochhäusern sind sowohl **Feuerwehraufzüge** als auch spezielle Aufzüge für den Bettentransport mit einer Tiefe von mindestens 2,25 m in jedem Brandabschnitt.

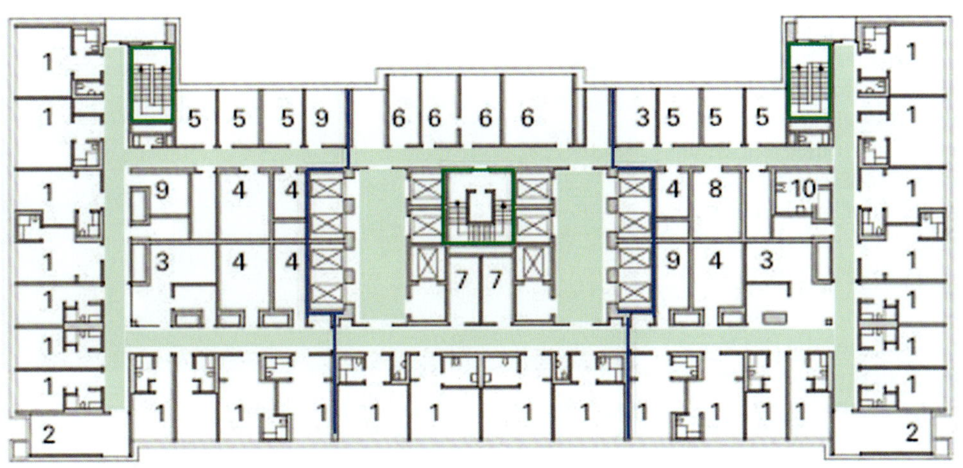

Abb. 3.14: Beispiel für einen Hochhausgrundriss mit Krankenhausnutzung

3.3.5 Hochhäuser mit Pflegeeinrichtungen

Besonders in mittleren Höhenbereichen von Hochhäusern kommt es vor, dass Geschosse ganz oder teilweise als Pflegeeinrichtungen genutzt werden. Zwar ist hier in den meisten Fällen eine Zellenbauweise festzustellen; jedoch sind raumabschließende Wände nur teilweise als Trennwände ausgeführt und die Nutzungseinheitsgrößen **überschreiten** oft die 200-m²-Grenze der **Zellenbauweise**. Seit ca. 15 Jahren bedingen neue Pflege- und Betreuungskonzepte einen Wandel von der klassischen Unterbringung der pflegebedürftigen Personen in Zimmern zu einer Unterbringung in kleinen eigenständigen Wohnungen, die dann von Betreuungs- und Tagespflegebereichen aus (als eigene Nutzungsbereiche) versorgt werden.

In der aktuellen Situation ist die Wahrscheinlichkeit, bei einem Brand in einer Pflegeeinrichtung zu Tode zu kommen, bis zu 5-mal höher als bei einem Brand in einem Wohngebäude (Wieczorek, 2012). Deshalb ist es nicht vertretbar, die erhöhten Anforderungen an den Brandschutz für Pflegeeinrichtungen zu umgehen, indem ein wohnungsartiger Betrieb suggeriert wird, erst recht nicht in Hochhäusern mit den besonderen zusätzlichen Risiken der vertikalen Brandausbreitung.

Im Vergleich zu Krankenhochhäusern ist in Hochhäusern mit Pflegeeinrichtungen im Durchschnitt von einem noch höheren Anteil an **körperlich eingeschränkten Personen** auszugehen. Das Schutzziel der Personenrettung ist im Brandfall durch Transport kaum erreichbar, da insbesondere in den Nachtzeiten das Pflegepersonal nicht in der Lage ist, alle pflegebedürftigen Personen in sichere Bereiche zu bringen. Für den horizontalen Transport einer pflegebedürftigen Person in einen anderen Brandabschnitt wird ein Zeitbedarf von ca. 2,5 bis 3 Minuten veranschlagt (Rost/Fabisch, 2011), je nach notwendigem Transporthilfsmittel (Bett, Rollliege usw.). Erst recht unmöglich ist der vertikale Transport im Gebäude zu einer Rettungsstation in einer vertretbaren Zeit.

Aus diesen Gründen resultiert die Anforderung an das Vorhandensein einer flächendeckenden **automatischen Feuerlöschanlage**. Erleichterungen für Hochhäuser mit nicht mehr als 60 m Höhe und mit Nutzungseinheiten mit nicht mehr als 200 m² Grundfläche über dem 1. Obergeschoss nach Abschnitt 8 MHHR, nach denen automatische Feuerlösch-, Brandmelde- und Alarmierungsanlagen in diesen Hochhäusern nicht erforderlich sind, wären nur möglich, wenn eine horizontale Rettung der pflegebedürftigen Personen in benachbarte Brandabschnitte in einer sehr kurzen Zeit durch eine ausreichende Zahl an Pflegekräften erfolgen könnte. Bei dem aktuellen Pflegenotstand ist dies jedoch in der Praxis nicht realistisch. Daher sollten für diese Hochhausnutzungen Sprinkleranlagen mit schnell auslösenden Sprinklern oder auch Wassernebellöschanlagen, die durch Rauch- und andere Brandmelder angesteuert werden, zwingend vorgesehen werden.

Eine sinnvolle Lösung wäre zudem die Sicherung des Verbleibs von pflegebedürftigen Personen in ihren Räumen im Brandfall (mit Ausnahme des eigentlichen Brandraumes) durch eine besonders schnelle Branddetektion, automatische Brandbekämpfung mit automatischer Feuerlöschanlage und expliziten Maßnahmen zur Verhinderung der Rauchausbreitung zwischen den Räumen.

3.3.6 Hochhäuser mit sonstigen Nutzungen

Extrem hohe Hochhäuser werden oft als Aussichtstürme verwendet. Häufig ist diese Nutzung kombiniert mit einer Gaststättennutzung oder einer musealen Ausstellung. Für diese ist insbesondere die Personenzahlbegrenzung vorgegeben. Fernsehtürme weisen neben der technischen Nutzung vielfach auch Restaurants und weitere Nutzungen auf, z. B. der Vancouver Lookout mit seinem Drehrestaurant mit Aussichtsplattform oben und den darunter liegenden standardartigen Geschossen, die als Büros genutzt werden.

Diese Mischnutzungen bei extremen Geometrien bedingen meist **Brandschutzsonderlösungen**, die gleichzeitig den baulichen Brandschutz (Feuerwiderstände der Bauteile, Abtrennungen, Rettungsbereiche), den organisatorischen Brandschutz (strikte Begrenzung der Personenzahl, begrenzte brennbare Materialien, Verbot von Lagerungen bestimmter Stoffe), den anlagentechnischen Brandschutz (z. B. Feuerlöschanlagen) und den abwehrenden Brandschutz (besondere Brandbekämpfungsmöglichkeiten) umfassen.

Abb. 3.15: Sky Tower, Auckland, Neuseeland (Quelle: Fabiana Pfernandes, Pixabay)

Abb. 3.16: Vancouver Lookout in Kanada (Quelle: Stephen Tam, Pexels)

Turmanlagen, Aussichtstürme und auch Fernsehtürme werden aufgrund ihrer Dominanz im Landschafts- bzw. Stadtbild oft unter Denkmalschutz gestellt.

Weitere **Sondernutzungsarten** von Hochhäusern sind: Wohnheimnutzung als ungeregelter Sonderbau, Verkaufsstättennutzung (oft Kleinverkaufsstätten), Lager- oder Industriebaunutzung (Industriebau-Richtlinie in diesem Fall nicht anwendbar). Meist handelt es sich bei der letzten Nutzungsart um Silo- und Speichergebäude, die nur noch in Einzelfällen als solche genutzt werden und überwiegend zu Wohn- bzw. Bürohochhäusern umgebaut wurden.

In Ausnahmefällen gibt bzw. gab es Hochhäuser mit landwirtschaftlicher Nutzung, wie das sog. „Schweinehochhaus" in Maasdorf bei Köthen. Dieses ist inzwischen geschlossen. Auch das sog. „Hühnerhochhaus" in Berlin wurde inzwischen geschlossen. In China sind nach wie vor „Schweinehochhäuser" in Betrieb, obwohl Hochhäuser für die Tierhaltung aufgrund der Rettungsbedingungen für Tiere völlig ungeeignet sind. Das Erreichen des Schutzziels „Rettung von Tieren" kann in Hochhäusern als unrealistisch angesehen werden. Insgesamt ist die Tierhaltungsnutzung in Hochhäusern die problematischste Nutzung.

3.3.7 Hochhäuser mit Mischnutzung

Die Mischnutzung ist der häufigste Fall bei komplexeren Hochhausgebäuden. In den letzten Jahren verstärkt sich insgesamt der Trend zur Mischnutzung. Typische **Mischnutzungsvarianten** sind

- Garagen im Kellergeschoss,
- Verkaufsstätten, Gaststätten, Versammlungsstätten im Erdgeschoss,
- Pflegeeinrichtungen im Erdgeschoss und im 1. bis 3. Obergeschoss,
- Büros vom 1. Obergeschoss an aufwärts,
- Hotels oder Wohnheime vom 1. Obergeschoss an aufwärts,
- Wohnungen vor allem im höheren Bereich des Hochhauses, z. B. zwischen 6. und 15. Obergeschoss,
- Gaststätten, Versammlungsstätten in den obersten Geschossen,
- Dachterrasse im obersten Geschoss.

Tabelle 3.5: Mischnutzung in Hochhäusern – Verteilung der Nutzungen in den Geschossen

Geschoss	Nutzung
höher als 15. Obergeschoss	Gaststätte, Versammlungsstätte, Aussichtsbereich
6. bis 15. Obergeschoss	Wohnung, Hotel
2. bis 5. Obergeschoss	Büro
Erdgeschoss/Breitfuß/ 1. Obergeschoss	Verkaufsstätte
Untergeschosse	Garage

Die Brandschutzproblematik von Mischnutzungen ergibt sich aus der **Komplexität des organisatorischen Brandschutzes** infolge der Gleichzeitigkeit von

- ortsunkundigen Personen (Verkaufsstätten, Versammlungsstätten, Gaststätten, Garagen),
- Beherbergungen (Wohnungen, Wohnheime, Hotels, Pflegeeinrichtungen, Krankenhausbereiche),
- hohen Personenzahlen (Versammlungsstätten, Gaststätten, Verkaufsstätten) sowie
- Nutzungseinheitsgrößen von über 200 m² (Versammlungs- und Verkaufsstätten, Großraumbüros, museale Bereiche).

Dies führt dazu, dass fast alle Mischnutzungen einen Verzicht auf Feuerlöschanlagen nach Abschnitt 8 MHHR ausschließen. Bereits die einfache Überschreitung der Grenzkriterien für einen möglichen Verzicht auf Feuerlöschanlagen in einem Geschoss verwehrt den Bau und Betrieb des gesamten Gebäudes ohne Feuerlöschanlagen (siehe dazu auch Kapitel 6.3).

In Berlin sind für Hochhausbebauungsplanungen bei Mischnutzungen der Hochhäuser spezielle Vorgaben festgelegt. Eine allgemein öffentliche Nutzung im Erdgeschoss und im obersten Geschoss schließen danach einen Verzicht auf Feuerlöschanlagen aus, da die Nutzungseinheitsgrößen in diesen Geschossen zumeist über 200 m² betragen.

Die Kombination aus öffentlich zugänglichen und gemeinschaftlichen Nutzungen mit anderen Nutzungen führt aber nicht nur dazu, dass die Zellenbauweise weitgehend auszuschließen ist, sondern schafft auch eine Mischung aus ortskundigen und ortsunkundigen Personen sowie gleichzeitig aus Tagesnutzung und Beherbergung.

Eine besondere Art der Mischnutzung können Fernsehtürme darstellen (siehe Kapitel 3.3.6). Mischnutzung bei **Breitfußgestaltungen** von Hochhäusern komplizieren die notwendige Brandschutzlösung noch weiter. Grundsätzlich gelten die Anforderungen an das Hochhaus auch für den gesamten Breitfuß. Lediglich bei Brandabschnittstrennungen, die Nichthochhausbereiche so abtrennen, dass die entstehenden Brandabschnitte außerhalb des eigentlichen Hochhauses und unabhängig von diesem sind, sind Erleichterungen möglich.

3.4 Brandschutzrelevante bauliche Besonderheiten

3.4.1 Interne Geschossverbindungen und Atrien in Hochhäusern

Interne Geschossverbindungen

Interne Geschossverbindungen innerhalb von Nutzungseinheiten sind bei Standardgebäuden durchaus üblich. Sie werden aus unterschiedlichsten Gründen sowohl bei Wohnungen (als Maisonetten) als auch bei Büros, Gaststätten, Verkaufsstätten usw. hergestellt.

Dabei ist die Deckenöffnung in aller Regel relativ klein und meist nur auf die Durchführung der Verbindungstreppe ausgelegt, sodass eine Abweichung von der Geschossdeckenausführung entsteht, die bei der Verbindung von bis zu 2 Geschossen baurechtlich möglich ist. Für Hochhäuser ist eine solche Lösung nur dann möglich, wenn die Brandausbreitung von Geschoss zu Geschoss verhindert wird, z. B., wenn eine Feuerlöschanlage vorgesehen wird. Diese Einschränkung ist notwendig, da die Deckenöffnung in der Nutzungseinheit die gleiche Wirkung auf die Ausbreitung von Feuer und Rauch von Geschoss zu Geschoss hat wie ein zu kleiner Feuerüberschlagsweg in der Fassade. Eine feuerhemmende Tür innerhalb der Nutzungseinheit wird nicht als ausreichende Kompensation angesehen.

Atrien

In der modernen Architektur gibt es häufig offene Gestaltungsstrukturen über mehrere Geschosse hinweg. Diese Atrien können sich **unterscheiden** in

- der Zahl der verbundenen Geschosse (mindestens 2, im Extremfall alle Geschosse über die gesamte Höhe des Gebäudes hinweg),
- der Geometrie (Breite und Länge, Höhen- und Seitenverhältnis, Form),
- der Abtrennung zu den angrenzenden Geschossen,
- dem Vorhandensein balkonartiger offener Umläufe in den Geschossebenen sowie
- der Nutzung (Zuordnung zu Fluren, Foyers, Nutzungseinheiten, Versammlungsbereichen, Ausstellungsbereichen).

Abb. 3.17: Atrium in einem Hochhaus (Quelle: Michael Gaida, Pixabay)

Diese Faktoren bedingen auch unterschiedliche Rauchausbreitungsrisiken und vorhandene Brandlasten. Gerade bei modernen Hochhausgestaltungen kann in Atrien von Begrünungen ausgegangen werden.

Hinsichtlich Atrien gibt es in Deutschland generell keine bauordnungsrechtlichen Vorgaben. Das betrifft sowohl die raumabschließenden seitlichen Abtrennungen als auch die Rauchableitung und die Anforderungen an die Brandbekämpfung. Entscheidend für den Brandschutz ist die Bewertung der Brandentstehungs- und Brandausbreitungsmöglichkeiten unter Berücksichtigung vorhandener Brandlasten sowie des Vorhandenseins einer ständigen Besetzung des Eingangsbereiches (Loge für Pfortenpersonal).

Für die Brandschutzlösung wesentlich sind die Rauchausbreitungsmöglichkeiten, die wiederum entscheidend für die Gestaltung der Rauchableitung und vor allem für die Gestaltung der Feuerlöschanlage sind. Bei sehr hohen bzw. sehr großen Atrien kann die Branddetektion zur Auslösung der Feuerlöschanlage kompliziert werden, woraus sich oft Sonderlösungen ergeben.

3.4.2 Hochhäuser mit Doppelfassaden

Vor allem bei Bürohochhäusern werden aus Gründen der modernen Gestaltung und der Energieeffizienz Doppelfassaden vorgesehen. Doppelfassaden führen unabhängig von einer Zellenbauweise immer zu der Notwendigkeit automatischer Feuerlöschanlagen. Das ist damit begründet, dass innerhalb der Doppelfassade die vertikale Brand- und Rauchausbreitung durch die relativ engen Fassadenzwischenräume, die zu einer Art Kamineffekt führen können (siehe Kapitel 5.1.6), wesentlich schneller und weiter abläuft, so lange die Fenster noch nicht zerstört sind, als bei freier Abströmung. Darin besteht auch das größte Brandschutzproblem von Doppelfassaden. Ziel muss es daher immer sein, die Wärmefreisetzungsrate im Zwischenbereich der Doppelfassade zu begrenzen.

Folgende **Hauptarten** von Doppelfassaden sind möglich:

- mit Unterteilung des Doppelfassadenzwischenraumes
  - Korridorfassaden,
  - Schachtfassaden,
  - kombinierte Schacht- und Korridorfassaden,
  - Kastenfassaden,
- ohne Unterteilung des Doppelfassadenzwischenraumes
  - unsegmentierte Zweite-Haus-Fassaden,
  - integrierte Glashäuser und
  - das Gesamtgebäude überdeckende Hüllen („Haus-in-Haus"-Prinzip).

Alle diese Gestaltungen weisen unterschiedliche Brand- und Rauchausbreitungen und damit unterschiedliche Anforderungen an die Brandbekämpfung auf. Ein Außenangriff durch die Einsatzkräfte der Feuerwehr über die Doppelfassade ist kaum möglich.

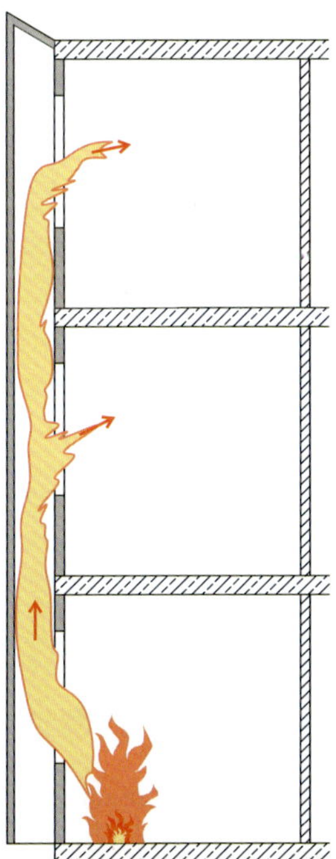

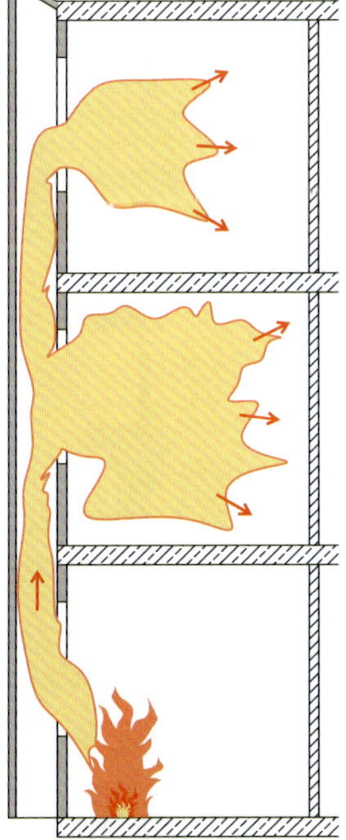

Abb. 3.18: Schnelle vertikale Brandausbreitung innerhalb von Doppelfassaden

3.4.3 Durch Dachgeschossausbau oder Aufstockung entstehende Hochhäuser

Fehlender Wohnraum in Innenstädten und die Innenstadtverdichtung führen zunehmend zu Aufstockungen von Gebäuden sowie teilweisen oder vollständigen Ausbauten von Dachgeschossen zu Wohnungen und Dachterrassen, mit denen vormals unter der Hochhausgrenze liegende Gebäude die Hochhausgrenze erreichen oder überschreiten.

Auch auf (z. B. erdgeschossigen) Verkaufsstätten werden vielgeschossige Aufbauten vorgesehen, sodass die Hochhausgrenze erreicht wird, wenn das statisch möglich ist.

Selbst einfache Räume, Küchen oder Partyräume im Dachgeschoss können zum Überschreiten der Hochhausgrenze führen, nicht jedoch offene Dachterrassen, wenn diese dauerhaft geöffnet sind, also nicht mit einem Witterungsschutz raumgleich geschlossen werden können. Technische Betriebsräume ohne Arbeitsplätze im obersten Geschoss führen nicht zu einer Einstufung als Hochhaus. Wenn jedoch z. B. ein Hubschrauberlandeplatz auf dem Dachgeschoss vorgesehen wird, können zugehörige Arbeitsräume der Flugsicherung den Hochhauscharakter bestimmen.

Die hier **zu klärenden Fragen** sind:

- Sind 2 unabhängige bauliche vertikale Rettungswege oder ist zumindest ein „echter" Sicherheitstreppenraum vorhanden?
- Sind die Brandausbreitungsmöglichkeiten zwischen den Geschossen über die Fassade oder im Inneren durch atrienartige Öffnungen oder Maisonetten ausgeschlossen?
- Sind brennbare Bauteile in den Geschossen bzw. im Treppenraum ausgeschlossen?
- Sind Feuerwehraufzüge möglich?

Falls diese Fragen alle bejaht werden können, ist ein Verzicht auf eine Feuerlöschanlage möglich, sofern die höchste Evakuierungsebene nicht höher als 30 m liegt. Allerdings müssen dann die Wohnungstüren feuerhemmend nachgerüstet und eine automatische Brandfrüherkennung muss installiert werden.

Vor allem geht es bei diesen Aufstockungen und Dachgeschossausbauten darum zu klären, welche Anforderungen der MHHR für den Bestandteil des Gebäudes, der bisher kein Hochhaus war, zutreffend sind. Dazu müssen die bisherige **Nutzung** und deren Besonderheiten innerhalb dieses Bestandteils beachtet werden. Wenn beispielsweise Verkaufsbereiche oder ähnliche großflächige Nutzungen im Erdgeschoss oder in den darüber liegenden Bestandsgeschossen vorhanden sind, wird eine Feuerlöschanlage auch für den Bestand nicht zu vermeiden sein, falls eine vertikale Brandausbreitung an der Außenseite oder Innenseite des Gebäudes nicht verhindert werden kann. Unkritisch sind in der Regel die vorhandenen Bauteillösungen, da aus der Überschreitung der 22-m-Grenze höhere Anforderungen an die meisten Bauteile nicht resultieren.

Unumgänglich ist die Anpassung der **Rettungswege**, da Rettungsgeräte der Feuerwehr mit Anleiterhöhen über 23 m nicht angerechnet werden können. Das bedeutet, dass die Rettungswege als Ganzes bis zum Erd- oder Kellergeschoss, also auch im Bestand, vollständig die Anforderungen an Hochhäuser erfüllen müssen, wenn es zu einer Kombination von Bestands- und Erweiterungsbau zum Hochhaus kommt.

Beispielsweise führt die Erweiterung eines Bestandsgebäudes um ein Obergeschoss in Holzbauweise, mit dem die Hochhausgrenze erreicht wird, zur Notwendigkeit eines zweiten unabhängigen baulichen Rettungsweges für dieses Dachgeschoss, z. B. durch einen Zugang zu einem anderen Treppenraum über die Dachterrasse oder einen Umgang.

Auch bei einer Wohnflächenmodernisierung eines Gebäudes mit Mischnutzung, das durch den Ausbau des Dachgeschosses über dem 5. Obergeschoss in Form einer Maisonette formal zum Hochhaus wird, da der obere Teil der Maisonette-Wohnung über 22 m liegt, sind 2 bauliche Rettungswege aus diesem oberen Teil erforderlich: der erste Rettungsweg über die Treppenanlage, der zweite Rettungsweg über die innere Treppe zu einem Fenster des noch mit der Drehleiter erreichbaren 5. Obergeschosses bzw. unteren Teil der Maisonette-Wohnung (Abb. 3.19).

Grundsätzlich wäre ein Sicherheitstreppenraum erforderlich, wenn infolge des Denkmalschutzes nicht durchgängig ausreichende Treppenraumfenster vorhanden sind. Bei einer derartigen Konstellation kann aber auch mit einer Luftspülanlage im Treppenraum (30facher Luftwechsel pro Stunde) eine ausreichend sichere Vertikalerschließung durch den Treppenraum erreicht werden, wenn diese sowohl automatisch als auch manuell angesteuert wird und zumindest eine Rauchverdünnung über einen sich öffnenden Rauchabzug stattfindet. Bei einer geringfügigen Überschreitung der 22-m-Grenze sind somit auch schutzzielorientierte Lösungen möglich, ohne die MHHR in aller Konsequenz anzuwenden.

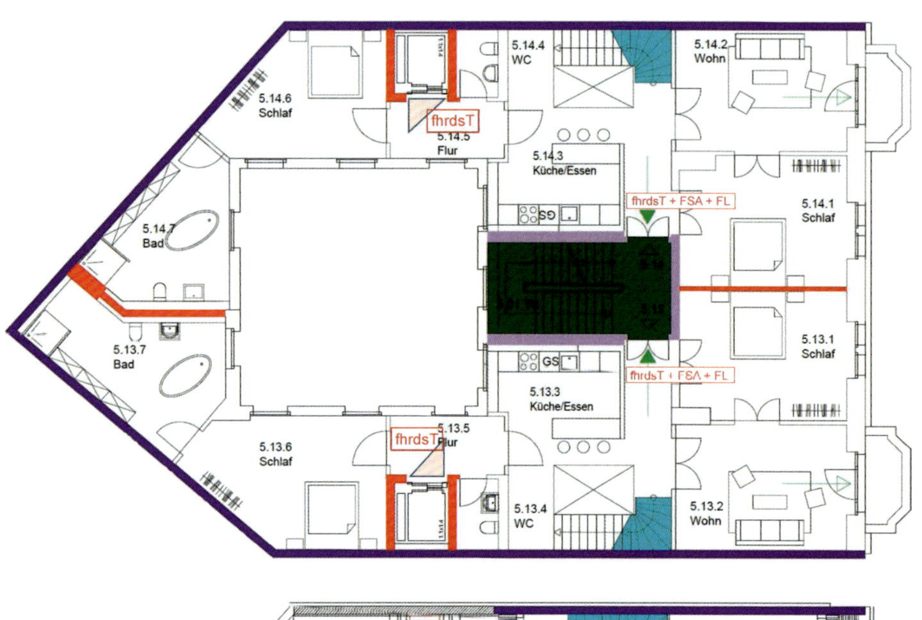

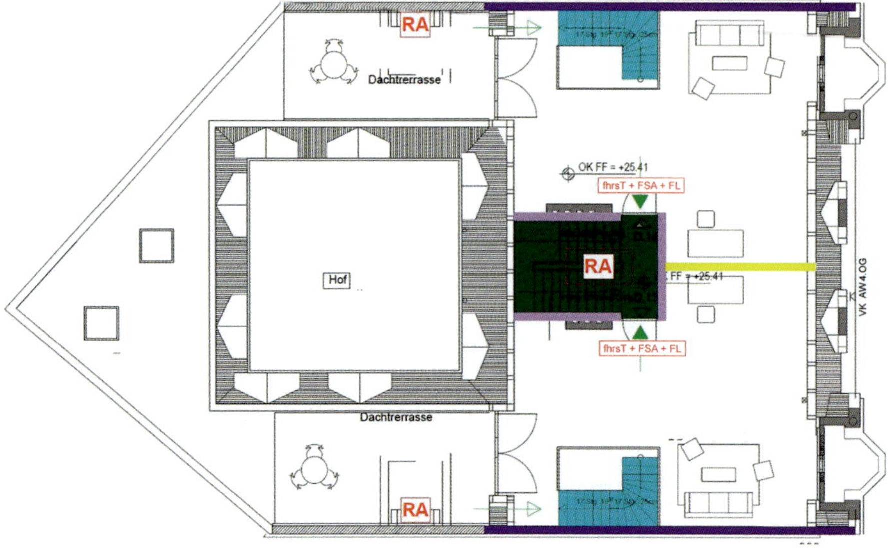

Abb. 3.19: Grundrisse bei einer Innenstadtaufstockung; oben: 5. Obergeschoss; unten: Dachgeschoss

UK	Unterkante
OK FFB	Oberkante Fertigfußboden
BRH	Brüstungshöhe
fhrsT	feuerhemmende, rauchdichte, selbstschließende Tür
FSA	Feststellanlage
FL	mit Freilauffunktion
RA	Rauchabzug

Ein weiteres Problem stellen wohnungsverbindende **Aufzüge** dar. Um eine Rauch- und Feuerausbreitung über diese Aufzüge von Geschoss zu Geschoss zu verhindern, sind in diesem Fall zusätzliche Rauchschutztüren erforderlich.

3.4.4 Gebäude, die nur in Teilen die Hochhausgrenze überschreiten, und Hochhäuser in Hanglage

„Teilweise" Hochhäuser

Die Hochhausgrenze von 22 m wird bei vielen Gebäuden nur teilweise überschritten. Solche „teilweisen" Hochhäuser finden sich in folgenden **Geometrien**:

- flache Breitfußhochhäuser,
- hohe Standardgebäude mit einzelnen oder mehreren „Hochhausspitzen" sowie
- Hochhäuser, die mit hohen Standardgebäuden über ein- oder mehrgeschossige „Brücken" verbunden sind.

Flache Breitfußhochhäuser haben im Erdgeschoss bis maximal zum 3. Obergeschoss eine viel größere Grundfläche als das eigentliche Hochhaus. Das Gesamtgebäude der Breitfußgrundfläche ordnet sich dem Gesamtbauwerk Hochhaus unter.

Hohe Standardgebäude mit „Hochhausspitzen" überschreiten auf einem Teil der Grundfläche die Hochhausgrenze durch punktuelle Bereiche von meist mehr als 10 Geschossen.

Brückenverbindungen sind architektonische Sonderlösungen, die einen Durchgang oder eine Durchfahrt im Erdgeschoss zwischen den Gebäuden ermöglichen und die Gebäudeteile in einer Höhe des meist 2. oder 3. Obergeschosses verbinden. Sofern die Gebäudeteile des Standardgebäudes und des Hochhauses durch Brandwände getrennt sind, können für die Gebäudeteile separate Brandschutznachweise erstellt werden. Wenn jedoch die Gebäudeteile zusammenhängende Brandabschnitte werden, sind Gesamtlösungen notwendig (siehe auch Kapitel 6.6). In der Regel ist es dabei so, dass die Nichthochhausteile unabhängige Treppenräume und Aufzüge besitzen.

Generell stellt sich bei den „teilweisen" Hochhäusern die Frage, inwieweit die **Nichthochhausteile** den Anforderungen an Hochhäuser genügen müssen. Dabei gilt folgender Grundsatz: Zumindest der den Hochhausteil beinhaltende Brandabschnitt ist wie ein Hochhaus auszuführen. Andere Brandabschnitte unter der Hochhausgrenze können ohne Beachtung der Anforderungen an Hochhäuser ausgeführt sein, wenn eine Brandübertragung, insbesondere im Deckenbereich der angrenzenden Bauteile des Hochhauses, durch eine Brandschutztrennung verhindert wird. Brandwände müssen einen Abstand von mindestens 5 m von der Hochhausfassade haben. Wenn die Dachausführung der angrenzenden Bauteile feuerbeständig ist, ist eine Reduzierung möglich.

Die Anforderungen an Baustoffe und Bauteile im Breitfuß entsprechen denen an das eigentliche Hochhaus. Das betrifft insbesondere tragende und aussteifende Bauteile bei Hochhäusern über 60 m. Für diese Hochhäuser ist auch gerade im gesamten Breitfußbereich eine automatische Feuerlöschanlage vorzusehen.

Zusätzliche Treppenräume im Breitfuß, die dort Obergeschosse ausschließlich unterhalb der Hochhausgrenze erschließen, müssen dann nicht als Sicherheitstreppenräume ausgebildet werden, wenn der zweite Rettungsweg anderweitig baulich ausgelegt ist. Allerdings sind die Ausgänge aus den Treppenräumen bei Breitfüßen problembehaftet, da sie oft durch Hallen ins Freie führen.

Hochhäuser in Hanglage

In Ausnahmefällen finden sich Hochhäuser in Hanglage, wobei bergseitig meist die Hochhausgrenze nicht überschritten ist, wohl aber talseitig. Entscheidend hierbei sind die Zugangsmöglichkeiten, die meist bergseitig liegen, und die Notwendigkeit des Innenangriffs durch die Einsatzkräfte der Feuerwehr infolge fehlender Anleitermöglichkeiten mit Standardhubrettungsfahrzeugen von der Talseite aus.

3.4.5 Untergeschosse in Hochhäusern

Hochhäuser haben 1 bis 10 Untergeschosse. Der innerstädtische Raumgewinn trifft hier auf die Anforderung des Vorhandenseins einer Feuerlöschanlage bei Geschosstiefen von mehr als 5 m. Bei Breitfußhochhäusern erstrecken sich die Untergeschosse meist über die gesamte Breitfußfläche.

Für Untergeschosse in Hochhäusern sind folgende **Nutzungen** typisch:

- Keller- und Abstellräume,
- Haustechnikräume,
- Hausmeisterräume,
- Büros,
- Diskotheken oder Partyräume,
- Verkaufsstätten,
- Werkstätten und
- Garagen.

Besonders die Garagennutzung ist bei innerstädtischen Hochhäusern verbreitet.

Bei all diesen Nutzungen können folgende **Lösungen** zum Erreichen der Brandschutzziele führen:

- mindestens feuerbeständige Bauweisen einschließlich der Geschossdecken im Untergeschossbereich sowie
- Abtrennung der Treppenräume zur Erschließung der Unter- und der Obergeschosse.

In Einzelfällen haben Gebäude unter der Erdoberfläche eine Höhe bzw. Tiefe von mehr als 22 m. Sinngemäß ergeben sich hier die gleichen Anforderungen wie an Hochhäuser. Bereits ab mehr als einem unterirdischen Geschoss bzw. mehr als 5 m Tiefe des untersten Untergeschosses muss von einem notwendigen Innenangriff der Einsatzkräfte der Feuerwehr wie bei einem Hochhaus ab 22 m ausgegangen werden. Bei nur einem Untergeschoss sind noch abwehrende Brandschutzmaßnahmen über Kellerfenster möglich.

Abb. 3.20: Sich nach oben in der Geschossfläche verbreiternde Hochhäuser: Kranhäuser in Köln (Quelle: Michael Gaida, Pixabay)

3.4.6 Hochhäuser mit besonderer Geometrie

Die Vorstellung von Hochhäusern bezieht sich allgemein zumeist auf spektakuläre superhohe Hochhäuser in den Innenstädten der Metropolen und auf quaderförmige, kostengünstig errichtete Wohnhochhäuser. Vor allem die moderne Architektur zeigt jedoch, dass der Gestaltung von Hochhäusern kaum Grenzen gesetzt sind. Ein aktuelles Beispiel ist eines der schmalsten Hochhäuser der Welt, das in New York entstanden ist. Das über 400 m hohe Wohnhochhaus hat ein Höhen-Breiten-Verhältnis von 24:1 (Cherner, 2022).

Die Quaderbauweise weicht vor dem Hintergrund, dass Hochhäuser auch Wahrzeichen von Städten werden können, zunehmend neuen und aufsehenerregenden Gestaltungsformen, z. B. Hochhäusern mit unterschiedlichen Geschossausdehnungen. Gleichzeitig werden immer häufiger offene Dachgeschossnutzungen, teilweise verbunden mit Begrünungen oder offenen atrienartigen Lösungen, vorgesehen.

Abb. 3.21: Sich nach oben in der Geschossfläche verschmälerndes Hochhaus in Aarhus, Dänemark

Abb. 3.22: Besondere Hochhausgeometrie: Wohnhochhaus in Toronto, Kanada (Quelle: Shehna, Pixabay)

Tabelle 4.1: Schutzzielbezogene Systematik des Brandschutznachweises in Schritten

Schritt	Schutzziel
Schritt 0 „Grundlagenbewertung": • Gebäudegeometrie (Gestaltung des eigentlichen Hochhausbereiches hinsichtlich der Abmessungen, Besonderheiten, z. B. Breitfuß) • Geschosszahl (Einordnung in die unterschiedlichen Hochhauskategorien) • Bauweise (Stahlbeton-, Stahl-, Holz-, Hybridbauweise) • Fassadenlösung (insbesondere Fenstergestaltung, Doppelfassaden, Balkone usw.) • Größe der Nutzungseinheiten (z. B. Zellenbauweise) • Nutzungsbesonderheiten (Berücksichtigung Beherbergung, Verkauf, Büro, Mischnutzung usw., Personenzahlen, Mobilitätseinschränkungen von Personen) • Gefährdungsbewertung • dimensionierungsbestimmende Brandszenarien • Schutzzielkonkretisierung • baurechtliche Einordnung • Vorauswahl der Brandschutzingenieurmethoden • zusätzliche baurechtliche Anforderungen und Erleichterungen vom Baurecht	
Schritt 1 „Brandschutztrennungen": • Abstandsflächen, insbesondere unter dem Aspekt der Abhängigkeit der Abstandsflächen von der Gebäudehöhe • Brandabschnittsbildung und Brandwände, insbesondere bezüglich der horizontalen Brandausbreitung und unter dem Aspekt der in den meisten Fällen vorhandenen Feuerlöschanlage, vor allem im Breitfuß	Verhinderung der Ausbreitung von Feuer
• Nutzungseinheitenabtrennung mit Trennwänden als einfachste und geringwertigste Brandschutztrennung	Verhinderung der Ausbreitung von Feuer, Verhinderung der Ausbreitung von Rauch
• Rauchabschnittsbildung	Verhinderung der Ausbreitung von Rauch, Rettung von Menschen und Tieren, wirksame Löscharbeiten
Schritt 2 „Baustoff- und Bauteilanforderungen": • Feuerwiderstände der tragenden und aussteifenden Bauteile (Hauptkonstruktion) einschließlich Baustoffausführung • Feuerwiderstände und Baustoffausführung der Geschossdecken • Feuerwiderstände und Baustoffausführung der Außenwände und Außenwandverkleidungen • Feuerwiderstände und Baustoffausführung der raumabschließenden Bauteile, Türen und Öffnungsverschlüsse • Feuerwiderstände und Baustoffausführung der Rettungswegbauteile, Treppenraumwände, Wände notwendiger Flure, Aufzugswände einschließlich Feuerwehraufzugswände • Feuerwiderstände und Baustoffausführung des Daches und Dachtragwerkes • Feuerwiderstände und Baustoffausführung der Haustechnik, insbesondere Installationsschächte, geschossweise Abtrennungen, Öffnungen, Durchführung durch raumabschließende Bauteile, Abschottungen u. a. für Kabel, Lüftung und Rohre	Verhinderung der Ausbreitung von Feuer, Verhinderung der Ausbreitung von Rauch
Schritt 3 „Rettungsweglösung": • Aufenthaltsräume definieren • Weg aus dem Aufenthaltsraum • Gestaltung der horizontalen Rettungswege (Weg innerhalb der Nutzungseinheit und notwendige Flure) • Rettungsweglängen, Stichflurlängen • Rettungswegbreiten entsprechend der Personenzahl • Redundanz und Gestaltung der vertikalen Rettungswege (Treppenräume und Sicherheitstreppenräume) • Ausgangslösung aus Treppenräumen und Sicherheitstreppenräumen • Wege auf dem Grundstück • Rettungswegkennzeichnung	Rettung von Menschen und Tieren

Schritt	Schutzziel
Schritt 4 „Rauchableitung": • Gestaltung innen liegender Sicherheitstreppenräume mit Leistungsbemessung und Ansteuerung sowie Einordnung ins Hochhaus • Flurentrauchung mit Angabe der Öffnungen/Fenster und Lüftungslösungen • Aufzugsschachtentrauchung mit Leistungsbemessung und Ansteuerung sowie Einordnung ins Hochhaus • sonstige Rauchableitung vor Räumen mit mehr als 200 m^2 Grundfläche und Atrien bzw. Doppelfassaden • Abstimmung der Rauchableitungslösungen mit Branderkennungs- und Feuerlöschanlagenlösungen über die Brandfallsteuermatrix	Verhinderung der Ausbreitung von Rauch, Rettung von Menschen und Tieren, wirksame Löscharbeiten
• ggf. Wärmeableitung	Verhinderung der Ausbreitung von Feuer
Schritt 5 „Brandmeldung und Alarmierung": • Umfang und Art der Brandmeldeanlage mit Angaben zur Verhinderung von Fehlauslösungen • Alarmierungsanforderungen, extern, intern, Sprachalarmierung	Rettung von Menschen und Tieren
• Grobvorgaben zur Brandfallsteuermatrix	Rettung von Menschen und Tieren, wirksame Löscharbeiten
Schritt 6 „Automatische Feuerlöschanlage": • Umfang und Art der Feuerlöschanlage und Verknüpfung mit anderen Brandschutzmaßnahmen	Verhinderung der Ausbreitung von Feuer, Verhinderung der Ausbreitung von Rauch, Rettung von Menschen und Tieren, wirksame Löscharbeiten
Schritt 7 „Löschwasserversorgung": • Nachweis der inneren Löschwasserversorgung, wie Nasssteigleitungen usw. • Nachweis der manuellen Brandbekämpfungsmöglichkeiten, wie Handfeuerlöscher usw. • Nachweis der äußeren Löschwasserversorgung mit Angabe von Hydrantenleistungen und Abständen zum Hochhaus	wirksame Löscharbeiten
Schritt 8 „Zugangsmöglichkeiten und Flächen für die Feuerwehr": • Zufahrten und Zugänge auf dem Grundstück • Zugänge zu Eingängen von Räumen mit Feuerwehr-Anzeigetableau und -Bedienfeld, zu Treppenräumen, Feuerwehraufzug und Vorräumen des Feuerwehraufzugs • Aufstell- und Bewegungsflächen am Gebäude für den Innenangriff	wirksame Löscharbeiten
Schritt 9 „Sonstige technische Schutzmaßnahmen": • Sicherheitsbeleuchtung • Sicherheitsstromversorgung • Gebäudefunk	wirksame Löscharbeiten
• Blitzschutz • Explosionsschutz	Verhinderung der Brandentstehung
Schritt 10 „Organisatorischer Brandschutz": • Flucht- und Rettungswegpläne • Feuerwehrpläne • Brandschutzordnung • verantwortliche Personen, insbesondere verantwortlich für regelmäßige Kontrollen	Verhinderung der Brandentstehung, Verhinderung der Ausbreitung von Feuer, Verhinderung der Ausbreitung von Rauch, Rettung von Menschen und Tieren, wirksame Löscharbeiten

4.1.2 Grundlagenbewertung

Nach der Festlegung der Grundlagen, wie Gebäudegeometrie, Geschosszahl, Bauweise, Fassadenlösung, Größe der Nutzungseinheiten und Nutzungsbesonderheiten, sind mit einer baurechtlichen Einordnung die Ausgangsbedingungen bestimmbar, insbesondere für Erleichterungen vom Baurecht nach Abschnitt 8 MHHR, nach denen u. a. eine Brandschutzlösung ohne automatische Feuerlöschanlage möglich ist (zu den Randbedingungen, die für die Erleichterungen eingehalten werden müssen, siehe Kapitel 4.7.1).

Zur Grundlagenbewertung gehören auch noch die Bestimmung der maßgeblichen Brandszenarien und die Festlegung ggf. notwendiger **Brandschutzingenieurmethoden**, wie

- Personenstromsimulation,
- Rauchausbreitungssimulation,
- Bauteilbemessung mittels Eurocode oder Naturbrandmodellen sowie
- sonstige Abstandsnachweise.

Je nach Komplexität des Bauwerkes sollten zwischen 3 und 12 mögliche **Brandszenarien** festgelegt werden. Abdeckende Brandszenarien sind solche, die realistische konservative Brandentstehungen, Brandausbreitungen sowie infrage kommende Löschmaßnahmen bewerten. Dabei geht es sowohl um unterschiedliche Tageszeiträume, z. B. nachts oder während der Betriebszeit, als auch um realistische Brandentstehungen hinsichtlich der Entstehungsorte und Brandausbreitungsmöglichkeiten. Entsprechend dieser Brandszenarien lassen sich Brand- und Rauchausbreitung bestimmen, die Funktionalität der Rettungswege nachweisen, die Wirksamkeit der Feuerlöschanlage überprüfend abschätzen sowie der Feuerwehreinsatz im Innenangriff realistisch darstellen. Ein Beispiel für die Szenarienauswahl ist die Bewertung der Rauchableitung in einem 16-geschossigen Punkthochhaus.

Möglich, aber in Deutschland noch unüblich, ist der Nachweis mittels semiquantitativer Berechnungsmodelle der verknüpften Einzelanforderungen, z. B. als sog. Indexmethoden. Eingangsdaten solcher Modelle sind sowohl risiko- bzw. brandbezogene Daten, wie Brandlast, Geometrie, Raumgrößen, Nutzungseinheiten, Personenzahlen, Ortskenntnis, Beherbergung, körperliche Eingeschränktheit bzw. Hilfsbedürftigkeit, als auch schutzmaßnahmenbezogene Daten, wie maximal vertretbare Rettungszeiten.

4.2 Brandschutztrennungen

Beginnend mit der Einordnung des Gebäudes auf dem Grundstück werden die Gebäudeabstände zur Grundstücksgrenze bewertet und danach wird die Brandabschnittsbildung durch innere Brandschutztrennungen im Gebäude vorgenommen. Notwendig sind hier die frühzeitigen Festlegungen dieser Brandschutztrennungen und ggf. von Kompensationen von Abstandsflächen (äußeren Brandwänden) sowie der Brandabschnittsgrößen und Nutzungseinheitsgrößen.

4.2.1 Abstandsflächen

Die Abstandsflächenregelungen der Bauordnungen der Länder berücksichtigen bei Neubauten neben der Gewährleistung des notwendigen Lichts für die in Grenznähe des Neubaus vorhandenen Fenster und des notwendigen Sozialabstands auch Brandschutzanforderungen. So soll eine **Brandübertragung** zwischen 2 Gebäuden über Wärmestrahlung oder Funkenflug durch den Gebäudeabstand bzw. den Abstand der Außenwand eines Gebäudes von der Grundstücksgrenze verhindert werden.

Nach der Musterbauordnung (MBO) bemisst sich die Tiefe der Abstandsflächen nach der **Wandhöhe** *H* (von der Geländeoberfläche bis zum Schnittpunkt der Wand mit der Dachhaut oder bis zum oberen Abschluss der Wand), wobei die Höhe von Dächern mit einer Neigung von weniger als 70° zu einem Drittel, von anderen Dächern voll der Wandhöhe hinzugerechnet wird. Die Tiefe der Abstandsflächen muss 0,4 *H*, mindestens 3 m betragen (§ 6 Abs. 4 und 5 MBO). Bei Hochhäusern ergäben sich mit 0,4 *H* allerdings Tiefen der Abstandsflächen von ca. 12 bis 40 m und mehr. Hier müssen demzufolge **gesonderte Brandschutzbewertungen** vorgenommen werden, auch unter Berücksichtigung der Fassadenart und des anlagentechnischen Brandschutzes.

Die Brandabschnittsbildung bei Holzhochhäusern stellt besondere Anforderungen hinsichtlich der **Baustoffausführung**. Echte Brandschutztrennungen sind nur in Bauweisen mit nicht brennbaren Baustoffen möglich. Folglich ist es selbst mit automatischen Feuerlöschanlagen kaum realisierbar, Krankenhäuser mit mehreren Brandabschnitten in Holzbauweise zu errichten.

Zur Bewertung der brandschutzbedingten Gebäudeabstände als Abstandsflächen ist es bei Unterschreitung der sich aus der Höhe ergebenden Abstandsflächen fast immer notwendig, mit Brandschutzingenieurmethoden **Wärmestrahlungsmodelle** anzuwenden.

Insgesamt sind in den letzten 10 Jahren von nachgeordneten Behörden der Bundesländer eine Reihe von Ausführungshinweisen geschaffen worden, die für Abstandsflächen flexible Gestaltungen, also Unterschreitungen der 0,4-*H*-Regelung, zulassen. Bei Hochhäusern ist aber zu bedenken, dass diese Erleichterungen vor allem die Thematik der Verschattung betreffen und weniger die Schutzziele des Brandschutzes. Aber auch unter Berücksichtigung der Brandschutzanforderungen können bei Hochhäusern in vielen Fällen geringere Abstandsflächen zugelassen werden.

Besondere Angaben zum Planungsrecht bei Hochhäusern sind z. B. in Berlin vorgesehen:

„… Wenn sich durch ausdrückliche Festsetzungen im Bebauungsplan Abstandsflächen ergeben, die geringer sind, als die ansonsten bauordnungsrechtlich erforderlichen Abstände, so hat es damit sein Bewenden (§ 6 Abs. 8 BauO Bln). Diese Regelung der Berliner Bauordnung, die faktisch eine Verkürzung der Abstandsflächentiefe ermöglicht, wird in Bebauungsplänen für Hochhäuser oft in Bezug genommen, weil die Umsetzung einer Hochhausplanung in der dicht bebauten Innenstadt sonst nicht möglich wäre.

Abb. 4.2: Elektroverbindungen innerhalb von Abstandsflächen; links und rechts: in Vancouver, Kanada (Quelle rechts: Maximilian Ruther, Pexels)

Die städtebaulichen Auswirkungen reduzierter Abstände sind im Bebauungsplanverfahren abzuwägen. Zu prüfen ist insbesondere, ob die durch das Abstandsflächenrecht geschützten Belange der Belichtung, Besonnung und Belüftung sowie der Begrenzung der Einsichtnahmemöglichkeiten nicht zu stark beeinträchtigt werden und sich das Hochhausvorhaben demzufolge etwa gegenüber seiner Umgebungsbebauung rücksichtslos verhält. Festsetzungen in Bebauungsplänen, die verkürzte Abstandsflächen für Hochhäuser ermöglichen, kommen also nur unter bestimmten Umständen in Betracht, beispielsweise wenn keine unzumutbare Verschattung von Wohnaufenthaltsräumen oder ähnlich schützenswerten Räumen zu erwarten ist. Eine verbindliche Zustimmung der betroffenen Nachbarn zur Abstandsflächenunterschreitung ist hilfreich und vermindert das Anfechtungsrisiko, ersetzt jedoch nicht die städtebauliche Abwägung. …“ (Hochhausleitbild für Berlin, 2020, S. 50)

Interessant daran ist, dass Brandschutzaspekte hier keine Rolle mehr spielen, weil diese bei Hochhäusern von der **Belichtungssituation** überlagert werden.

Nur in wenigen Fällen werden bei Hochhäusern nicht ausreichende Abstandsflächen mit äußeren Brandwänden kompensiert, wie es bei Standardgebäuden mit Grenzbebauung üblich ist. Grenzbebauung bei Hochhäusern wird in den meisten Fällen nur den Breitfuß des Hochhauses in den unteren Geschossen betreffen.

Ein besonderes Problem der Brandausbreitung können **Gebäudeverbindungen** durch Hausinstallationen, wie Klimatechnik und Elektroverbindungen, darstellen. Während diese in Deutschland eher die Ausnahme sind, da es weitgehend klare Anforderungen zur Verhinderung der Feuerausbreitung gibt, bestehen selbst in anderen Industriestaaten bei Abstandsflächen sehr geringe Anforderungen.

4.2.2 Brandabschnitte und Brandwände

Nach der äußeren Brandschutztrennung erfolgt die innere Brandschutztrennung im Gebäude. Notwendig ist die Bildung der **Brandabschnitte**, wobei die Größe von 40 m × 40 m nach Bauordnungsanforderungen die Grundlage ist. Größere Brandabschnitte sind ggf. unter Anrechnung einer automatischen Feuerlöschanlage, z. B. im Breitfuß, möglich. Für Hochhäuser gelten die gleichen Anforderungen an Brandabschnitte wie für Standardgebäude. Das bedeutet, dass Brandwände mit den Anforderungen an das Tragwerk kompatibel sein müssen. Bei Hochhäusern mit einer Höhe von über 60 m muss dementsprechend z. B. der Feuerwiderstand einer Brandwand einen Funktionserhalt der Wand im Brandfall über einen Zeitraum von 120 Minuten gewährleisten.

In der MHHR findet sich keine Aussage zu ggf. größeren Brandabschnitten. Das resultiert auch daraus, dass aufgrund der Notwendigkeit einer Feuerlöschanlage Überschreitungen des 40-m-Abstandes von Brandwänden quasi ignoriert werden.

Aus der **Nutzungsart** kann sich die Notwendigkeit mehrerer Brandabschnitte im Hochhausbereich ergeben, wenn der Horizontaltransport innerhalb des Hochhauses im Brandfall notwendig wird. Das betrifft Krankenhäuser und ggf. Pflegeeinrichtungen sowie Einrichtungen für ältere Menschen, die schon geschossweise genutzt eine Brandabschnittsunterteilung erforderlich machen. Dabei wird davon ausgegangen, dass über die notwendigen Flure mit entsprechender Breite der Bettentransport in Krankenhäusern (Flurbreite: 2,25 m) bzw. der Rollstuhl-, Rettungsliegen-, Rettungsmatratzen- oder Krankentragetransport in Pflegeeinrichtungen und Einrichtungen für ältere Menschen (Flurbreite: 1,5 m) in den anderen Brandabschnitt möglich sein muss. Aufgrund der Gebäudehöhe ist nicht zu erwarten, dass eine größere Zahl von kranken bzw.

Tabelle 4.2: Brandabschnittsgrößen in Hochhäusern mit Breitfuß (beliebige Bauweise und Höhe)

Nutzungstyp	im Hochhausbereich in m		im erdgeschossigen Breitfuß in m^2	in m
	K4	K2	K4	K1, K2
Wohnhochhaus	40 × 40	40 × 40	5.000 (m. A.)	40 × 40
Bürohochhaus	40 × 40	40 × 40	5.000 (m. A.)	40 × 40
Hotelhochhaus	40 × 40	n. g.	5.000 (m. A.)	n. g.
Krankenhochhaus	40 × 40	n. g.	5.000 (m. A.)	n. g.
Pflegehochhaus	40 × 40	n. g.	5.000 (m. A.)	n. g.
Mischnutzungshochhaus	40 × 40	40 × 40	5.000 (m. A.)	40 × 40

K1 ohne zusätzliche Anforderungen, außer Rauchwarnmelder in Wohnbereichen
K2 mit flächendeckender automatischer Brandfrüherkennung und Brandmeldung
K4 mit flächendeckender automatischer Feuerlöschanlage
n. g. nicht genehmigungsfähig
m. A. mit Abweichung als Kompensation

pflegebedürftigen Personen über die vorhandenen Aufzüge oder Treppenräume vertikal gerettet werden kann (siehe auch Kapitel 3.3.4 und 3.3.5).

Auch das Vorhandensein einer Feuerlöschanlage zur Brandbegrenzung auf den Brandentstehungsort ist bei diesen Hochhausnutzungen keine ausreichende Kompensation für den zweiten Brandabschnitt, da der Brand durch die Feuerlöschanlage zwar auf einzelne oder wenige Räume begrenzt, eine Rauchausbreitung innerhalb des Geschosses aber nicht ausgeschlossen werden kann.

Die **Brandwände** sind bis zu einer Höhe des Hochhauses von 60 m mit der Feuerwiderstandsklasse REI-M 90 (Funktionserhalt der Wand über 90 Minuten auch bei Stoßbeanspruchung) nach DIN EN 13501-2 „Klassifizierung von Bauprodukten und Bauarten zu ihrem Brandverhalten – Teil 2: Klassifizierung mit den Ergebnissen aus den Feuerwiderstandsprüfungen, mit Ausnahme von Lüftungsanlagen“ (2016) auszuführen, ab 60 m Höhe mit der Feuerwiderstandsklasse REI 120-M (zu den Leistungskriterien der Feuerwiderstandsklassen für Bauteile nach DIN EN 13501-2 siehe Kapitel 4.3.3, Tabelle 4.5). Öffnungen in den Brandwänden müssen feuerbeständig ausgeführt werden.

4.3 Baustoff- und Bauteilanforderungen

Brennbarkeitskriterien von Baustoffen

Die Brennbarkeit der Baustoffe ist ein zentrales Kriterium der Hochhausplanung. Standardhochhäuser in historischer Bauweise basieren auf dem Verzicht nahezu aller brennbaren Baumaterialien. Lediglich besondere Fensterdichtungen, Fußbodenbeläge usw. sind als brennbare Baustoffe (in der Regel schwer entflammbar) zulässig. Die Verwendung von Kunststoffen als Dämmmaterial hat in den letzten 40 Jahren zu schwerwiegenden Bränden geführt, da insbesondere die geprüften Baustoffklassen kein realistisches Bild des Entzündungs- und Brandausbreitungsverhaltens unter tatsächlichen Bedingungen zeigten. Dabei gab es durchaus Unterschiede im Verhalten der einzelnen Kunststoffe. Aber die Einstufung „schwer entflammbar“ entsprechend der Prüfungsbedingungen hat sich als wenig aussagefähig herausgestellt.

Die **europäische Bauteilklassifikation** unterscheidet im Wesentlichen brennbare und nicht brennbare Baustoffe bei der Anwendung in Deutschland.

Brandschutzingenieurmethoden für die Bemessung von Bauteilen

Grundsätzlich sind Brandschutzingenieurmethoden für die Bemessung von Bauteilen in Hochhäusern möglich. Obwohl die bauordnungsrechtlichen Vorgaben kaum Feuerwiderstände von unter 90 Minuten zulassen, sind Abminderungen dieser Anforderungen durch den Nachweis der Wirksamkeit von **Feuerlöschanlagen** realisierbar.

Allerdings gilt es festzustellen, dass die Leistungsfähigkeit der Feuerlöschanlagen in bisherigen Brandsimulationsprogrammen nur sehr unzureichend abgebildet wird. Das betrifft insbesondere die tatsächliche Reduktion der Wärmefreisetzungsraten in Abhängigkeit von der Auslösezeit sowie die Quantifizierung der Löscheffekte, vor allem bei Wassernebel, in Abhängigkeit von der tatsächlichen Tropfengröße. So wird bisher in Simulationsprogrammen fast ausschließlich eine global abgeschätzte Reduktion der Wärmefreisetzungsraten verwendet. Veränderungen der Feuerlöschanlagen sind nicht quantifizierbar. Insbesondere wird auch die Versagensproblematik von Feuerlöschanlagen nicht quantifiziert, sodass belastbare Aussagen dazu bislang nicht getroffen werden können (siehe auch Sassi et al., 2016).

4.3.1 Nicht brennbare Baustoffe

In der Hochhausgeschichte sind bis zur Mitte des 20. Jahrhunderts fast ausnahmslos nicht brennbare Baustoffe (Baustoffklassen A1 und A2) eingesetzt worden, vor allem Mauerwerk, Stahlbeton und Stahl.

Tabelle 4.3: Brennbarkeitskriterien von Baustoffen und Baustoffklassen nach DIN EN 13501-1 und zum Vergleich nach DIN 4102-1 1)

bauaufsichtliche Bezeichnung des Baustoffes	europäische Klassifikation (DIN EN 13501-1)	deutsche Klassifikation (DIN 4102-1)	europäische Prüfung	Zusatzprüfungen
nicht brennbar	A1	A1	Ofenprüfung Heizwert	kein Abtropfen, kein Abfallen, kein Rauch
nicht brennbar	A2	A2	Single-burning-Item-Test (SBI) Ofenprüfung Heizwert	kein Abtropfen, kein Abfallen, kein Rauch
schwer entflammbar	B	B1	SBI Kleinbrenner	kein Abtropfen, kein Abfallen, kein Rauch
schwer entflammbar	C	B1	SBI Kleinbrenner	kein Abtropfen, kein Abfallen, kein Rauch
normal entflammbar	D	B2	SBI Kleinbrenner	kein Abtropfen, kein Abfallen, kein Rauch
normal entflammbar	E	B2	Kleinbrenner	kein brennendes Abtropfen/ Abfallen
leicht entflammbar	F	B3	keine	keine

1) DIN EN 13501-1 „Klassifizierung von Bauprodukten und Bauarten zu ihrem Brandverhalten – Teil 1: Klassifizierung mit den Ergebnissen aus den Prüfungen zum Brandverhalten von Bauprodukten" (2019); DIN 4102-1 „Brandverhalten von Baustoffen und Bauteilen – Teil 1: Baustoffe; Begriffe, Anforderungen und Prüfungen" (1998)

Stahlbauteile wurden aufgrund ihres Stabilitätsverlustes bei hohen Temperaturen zumeist verkleidet, oft mit Dämmschichtbildnern oder Brandschutzputzen. Am Beispiel des World Trade Centers stellte sich bei den Untersuchungen nach der Katastrophe heraus, dass die verwendeten Spritzputze häufig unzureichend ausgeführt worden sind und so zu einem schnelleren Stabilitätsverlust beigetragen haben.

Ungeachtet dessen zählen Stahlbeton und Stahl bis heute zu den am meisten angewendeten Baustoffen im Hochhausbau, da Feuerwiderstandsdauern von 90 Minuten oder mehr mit entsprechenden Betonüberdeckungen, Putzen und Verkleidungen auch bei Stahl erreicht werden können.

Stahl spielt aufgrund seiner Stabilität unter Normalbedingungen insbesondere bei der vertikalen Traglastenaufnahme und Aussteifung eine zentrale Rolle. Infolge seines unzureichenden Brandverhaltens kann Stahl jedoch nicht ohne einen Wärmeschutz für den Brandfall angewendet werden, da ab ca. 500 °C seine Stabilität in der Regel nicht mehr gewährleistet werden kann. Dementsprechend muss der Wärmeübergang zum Stahl durch Putze, Dämmschichten und Verkleidungen eingeschränkt und verzögert werden, um so die erforderlichen Feuerwiderstände der tragenden Konstruktionen nachweisen zu können. Die Reduzierung der frei werdenden Wärme durch eine Feuerlöschanlage allein ist bislang aufgrund hoher Versagenswerte nicht genehmigungsfähig. Gleiches gilt für die Anwendung von Aluminium als Baustoff, wobei hier sogar ein noch früheres Versagen im Brandfall festzustellen ist. Insgesamt werden die Vorteile von aluminiumbasierten Tragwerken durch sehr viel höhere Anforderungen z. B. an Verkleidungen kompensiert, sodass Aluminium keine Bedeutung im Hochhausbau hat.

Neben Stahl hat sich **Glas** in den vergangenen Jahren zum beliebtesten Fassadenmaterial entwickelt. Auch innerhalb der Gebäude ersetzen immer mehr Glasscheiben die massiven Betonwände. Dadurch entstehen zwar einerseits Hochhäuser, die trotz ihrer Größe transparent und leicht wirken. Andererseits stellen diese Konstruktionen aber auch neue Herausforderungen für den Brandschutz dar. Noch hitzeempfindlicher als das Glas selbst ist die Aufhängung der Scheiben, die meist aus Aluminium gefertigt ist. Normalglas verliert bei ca. 100 °C seine Festigkeit und springt. Es gibt jedoch mittlerweile verschiedenste Glasmaterialien der Feuerwiderstandsklassen E 30 und E 90 (Brandschutzglas, dessen raumabschließende Funktion im Brandfall 30 bzw. 90 Minuten standhält) neben direkt feuerhemmenden oder feuerbeständigen strahlungsreduzierenden Verglasungen (EI 30 oder EI 90), die eingesetzt werden können. Eine weitere Sondermöglichkeit stellen Wasser-Berieselungsanlagen für Verglasungen dar, die in Einzelfällen angewendet werden (siehe Kapitel 4.7.4 und 4.7.5).

4.3.2 Brennbare Baustoffe

Der Einsatz brennbarer Baustoffe (Baustoffklassen B bis F nach DIN EN 13501-1) zählt in vertikal ausgerichteten Bauwerken aufgrund der Möglichkeit und besonderen Risiken einer vertikalen Brandausbreitung zu einem der größten Anwendungsprobleme. Deshalb besteht hier ein allgemeines grundsätzliches Anwendungsverbot für brennbare Baustoffe mit ganz wenigen Ausnahmen.

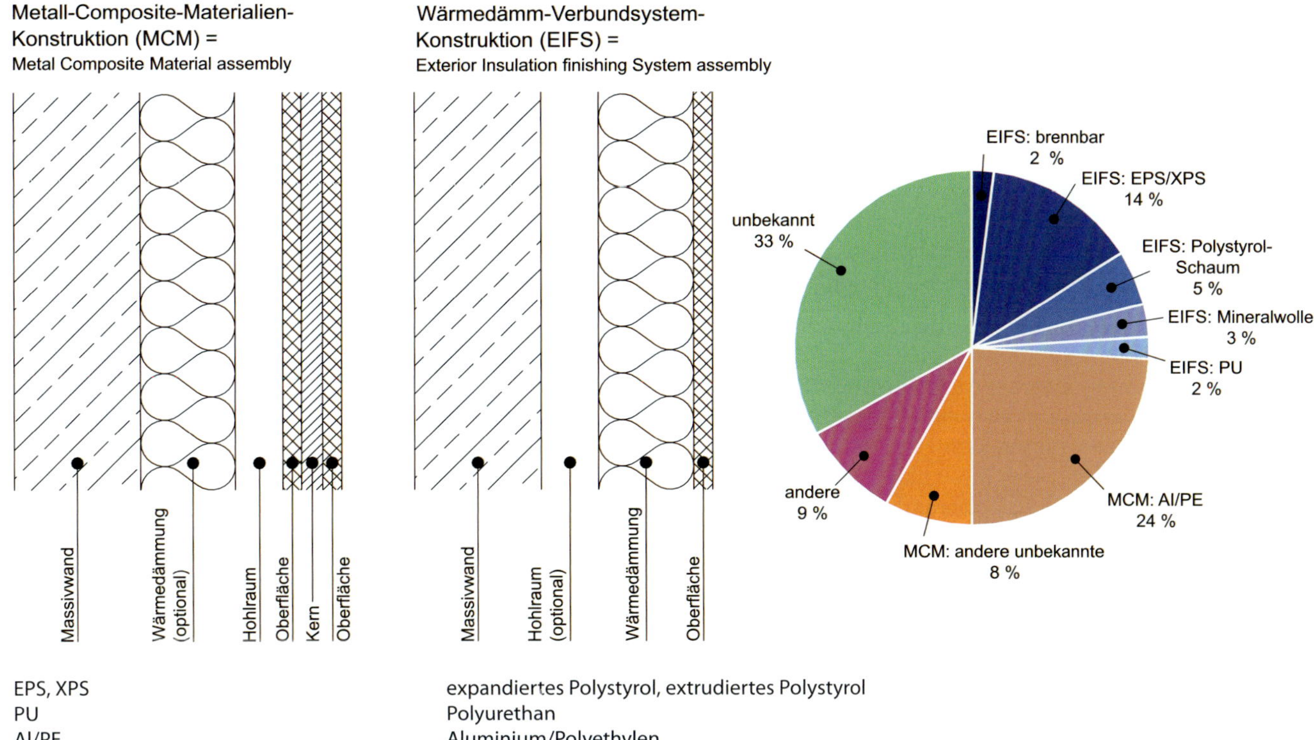

Abb. 4.3: International festgestellte Kunststoffe in Hochhausfassaden (Quelle: nach Spearpoint et al., 2019)

Kunststoffe

Seit der Entwicklung moderner Kunststoffe werden diese zunehmend im Bauwesen angewendet, vor allem als Installations- und Wärmedämmmaterialien. Die meisten dieser Kunststoffe sind brennbar und müssen aufgrund ihres Schmelzverhaltens sogar als brennbare flüssige Brandstoffe bewertet werden. Darüber hinaus ist die Eigenschaft der Rauchbildung sehr ausgeprägt. Gerade bei den Kunststoffen hat sich gezeigt, dass die Baustoffprüfung an ihre Grenzen gekommen ist, da viele dieser Materialien als schwer entflammbar eingestuft wurden, während schmelzende Kunststoffe bei höheren Gebäuden zu sehr starken vertikalen Brandausbreitungen führten. Eine Vielzahl von Bränden zwischen 1990 und 2020 belegt dies (siehe Kapitel 1.2 und 1.3).

In Hochhäusern ist nach dem Brand des Grenfell Towers im Jahr 2017 auch in Großbritannien ein Verbot dieser Materialien eingeführt worden, das es in vielen Staaten, wie auch in Deutschland, schon früher gegeben hat.

Folgende **Kunststoffmaterialien** wurden bei **Bestandshochhäusern** in den letzten Jahren international festgestellt:

- Polyurethan (PUR),
- Polystyrol, expandiert und extrudiert (EPS, XPS) sowie
- Polyisocyanurat (PIR).

Darüber hinaus wurden PVC-Materialien gefunden. Teilweise sind die genannten Materialien in Aluminiumprofile eingelassen oder mit diesen kombiniert.

Eine sehr große Zahl an Bestandshochhäusern ist international noch mit bestehenden brennbaren Fassaden unter Nutzung. Der kostenaufwendige Rüc kbau wird von vielen Gebäudeeigentumsparteien der Hochhäuser nicht durchgeführt (siehe dazu auch die Hintergründe des Brands des Grenfell Towers, Kapitel 1.3.4).

Kunststoffe werden aufgrund ihres Brandverhaltens kaum Perspektiven im Hochhausbau haben. Die notwendige allseitige feuerbeständige Ummantelung müsste so ausgeführt werden, dass selbst bei Fassadenbränden eine Teilnahme oder Aktivierung dieser Materialien ausgeschlossen werden kann. Hierbei wäre auch zu prüfen, inwieweit ein Schutz gegen mechanische Beschädigungen notwendig wäre.

In Abb. 4.3 sind international festgestellte Kunststoffe in Hochhausfassaden dargestellt. Dabei handelt es sich sowohl um Metall-Composite-Materialien (MCM) als auch um Wärmedämm-Verbundsysteme (WDVS) bzw. Exterior Insulation Finishing Systems (EIFS). Beide Systeme können die für Hochhäuser so problematischen Materialien Polystyrol und Polyurethan beinhalten. Die Untersuchungen zeigen damit die weltweiten Probleme mit brennbaren Dämmmaterialien in Bestandshochhäusern auf (Spearpoint et al., 2019).

Holz

Seit dem Beginn des 21. Jahrhunderts wird der nachwachsende Rohstoff Holz auch für Hochhäuser entdeckt. Diese Entwicklung ist nicht abgeschlossen.

Für Hochhäuser ist nach der MHHR der Einsatz von Holz nicht vorgesehen. Dies ist historisch durch die besondere Brandausbreitungsgefahr bei Holzbauwerken entstanden. Ungeachtet dessen ist das Brandverhalten von Holz das wohl von allen Baustoffen am meisten untersuchte.

Neben der Brennbarkeit von Holz und damit der verstärkten Möglichkeit der Brandweiterleitung auf der Holzoberfläche ist es insbesondere die erhöhte Brandlast von Holzbauteilen, die insgesamt zu hohen Wärmefreisetzungsraten und Branddauern führen kann. Die Brandausbreitung auf Holzbauteilen ist vor allem in vertikaler Richtung, also auf Fassaden, zu beachten. Das Abbrandverhalten ist je nach Holzart unterschiedlich. Nadelholz als brandschutztechnisch kritischste Holzart weist Abbrandraten von ca. 0,8 mm/min Oberflächenabbrand auf.

Die vergrößerte **Brandlast** bei Holzbau-Ausführungen wird insbesondere dann problematisch, wenn ein Entstehungsbrand nicht unter Kontrolle gebracht werden kann, weil in den Nutzungsbereichen oder technischen Betriebsräumen überdurchschnittlich starke Stützfeuer (dauerhafte Beflammung bei Brandversuchen) entstehen. Insofern können sich bei derartigen Bauweisen nutzungstechnische Einschränkungen ergeben.

Die erforderlichen Feuerwiderstände des Tragwerkes von 90 Minuten bis zu einer Höhe von 60 m und 120 Minuten bei Höhen darüber können mit einer erhöhten Bauteilstärke erreicht werden. **Schwachpunkte** der Holzkonstruktionen sind Verbindungselemente, Befestigungen, Durchführungen von Haustechnik usw. In diesen Bereichen kann es infolge größerer Holzoberflächen in Verbindung mit stark wärmeleitenden Metallen zu hohen Abbrandraten und zu Reduzierungen des Feuerwiderstandes kommen. Im norwegischen Mjøstårnet-Hochhaus sind die Stahlverbindungselemente als Schwachpunkte daher mit Dämmschichtbildnern versehen (siehe Kapitel 6.7).

Vorteilhaft ist bei Holzbauten die relativ hohe **Wirksamkeit von frühen Löschmaßnahmen** mit dem Löschmittel Wasser, was insgesamt den Einsatz von Sprinkler- bzw. anderen Feuerlöschanlagen als Kompensation erzwingt.

Neuere Untersuchungen zu Bränden in Gebäuden in Holzbauweisen beziehen sich meist auf Holzbauten unter der Hochhausgrenze und auf Hochhausbrände in der Bauphase, bei denen die Feuerlöschanlage noch nicht fertiggestellt, noch nicht funktionsfähig oder fehlerhaft ausgelegt war (z. B. Gernay/Ni, 2020). Tatsächlich bergen **Bauphasen**, auch Umbauphasen, im Holzhochhausbau die wahrscheinlich größten Risiken, insbesondere wenn es zur teilweisen oder vollständigen Außerbetriebnahme der Feuerlöschanlage bei Umbauarbeiten kommt, da in Holzhochhäusern die Feuerlöschanlage meist mehrere Kompensationen erfüllen muss und deswegen eine erhöhte Zuverlässigkeit der Feuerlöschanlage gefordert ist.

Die besonderen Risiken der Holzkonstruktionen wirken sich immer auf die **Gestaltung der Feuerlöschanlage** aus. Der kritische Fall tritt bei Holzbauten dann ein, wenn die flächendeckende Feuerlöschanlage nicht in der Lage ist, den Entstehungsbrand ausreichend schnell zu detektieren und zu löschen bzw. mit absinkenden Wärmefreisetzungsraten zu kontrollieren. Für diesen Fall müssen Lösungen entweder im Bereich der Feuerlöschanlage oder durch sonstige bauliche Möglichkeiten vorgesehen werden. Im norwegischen Mjøstårnet-Hochhaus wurde deshalb zusätzlich ein Nachweis verlangt, dass auch bei einem vollständigen Ausbrennen, also einem Vollbrand, ohne Anrechnung der Feuerlöschanlage die tragenden Teile ihre Funktion behalten, d. h. die Feuerwiderstandsanforderungen erfüllt werden. Das wird nicht in allen Staaten so gesehen. In der Schweiz ist es zulässig, in Hochhäusern den Feuerwiderstand des Tragwerkes von 90 auf 60 Minuten zu reduzieren beim Vorhandensein einer Feuerlöschanlage. Diese Beispiele zeigen, dass die Bewertung des Brandrisikos in Holzhochhäusern international sehr unterschiedlich ist, da für die Holzbauweise bisher auf sehr wenige Branderfahrungen zurückgegriffen werden kann.

Hochhäuser in Holzbauweise sind bislang nicht nur in Deutschland, sondern weltweit noch die Ausnahme. Im angelsächsischen Raum gibt es derzeit allerdings zunehmend Holzhochhäuser als Einzellösungen. In Deutschland ist derzeit mit 19 Stockwerken und einer Höhe von 65 m das „Roots“ in Hamburg im Elbbrückenquartier das größte Holzhochhaus. Es ist absehbar, dass auch in Deutschland zukünftig mehr Holzhochhäuser entstehen werden.

Holzbauweisen

Für Holzhochhäuser kommen vor allem die Hybrid- und die Brettschichtholzbauweise sowie verkleidete Holzkonstruktionen infrage.

Die **Hybridbauweise** sieht vor, dass wesentliche Teile des Gebäudes ganz oder teilweise in Massivbauweise errichtet werden (Stahlbeton), wie z. B. der Verkehrskern und die Geschossdecken, und Holz nur für äußere Wände bzw. Geschossdecken im Außenbereich der Hochhäuser angewendet wird. Es gibt auch Hybridbauweisen, bei denen der untere Gebäudeteil einschließlich der Verkehrskerne in Massivbauweise erstellt und nur im Hochhausteil die Holzbauweise vorgesehen wird.

Bei der **Brettschichtholzbauweise** werden auch die wesentlichen Bauteile des Gebäudes in Brettschichtholz ausgeführt. Dabei wird berücksichtigt, dass das Abbrandverhalten von Brettschichtholz wesentlich langsamer als das von Vollholz ist (ca. 0,6 mm/min) und mit Brettschichtholz auch die schwere Entflammbarkeit der Baustoffklasse B1 (in Verbindung mit Holzflammschutzmitteln) erreicht werden kann. Bei entsprechenden Stärken sind Feuerwiderstandsdauern von über 120 Minuten möglich. Die häufig verwendeten Holzplatten Cross-laminated Timber (CLT) sind kreuzweise verleimt und werden nach DIN EN 13501-1 als normal entflammbar mit mittlerer Rauchentwicklung ohne brennendes Abtropfen/Abfallen (Baustoffklasse D – s2, d0) eingestuft.

Tabelle 4.4: Übersicht über die höchsten Holzhochhäuser weltweit

Projekt	Ort	Land	Geschoss-zahl	Höhe in m	Bauweise	Status 2022
Mjøstårnet	Brummunddal	Norwegen	18	85,35	Brettschichtholz	fertig
HoHo	Wien	Österreich	24	84	Hybrid	fertig
Sara Kulturhus	Skeleftea	Schweden	20	76	Hybrid	fertig
Adina Hotel	Melbourne	Australien	10		Holzaufstockung	fertig
Atlassian HQ	Sydney	Australien	40	180	Hybrid	in Planung
Suurstoffi BF1	Risch-Rotkreuz	Schweiz	15	60	Hybrid	fertig
Skaio	Heilbronn	Deutschland	10	34	Hybrid	fertig
Roots	Hamburg	Deutschland	18	65	Hybrid	fertig
WoHo	Berlin	Deutschland	29	98	Hybrid	in Planung
Ascent	Milwaukee	USA	25	85	Hybrid	im Bau
Holzturm C6	Perth	Australien	50	183	Hybrid	in Planung
Rocket	Winterthur	Schweiz	32	100	Hybrid	in Planung
Canada Earth Tower	Vancouver	Kanada	35 bis 40	120	Hybrid	in Planung
W350	Tokio	Japan	70	350	Brettschichtholz	in Planung
Terrace House	Vancouver	Kanada	19	71	Hybrid	im Bau

Bei **verkleideten Holzkonstruktionen** sind die Holzbauteile mit Gipskartonplatten u. Ä. verkleidet. Auf diese Weise können durch die Holznutzung statische Vorteile erreicht werden und gleichzeitig kann die Entflammbarkeit des Holzes reduziert werden. Allerdings fehlt bei dieser Bauweise die Sichtbarkeit des Holzes.

Insbesondere in der Schweiz gibt es auch **modulartige Hybridbauweisen**, wie mit dem sog. Modul 17. Modularisierte Bauweisen für Holzhochhäuser weisen ein erhebliches Problem auf: In der Modulbauweise ist es nicht einfach, die ganzheitliche Feuerlöschanlage, die wesentlich für die Genehmigungsfähigkeit der Bauwerke ist, zu berücksichtigen. Das betrifft auch die gesamte sonstige Haustechnik. Deshalb sind derartige Lösungen auch eher in der Hybridbauweise oder bei verkleideten Holzkonstruktionen als in der Brettschichtholzbauweise anwendbar.

4.3.3 Hauptkonstruktion/Tragwerk und Geschossdecken

Das Tragwerk, die tragenden und aussteifenden Bauteile einschließlich der Geschossdecken, stellt bei Hochhäusern das Hauptproblem der Bauteillösung dar. Das Zusammenwirken der Anforderungen an die Baukonstruktion aus Statik, Brandschutz, Gestaltungsoptimierung sowie Wind- und Erdbebensicherheit hat zu unterschiedlichen Lösungsentwicklungen in der Hochhausgeschichte geführt.

Die sehr große **Lastkonzentration** auf relativ kleiner Fläche stellt sehr hohe statische Anforderungen, die sich teilweise mit den Anforderungen an den Brandschutz des Tragwerkes noch weiter verstärken. Durch den Einsatz von Brandschutzingenieurmethoden sind zwar Reduzierungen der relativ harten Feuerwiderstandsanforderungen an das Haupttragwerk möglich, grundsätzlich bieten die geforderten Feuerwiderstände jedoch eine recht große Sicherheitsreserve für Standardbrände.

Erste Hochhäuser zu Beginn des 20. Jahrhunderts wurden als Mauerwerksbauten errichtet. Mit dem Höherwerden der Gebäude wurde auf die Stahlskelettbauweise übergegangen, die eine bessere Tragfähigkeit hatte und damit größere Höhen ermöglichte. Hinzu kam die sog. Eisenbetonbauweise. Nach dem Zweiten Weltkrieg wurden auf Stahlskelettbasis Scheibenhochhäuser errichtet, die insbesondere als Wohnbauten genutzt wurden. Mit dem Aufkommen von Betonhohlblocksteinen, Leichtbeton und vorfabrizierten Massivbauteilen entwickelten sich auf der Basis der Massivkonstruktionen neue Hochhausausführungen. Später gab es auch einzelne Ausführungen in Aluminiumbauweise. Als Vertikalaussteifungen sind in Hochhäusern neben Stahlbeton und Hochleistungsbeton auch Verbundstützen im Einsatz.

Bei allen **Metallanwendungen** muss zum Erreichen des geforderten hohen Feuerwiderstandes eine Verkleidung mit mineralischen Materialien, wie Beton oder Putz, oder mit nicht brennbaren Dämmschichtbildnern ausgeführt werden. Die Abb. 4.8 zeigt die Möglichkeiten des Erreichens eines ausreichenden Feuerwiderstandes von Stahl-, Holz- und Betonbauteilen.

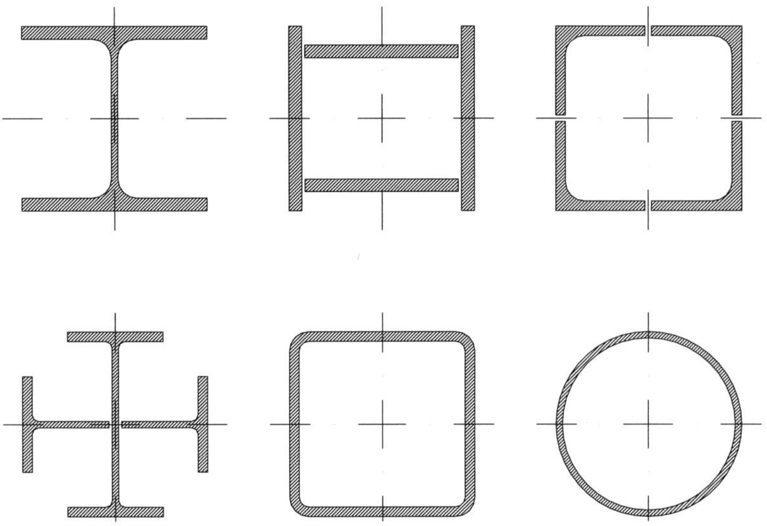

Abb. 4.4:
Ausgewählte Stützen für den Stahlskelettbau
(Quelle: nach Hampe/Heller, 1977)

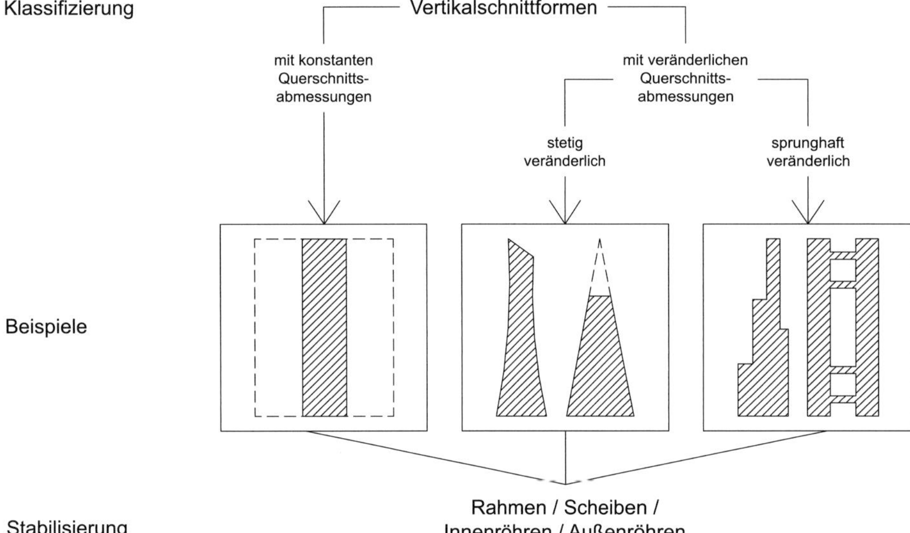

Abb. 4.5:
Klassifizierung von Hochhausvertikalschnittformen
(Quelle: nach Hampe/Heller, 1977)

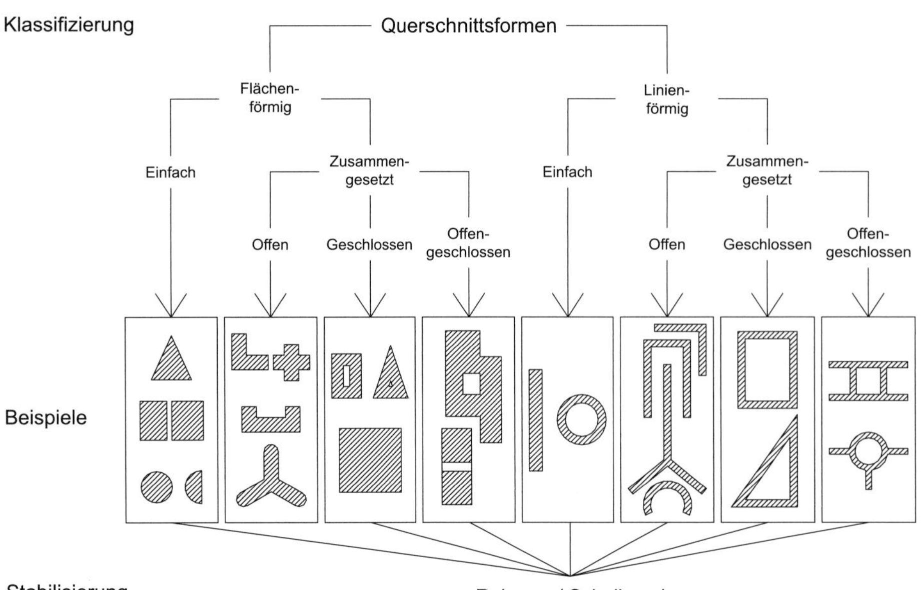

Abb. 4.6:
Klassifizierung von Hochhausquerschnittformen
(Quelle: nach Hampe/Heller, 1977)

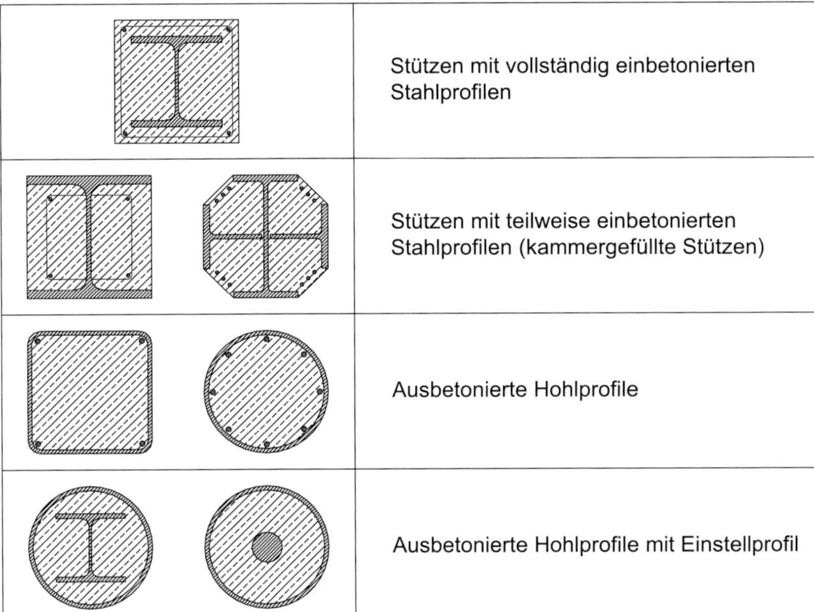

	Stützen mit vollständig einbetonierten Stahlprofilen
	Stützen mit teilweise einbetonierten Stahlprofilen (kammergefüllte Stützen)
	Ausbetonierte Hohlprofile
	Ausbetonierte Hohlprofile mit Einstellprofil

Abb. 4.7:
Verbundstützen für den Stahlskelettbau (Quelle: nach Hampe/Heller, 1977)

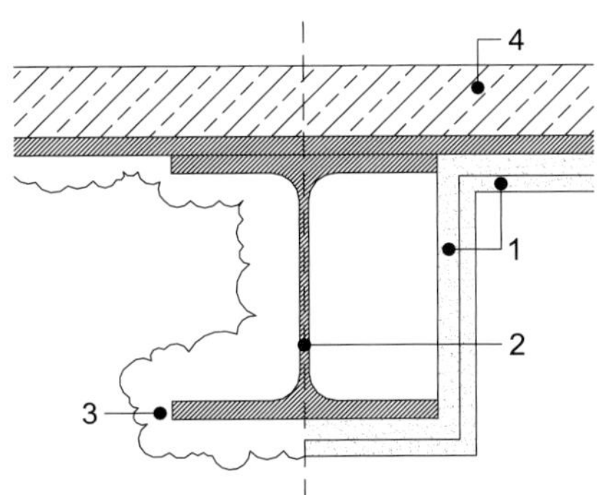

Stahlbau

1 Gipskartonplattenbekleidung
2 Stahlträger
3 aufgebrachte Brandschutz-imprägnierung (mineralischer Spritzputz, Flammschutzmittel)
4 Stahl-Beton-Fußboden

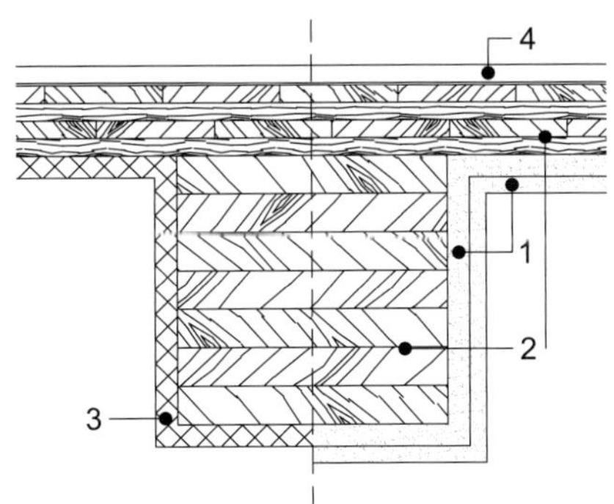

Holzbau

1 Gipskartonplattenbekleidung
2 Holztragwerk
3 nichttragende Pyrolyseschicht
4 Holzfußboden

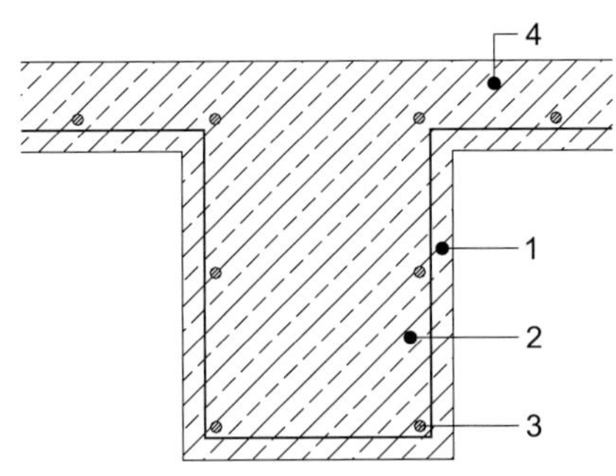

Stahlbetonbau

1 Betondeckung
2 Stahlbetonträger oder -platte
3 Stahlbewehrung
4 Stahlbetondecke

Abb. 4.8: Verbesserung der Feuerwiderstände von Stahl-, Holz- und Stahlbetonbauteilen (Quelle: nach Taggart, 2019)

Tabelle 4.5 gibt eine Übersicht über die **Leistungskriterien der Feuerwiderstandsklassen** nach DIN EN 13501-2. Diesen Kriterien wird eine Feuerwiderstandsdauer in Minuten zugeordnet. R 90 bedeutet demnach: Die Tragfähigkeit des Bauteils hat eine Feuerwiderstandsdauer von 90 Minuten.

Tabelle 4.5: Übersicht über die Leistungskriterien der Feuerwiderstandsklassen nach DIN EN 13501-2

Leistungskriterium	Kürzel
Tragfähigkeit	R
Raumabschluss	E
Wärmedämmung	I
Strahlungsdurchtritt	W
Stoßbeanspruchung	M
selbstschließend (bei Türen)	C
rauchdicht (bei Türen)	S

Sowohl deutsche als auch internationale Regelungen fordern für die tragenden und aussteifenden Bauteile von Hochhäusern **Feuerwiderstände** zwischen R 90 und R 120; teilweise werden auch noch höhere Feuerwiderstände gefordert. Selbst das Vorhandensein von Feuerlöschanlagen schafft nur relativ geringfügige Abminderungen des erforderlichen Feuerwiderstandes, und das auch nur in einzelnen Staaten. Die Anforderungen an tragende und aussteifende Bauteile für Hochhäuser nach dem deutschen Baurecht zeigt Tabelle 4.6.

Die Bauteile des Haupttragwerkes müssen in Deutschland eine Feuerwiderstandsdauer von 90 Minuten bis 60 m Höhe und von 120 Minuten bei Höhen über 60 m erfüllen. Sie können zusätzlich raumabschließend und/oder wärmedämmend ausgeführt werden. Diese Werte sind vergleichbar mit den Anforderungen anderer Staaten.

Während mit reinen Massivkonstruktionen, wie Mauerwerk oder Stahlbetonkonstruktionen, sehr hohe Feuerwiderstände erreicht werden können, bewirkt die Masse der Massivbauteile aufgrund der statischen Anforderungen eine Höhenbegrenzung, weswegen Hochhäuser zunehmend mit Rahmenkonstruktionen aus Stahl und später auch aus Holz errichtet wurden.

Stahlskelettbauweise

Im Laufe des Baus immer höherer Hochhäuser hat sich die Stahlskelettbauweise als statisch günstigste Tragwerkslösung herausgestellt, insbesondere weil damit sehr hohe Gebäudehöhen auch unter besonderen Belastungsbedingungen am besten erreicht werden können.

Das Stahlskelett kann eine ausreichende Feuerwiderstandsdauer von 90 oder 120 Minuten nur erzielen, wenn im Brandfall ein Wärmeübergang auf die tragenden Stahlelemente ausreichend reduziert wird und die Erwärmung des Stahls so gering bleibt, dass die Tragfähigkeit nicht eingeschränkt wird.

Folgende **Möglichkeiten der Isolation** bestehen:

- Betonabdeckung des Stahlskeletts,
- Verkleidung des Stahlskeletts mit Trockenbauplatten,
- Verputzung der Stahlbauteile,
- Verkleinerung der frei liegenden Stahloberflächen durch Verbundlösungen sowie
- Dämmschichten auf den Stahloberflächen.

Die Anforderungen an die Isolation sind in Normen und Bauteilzulassungen vorgegeben, so z. B. in DIN 4102-2 „Brandverhalten von Baustoffen und Bauteilen; Bauteile, Begriffe, Anforderungen und Prüfungen" (1977) bzw. den bauaufsichtlichen Prüfzeugnissen oder den European Technical Assesments (ETA) der einzelnen Produkte.

Abb. 4.9: Brandschutzputz (Quelle: SMD Brandschutz, Plüderhausen, www.brandschutzputz.net)

Tabelle 4.6: Anforderungen an den Feuerwiderstand der tragenden und aussteifenden Bauteile im Massivbau (beliebige Nutzung, ohne oder mit beliebiggeschossigem Breitfuß)

Gebäudehöhe	im Hochhausbereich		im Breitfuß	
	K4	K2	K4	K2
22 bis 30 m	R 90	R 90[1)]	R 90	R 90
30 bis 60 m	R 90	R 90[1)]	R 90	R 90
60 bis 100 m	R 120	n. g.	R 90[2)]	n. g.
über 100 m	R 120	n. g.	R 90[2)]	n. g.

K2 mit flächendeckender automatischer Brandfrüherkennung und Brandmeldung

K4 mit flächendeckender automatischer Feuerlöschanlage

n. g. nicht genehmigungsfähig

1) in Zellenbauweise mit Maßnahmen zur Verhinderung der vertikalen Brandausbreitung

2) Grundsätzlich gilt für das gesamte Gebäude R 120, Abweichungen sind bei K4 im Breitfuß bis R 60 bzw. R 30 mit Nachweis der Schutzziele möglich.

Alle diese Lösungen weisen Vor- und Nachteile bei Hochhäusern auf. Betonabdeckungen vergrößern die Lasten erheblich, die Anwendungsmöglichkeiten von Trockenbauplatten sind auch lastabhängig, Verbundlösungen ermöglichen nur einen teilweisen Schutz, Dämmschichten haben nur eine begrenzte Haltbarkeit. Vorrangig kommen deshalb Verputzungen zum Einsatz, die bei einer entsprechenden Stärke die geforderten Feuerwiderstände gewährleisten können.

Die brandwärmereduzierenden Wirkungen einer Feuerlöschanlage können grundsätzlich nicht auf den Feuerwiderstand von Stahlkonstruktionen angerechnet werden, da die Ausfallwahrscheinlichkeit der Feuerlöschanlagen trotz 98 bis 99 % Wirkungsgrad dazu führt, dass die Zuverlässigkeit des Erreichens des erforderlichen Feuerwiderstands erheblich unter derjenigen von rein baulichen Lösungen liegt.

Noch im Frühjahr 2001 wurden in der amerikanischen Fachliteratur z. B. Nachweise für das World Trade Center vorgelegt, dass statt der normalerweise notwendigen Feuerwiderstandsdauer des Tragwerks von 120 Minuten nur 90 Minuten ausreichend seien (Lew et al., 2005). Begründet wurde dies mit entsprechend durchgeführten Nachweisen über Brandschutzingenieurmethoden und dem Vorhandensein einer Feuerlöschanlage. Ob ein höherer Feuerwiderstand zu einer längeren Standzeit dieser Stahlkonstruktion beigetragen hätte, sei dahingestellt. Vermutlich wären es nur sehr wenige Minuten gewesen, die ggf. zu einer minimal geringeren Opferzahl geführt hätten. Dieses Beispiel zeigt auch, dass es faktisch selbst bei Hochhäusern mit einer Feuerlöschanlage und einem sehr hohen Feuerwiderstand des Tragwerks nicht möglich ist, die Stabilität des Tragwerks bei einem Folgebrand eines Terrorereignisses hundertprozentig zu gewährleisten.

Holzrahmenbauweise

Da Holz als brennbarer Baustoff in Deutschland für **Hochhäuser faktisch ausgeschlossen** ist, sind die nachfolgenden Angaben dazu der Rahmen für von der MHHR abweichende Lösungen. Hochhäuser in Holzbauweise sind grundsätzlich nur mit einer automatischen Feuerlöschanlage und einem konkreten Schutzzielnachweis im Einzelfall möglich. Bei Gebäudehöhen über 60 m sollte nur die Hybridbauweise realisiert werden und komplette Holzbauten sollten auch mit einem entsprechenden Schutzzielnachweis auf maximal 60 m begrenzt bleiben.

Bei Holzhochhäusern macht in der Regel nur die **Hybridbauweise** mit entsprechender Schutzzielnachweisführung, einer Feuerlöschanlage mit erhöhter Zuverlässigkeit und einem speziellen Schutz der ggf. vorhandenen Stahl-Verbindungselemente der Holzkonstruktion eine Genehmigungsfähigkeit erwartbar. Insgesamt ergeben sich für Hochhäuser in Holzrahmenbauweise bisher Anwendungsmöglichkeiten nur in Einzelfällen.

Auch bei Holzrahmenaufbauten auf Bestandsgebäuden müssen Einzelfalllösungen vorgesehen werden. Bisher **nicht geregelt** hinsichtlich des **Feuerwiderstandes** bei einer vorhandenen Feuerlöschanlage sind folgende Lösungen:

- ein- oder mehrgeschossige Holztragwerkaufbauten auf einem Wohn- oder Bürohaus mit Feuerwiderstandsanforderung R 90, die zum Hochhaus führen,
- ein- oder mehrgeschossige Holztragwerkaufbauten auf einem Wohn- oder Bürohaus mit Feuerwiderstandsanforderung R 60 oder R 30, die zum Hochhaus führen,
- einzelne (eingeschossige) Holzaufbauten auf einem Wohn- oder Bürohochhaus zwischen 22 und 60 m Höhe.

Tabelle 4.7: Anforderungen an den Feuerwiderstand des Tragwerks bei Holz- und Hybridbauweise (beliebige Nutzung, ohne oder mit beliebiggeschossigem Breitfuß)

Bauweise/ Gebäudehöhe	im Hochhausbereich		im Breitfuß	
	K4	K1, K2	K4	K1, K2
Holzbauweise/22 bis 30 m	R 90	n. g.	R 90	R 90
Holzbauweise/30 bis 60 m	R 90	n. g.	R 90	R 90
Holzbauweise/60 bis 100 m	R 120	n. g.	R 120	n. g.
Holzbauweise/über 100 m	R 120	n. g.	R 120	n. g.
Hybridbauweise/22 bis 30 m	R 90	n. g.[1]	R 90	R 90
Hybridbauweise/30 bis 60 m	R 90	n. g.[1]	R 90	R 90
Hybridbauweise/60 bis 100 m	R 120	n. g.	R 120	n. g.
Hybridbauweise/über 100 m	R 120	n. g.	R 120	n. g.

K1 ohne zusätzliche Anforderungen, außer Rauchwarnmelder in Wohnbereichen

K2 mit flächendeckender automatischer Brandfrüherkennung und Brandmeldung

K4 mit flächendeckender automatischer Feuerlöschanlage

n. g. nicht genehmigungsfähig

1) nach Muster-Hochhaus-Richtlinie nicht zulässig; mit Erleichterung z. B. bei Hybridbauweise oder tragwerksichernden Auslegungen der Holztragwerke als Einzelfalllösung vertretbar

Tabelle 4.8: Feuerwiderstandsdauer der wesentlichen tragenden und aussteifenden Bauteile bei Holzbauweisen im internationalen Vergleich bis zu 20 Vollgeschossen

		Neuseeland		USA		Australien		Kanada		England		Deutschland	
	Geschoss-zahl	gesprinklert	ohne Sprinkler	gesprinklert	ohne Sprinkler	gesprinklert	ohne Sprinkler	gesprinklert	ohne Sprinkler	gesprinklert	ohne Sprinkler	gesprinklert	ohne Sprinkler
Hochhausbereich	20	30		180		90		120		120		90[1]	
Hochhausbereich	19	30		180		90		120		120		90[1]	
Hochhausbereich	18	30		180		90		120		120		90[1]	
Hochhausbereich	17	30		180		90		120		120		90[1]	
Hochhausbereich	16	30		180		90		120		120		90[1]	
Hochhausbereich	15	30		180		90		120		120		90[1]	
Hochhausbereich	14	30		180		90		120		120		90[1]	
Hochhausbereich	13	30		180		90		120		120		90[1]	
Hochhausbereich	12	30		120		90		120		120		90[1]	
Hochhausbereich	11	30		120		90		120		120		90[1]	
Hochhausbereich	10	30		120		90		120		120		90[1]	
	9	30	60	120		90		120		90		n. g.	90[1]
	8	30	60	120		90		120		90		n. g.	90[1]
	7	30	60	120		90		120		90		n. g.	90[1]
	6	30	60	60		90		60		60		n. g.	60
	5	30	60	60		90		60		60		n. g.	60
	4	30	60	60		90		60		60	60	n. g.	60
	3	30	60	0		90	90	45	45	60	60	n. g.	30
	2	30	60	0		90	90	45	45	30	30	n. g.	30
	1	0[2]	0[2]	0[2]	A[3]	0[2]	0[2]	0[2]	0[2]	0[2]	0[2]	0	0

n. g. nicht geregelt

1) mit Abweichung/Erleichterung für die Verwendung brennbarer Baustoffe, ggf. weitere Kompensationen

2) Für bestimmte Bauteile, z. B. in Rettungswegen oder bei Außenwänden, können höhere Anforderungen bestehen.

3) Der International Residential Code kann für 1- und 2-Familien-Wohnhäuser bis zu 3 Geschossen ohne Anforderungen angewendet werden.

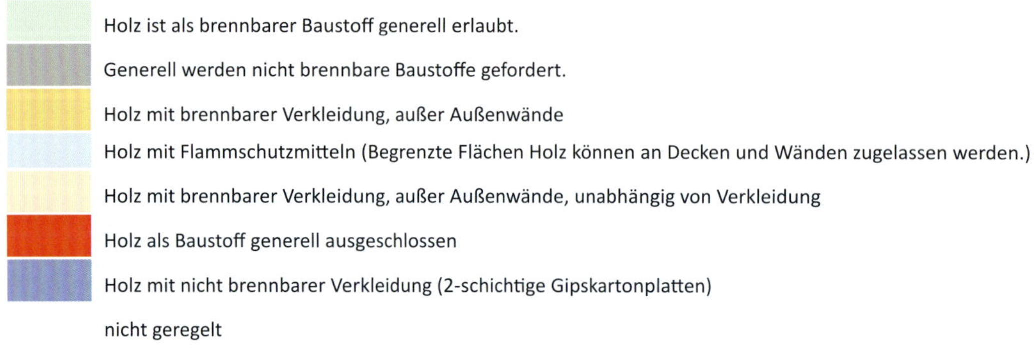

Insbesondere geht es um die Frage, welcher Feuerwiderstand der Holztragwerkskonstruktion der Dachaufbauten notwendig ist. Kann z. B. der Feuerwiderstand des obersten Holztragwerksgeschosses reduziert werden? Sinnvoll erscheint es, für das oberste Geschoss den notwendigen Feuerwiderstand im Sinne der Feuerwiderstandsberechnung nach DIN 18230-1 „Baulicher Brandschutz im Industriebau – Teil 1: Rechnerisch erforderliche Feuerwiderstandsdauer“ (2010) auf Grundlage einer Brandlastberechnung oder einer Berechnung über ein Naturbrandmodell zu ermitteln. Bei der Brandlastberechnung würde sich eine hoch feuerhemmende Bauweise ergeben, bei dem Naturbrandmodell eher eine feuerhemmende Bauweise ausreichend sein.

Tabelle 4.8 zeigt, welche **international unterschiedlichen** Anforderungen an die Feuerwiderstandsdauer des Tragwerks von Hochhäusern in Holzbauweise bestehen. Hier ist in Abhängigkeit von der Geschosszahl die geforderte Feuerwiderstandsdauer mit und ohne Sprinkleranlage benannt. Ab etwa 10 Geschossen beginnt international der Hochhausbereich. Deutschland ist hier nicht mit aufgeführt, da Holz bislang selbst bei einer Sprinkleranlage im Hochhaus grundsätzlich nach der MHHR nicht verwendet werden darf.

Reduzierungen der Feuerwiderstandsanforderungen von z. B. R 120 auf R 90 erscheinen in manchen Fällen vertretbar, da es international sehr unterschiedliche Anforderungen an die Feuerwiderstände des Tragwerks von Holzhochhäusern gibt. Allerdings ist eine rein brandszenarienbasierte Lösung unter Umständen nicht ausreichend, da bei ganzheitlicher Betrachtung des Gebäudes auch international unterschiedlich bewertete Sicherheitsreserven und unterschiedliche Leistungsfähigkeiten von Feuerwehren angerechnet werden müssen.

Tragwerke aus bewehrtem Stahlbeton

Insbesondere in Deutschland fand die Ausführung der Tragwerke von Hochhäusern in Stahlbeton Anwendung. Die Betonabdeckungen sind je nach Bewehrung in den Bauteilstandards vorgegeben.

Entscheidend sind Ausnutzungsgrad, Mindestmaße und Mindestabstände zum Nachweis entsprechender Feuerwiderstände. Bei der Stahlbetonbauweise ist zu berücksichtigen, dass bei sehr hohen Hochhäusern die entstehenden Traglasten erheblich werden.

4.3.4 Fassaden und Außenwände

Für Außenwände mit den gesamten Fassadenlösungen sind bei Hochhäusern die unterschiedlichsten **Zielstellungen** zu berücksichtigen:

- Sichtbarkeit und Transparenz, um den Höhenvorteil zu nutzen,
- hohe Wärmedämmung, auch infolge von Wind- und Wetterlagen,
- ggf. die Nutzung bestimmter Außenbereiche für Fotovoltaik sowie
- Brandschutz zur Verhinderung der vertikalen Brandausbreitung.

Fassaden sind in vielen verschiedenen Bauweisen möglich, als hinterlüftete oder Doppelfassade, als Glasfassade, als in großen Teilen Massivbaufassade, als nicht tragende Holzfassade zwischen den Geschossdecken usw. Grundsätzlich sind brennbare Baustoffe in Deutschland ausgeschlossen. Ungeachtet dessen findet auch der Holzbau zunehmend an Fassaden Anwendung. Dementsprechend sind die Brandschutzanforderungen an die einzelnen Baustoffe sehr tiefgreifend.

Fassadenbaustoffe

Generell besteht aufgrund der Erfahrungen mit brennbaren oder schwer entflammbaren **Dämmmaterialien** die Anforderung, dass alle Bestandteile von Außenwänden mit nicht brennbaren Baustoffen ausgeführt werden sollen. Als Ausnahmen sind Fensterprofile, Dichtstoffe zur Abdichtung von Fugen zwischen Verglasungen und Trageripppen explizit genannt. Brennbare Dämmstoffe in nicht brennbaren geschlossenen Profilen sind ebenso zugelassen.

Viele der weltweit bekannten Hochhausbrände haben durch eine Brandausbreitung über brennbare Fassadenbestandteile besonders hohe Sach- und Personenschäden zur Folge gehabt. Das betrifft vor allem Polyurethan- und Polystyrol-Verbundbauteile. Insofern ist zu berücksichtigen, dass auch geschlossene Profile, wenn sie größere Kunststoffbestandteile umschließen, zur Brandweiterleitung beitragen können.

Holz ist als brennbarer Baustoff in Außenwänden in Deutschland nach der MHHR bisher ausgeschlossen. Holz und Holzwerkstoffe können aber unter bestimmten Randbedingungen bei Einhaltung der Schutzziele dennoch in Außenwänden eingesetzt werden. Hierbei ist insbesondere die Unterstützung der vertikalen Brandausbreitung durch die Holzoberflächen zu beachten. In Kombination mit größeren Brandlasten, z. B. auf Balkonen oder Loggien, kann es bei einer starken Windströmung in Ausnahmewettersituationen auch zu einer horizontalen Brandausbreitung kommen. Die Mindestanforderung an Holzfassaden ist daher die Verhinderung der Brandausbreitung aus den angrenzenden inneren Räumen oder über Vorbauten auf die Fassade. Deshalb ist bei jeglicher Verwendung von brennbaren Holzbestandteilen eine Feuerlöschanlage erforderlich, um eine Entstehungsbrandausweitung aus den inneren Räumen zu verhindern.

Fassadenlösungen

Die Fassadenlösungen sind in Hochhäusern entscheidend für die Verhinderung der vertikalen Brandausbreitung. Während die horizontale Brandausbreitung durch Brandabschnitte oder Nutzungseinheiten mit raumabschließenden Bauteilen eingeschränkt wird, würde eine Verhinderung der vertikalen Brandausbreitung öffnungslose feuerbeständige Außenwände erfordern, die nicht mit den vorgesehenen Nutzungen vereinbar sind. Dem wird im deutschen Baurecht Rechnung getragen, indem Brandabschnitte geschossübergreifend ausgeführt werden und eine vertikale Brandausbreitung primär nicht ausgeschlossen ist.

Bei Hochhäusern kommt diese Systematik jedoch an ihre Grenzen, weil neben der Verhinderung der horizontalen Brandausbreitung auch die Verhinderung der vertikalen Brandausbreitung erreicht werden muss. Im Hochhaus müsste es also formal Brandabschnitte mit einer **begrenzten Geschosszahl** geben, damit ein Brand in möglichst einem Geschoss beherrschbar bleibt. Dieser Idee folgen die Regelungen in der Schweiz (VKF-Brandschutzrichtlinien, 2017) und in Österreich (OIB-Richtlinie 2.3, 2019), wonach die Brandabschnitte vertikal zu begrenzen sind. In Deutschland waren die Regelungen im vertikalen Abstand nie wissenschaftlich unterlegt und sind deshalb eher ein Kompromiss, der allenfalls zu einer Zeitverzögerung der vertikalen Brandausbreitung führt.

Abb. 4.10: Bestandsfassaden von Wohnhochhäusern mit Balkonauskragungen in Berlin (Quelle: Gerhard Friedrich, Pixabay)

Abb. 4.11: Wohngebäudefassade mit Lüftungsanlagen in Hongkong, China (Quelle: Philipp Saal, Pixabay)

Abb. 4.12: Glasfassade mit vertikalen Brandausbreitungsmöglichkeiten in Berlin (Quelle: Moerschy, Pixabay)

Abb. 4.13: Wohnheimfassade in Kopenhagen Nordbro, Dänemark (Quelle: Kristian Tuxen Ladegaard Berg, Pixabay)

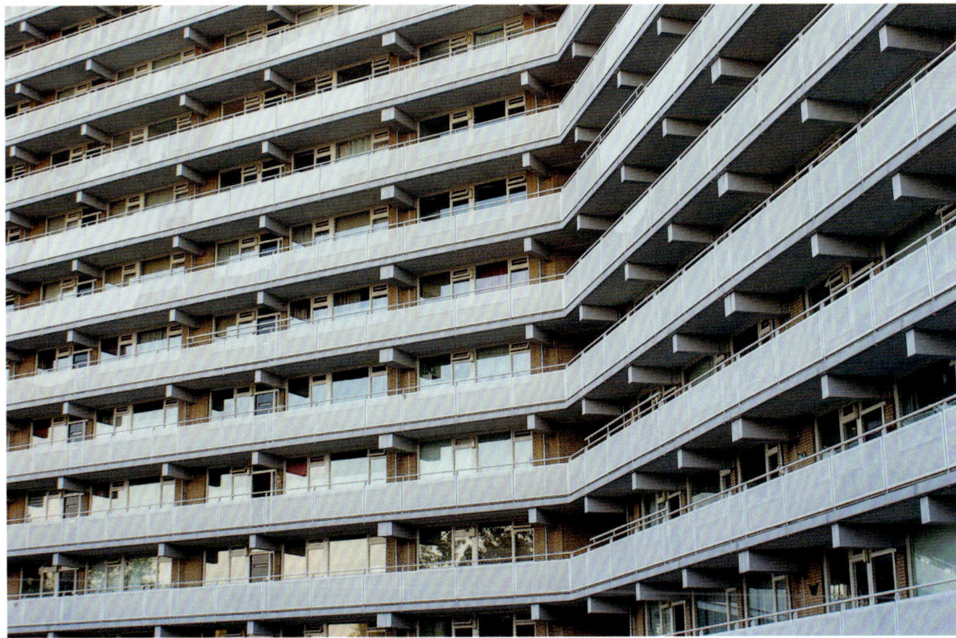

Abb. 4.14: Balkonfassade mit auskragenden Decken in Schiedam, Niederlande (Quelle: Richard Haddemann, Pixabay)

Abb. 4.15: Gemischte Glasfassade bei Mischnutzung mit unterschiedlichen Geschossauskragungen in Vancouver (Quelle: Brigitte Werner, Pixabay)

Abb. 4.16: Auskragende Platten bei moderner Fassadenanordnung (Quelle: Pexels, Pixabay)

Die Fassadengestaltung stellt aktuell bei Hochhäusern, insbesondere bei Bestandshochhäusern, eines der zentralen Probleme der Brandentstehung, z. B. über Klimaanlagen bei Bestandsbauten, und der vertikalen Brandausbreitung dar.

Um eine Brandweiterleitung über die Fassade mit hoher Zuverlässigkeit auszuschließen, sind automatische **Feuerlöschanlagen** neben einer **nicht brennbaren** Fassade das effizienteste Mittel. Ein Verzicht auf die Feuerlöschanlage bedeutet, dass die Verhinderung der vertikalen Brandausbreitung mit anderen baulichen Mitteln erreicht werden muss. Dazu vorgesehen sind feuerbeständige Auskragungen und feuerbeständige Wandanteile zwischen den Geschossen.

Für **feuerbeständige auskragende Platten** ist eine Breite von 1 m gefordert. Sie können in Massivbauweise erstellt werden. Oft wird die Auskragung über Balkone und Loggien erreicht. Die Auskragung muss vor der

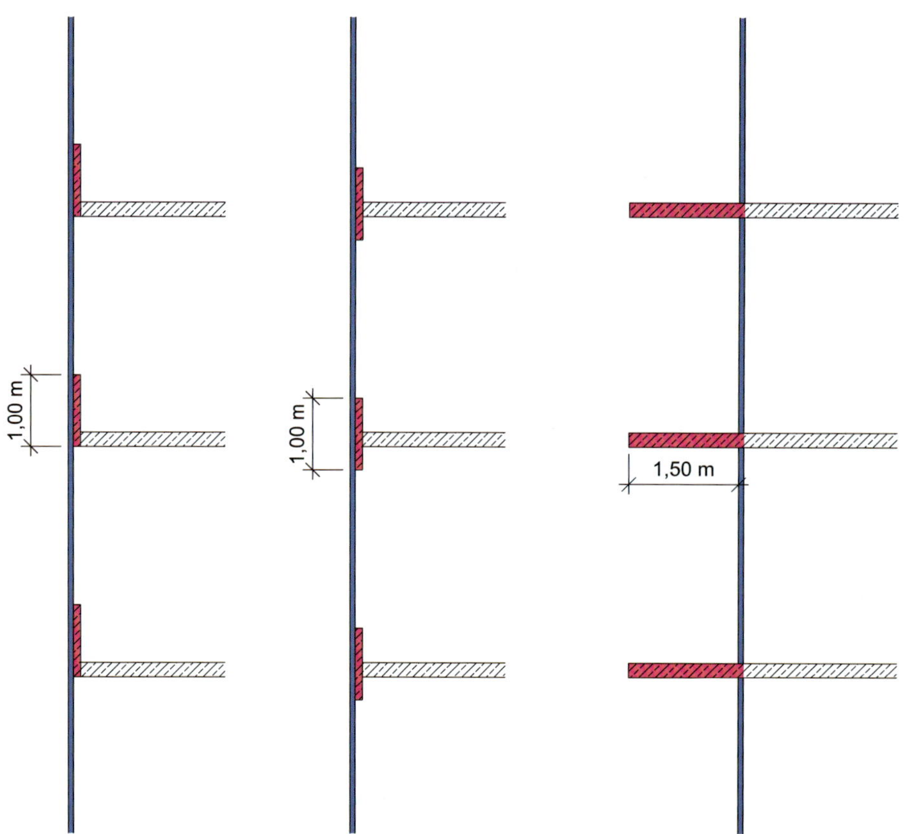

Abb. 4.17: Anforderungen an den Feuerüberschlagsweg an der Fassade und an auskragende Platten nach der Hochhausverordnung Nordrhein-Westfalen von 1986 – nach aktueller MHHR ist die Anforderung an die auskragende Platte nur noch 1,0 m (Quelle: nach HochhVO NRW vom 11. Juni 1986)

Abb. 4.18: Wohnhochhaus in Friedrickshavn, Norddänemark, mit Auskragungen unterschiedlicher Tiefe

Gebäudefassade liegen und auch gewährleisten, dass eine seitliche Brandübertragung ausgeschlossen ist.

Die **feuerbeständigen Außenwandanteile** zwischen den Geschossen müssen 1 m-hoch sein und verringern die Wahrscheinlichkeit und die Geschwindigkeit der vertikalen Brandausbreitung bei einem Vollbrand. Sie sind aber nicht ausreichend, um eine vertikale Brandausbreitung zu verhindern, da die aus dem Fenster schlagenden Flammen je nach Fenstergeometrie und Branddauer durchaus Flammenhöhen von bis zu ca. 8 m erreichen können. Die Wärmestrahlung würde bei solchen Flammenhöhen zu einem Neueintrag des Brandes in die darüber liegenden Geschosse führen. Bei Flammenhöhen von mehreren Metern über Außenwandfenstern scheint nur eine ausreichend breite auskragende feuerbeständige Platte eine Verhinderung der vertikalen Flammenausbreitung erreichen zu können. Deshalb sind Erleichterungen mit einem Verzicht auf die automatische Feuerlöschanlage nur Ausnahmelösungen unter klar definierten Randbedingungen.

Wie schwer feuerbeständige **auskragende Platten** zu bewerten sind, zeigt ein Wohnhochhaus in Friedrickshavn in Norddänemark (Abb. 4.18). Die architektonisch gewollte Rundform der Balkone schafft Bereiche auskragender Platten in der Mitte der Balkone ohne Vertikalschutz, andererseits Bereiche an den Außenstellen der Balkone mit dahinter liegenden Massivkonstruktionen. Brandlasten auf den Balkonen sind also durchaus eine vertikale

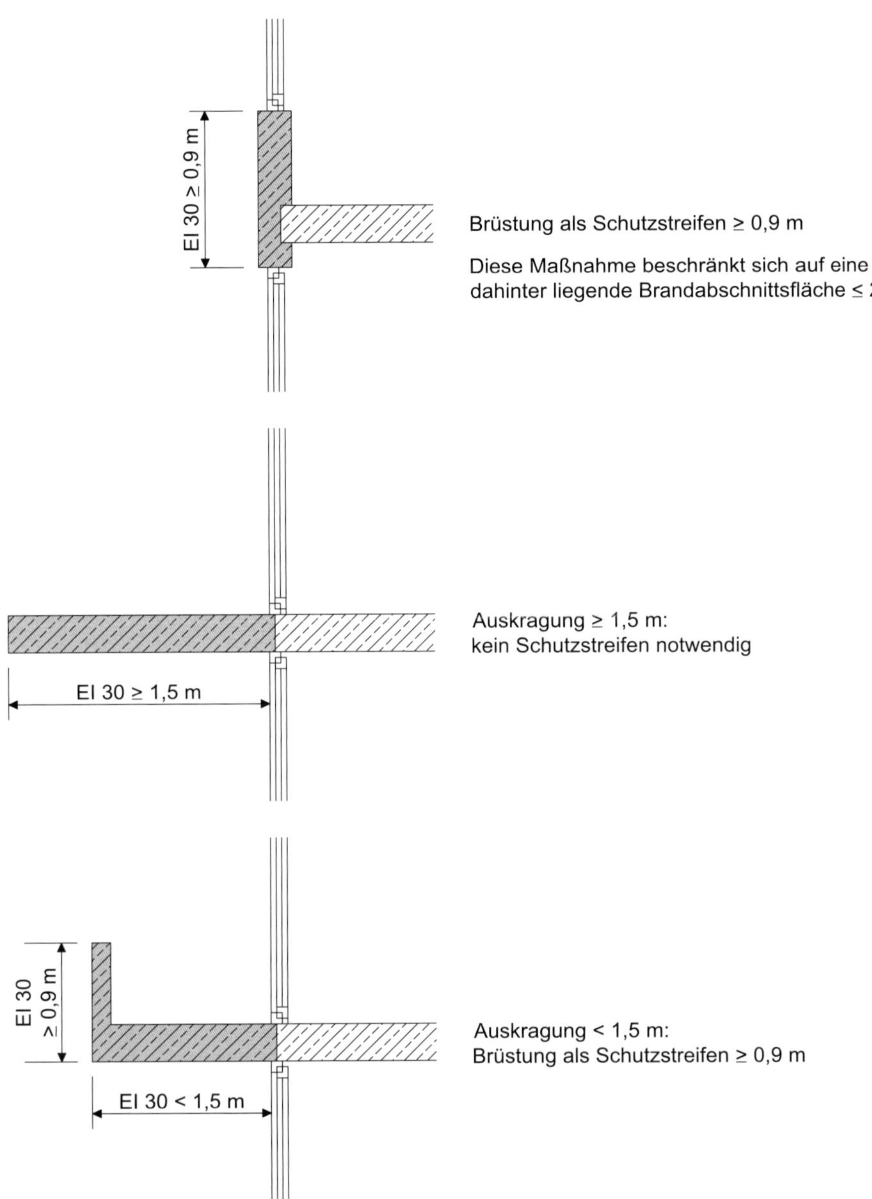

Abb. 4.19: Fassadenlösungen nach dem Schweizer Baurecht, wonach geringere Anforderungen als in Deutschland für Fassadenbauteile bestehen (Quelle: nach VKF-Brandschutzrichtlinien der Schweiz, 2017)

Brandausbreitungsmöglichkeit. Deshalb ist es sehr kompliziert und bedarf oft ingenieurtechnischer Bewertungen, die vertikalen Brandausbreitungsmöglichkeiten im Detail abzuschätzen.

Die **Anschlüsse** von raumabschließenden Bauteilen, also Geschossdecken, Trennwänden, Treppenraumwänden und Brandwänden, müssen dicht sein und bis an die Außenwand aus nicht brennbaren Baustoffen bestehen. Mit diesem Punkt wird eine teilweise offene Doppelfassade ausgeschlossen. Bei einer Doppelfassade mit an dieser Stelle fehlenden Verbindungen zur äußeren Fassade wird eine zusätzliche Brand- und Rauchausbreitungsmöglichkeit in der Fassade geschaffen. Die Rauchausbreitung kann in der frühen Brandphase schneller vor allem vertikal erfolgen, weshalb bei fehlenden Unterteilungen gesonderte Rauchableitungslösungen erforderlich werden können. Ebenso wird in frühen Brandphasen die vertikale Brandausbreitung innerhalb der Doppelfassade je nach genauer Geometrie und Ausführung zunehmen, weshalb selbst bei feuerbeständigen Wandanteilen von 1 m Höhe innen diese Ausführung nicht mehr vertretbar ist. Das bedeutet, dass bei fast jeglicher Art von Doppelfassaden die Erleichterungen mit Ausführungslösungen ohne automatische Feuerlöschanlage nicht vertretbar sind.

In der **Schweiz** werden beim Vorhandensein einer Feuerlöschanlage keine Anforderungen an die Außenwände gestellt. Ohne Feuerlöschanlage muss eine der 3 in Abb. 4.19 dargestellten Varianten gewählt werden.

Interessant an den Schweizer Lösungen ist einerseits die etwas kleinere Höhe des hier als „Schutzstreifen" bezeichneten feuerbeständigen Außenwandanteils zwischen

Fenstern und anderen Öffnungen von 0,9 m statt 1,0 m im Vergleich zu Deutschland und andererseits die Reduzierung des geforderten Feuerwiderstandes der Verglasung von EI 90 in Deutschland auf EI 30 in der Schweiz.

In **Deutschland** sind brennbare Bestandteile in Außenfassaden von Hochhäusern grundsätzlich verboten. Das bezieht sich explizit auf Wärmedämm-Verbundsysteme, die nachweislich in den letzten 20 Jahren weltweit zu einer erheblichen Zahl an Großbränden bei Hochhäusern geführt haben. Außer bestimmten Fugenmaterialien sind nur einzelne Kleinteile als normal entflammbare Baustoffe zulässig, wie z. B. Abstandshalter, Schutzhülsen, Dämmstoffhalter und Befestigungsklammern. Diese Kleinteile dürfen jedoch keine tragende Funktion haben und müssen so bemessen und eingebaut sein, dass sie keinen Beitrag zur Brandausbreitung leisten.

Belastbare Vorgaben für die Brandschutzanforderungen an spezielle Fassadenlösungen, wie weitgehend durchgehende Glasfassaden oder Doppelfassaden, bestehen in Deutschland kaum. In **Österreich** finden sich in der OIB-Richtlinie 2.3 von 2015 zumindest schutzzielartige Vorgaben für Fassaden, Doppelfassaden und Vorhangfassaden:

„*2.3.1 Fassaden (z. B. Außenwand-Wärmedämmverbundsysteme, vorgehängte hinterlüftete, belüftete oder nicht hinterlüftete Fassaden) sind so auszuführen, dass eine Brandweiterleitung über die Fassadenoberfläche auf das zweite über dem Brandherd liegende Geschoss, das Herabfallen großer Fassadenteile sowie eine Gefährdung von Personen wirksam eingeschränkt wird.*

2.3.2 Doppelfassaden sind so auszuführen, dass

(a) eine Brandweiterleitung über die Fassadenoberfläche auf das zweite über dem Brandherd liegende Geschoss, das Herabfallen großer Fassadenteile sowie eine Gefährdung von Personen und

(b) eine Brandausbreitung über die Zwischenräume im Bereich von Trenndecken bzw. brandabschnittsbildenden Decken wirksam eingeschränkt werden.

2.3.3 Vorhangfassaden sind so auszuführen, dass

(a) eine Brandweiterleitung über die Fassadenoberfläche auf das zweite über dem Brandherd liegende Geschoss, das Herabfallen großer Fassadenteile sowie eine Gefährdung von Personen und

(b) eine Brandausbreitung über Anschlussfugen und Hohlräume innerhalb der Vorhangfassade im Bereich von Trenndecken bzw. brandabschnittsbildenden Decken wirksam eingeschränkt werden.“ (Abschnitte 2.3.1 bis 2.3.3 OIB-Richtlinie 2.3, 2015)

Inzwischen sind die Anforderungen an Doppelfassaden in der OIB-Richtlinie 2.3 entfallen bzw. nicht mehr explizit aufgeführt.

Diese Regelung ist insofern bemerkenswert, als hier die Einschränkung der Brandweiterleitung auf das darüber liegende Geschoss explizit benannt ist und auch die Brandausbreitung nach unten durch Herabfallen der Fassadenteile zu begrenzen ist.

Für Gebäudehöhen von mehr als 32 m wird gefordert:

„*Ist ein Löschangriff von außen nicht möglich, ist eine der folgenden Maßnahmen erforderlich:*

a) Loggien und Balkone müssen mindestens 1,50 m tief sein sowie eine entsprechende Brüstung in EI 30 und A2 oder EW 30 und A2 mit einer Mindesthöhe von 1,10 m aufweisen, oder

b) eine geeignete Löschanlage, die mindestens das Schutzziel ‚Verhinderung der vertikalen Flammenübertragung‘ sicherstellt, oder

c) alle Öffnungen in der betreffenden Außenwand sind mit nicht öffenbaren Abschlüssen in E 90 und A2 herzustellen, oder

d) es müssen Fensterstürze in REI 90 und A2 bzw. EI 90 und A2 vorhanden sein, die mindestens 20 cm von der fertigen Deckenuntersicht herabreichen müssen. Der Abstand zwischen dieser Sturzunterkante und der Parapetoberkante des nächsten darüber liegenden Fensters muss mindestens 4,40 m betragen; der dazwischen liegende Bereich muss in REI 90 und A2 bzw. EI 90 und A2 hergestellt werden. Dieser Abstand reduziert sich auf maximal 1,50 m, wenn der Abstand eines Fensters zu darüber liegenden Fenstern – horizontal von Laibung zu Laibung gemessen – mindestens 2,00 m beträgt.“ (Abschnitt 3.4 OIB-Richtlinie 2.3, 2019)

Obwohl brennbare Materialien in Außenfassaden von Hochhäusern nicht zugelassen sind, werden zunehmend auch Hochhäuser in **Fassadenbegrünungsprogramme** einbezogen. Bei Bestandshochhäusern ohne Feuerlöschanlagen sind diese Lösungen kaum genehmigungsfähig. Gestaltungen von Neubauten sehen diese zusätzlichen Begrünungen allerdings vor, die in jedem Fall eine Brandlasterhöhung darstellen und zu einer vertikalen Brandausbreitung beitragen können. Das Brandverhalten ist nicht einfach zu bewerten, da insbesondere der Feuchtegehalt der Materialien sehr unterschiedlich sein kann, sowohl jahreszeitbezogen als auch vom Umfang und Material selbst her.

Die Brennbarkeit bzw. die Brandausbreitungsmöglichkeiten werden hinsichtlich intensiver und extensiver Begrünung unterschieden. Wichtigste Einflussfaktoren sind der Holzanteil, die Art des Anbringungsmaterials, die Wuchsform, die Blattmasse, die Entfernung und Lage zu Fassadenöffnungen, wie Fenster, und ggf. Bewässerungen. Unterschieden werden auch vollflächige, teilweise (z. B. geschossweise) und punktuelle Begrünungen.

Ein entscheidendes Kriterium ist der Feuchte- bzw. Trocknungsgrad der Fassadenbegrünung. Falls durch Betropfungen und Wasserzufuhren über Schläuche oder Röhren eine dauerhafte Feuchte auch bei Extremwetterlagen nachgewiesen werden kann, wird sich die vertikale Brandausbreitung unter Ausnutzung der Bepflanzung in Grenzen halten lassen. In den meisten anderen Fällen wird eine Feuerlöschanlage als Kompensation erforderlich sein, ebenso wie bei Hochhäusern mit Holzfassaden.

Abb. 4.20: Begrünte Hochhausfassade in Sydney, Australien (Quelle: Sqirrel, Pixabay)

Abb. 4.21: Begrünte Hochhausfassade in Sydney, Australien (Quelle: Nico Smit, Unsplash)

Abb. 4.22: Hochhaus mit Fassadenbegrünung in Lissabon (Quelle: Luca Dugaro, Unsplash)

Abb. 4.23: Begrünte Außenfassade des Oya Tower in Singapur (Quelle: Alexandre Lecocq, Unsplash)

Abb. 4.24: Bosco Verticale in Mailand, Italien (Quelle: Martino Grua, Unsplash)

Fotovoltaik

Bei einer wachsenden Zahl an Hochhäusern soll Fotovoltaik zum Einsatz kommen. Dabei ist zu berücksichtigen, dass wesentliche Bestandteile von Fotovoltaikelementen schwer oder normal entflammbar sein können und dass sich durch die zusätzlichen Verkabelungen weitere Brandentstehungs- und Brandausbreitungsmöglichkeiten ergeben können.

Um relativ großflächige Fassaden- und Dachbereiche für Fotovoltaik nutzen zu können, muss eine Brandausbreitung aus dem Gebäudeinneren in den Verkabelungsteil in der Fassade sowie in entgegengesetzter Richtung verhindert werden. Das bedarf dann entweder einer Feuerlöschanlage oder feuerbeständiger Fensterabtrennungen in der Außenwand. Es ist offensichtlich, dass gerade letztere Lösungen sehr kostenaufwendig und kaum mit den Gestaltungszielen bei Hochhäusern vereinbar sind.

Wenig diskutiert sind bislang Holzfassaden mit vorgehängter Fotovoltaik, die unter Umständen sogar spezielle Löschtechniklösungen erfordern.

4.3.5 Raumabschließende Bauteile

Zu den raumabschließenden Bauteilen gehören Geschossdecken, Brandwände, Trennwände und die Bauteile der Rettungswege, wie Flurwände, Treppenraumwände und deren Vorräume, sowie Fahrschächte und deren Vorräume, Installationsschächte, Systemböden und Unterdecken. Je nach Hochhausnutzung sind sie entscheidend für die horizontale Brandausbreitung im Hochhaus. Sie sind Merkmale der Zellenbauweise.

In den Ausnahmefällen nach Abschnitt 8 MHHR ohne Feuerlöschanlage sind die Flurwände und Trennwände feuerbeständig auszuführen. Diese sehr hohen Anforderungen begründen sich nicht aus der Gewährleistung der Nutzbarkeit von Rettungswegen, sondern aus der Gewährleistung der Nutzbarkeit der Wege für den

Tabelle 4.9: Anforderungen an den Feuerwiderstand von Trennwänden und Flurwänden (beliebige Nutzungen, ohne oder mit beliebiggeschossigem Breitfuß)

Bauweise/ Gebäudehöhe	im Hochhausbereich		im Breitfuß	
	K4	K2	K4	K2
Massivbauweise/22 bis 30 m	EI 30	EI 90	EI 30	EI 90
Massivbauweise/30 bis 60 m	EI 30	EI 90	EI 30	EI 90
Massivbauweise/60 bis 100 m	EI 30	n. g.	EI 30	n. g.
Massivbauweise/über 100 m	EI 30	n. g.	EI 30	n. g.
Hybridbauweise/22 bis 30 m	EI 30	n. g.	EI 30	n. g.
Hybridbauweise/30 bis 60 m	EI 30	n. g.	EI 30	n. g.
Hybridbauweise/60 bis 100 m	EI 30	n. g.	EI 30	n. g.
Hybridbauweise/über 100 m	EI 30	n. g.	EI 30	n. g.

K2 mit flächendeckender automatischer Brandfrüherkennung und Brandmeldung
K4 mit flächendeckender automatischer Feuerlöschanlage
n. g. nicht genehmigungsfähig

Innenangriff der Feuerwehreinsatzkräfte. Bei einer nicht vorhandenen Feuerlöschanlage muss in den Nutzungseinheiten zu Beginn der Brandbekämpfung durch die Einsatzkräfte im Brandgeschoss bereits von einem Vollbrand ausgegangen werden. Entscheidende Leistungskriterien des Feuerwiderstands von Trennwänden und Flurwänden sind Raumabschluss und Wärmedämmung (siehe Tabelle 4.9).

Trennwände

Trennwände sind in Hochhäusern vor allem Trennungen von Nutzungseinheiten oder Technikräumen. Sie ermöglichen die Zellenbauweise und tragen wesentlich zur Verhinderung der **horizontalen Brandausbreitung** bei. Im Vergleich zu großflächigen Großraumbüros behindern sie sowohl die horizontale Brandausbreitungsgeschwindigkeit als auch die **Rauchausbreitung** innerhalb des Geschosses stark.

Bei Bürogebäuden dürfen die Nutzungseinheiten auch in Hochhäusern wie in Standardgebäuden 400 m^2 groß sein. Allerdings bewirkt die Überschreitung der 200-m^2-Grenze, dass die Erleichterungen nach Abschnitt 8 MHHR nicht mehr angewendet werden können, weil infolge der erschwerten Bedingungen für die Brandbekämpfung in Hochhäusern die von der Rauch- und Feuerausbreitung betroffene Fläche zu groß wird.

Im Regelfall des Vorhandenseins einer automatischen Feuerlöschanlage sind die Trennwände feuerhemmend (oder feuerbeständig) und die Wände von notwendigen Fluren feuerhemmend auszuführen. Die raumabschließenden Bauteile (Wände) im Bereich der Treppenräume, Sicherheitstreppenräume, Aufzüge usw. müssen auch mit Feuerlöschanlage mindestens feuerbeständig sein.

Türen

Auch Türen und andere Öffnungen gehören zu den raumabschließenden Bauteilen. Nach der MHHR müssen in feuerbeständigen Wänden feuerhemmende Türen und in feuerhemmenden Wänden mindestens dichtschließende Türen eingebaut werden.

Unabhängig von den Feuerschutzeigenschaften sind für bestimmte Türen auch Rauchschutzeigenschaften nachzuweisen. **Rauchdichte** und **selbstschließende** Türen (Rauchschutztüren) werden erforderlich

- zur Rauchschutztrennung in notwendigen Fluren,
- zur Trennung eines Sicherheitstreppenraumes von dessen Vorraum sowie
- zur Trennung eines einfachen Treppenraumes vom Flur.

Darüber hinaus können Rauchschutztüren in Rettungswegen eingesetzt werden, um z. B. zusätzlich eine Rauchausbreitung über Aufzüge zu verhindern.

Der Hochhausgeschossgrundriss in Abb. 4.25 zeigt eine Lösung, die die Anforderungen der MHHR nicht erfüllt. Es werden die Erleichterungen nach Abschnitt 8 MHHR angewendet, aber die dann notwendigen Türen und Flurwände kommen nicht zum Einsatz. Es sind nur feuerhemmende statt feuerbeständiger Flurwände und nur Rauchschutztüren statt feuerhemmender Rauchschutztüren ausgeführt.

Einfache dichtschließende Türen können bei Hochhäusern nur als Türen zwischen einem notwendigen Flur und einer Nutzungseinheit vorgesehen werden, wenn eine Feuerlöschanlage vorhanden ist. Ausnahmen sind genehmigte Bestandslösungen.

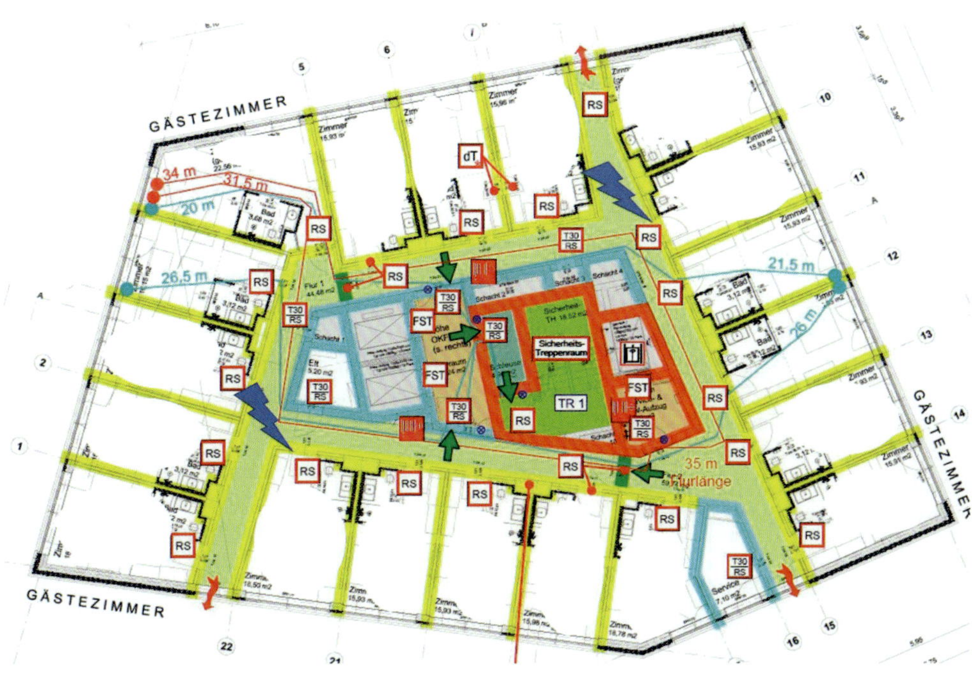

Abb. 4.25: Grundriss eines Hochhauses, 4. bis 14. Obergeschoss, Nutzung als Beherbergungsstätte

RS Rauchschutztür
FST Fahrschachttür
dT dichtschließende Tür

Tabelle 4.10: Anforderungen an den Feuerwiderstand durchgehender Systemböden und Unterdecken (beliebige Nutzungen, ohne oder mit beliebiggeschossigem Breitfuß)

Bauweise/ Gebäudehöhe	im Hochhausbereich		im Breitfuß	
	K4	K2	K4	K2
Massivbauweise/22 bis 30 m	EI 30	n. g.	EI 30	n. g.
Massivbauweise/30 bis 60 m	EI 30	n. g.	EI 30	n. g.
Massivbauweise/60 bis 100 m	EI 30	n. g.	EI 30	n. g.
Massivbauweise/über 100 m	EI 30	n. g.	EI 30	n. g.
Hybridbauweise/22 bis 30 m	EI 30	n. g.	EI 30	n. g.
Hybridbauweise/30 bis 60 m	EI 30	n. g.	EI 30	n. g.
Hybridbauweise/60 bis 100 m	EI 30	n. g.	EI 30	n. g.
Hybridbauweise/über 100 m	EI 30	n. g.	EI 30	n. g.

K2 mit flächendeckender automatischer Brandfrüherkennung und Brandmeldung
K4 mit flächendeckender automatischer Feuerlöschanlage
n. g. nicht genehmigungsfähig

Feuerbeständige rauchdichte und selbstschließende Türen sind in Hochhäusern meist zwischen einem notwendigen Flur und dem Vorraum eines Sicherheitstreppenraums sowie in bestimmten Fällen auch im Zugang zum Keller- oder Dachgeschoss vorzufinden.

Fahrschächte

Weitere raumabschließende Bauteile sind die Abtrennungen von Fahrschächten und Installationsschächten. Neben Treppenräumen, Atrien und Doppelfassaden stellen diese Schächte die wesentlichste **vertikale Brandausbreitungsmöglichkeit** innerhalb des Hochhauses dar. Auf Installationsschächte wird in Kapitel 4.3.8 näher eingegangen.

Fahrschächte (Aufzugsschächte) müssen als raumabschließende Bauteile grundsätzlich mindestens feuerbeständig ausgeführt werden. Die Anordnung von Aufzügen in Treppenräumen ohne eine feuerbeständige Abtrennung von diesen wird (anders als bei Standardgebäuden) ausgeschlossen.

Bei Aufzügen tritt die Besonderheit auf, dass standardisierte Fahrschachttüren keinen Feuerwiderstand und keinen Rauchschutz aufweisen. Folglich muss die Verhinderung der Feuer- und Rauchausbreitung über die Aufzugsschächte auf andere Art und Weise gesichert werden. Notwendig sind deshalb explizite **Vorräume** vor den Aufzügen. Durch diese Vorräume besteht die Möglichkeit, zwischen Vorraum und notwendigem Flur eine rauchdichte selbstschließende Tür anzuordnen und so die Rauchausbreitung zwischen den Geschossen über die Aufzugsschächte zu verhindern. Zur Größe dieser Vorräume gibt es keine Vorgabe, weshalb in Analogie zu Vorräumen von Sicherheitstreppenräumen ein Abstand von notwendigem Flur und Aufzug von etwa 3 m als sinnvoll erachtet wird.

In Bestandshochhäusern sind diese Vorräume vor Aufzügen oft nicht vorhanden und der Zugang zu den Aufzügen erfolgt direkt von den notwendigen Fluren aus. Der Bestandsschutz kann hier meist nur aufgelöst werden, wenn eine direkte Gefährdung von der Bestandslösung ausgeht, z. B. wenn der Aufzug nicht in allen Geschossen gleichermaßen an dem notwendigen Flur angeschlossen ist und etwa im Dachgeschoss direkt an der Nutzungseinheit oder im Erdgeschoss direkt an die zum Ausgang führende Treppenraumerweiterung anschließt. Mit derartigen Ausführungen würden die raumabschließenden Trennungen des Aufzugsschachts verloren gehen. Sinnvolle Kompensationen für fehlende Vorräume sind z. B. zusätzliche Rauchschutztüren in den notwendigen Fluren, um auf diese Weise künstliche Vorräume zu erreichen.

Systemböden und Unterdecken

Bei der Planung von Systemböden und Unterdecken ist insbesondere zu beachten, dass durch die zusätzlichen Raumabschlüsse im Fußboden- und Unterdeckenbereich die Wirkung sonstiger raumabschließender Bauteile, wie Flurwände, Trennwände und Treppenraumwände, nicht eingeschränkt wird. Abb. 4.26 zeigt die Anforderungen an Systemböden und Unterdecken bei Standardanwendungen in Hochhäusern nach der MHHR.

Die Schwachstellen dieser Bauteile sind die vorgesehenen **Revisionsöffnungen**, die keinen Feuerwiderstand aufweisen müssen und deshalb in der Größe begrenzt sind. In Systemböden müssen die Revisionsöffnungen so angeordnet sein, dass eine Brandbekämpfung möglich ist und Brandmelder leicht zugänglich sind. In durchgehenden Systemböden sind andere Öffnungen nur zulässig, wenn sie auf die für die Nutzung erforderliche Zahl und Größe beschränkt sind. Dies gilt auch für durchgehende Unterdecken.

Für die Abschlüsse von Öffnungen in durchgehenden Systemböden genügen dichtschließende Verschlüsse aus nicht brennbaren Baustoffen. Für Abschlüsse von Installationsöffnungen in Systemböden mit einer Größe von nicht mehr als 0,1 m^2 genügen Verschlüsse aus schwer entflammbaren Baustoffen. Es gibt also durchaus herstellungsbedingt Einzelteile, die aus Kunststoffen vorgesehen werden können.

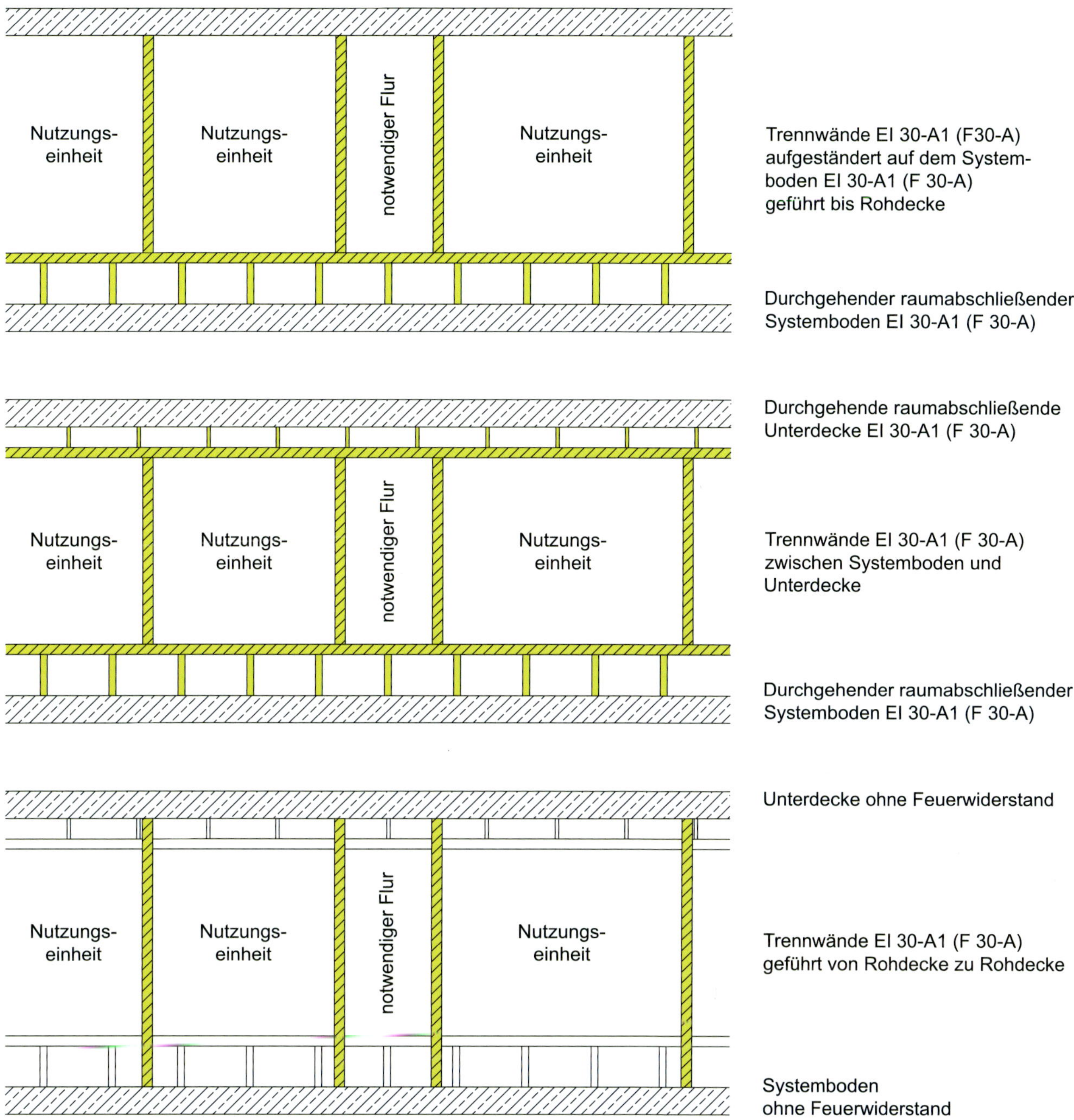

Abb. 4.26: Anforderungen an Systemböden und Unterdecken bei Hochhäusern nach der MHHR (Quelle: nach Erläuterungen zur Muster-Hochhaus-Richtlinie, 2008)

4.3.6 Rettungswegbauteile

Die Rettungswege bestehen in der horizontalen und vertikalen Erschließung des Gebäudes von den Nutzungseinheiten über die Treppenhäuser bis zum Ausgang. Die Rettungswege umfassen

- Wege aus Aufenthaltsräumen,
- notwendige Flure,
- Treppen und Treppenräume,
- Ausgänge und
- Wege auf dem Grundstück.

Rettungswegbauteile sind deshalb neben den Bauteilen der Hauptkonstruktion insbesondere Treppen, Treppenraumwände mit Türen und notwendige Flure mit Türen.

In der Rettungswegabfolge von den Nutzungseinheiten über die Treppenhäuser bis zum Ausgang bestehen abgestufte Brandschutzanforderungen, die von den Nutzungseinheiten bzw. horizontalen Rettungswegen bis zu den Treppenhäusern bzw. vertikalen Rettungswegen zunehmen. Diese Abstufung wird als **Sicherheitskaskade** bezeichnet. Die Anforderungen an Wände und Türen im Bereich der Sicherheitskaskade zeigt Tabelle 4.11.

Bei Rettungswegbestandteilen sind besondere Baustoffanforderungen zu beachten: Bodenbeläge, Bekleidungen, Putze und Einbauten müssen nicht brennbar sein in notwendigen Treppenräumen, Vorräumen von notwendigen Treppenräumen, Vorräumen von Feuerwehraufzugsschächten und Räumen zwischen dem notwendigen Treppenraum und dem Ausgang ins Freie (Treppenraumerweiterungen). Bodenbeläge in notwendigen Fluren hingegen können schwer entflammbar sein.

Diese Regelungen schließen den Baustoff Holz als Verkleidung in Rettungswegen aus. Das bedeutet, dass in der Hybridbauweise die Rettungswege in der Regel als Massivkonstruktionen auszuführen sind.

Treppen und Treppenraumwände

Bei der Vertikalerschließung in Hochhäusern kommt Treppen zwar weniger für die tagtägliche Erschließung (dafür werden in der Regel die Aufzüge benutzt), dafür aber umso mehr für die Erschließung im Brandfall hinsichtlich der Eigenrettung sowie der Zugänglichkeit des Brandgeschosses für die Einsatzkräfte der Feuerwehr eine große Bedeutung zu. Folgerichtig müssen Treppen immer aus

Tabelle 4.11: Feuerwiderstands- und Baustoffklassen von Wänden und Türen im Bereich der Sicherheitskaskade von der Nutzungseinheit bis zum Treppenraum/Aufzugsschacht

Staat	Wand/Tür zwischen Nutzungseinheit und notwendigem Flur	Wand/Tür zwischen notwendigem Flur und offenem Gang/Vorraum		Wand/Tür zwischen offenem Gang/Vorraum und Treppenraum/Aufzugsschacht	
D	EI 30/EI 30CS	–	–	REI-M 90 A1/ EI 30CS	außen liegender Treppenraum
D	EI 30/EI 30CS	REI-M 90 A1/ EI 30CS	Vorraum	REI-M 90 A1/ EI 30CS	innen liegender Treppenraum
D	EI 30/EI 30CS	REI-M 90 A1/ EI 30CS	offener Gang	REI-M 90 A1/ EI 30CS	Sicherheitstreppenraum mit offenem Gang
D	EI 30/EI 30CS	REI-M 90 A1/ EI 30CS	Vorraum mit Überdruck	REI-M 90 A1/ EI 30CS	Sicherheitstreppenraum mit Vorraum
A	EI 30/EI 30CS	REI 90 A2/ EI 30CS	Vorraum mit Überdruck	REI 90 A2/ EI 30CS	Sicherheitstreppenhaus der Stufe 2
D	EI 30/EI 30CS	REI-M 90 A1/ EI 30CS	Vorraum	REI-M 90 A1/ EI 30CS	Aufzugsschacht
D	EI 30/EI 30CS	REI-M 90 A1/ EI 30CS	Vorraum mit Überdruck	REI-M 90 A1/ EI 30CS	Feuerwehraufzug
A	EI 30/EI 30CS	–	–	REI 90 A2/ EI 30CS	Sicherheitstreppenhaus der Stufe 1 (Treppenraum mit erhöhten Anforderungen), 30facher Luftwechsel pro Stunde
D	EI 30/EI 30CS	REI-M 120 A1/ EI 30CS	Vorraum mit Überdruck	REI-M 90 A1/ EI 30CS	Sicherheitstreppenraum bei $H > 60$ m

D Deutschland
A Österreich
H Gebäudehöhe

Tabelle 4.12: Anforderungen an den Feuerwiderstand der Treppenraumwände und Vorraumwände (beliebige Nutzungen, ohne oder mit beliebiggeschossigem Breitfuß)[1)]

Bauweise/ Gebäudehöhe	im Hochhausbereich		im Breitfuß	
	K4	K2	K4	K2
Massivbauweise/22 bis 30 m	EI-M 90	EI-M 90	EI-M 90	EI-M 90
Massivbauweise/30 bis 60 m	EI-M 90	EI-M 90	EI-M 90	EI-M 90
Massivbauweise/60 bis 100 m	EI-M 90	EI-M 90	EI-M 90	EI-M 90
Massivbauweise/über 100 m	EI-M 90	EI-M 90	EI-M 90	EI-M 90
Hybridbauweise/22 bis 30 m	EI-M 90	n. g.	EI-M 90	n. g.
Hybridbauweise/30 bis 60 m	EI-M 90	n. g.	EI-M 90	n. g.
Hybridbauweise/60 bis 100 m	EI-M 90	n. g.	EI-M 90	n. g.
Hybridbauweise/über 100 m	EI-M 90	n. g.	EI-M 90	n. g.

K2 mit flächendeckender automatischer Brandfrüherkennung und Brandmeldung
K4 mit flächendeckender automatischer Feuerlöschanlage
n. g. nicht genehmigungsfähig
1) Alle Baustoffe müssen nicht brennbar sein.

nicht brennbaren Baustoffen und in ihrer Tragkonstruktion in feuerbeständiger Bauweise ausgeführt sein.

Die Anwendung von Holztreppen oder Holzbestandteilen in den Treppenräumen würde eine zusätzliche vertikale Brandausbreitungsmöglichkeit zwischen den Geschossen schaffen und wird deshalb nicht akzeptiert.

Die Anforderungen an den Feuerwiderstand von Treppenraumwänden sind in Tabelle 4.12 dargestellt.

Wände notwendiger Flure

Notwendige Flure sind in Hochhäusern zur Horizontalerschließung von Treppenräumen einschließlich Sicherheitstreppenräumen, von Außentreppen und von Aufzügen erforderlich. In der Regel sind sie gangartige Erschließungen ohne direkt zugeordnete Nutzungsbereiche. Vor 2002 wurden sie auch als „allgemein zugängliche Flure" bezeichnet.

Die Wände notwendiger Flure haben eine Raumabschlussfunktion und müssen entweder feuerhemmend mit dichtschließenden Türen bei einer Feuerlöschanlage oder feuerbeständig mit feuerhemmenden Türen ohne Feuerlöschanlage ausgeführt werden (siehe auch Tabelle 4.9).

4.3.7 Bedachung

Bei Hochhäusern muss die Dachgestaltung, das Dachtragwerk und die Bedachung selbst aus nicht brennbaren Baustoffen bestehen.

Während die meisten Hochhäuser Flachdachlösungen aufweisen, bei denen das **Dachtragwerk** eher eine untergeordnete Rolle spielt, gibt es einzelne Hochhäuser mit Pultdach und ähnlichen Ausführungen. Bei diesen Dächern erfordert die Anwendung des Baustoffes Holz im Tragwerk den Schutz des Dachraumes durch eine automatische Feuerlöschanlage, da die Brandbekämpfungsmöglichkeiten der Einsatzkräfte der Feuerwehr stark eingeschränkt sind.

Für die **Dachhaut** dürfen neben nicht brennbaren Baustoffen nur schwer entflammbare Baustoffe vorgesehen werden, wenn diese mit einer mineralischen Baustoffschicht von mindestens 5 cm Dicke abgedeckt ist (in der Regel 5 cm dicke Bekiesung).

Unter bestimmten Bedingungen sind auf Hochhäusern intensive Dachbegrünungen möglich, wenn das Schutzziel der Verhinderung der Brandausbreitung durch Abstände oder Abtrennungen eingehalten wird. Bei einer durchgehenden feuerbeständigen Dachausführung und dem Vorhandensein einer Feuerlöschanlage ist die Brandausbreitung zum Dach weitgehend ausgeschlossen und ein Brand auf dem Dach selbst wäre eher unproblematisch, wenn die Ausbreitung auf dem Dach (andere Brandabschnitte) oder nach unten verhindert wird.

4.3.8 Haustechnik

Die Anforderungen an die Haustechnik sind bei Hochhäusern teilweise wesentlich höher als bei Standardgebäuden bis 22 m Höhe. Auch gibt es hier durchaus Unterschiede einzelner Landesregelungen zur MHHR.

Leitungen und Installationsschächte und -kanäle

Leitungen, die durch mehrere Geschosse führen, müssen in Installationsschächten angeordnet werden, mit Ausnahme wasserführender Leitungen aus nicht brennbaren Baustoffen. Elektroleitungen müssen in eigenen Installationsschächten, Brennstoffleitungen in eigenen Installationsschächten und -kanälen geführt werden. Es gibt also für Leitungen aus brennbaren Materialien wesentlich höhere Anforderungen als bei Gebäuden unterhalb der Hochhausgrenze.

Für diese Regelungen der MHHR sieht z. B. das Bundesland Hamburg eine Erleichterung vor: „... *Bei Hochhäusern bis 60 m Höhe kann abweichend von den Sätzen 1 bis 3 eine Verlegung der Leitungen gemäß Leitungsanlagenrichtlinie erfolgen.*" (Abschnitt 7.2.1 BPD 1/2008)

Installationsschächte müssen entraucht werden können und Installationsschächte und -kanäle für Brennstoffleitungen so durchlüftet werden, dass keine gefährlichen Gas-Luft-Gemische entstehen können. Außerdem müssen Installationsschächte und -kanäle Revisionsöffnungen haben, die so angeordnet sind, dass eine Brandbekämpfung möglich ist und Brandmelder leicht zugänglich sind. Diese Brandbekämpfung muss von der Geschossebene aus möglich sein, ohne dass sich der Brand vertikal über brennbare Isolationsmaterialien ausbreiten kann.

Eine Besonderheit betrifft Installationsschächte für Elektroleitungen, die in Höhe der Geschossdecken zusätzlich feuerhemmend abgeschottet sein müssen – im Unterschied zu Standardgebäuden, wo diese Schächte nach der Muster-Leitungsanlagen-Richtlinie nicht geschossweise abgetrennt sein müssen. Auch hierzu ist in Hamburg eine Reduktion der Anforderungen festgeschrieben:

„... Dies gilt nicht, wenn

1. *der Schacht in Abständen von maximal 22 m feuerbeständig abgeschottet wird,*
2. *die Schachtöffnungen nach Nr. 3.3.1 feuerbeständige, rauchdichte und selbstschließende Abschlüsse erhalten und*
3. *der Schacht eine Öffnung zur Rauchableitung mit einem freien Querschnitt von mindestens 10 % der Schachtfläche hat."* (Abschnitt 7.2.3 BPD 1/2008)

Das bedeutet, dass die Abschottung nur nach ca. jedem 7. bis 8. Geschoss erfolgen muss.

In der Schweiz ist für Revisionsöffnungen EI 30 (feuerhemmend) vorgeschrieben.

Leitungen stellen bei einer relativ hohen Zahl an Bränden wesentliche Brandausbreitungsmöglichkeiten dar. Eine feuerbeständige Trennung ist daher bei vertikalen Schächten in Hochhäusern von großer Bedeutung. Innerhalb der Geschosse sollen Leitungen nicht in notwendigen Fluren geführt werden, sondern innerhalb der Nutzungseinheiten. Muss ein notwendiger Flur gekreuzt oder verwendet werden, sind feuerbeständige Installationskanäle erforderlich.

Lüftungsanlagen, Feuerstätten und Brennstofflagerung

Bei **Lüftungsanlagen** ist zu beachten, dass diese den ordnungsgemäßen Betrieb von Druckbelüftungsanlagen nicht beeinträchtigen dürfen. Lüftungsanlagen müssen so angeordnet oder ausgebildet sein, dass auch kalter Rauch nicht in notwendige Treppenräume, andere Geschosse und Brandabschnitte übertragen wird.

Feuerstätten, falls im Hochhaus vorgesehen, müssen als zentrale Anlagen ausgeführt werden. Die **Brennstofflagerung** für Feuerungsanlagen muss entweder im Erd- oder im Kellergeschoss vorgesehen werden, damit keine zusätzliche Brandlasterhöhung in oberen Geschossen auftritt, mit einer Ausnahme: Dies gilt nicht für den Tagesvorrat von Brennstoffen für den Betrieb der Sicherheitsstromversorgungsanlagen.

Abwurfschächte

Abwurfschächte für die Müllentsorgung sind vor allem international in Hochhäusern zu finden. Nach früheren Richtlinien über den Bau und Betrieb von Hochhäusern konnten Müllabwurfschächte auch in Deutschland vorgesehen werden. Einige der international untersuchten Brände weisen jedoch die besonderen Brandrisiken von derartigen Schächten aus, weshalb sie in Deutschland heute nicht mehr zugelassen sind.

Besonders problematisch sind die vertikalen Brand- und Rauchausbreitungsmöglichkeiten durch Abwurfschächte. Es kann in Deutschland noch Bestandslösungen geben, in denen Abwurfschächte vorhanden sind. In der Regel sind sie aber zurückgebaut.

4.4 Rettungsweglösung

Aufgrund der gestalterischen, geometrischen und nutzungsbedingten Besonderheiten von Hochhäusern ist für die Personensicherheit in diesen Gebäuden nicht nur der Schadensfall Brand relevant, sondern auch Naturrisiken, wie Erdbeben und Sturm, sowie die Gefahr von Terroranschlägen spielen eine Rolle. Die Auslegung auf Sturm und Erdbeben erfolgt mit der Statik. Rettungswege spielen hier nur eine begrenzte Rolle. Nach dem Erdbeben von 2012 in Christchurch (Neuseeland) wurde die Diskussion geführt, inwieweit die Rettungswege von Hochhäusern in erdbebengefährdeten Lagen mit einer entsprechenden Stärke gesichert sein müssen. Eine Auslegung auf alle Natur- und Terrorrisiken ist praktisch jedoch nicht möglich. Die Rettungsweglösungen in Hochhäusern beziehen sich in erster Linie auf Brandereignisse, wohl wissend, dass auch bei Bränden keine absolute Personensicherheit realisierbar ist, sondern dass mit den ausgeführten Lösungen lediglich die Möglichkeit der Personenrettung besteht.

Rettungswege sind für das Schutzziel der **Personenrettung** zentral, indem sie es im Brandfall ermöglichen, das Gebäude zu verlassen. Im Hochhaus sind Rettungswege auch gleichzeitig Angriffswege der Feuerwehr, die bei dem Innenangriff auf Treppenanlagen und Feuerwehraufzüge angewiesen ist.

Der Rettungsweg im Hochhaus beginnt an dem ungünstigsten (daher am weitesten von den Treppenanlagen entfernten) Punkt und endet mit dem Erreichen des öffentlichen Verkehrsraumes als Bereich absoluter Sicherheit. Bei keinem anderen Gebäudetyp sind an die Rettungswege so hohe Anforderungen gestellt wie bei Hochhäusern. Aufgrund der **langen Wege** kann es sein, dass bei der Nutzung von Treppenanlagen je nach Höhe des Hochhauses ca. 10 bis 60 Minuten (reine Laufzeiten) für das Zurücklegen des Rettungsweges benötigt werden. Da die Vollbrandphase bereits nach wenigen Minuten erreicht werden kann und bestimmte Rettungswege dann nicht mehr nutzbar sind, werden Rettungszeiten nur bei Brandschutzingenieurmethoden bewertet. Für die Rettungsweglösungen kommt es vor allem darauf an, dass die Rettungswege selbst und ihre Bestandteile so ausgeführt werden, dass sie auch im Brandfall grundsätzlich nutzbar bleiben.

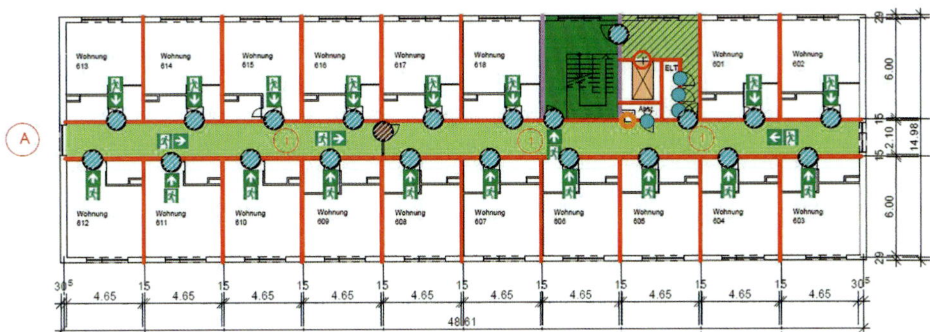

Abb. 4.27: Fehlende zweite Rettungswege in einer Bestandslösung

Die **Evakuierung** eines gesamten Hochhauses in einer annehmbar schnellen Zeit ist aufgrund der Höhendifferenz und der sehr hohen Personenzahl unmöglich. Diese Problematik wird durch die Mischnutzung in modernen Hochhäusern noch verschärft (siehe Kapitel 3.3.7), die u. a. häufig dazu führt, dass sich noch mehr Menschen und insbesondere ortsunkundige Personen im Gebäude aufhalten, z. B. Touristen, die den besten Blick über die Stadt haben möchten, wie etwa im Empire State Building in New York.

Ungefähr 10 bis 15 % der sich in einem Hochhaus aufhaltenden Personen sind nicht in der Lage, das Gebäude über die Treppenanlagen zu verlassen (Pauls, 2005). Dabei geht es insbesondere um die physische Konstitution. Das betrifft nicht nur Wohngebäude, sondern ebenso Büro-, Hotel- und andere Nutzungen. Des Weiteren ist es sehr schwierig, eine Massenflucht in geordneten Bahnen zu halten, ohne dass es bei Brandeinwirkung zu Verletzten oder sogar Toten kommt. Die unteren Stockwerke verstopfen nach einer kurzen Zeit, da der Abfluss der Menschen nicht so schnell ablaufen kann wie von oben Menschen nachströmen. Hierbei kann es zu lebensgefährlichen Situationen kommen. Zu beachten ist ferner, dass in aller Regel die Personenrettung noch nicht abgeschlossen ist, wenn die Feuerwehreinsatzkräfte den Innenangriff vorbereiten und ausführen. Es kann also zu Gegenstromproblemen kommen. Gerade bei der Gestaltung der Rettungswege ist es aus all diesen Gründen wesentlich, neben dem baulichen auch den anlagentechnischen, organisatorischen und abwehrenden Brandschutz als Ganzes zu berücksichtigen.

4.4.1 Rettungswegredundanz

In Deutschland wird (nicht nur für Hochhäuser) eine Redundanz der Rettungswege mit dem **ersten und zweiten Rettungsweg** für all jene Bereiche gefordert, die als **Aufenthaltsbereiche** infrage kommen. Im Hochhaus zählen dazu neben Wohnungen und Büroräumen alle Bereiche, für die ein nicht nur kurzzeitiger Aufenthalt vorgesehen oder in denen ein solcher möglich ist. Der Begriff des kurzzeitigen Aufenthaltes ist nicht eindeutig geregelt. Allgemein wird aber davon ausgegangen, dass es sich um keinen Aufenthaltsraum handelt, wenn der Raum nicht länger als 2 Stunden genutzt wird.

Als Aufenthaltsräume gelten im Hochhaus auch umbaute Dachterrassen, Veranstaltungsräume (Dachgeschosspartyräume), Dachgaststätten usw. Nicht zu Aufenthaltsräumen gehören z. B. technische Betriebsräume, bei denen nur von einem kurzzeitigen Aufenthalt ausgegangen werden kann.

Für alle Aufenthaltsräume wird die Erreichbarkeit über 2 Treppenräume oder Sicherheitstreppenräume gefordert, deren Durchgängigkeit, Unabhängigkeit und Zuverlässigkeit der Gebäudehöhe entsprechen muss. Durchgängigkeit bezieht sich auf die vertikale Gleichmäßigkeit der Treppenräume, d. h., sie dürfen keinen wesentlichen geschossweisen Versatz aufweisen.

Neben dem Bereich der **absoluten Sicherheit** im öffentlichen Verkehrsraum kann es in Gebäuden auch noch Bereiche mit einer **relativen Sicherheit** geben. Dazu zählen z. B. in großflächigen Bauwerken ein anderer Brandabschnitt als der, in dem der Brand entstanden ist, oder ein Bereich, der im Brandfall über lange Brandzeiten sicher und nicht baulich verändert bestehen bleibt. Ein Sicherheitstreppenraum kann unter bestimmten Bedingungen ebenso dazugehören wie eine Warteplattform auf einem Dach, wenn dort eine Brandeinwirkung ausgeschlossen ist. Im deutschen Baurecht sind derartige Bereiche nicht explizit vorgesehen, sie können aber bei Hochhäusern mit der Anwendung von Brandschutzingenieurmethoden geplant werden.

Grundsätzlich bedeutet die Rettungswegredundanz, dass **2 unabhängige bauliche Rettungswege** bis zum **Ausgang** aus dem Gebäude vorhanden sind oder bei einer Gebäudehöhe von bis zu 60 m ein Sicherheitstreppenraum (siehe Kapitel 4.4.7). Da ein Rettungsweg im Brandfall versagen kann, z. B. aufgrund einer defekten Tür, gewährleistet der zweite Rettungsweg in diesen Fällen eine sichere Rettung.

Die Redundanz der Rettungswege betrifft vorrangig die vertikalen Rettungswege, also die Treppenräume. Bei Hochhäusern und einigen anderen Bauwerken besonderer Art und Nutzung müssen aber auch die horizontalen Rettungswege bzw. Teile von diesen redundant ausgeführt werden.

Abb. 4.27 zeigt ein typisches Beispiel fehlender redundanter baulicher Rettungswege. Der Zugang zum Aufzug erfolgt in dieser Bestandslösung zwar über einen Vorraum. Eine Redundanzverbesserung wäre hier aber nur mit der Anordnung einer zusätzlichen Außentreppe möglich.

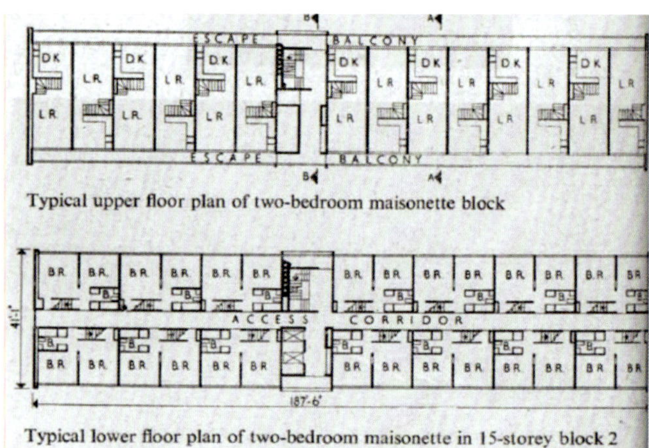

Abb. 4.28: Grundriss des Lakanal House in London, Großbritannien, mit einer unzureichenden Redundanz der vertikalen Rettungswege (Quelle: Bird, 2019)

Abb. 4.29: Lakanal House in London; Brandereignis im Jahr 2009 (Quelle: Bird, 2019)

Die in Deutschland übliche Rettungswegredundanz wird **international** nur in einigen Ländern und insgesamt viel weniger konsequent ausgeführt, was ein wesentliches Problem darstellt, wie das Beispiel des Lakanal House in London zeigt (Bird, 2019). Im Lakanal House, einem Wohngebäude, das ca. 1960 erbaut wurde, kam es im Juli 2009 zu einem Brand. Das Hochhaus verfügte über keine Sprinkleranlage. Zwar waren die horizontalen Rettungswege redundant, im unteren Teil der Maisonette-Wohnungen durch einen Flur, von dem aus alle Wohnungen erreichbar waren, im oberen Teil durch 2 Rettungsbalkone, womit der Treppenraum auf 2 Wegen erreichbar war. Bei dem Brand kam es jedoch im Fassadenbereich der Rettungsbalkone zu einer vertikalen Brandausbreitung nach oben und nach unten durch herabfallende Fassadenteile sowie zu einer Verrauchung des Treppenraumes. Die Bilanz waren 6 Tote und viele Rauchverletzte, die sich nicht über die Rettungsbalkone oder den Treppenraum retten konnten.

Gerade bei Hochhäusern ist die Rettungswegredundanz essenziell, da die Interventionsmöglichkeiten der Feuerwehreinsatzkräfte zur Personenrettung mit Hubfahrzeugen begrenzt sind. Zumindest geht es um die Möglichkeit, verschiedene voneinander unabhängige Wege in Richtung des Gebäudeausgangs nutzen zu können. Eine Teilevakuierung im Brandfall und Rettungsbereiche innerhalb des Hochhauses können als zusätzliche Maßnahmen betrachtet werden, lösen aber die Problematik einer fehlenden Rettungswegredundanz nicht.

4.4.2 Horizontale Rettungswege – Definition

Die horizontale Rettungswegführung beinhaltet die **Bestandteile**

- Weg aus dem Aufenthaltsraum und über nicht notwendige Flure sowie
- Weg über notwendige Flure.

Damit ergibt sich die bemessene Rettungsweglänge. Entscheidend ist die Weglänge in Luftlinie innerhalb der Räume, jedoch nicht durch Bauteile hindurch.

Dieser Teil der Rettungswege ist nicht durchgängig redundant, da innerhalb von Nutzungseinheiten (z. B. Wohnungen oder Büros unter 200 m^2 bzw. 400 m^2) ein Ausgang ausreichend ist. Innerhalb notwendiger Flure ist die Redundanz dann erforderlich, wenn der Weganteil über 15 m Länge beträgt. Diese Begrenzung der Stichflurlänge ermöglicht eine zweiseitige Rettung und auch einen zweiseitigen Angriff im Brandbereich.

Besondere **Probleme** können sich ergeben, wenn bei Hochhäusern der Zugang zu 2 Sicherheitstreppenräumen über einen **gemeinsamen Raum** erfolgt. In einem Bestandshochhaus sind die Zugänge zu den beiden Treppenräumen und zum Feuerwehraufzug über einen Ringflur und einen Erschließungsflur ausgeführt (Abb. 4.30). Damit bestehen keine Stichflure, abgesehen von kurzen Enden, die bei der Planung mit Flurfenstern versehen waren, um die Flurentrauchung zu gewährleisten. Diese 4 kurzen Stichflure zu den Fenstern wurden allerdings „wegrationalisiert" und den angrenzenden Räumen zugeschlagen, um auf diese Weise die nutzbare Bürofläche zu vergrößern. Ebenfalls entfallen ist während des laufenden Betriebes die ursprünglich geplante doppelflügelige Rauchschutztür in der Mitte des Grundrisses. Daher ist die Trennung der Zugänge zu den beiden Sicherheitstreppenräumen nicht mehr gegeben und der Mittelflur wird ein verbindender (Stich-)Flur zwischen notwendigem Flur als Ringflur und dem Zugang zu den Sicherheitstreppenräumen mit gleichzeitiger Aufzugsanbindung. So entsteht ein Schwachpunkt in der Rettungswegführung dort, wo die geforderte Redundanz aufgehoben

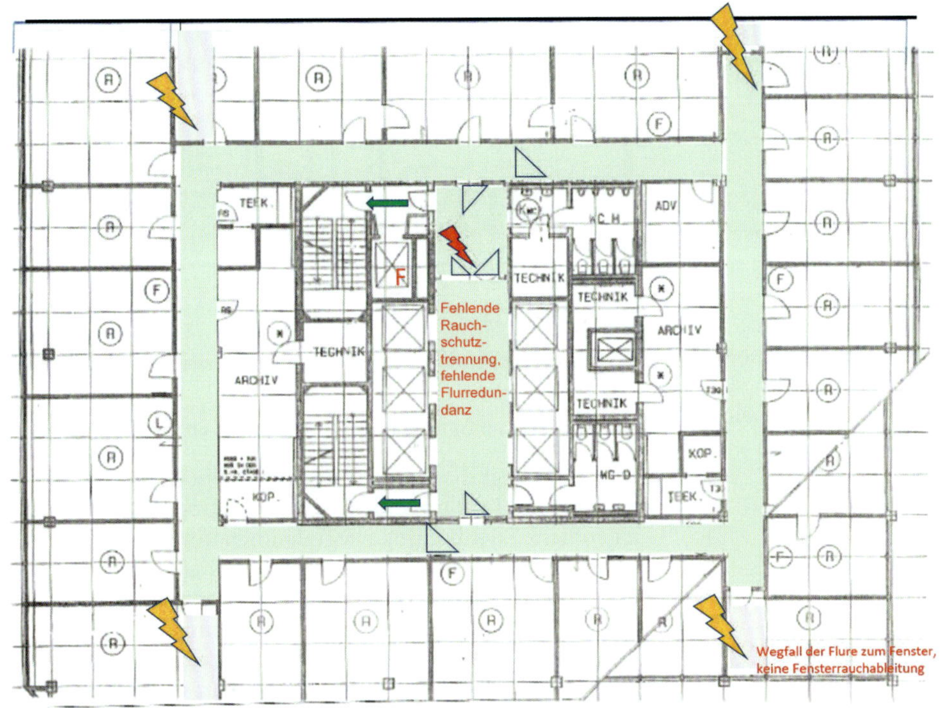

Abb. 4.30: Grundriss eines Bestandshochhauses

R, L, F	Nutzungsbereiche
ADV	Auftragsdatenverwaltung
F (rot)	Feuerwehraufzug
Teek.	Teeküche
KOP	Kopierraum

ist. Diese Lösung kann auch nicht mit einer Stichflurlänge von unter 15 m begründet werden, da im Verlauf der Rettungswege von der Nutzungseinheit bis zum Treppenraum das Sicherheitsniveau ansteigen soll (Sicherheitskaskade, siehe Kapitel 4.3.6), hier aber eine Absenkung erfolgt. An diesem Vorraum- bzw. Flurabschnitt sind auch noch 6 Aufzüge angeordnet, die keine Tür zur Verhinderung der Rauchausbreitung aufweisen, sodass an dieser Stelle eine besondere Rauchausbreitungsgefahr besteht, die den Einsatz des abwehrenden Brandschutzes im Brandfall erheblich beeinträchtigen würde.

Dieses Beispiel zeigt, dass die Ausführung der notwendigen Flure (unabhängig von dem Feuerwiderstand der Bauteile, der ebenfalls verändert wurde) im Hochhaus nicht einfach verändert werden kann und es organisatorischer Brandschutzmaßnahmen bzw. der Kontrollen von Brandverhütungsschauen bedarf, um den notwendigen Brandschutz auch während des Betriebes aufrechtzuerhalten.

4.4.3 Horizontale Rettungswege – Rettungsweglänge, Rettungswegbreite und Weg aus dem Aufenthaltsraum

Rettungsweglänge

Die Rettungsweglänge ist mit **maximal 35 m** angegeben. In früheren Hochhaus-Richtlinien, als noch keine durchgängige Pflicht für Feuerlöschanlagen bestand, war die Rettungsweglänge auf 30 m begrenzt. Hier zeigt sich die Ganzheitlichkeit der vorzusehenden Brandschutzlösung, weil der anlagentechnische und der organisatorische Brandschutz mit berücksichtigt werden.

Die Brandfrüherkennung durch heute vorgeschriebene automatische Brandmeldeanlagen soll auch in Hotels und Wohnungen einen schnellen Rettungsbeginn ermöglichen und die Reaktionszeit reduzieren. Bei einer durchschnittlichen Gehgeschwindigkeit von gesunden Personen zwischen 30 und 60 m pro Minute sollte die tatsächliche Laufzeit bis zum Treppenraum als Bereich relativer Sicherheit unter einer Minute liegen. Für den Innangriff der Einsatzkräfte der Feuerwehr ist die Nutzbarkeit der Nasssteigleitungen und Schlauchmaterialien entscheidend, sodass die Verlängerung auf 35 m (analog zu Standardgebäuden) möglich wurde. Die nicht mehr notwendige vertikale Verlegung von Schläuchen im Treppenraum schafft dabei einen zeitlichen Vorteil. In Österreich beträgt die Rettungsweglänge 40 m.

Eine Nichteinhaltung der Rettungsweglänge ist nur in einem ganz begrenzten Maß mit entsprechenden Kompensationen möglich, die ingenieurtechnisch nachgewiesen werden müssen. Eine ohnehin vorhandene automatische Brandmeldeanlage stellt keine Kompensation dar. Eine Kompensation kann aber in zusätzlichen Spülluft- und Rauchableitungssystemen in Fluren, ggf. kombiniert mit zusätzlichen Wandhydranten, die im letzten Teil von notwendigen Fluren ein erhöhtes Sicherheitsniveau bieten, bestehen.

Rettungswegbreite

Die Bemessung der Rettungswegbreiten ist abhängig von der auf die Rettungswege angewiesenen Personenzahl, muss aber eine **Mindestbreite von 1,2 m** erreichen. Reduzierungen auf bis zu 0,9 m sind nur bei Türen möglich. Dieses Mindestmaß beinhaltet die notwendige Breite für den

Innenangriff der Einsatzkräfte der Feuerwehr und ermöglicht die Nutzung des Rettungsweges von 200 Personen. Eine Reduzierung der Flurbreiten bei geringeren Personenzahlen mit Brandschutzingenieurmethoden ist nicht möglich.

Weg aus dem Aufenthaltsraum

An den Weg aus dem Aufenthaltsraum werden die geringsten Anforderungen im Rettungswegverlauf gestellt. Wenn notwendige Flure nicht vorhanden sind, kann sogar der gesamte oder fast der gesamte Rettungsweg auf diesen Bereich entfallen (Großraumbüros, Restaurants usw.). In diesen Fällen ergibt sich für die großen Nutzungseinheiten die Erfordernis kurzer Flure vor den Sicherheitstreppenräumen und Feuerwehraufzügen sowie von Brandmelde- und Feuerlöschanlagen.

4.4.4 Horizontale Rettungswege – notwendige und nicht notwendige Flure

Notwendige Flure

Notwendigen Fluren kommt in Hochhäusern eine besondere Rolle zu. Grundsätzlich besteht die Anforderung, dass der **Zugang zu Vorräumen von Sicherheitstreppenräumen** nur über notwendige Flure erfolgen soll. Das bedeutet, dass in Obergeschossen von Hochhäusern notwendige Flure erforderlich sind.

Der notwendige Flur ist wesentlich für den Innenangriff der Einsatzkräfte der Feuerwehr, der in dem unter dem Brandgeschoss liegenden Geschoss beginnt. Der notwendige Flur bietet einen relativ brandlastarmen Zugang, bei dem im Wesentlichen nicht von einer Verrauchung auszugehen ist. Bei mehr als einer Nutzungseinheit verhindert der notwendige Flur, dass viele oder mehrere Türen zum Vorraum des Sicherheitstreppenraums erforderlich werden (Näheres zum Sicherheitstreppenraum mit Vorraum siehe Kapitel 4.4.7).

Für Hochhäuser bestehen spezielle **Anforderungen** an notwendige Flure:

- Begrenzung der Stichflurlänge und
- Möglichkeit der Belüftung bzw. Entrauchung.

Diese erhöhten Anforderungen resultieren aus den Besonderheiten des Schutzzieles der Personenrettung, da die durchgängige Redundanz der Rettungswege nur für vertikale Rettungswege vorgesehen ist. Der nicht redundante Teil des Rettungsweges (Stichflur als notwendiger Flur) muss demnach durch bestimmte zusätzliche Maßnahmen geschützt werden. Die Begrenzung der Stichflurlänge liegt nach der MHHR bei 15 m (in älteren Hochhaus-Richtlinien bei 10 m). Damit liegt die zulässige nicht redundante Rettungsweglänge bei ca. 50 % der ansonsten zulässigen Länge eines notwendigen Flures.

Die Forderung nach Fenstern in den Flurwänden schafft insbesondere die Möglichkeit, beim Innenangriff durch Feuerwehreinsatzkräfte die Einsatzmöglichkeiten zu verbessern. Dabei wird davon ausgegangen, dass die notwendigen Flure entscheidend für die Brandbekämpfung der Einsatzkräfte im Brandgeschoss sind.

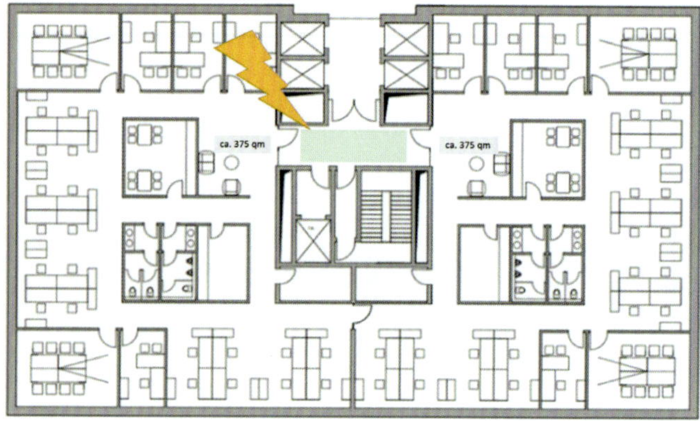

Abb. 4.31: Grundriss mit 2 Nutzungseinheiten von je 375 m² Fläche

Abb. 4.31 zeigt die Standardlösung für ein Bürogebäude unter 60 m Höhe mit einem Sicherheitstreppenraum. Die eigentliche Stichflurlänge liegt deutlich unter 10 m, da der mittige Stichflur relativ kurz ist, aber vor allen Zugängen zu dem Sicherheitstreppenraum, dem Feuerwehraufzug und den Aufzügen vorgeschaltet ist. Er muss infolge seiner Lage als innen liegender Flur entraucht werden können. Beidseitig des notwendigen Flures sind 2 Büronutzungseinheiten von je 375 m² mit sehr langen nicht notwendigen Fluren angeordnet. Als Teilnutzungseinheiten sind diese nur mit Sprinkleranlagen nutzbar, da die Größe der Nutzungseinheit von 200 m² überschritten wird. In einzelnen Bundesländern sind auch Nutzungseinheiten bis 400 m² als Zellenbauweise ohne notwendigen Flur und ohne Sprinkleranlage zugelassen. Im vorliegenden Fall ist aber ersichtlich, dass die Ausbreitungsmöglichkeiten für Feuer und Rauch innerhalb eines halben Geschosses relativ hoch sind.

In Stichfluren sind **Flurerweiterungen** ausgeschlossen. Flurerweiterungen stellen Verbreiterungen dar, die mit Sitzgelegenheiten oder anderem Mobiliar ausgestattet sind. Im Brandfall ist insbesondere bei der Verwendung normal entflammbarer Stoffe, wie Polster, eine schnelle Verrauchung möglich. Insbesondere darf die Rettungswegbreite von 1,2 m nicht eingeschränkt werden. Das bedeutet den Verzicht auf Bestuhlungen und andere Möblierungen in der mindestens 1,2 m betragenden Flurbreite. Bei größeren erforderlichen Flurbreiten in Pflegebereichen oder in Krankenhäusern in Hochhäusern sind diese Breiten (1,5 m bzw. 2,25 m) frei zu halten. Lediglich an Türen kann es Einschränkungen in der Breite geben. In Krankenhäusern werden das in der Regel zweiflügelige Türen mit Schließfolgeregler sein, die im Normalbetrieb offen stehen und bei Raucherkennung auf einer der beiden Seiten selbsttätig oder manuell ausgelöst schließen.

Empfangsbereiche stellen grundsätzlich ein nicht akzeptables Rauchentwicklungsrisiko in notwendigen Fluren dar, da für notwendige Flure die Anforderung „brandlastarm" besteht. Es geht dabei darum, die Brandlasten dauerhaft zu minimieren und in jedem Fall unterhalb der Grundbrandlast von maximal 15 kWh/kg zu verbleiben. „Brandlastfreie" notwendige Flure sind aufgrund der Elektroinstallationen (z. B. für die Beleuchtung), Fußbodenbeläge, Tapeten usw. in den Fluren faktisch nicht möglich. Nicht zur

Flurbrandlast gehören sich in abgetrennten Kabelkanälen befindende Elektroleitungen.

In Empfangsbereichen ist eine dauerhafte Begrenzung der Brandlast kaum realisierbar, weil zu den unvermeidbaren Flurbrandlasten noch Computer, Mobiliar, Papier usw. hinzukommen, die zu erhöhten Brandlasten und zusätzlichen Zündquellen führen. Die in der MHHR angegebenen Lösungen stellen Einzelfalllösungen dar, die bei Vorhandensein einer Feuerlöschanlage die Rauchausbreitung einschränken und die Nutzbarkeit dieser Flurbereiche als Rettungs- und Angriffsweg der Einsatzkräfte der Feuerwehr gewährleisten. Dies kann bei Ringfluren dadurch erfolgen, dass der notwendige Flur von dem betreffenden Empfangsbereich als nicht notweniger Flur mit Rauchschutztüren abgetrennt wird.

Eine andere Lösung stellt die lokale maschinelle Rauchableitung als Absaugung einer möglichen Rauchentwicklung über dem Empfangsbereich dar. Dies ist allerdings nur möglich, wenn mindestens in gleicher Leistung eine maschinelle Zuluft erfolgt, um Unterdruckverhältnisse im notwendigen Flur auszuschließen. Untersuchungen mit Hilfe von Rauchgassimulationen haben gezeigt, dass beim Vorhandensein einer Feuerlöschanlage eine lokale Absaugung als Kaltentrauchung, z. B. über eine Lüftungsanlage, mit einer Ansaugstelle über dem Empfangsbereich erfolgen kann, wenn eine direkte Detektion stattfindet (Rost, 2016). Hierbei ist zu beachten, dass die Wirksamkeit der Sprinkleranlage durch die Absaugung nicht eingeschränkt werden darf. Das bedeutet entweder eine manuelle Auslösung oder eine Verzögerung der Auslösung der Absaugung. Die Leistung der Absaugung und der Zuluft sollte mindestens bei einem einfachen Luftwechsel (1/h) liegen.

Hauptgänge und Gänge

Bei Nutzungen, bei denen notwendige Flure nicht oder nicht durchgängig ausführbar sind, kommen **Hauptgänge** zum Einsatz, insbesondere bei Verkaufsstätten oder Industriebaunutzungen, z. B. in den unteren Geschossen oder im Breitfuß eines Hochhauses. Darüber hinaus kann es Fälle geben, in denen ein Ringflur unterbrochen ist und durch einen Aufenthaltsraum führt, z. B. einen Speise- oder Fernsehraum oder einen Empfangsbereich. In diesen Unterbrechungen muss der Ringflur als Hauptgang in der gleichen Breite fortgeführt werden. Eine zusätzliche Brandfrüherkennung über Rauchmelder kann bei einer ohnehin notwendigen Feuerlöschanlage dafür eine ausreichende Kompensation sein.

Gänge müssen keine bestimmten Mindestbreiten aufweisen, wie Hauptgänge in Verkaufsstätten, die eine Mindestbreite von 2,0 m haben müssen, sollen aber durch eine Freihaltung von Möbeln, Lagergut und sonstigen Gegenständen eine ständige Nutzbarkeit gewährleisten. Sie dienen insbesondere in Großraum- oder Kombibüros der ständigen Zugänglichkeit und sind ebenso wie Hauptgänge Maß für die tatsächliche Lauflänge. In diesen Bereichen ist eine Brandfrüherkennung zwingend erforderlich.

Nicht notwendige Flure

Vor allem bei der Büronutzung werden nicht notwendige Flure in Nutzungseinheiten mit einer Größe von bis zu 400 m² ausgeführt. Das führt jedoch dazu, dass in diesen Fällen bei einer Größe der Nutzungseinheiten von über 200 m² durch die größeren horizontalen Brandausbreitungsmöglichkeiten die Erleichterungen nach Abschnitt 8 MHHR, insbesondere der Verzicht auf eine Feuerlöschanlage, in der Regel nicht mehr anwendbar sind.

4.4.5 Vertikale Rettungswege – Definition

Im Hochhaus bestehen die vertikalen Rettungsweganteile aus Sicherheitstreppenräumen, Treppenräumen oder im Einzelfall auch aus Außentreppen, die meist infolge von fehlenden oder nicht ausreichenden Rettungsweglösungen nachträglich vorgesehen wurden (siehe Kapitel 4.4.8).

Aufzüge gehören nicht zu den zugelassenen Rettungswegen. Entsprechend ist die Beschilderung „Aufzug im Brandfall nicht benutzen!“ bisher Stand der Technik. Die grundsätzlich zulässigen Rettungsweglösungen sind in Tabelle 4.13 dargestellt.

Tabelle 4.13: Zugelassene Standardlösungen für vertikale Rettungswege nach der MHHR bzw. Brandschutzingenieurmethoden

Rettungshöhe	Treppenräume	Sicherheitstreppenräume	Treppenräume mit erhöhten Anforderungen[1)]
22 bis 30 m	2 oder 1		≥ 1
30 bis 60 m	2 oder 1		≥ 1
60 bis 100 m	–	2	≥ 2
über 100 m	–	2	≥ 2

1) für Bestandsgebäude als Ersatz für Treppenräume oder Sicherheitstreppenräume mit Nachweis über Brandschutzingenieurmethoden (nicht zugelassen nach MHHR)

Bei allen Arten von Treppenräumen in Hochhäusern müssen die Treppenraumwände mindestens in der Bauart von Brandwänden mit der Feuerwiderstandklasse REI-M 90 errichtet werden. Es sind nur nicht brennbare Bestandteile möglich.

Für den Fall, dass die vertikalen Treppenräume nicht bis zum Ausgang vertikal durchgehen, z. B. bei versetzten Treppenräumen, müssen die horizontalen Anteile die gleichen Anforderungen wie die vertikalen erfüllen. Das betrifft die Ausführung von Sicherheitstreppenräumen genauso wie die Ausführung von außen liegenden Treppenräumen bis zu einer Höhe von 60 m. Die Treppen müssen feuerbeständig sein und ein Breite von mindestens 1,2 m aufweisen.

4.4.6 Vertikale Rettungswege – einfache Treppenräume und Treppenräume mit erhöhten Anforderungen

Einfache Treppenräume

Einfache Treppenräume ohne erhöhte Anforderungen sind nur bei einer Gebäudehöhe zwischen 22 und 60 m möglich, wenn diese redundant ausgeführt sind, wenn es sich also um 2 unabhängige Treppenräume mit einem Fenster in jedem Geschoss an einer Außenwand handelt, das mindestens 0,5 m², bei Bestandslösungen 0,9 m × 0,6 m, groß sein muss. An oberster Stelle ist eine Rauchabzugsöffnung in der Größe von 5 % der Grundfläche des Treppenraumes (mindestens 1 m²) erforderlich.

Die Anforderungen an **innen liegende** Treppenräume sind höher, da die Rauchableitungsmöglichkeiten erschwert sind. Deshalb gelten für innen liegende Treppenräume in etwa die Anforderungen wie für Sicherheitstreppenräume mit Vorraum (siehe Kapitel 4.4.7). Gleiches trifft für Treppenräume zu, die das Kellergeschoss mit erschließen.

Für Türen in den Treppenraumwänden können bei Keller- und Dachgeschossen sowie Nutzungseinheiten mit größeren Flächen als 200 m² erhöhte Anforderungen bestehen.

Treppenräume mit erhöhten Anforderungen

Treppenräume, die erhöhte Anforderungen erfüllen, aber nicht den Standard eines Sicherheitstreppenraumes erreichen, sind in Hochhausneubauten nicht zulässig. Anwendbar sind diese Lösungen für **Bestandshochhäuser**, die umgebaut oder umgenutzt werden und für die Bestandsschutz gegolten hat, die aber die Anforderungen der aktuellen Hochhausrichtlinien der Länder nicht erfüllen. In Deutschland sind in mehreren Bundesländern „Treppenräume mit erhöhter Sicherheit" (auch „Sicherheitstreppenraum light") eingeführt worden, allerdings nicht für Hochhäuser, sondern für Bestandsgebäude unter der Hochhausgrenze. Diese besonderen Treppenräume weisen ein erhöhtes Sicherheitsniveau gegenüber einfachen Treppenräumen aus, ohne das Schutzzielniveau von Sicherheitstreppenräumen zu erzielen. In Berlin wurde deshalb für Standardwohngebäude unterhalb der Hochhausgrenze der Schutzzielbezug „Eintritt von Rauch in den Treppenraum muss verhindert werden" ersatzlos gestrichen (Merkblatt „Innenliegender Sicherheitstreppenraum unterhalb der Hochhausgrenze", 2021).

Folgende **Treppenräume** können **zugelassen** werden, sind aber für Hochhäuser nur mit einem expliziten ingenieurtechnischen Nachweis (z. B. bei Bestandshochhäusern) geeignet:

- Treppenraum mit Vorraum und erhöhten Anforderungen an Türen ohne anlagentechnische Maßnahmen zur Verhinderung des Raucheintritts (analog der baurechtlichen Anforderungen in Berlin),
- Treppenraum mit SÜLA-Anlage (analog der Anforderungen in Hamburg [BPD 1/2008], auch zugelassene Lösung in Österreich bei bestimmten Hochhäusern, dort: Sicherheitstreppenhaus der Stufe 1 [OIB-Richtlinie 2.3, 2019]),

Abb. 4.32: Zuluftlösung für einen 30fachen Luftwechsel pro Stunde in einem Treppenraumes mit erhöhten Anforderungen

- Treppenraum mit Luftspülanlage mit einem 30fachen Luftwechsel pro Stunde ohne Druckhaltung (in Österreich ebenfalls als Sicherheitstreppenhaus der Stufe 1 zugelassen),
- Treppenraum mit Feinsprühanlage, um eine Begrenzung der Verrauchung zu erreichen, deren Wirkung aber als umstritten gilt.

Insbesondere die ersten 3 Lösungen stellen Verbesserungen des brandschutztechnischen Niveaus von außen liegenden Treppenräumen dar, ohne dass das brandschutztechnische Niveau eines Sicherheitstreppenraumes erreicht wird.

Die **erste Lösung** kommt auch für Bestandshochhäuser nur in Betracht, wenn sie eine wesentliche Verbesserung des Ist-Zustandes ermöglicht.

Die **zweite Lösung** ist vergleichbar mit einem Überdrucksicherheitstreppenraum ohne Vorraum. Die Druckverhältnisse, die sonst an der Tür zwischen Vorraum und notwendigem Flur erforderlich sind (2 m/s Strömungsgeschwindigkeit bei geöffneter Tür), müssen nun zwischen Treppenraum und notwendigem Flur erreicht werden. Die Einhaltung dieser Randbedingungen, z. B. bei gleichzeitiger Öffnung mehrerer Türen, stellt das Problem dieser Lösung dar, die eine wesentlich geringere Zuverlässigkeit hat als Treppenräume mit Vorraum.

Grundbestandteile der **dritten Lösung** sind Lüfter, die in aller Regel im Erdgeschoss oder im Kellergeschoss angeordnet sind und für den Treppenraum einen ca. 30fachen Luftwechsel pro Stunde erreichen sollen. Das Schutzziel ist hier „dauerhafte Nutzbarkeit des Treppenraumes bei Entfluchtung und Brandbekämpfung durch die Feuerwehreinsatzkräfte" statt „Verhinderung des Raucheintritts" wie bei Sicherheitstreppenräumen. Die Lüfter werden automatisch durch Rauchmelder im Treppenraum und manuell ausgelöst. Beim Rauchabzug an der obersten Stelle des Treppenraumes erfolgt keine Drucksteuerung, sondern nur eine Daueröffnung. Damit baut sich nur ein leichter Überdruck auf, der aber ausreicht, um eindringenden Rauch in großen Teilen schnell nach oben zu spülen, zu verdünnen und ggf. abzuführen.

In **Österreich** findet sich dazu folgende Regelung: *„Wohnungen bzw. Betriebseinheiten dürfen nur über einen Gang oder einen Vorraum an das Treppenhaus angebunden werden. Dieser ist in die Druckbelüftungsanlage derart einzubeziehen, dass eine Durchspülung mit einem 30-fachen stündlichen Luftwechsel erfolgt, wenn alle in diesen Gang oder Vorraum mündenden Türen geschlossen sind.“* (Abschnitt 3.2.3 OIB-Richtlinie 2.3)

Treppenhäuser mit erhöhten Anforderungen müssen jedenfalls einen **unmittelbaren Ausgang** zu einem sicheren Ort des angrenzenden Geländes im Freien haben. Führt dieser Ausgang nicht unmittelbar ins Freie, so gelten für den Bereich zwischen dem Treppenhaus und dem Ausgang ins Freie, der möglichst klein sein muss, dieselben brandschutztechnischen Anforderungen wie für dieses Treppenhaus.

4.4.7 Vertikale Rettungswege – Sicherheitstreppenräume

Der Sicherheitstreppenraum ist in großen Teilen Europas die Lösung, die sich bei Hochhäusern als Kompensation für das Fehlen eines zweiten Rettungsweges über das Rettungsgerät der Feuerwehr entwickelt hat.

Sicherheitstreppenräume sind in **3 Grundvarianten** möglich:

- Sicherheitstreppenraum mit offenem Gang,
- Firetower und
- Sicherheitstreppenraum mit Vorraum.

Das Schutzziel des Sicherheitstreppenraumes ist es, dass dieser unabhängig vom Brandgeschehen dauerhaft ohne Einschränkung nutzbar ist. Dazu ist die Anforderung formuliert, dass Rauch nicht in den Sicherheitstreppenraum eindringen kann. Das wiederum bedeutet, dass der Sicherheitstreppenraum bei jedem möglichen **Brandszenario** außerhalb des Treppenraumes gesichert ist, also bei

- Bränden in Nutzungseinheiten,
- Bränden in notwendigen Fluren,
- Bränden in Aufzugsanlagen,
- Bränden in Eingangsbereichen oder Breitfüßen,
- Bränden in Kellergeschossen
- Bränden in Dachgeschossen und
- Bränden in sonstigen technischen Betriebsräumen.

In der MHHR ist vorgesehen, dass der Zugang zu Sicherheitstreppenräumen **nur über notwendige Flure** erfolgen darf. Der direkte Anschluss von Nutzungseinheiten an den Sicherheitstreppenraum ist damit grundsätzlich ausgeschlossen. Damit soll verhindert werden, dass bei geöffneten Türen eine hohe Brandleistung mit hohen Rauchgasmengen in den Vorraum, den offenen Gang oder den Firetower eintritt, dort durchtritt und in den eigentlichen Treppenraum dringt. Es wird oft versucht, die Anordnung von notwendigen Fluren zu umgehen, da diese erhebliche nicht vermietbare Flächen darstellen, gerade wenn nur eine große Nutzungseinheit im Geschoss vorhanden ist. Als Zugang zu Sicherheitstreppenräumen sind sie aber erforderlich.

Ausdrücklich nicht ausgeschlossen sind Brandentstehungen im Sicherheitstreppenraum selbst, z. B. durch Brandstiftung. Das bedeutet, dass selbst bei Sicherheitstreppenräumen immer noch ein Restrisiko der Verrauchung besteht, was aber im Vergleich zu anderen Treppenräumen gering ist.

Im Sicherheitstreppenraum sind brennbare Materialien nicht zugelassen. Einzige Ausnahme sind elektrische Leitungen zur Beleuchtung des Sicherheitstreppenraums selbst. Da generell nicht davon auszugehen ist, dass Rauch in Sicherheitstreppenräume eindringen kann, ist auch keine Rauchableitung und keine Zuluft erforderlich.

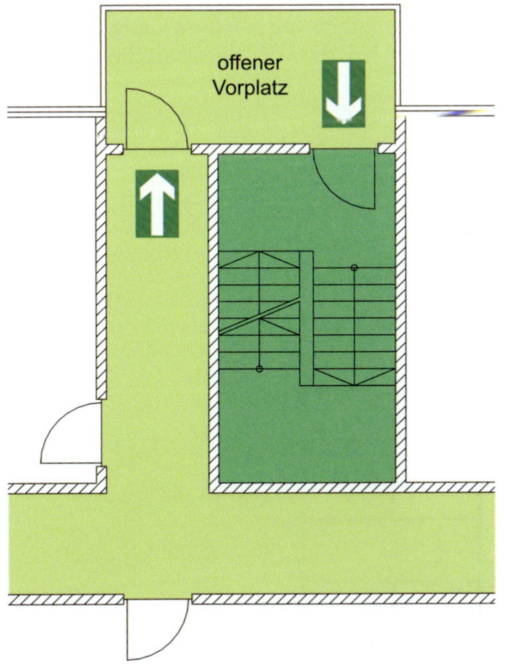

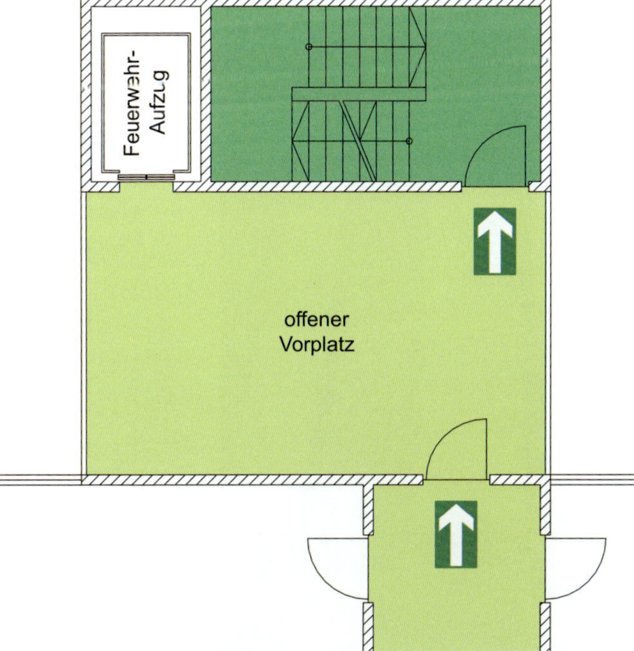

Abb. 4.33: Wichtigste Gestaltungsvarianten von Sicherheitstreppenräume mit offenem Gang; links: offener Gang bzw. Vorplatz; rechts: Brücken- oder Vorplatzvariante (Quelle: nach VKF-Brandschutzrichtlinien der Schweiz, 2017)

Sicherheitstreppenraum mit offenem Gang

Der Sicherheitstreppenraum mit offenem Gang ist der einfachste, störungsunanfälligste und kostengünstigste Sicherheitstreppenraum. Der Zugang zum Treppenraum erfolgt über einen (dreiseitig) offenen Gang, über den Rauch aus dem Zugang ins Freie abströmen kann. Um dieses Schutzziel zu erreichen, werden an den **offenen Gang folgende Anforderungen** gestellt:

- dreiseitige Öffnung,
- Abstand von mindestens 1,5 m zu angrenzenden Türen, also eine mindestens 1,5 m lange Abströmstrecke,
- keine Einschränkungen der Öffnungsbreiten und -längen durch Vorbauten usw.,
- mindestens rauchdichte und selbstschließende Tür zum Sicherheitstreppenraum sowie
- mindestens feuerhemmende, selbstschließende und rauchdichte Tür zum angrenzenden notwendigen Flur.

International und im Bestand sind teilweise abweichende Anforderungen, insbesondere an die Türgestaltung, zu finden. In Deutschland darf von diesen Anforderungen nur abgewichen werden, wenn das Erreichen des Schutzziels der Verhinderung des Raucheintritts mit Brandschutzingenieurmethoden nachgewiesen werden kann. In der Regel sind das Simulationen der Rauchausbreitung bei geöffneten Türen oder nachgewiesene Rauchversuche. Es gab auch teilweise Anforderungen, bei denen nur die Längsseite an der Außenwand liegen musste.

Ein besonderes Problem stellen Sicherheitstreppenräume in **Bestandsbauten** dar. Bei diesen sind z. B. ein kürzerer offener Gang, andere Türen oder eine nur einseitige Öffnung genehmigt worden. Diese Lösungen haben dann Bestandsschutz, wenn keinerlei Veränderungen der Ursprungslösung vorgenommen wurden.

Sofern allerdings **Veränderungen** vorgenommen wurden, wie Reduzierungen der genehmigten Öffnungsfläche durch Fenster- oder Öffnungslamelleneinbau, kann die ursprüngliche Rauchfreihaltung des Treppenraumes nicht mehr nachgewiesen werden und der Bestandsschutz der gesamten Rettungsweglösung entfällt. Insbesondere können automatisch öffnende Lamellen oder Fenster nicht angerechnet werden, da die Ausfallwahrscheinlichkeit gegenüber der ständig freien Öffnung sehr hoch ist.

Exemplarisch ist das anhand eines 16-geschossigen Punkthochhauses darstellbar: Dieser Hochhaustyp ist in den 1970er-Jahren in 4 Großstädten in größerer Zahl errichtet worden. Als einziger Treppenraum wurde ein Sicherheitstreppenraum mit einem (einseitig) offenen Gang ausgeführt. Dieser offene Gang hatte über dem Geländer eine freie Öffnung mit einer Fläche von 1,0 m × 1,7 m. Aus Energiespar- und anderen Gründen wurde diese Öffnung verschlossen, sodass die Wirksamkeit des Sicherheitstreppenraumes nicht mehr gegeben war. Durch diese nachträglichen Bauveränderungen verloren viele dieser Wohnhochhäuser ihren Bestandsschutz, der nur bei Beibehaltung der unverschlossenen Öffnungen gesichert war.

Während die Gebäudedämmung im 20. Jahrhundert noch keine große Rolle spielte, ist die Beibehaltung der offenen Gänge mit ihren **Wärmebrücken** heute bei einer energieeffizienten Bauweise und viel höheren bauphysikalischen Anforderungen nicht mehr vertretbar. Veränderungen müssen aber die Wirksamkeit des offenen Ganges nachweisen. Ist dies nicht möglich, müssen 2 unabhängige Rettungswege nachgewiesen werden und der Bestandsschutz entfällt.

Ein weiteres Problem bei Sicherheitstreppenräumen mit offenem Gang besteht dann, wenn Inneneckenbereiche entstehen, die bei einem angrenzenden Wohnungsbrand die Erreichbarkeit des Sicherheitstreppenraumes über den offenen Gang einschränken. Das kann dazu führen, dass die angrenzenden Außenwände so ausgeführt werden müssen, dass eine Belastung durch Wärmestrahlung verhindert wird.

Bei Sicherheitstreppenräumen mit offenem Gang muss gewährleistet werden, dass der oberirdische vom

Abb. 4.34: 16-geschossiges Punkthochhaus; links: Ausgangslösung aus dem Sicherheitstreppenraum mit geschlossenen Fenstern der offenen Gänge; rechts: Grundriss im Erdgeschoss

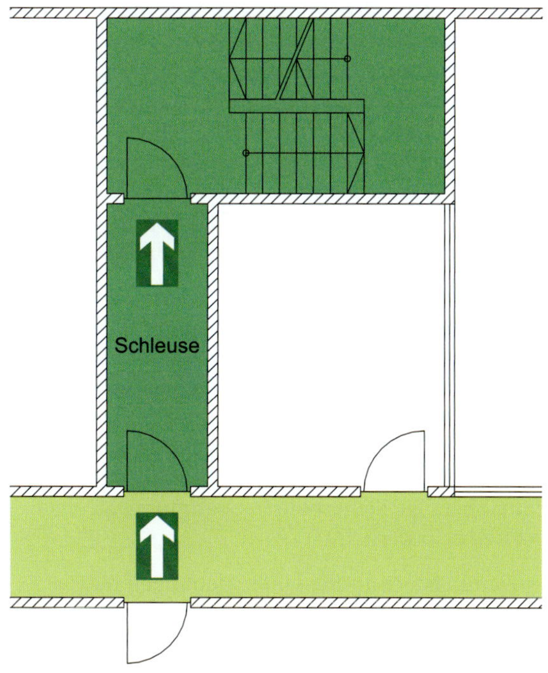

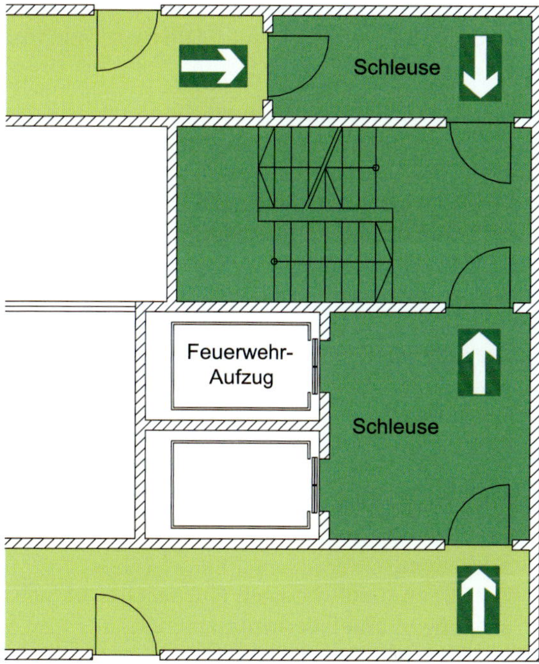

Abb. 4.35: Wichtigste Gestaltungsvarianten von innenliegenden Sicherheitstreppenräumen; links: Zugang über den überdruckbelüfteten Vorraum (Schleuse); rechts: zweiseitiger Zugang über 2 überdruckbelüftete Vorräume (Schleusen) mit integriertem Zugang zum Feuerwehraufzug (Quelle: nach VKF-Brandschutzrichtlinien der Schweiz, 2017)

unterirdischen bzw. **Kellerbereich getrennt** ist, da ein offener Gang mit den genannten Anforderungen in unter der Geländeoberfläche liegenden Geschossen in der Regel nicht möglich ist (siehe auch Kapitel 6.4).

Firetower

Bei einem Firetower liegt der „offene Gang" innerhalb des Gebäudes. Die Abströmbedingungen für Rauch aus dem offenen Vertikalschacht sind ungünstiger als bei einem Sicherheitstreppenraum mit offenem Gang. Der Firetower schafft darüber hinaus viele zusätzliche Wärmebrücken, sodass diese Lösung heute ihre Bedeutung weitgehend verloren hat.

Sicherheitstreppenraum mit Vorraum

Bei diesem Sicherheitstreppenraum (auch als Sicherheitstreppenraum mit Schleuse bezeichnet) wird das Eindringen von Brandrauch durch eine automatische **Überdruckhaltung** im Treppenraum und im Vorraum verhindert. Zum Einsatz kommen vor allem **Differenzdruckanlagen**, die auf der Grundlage von Forschungsarbeiten in den 1960er-Jahren erstmals in Kanada für Hochhäuser gefordert wurden (Tamura, 1983). In Deutschland wurde der überdruckbelüftete Vorraum erstmalig in der ersten Muster-Hochhausrichtlinie (1981) als Alternative zum „offenen Gang" für Hochhäuser festgeschrieben.

Die **Tiefe des Vorraums** bzw. der Abstand von der Zugangstür und der Treppenraumtür muss mindestens 3 m betragen. Die Strömungsverhältnisse im Türbereich zwischen Vorraum und Zugang (notwendigem Flur) müssen so sein, dass bei geöffneter Tür eine Raucheinströmung in Richtung Vorraum und Treppenraum ausgeschlossen ist. Entscheidend ist also die Gestaltung der Druck- und Strömungsverhältnisse in den einzelnen Räumen. Der Nachweis darüber, dass dieses Einströmen nicht möglich ist, kann auf unterschiedliche Weise erfolgen.

Als anerkannter Stand der Technik gilt eine **Strömungsgeschwindigkeit** von mindestens 2 m/s durch die Türöffnungen entgegen der Fluchtrichtung. In den Verwaltungsvorschriften zur Bauordnung der Jahre 1979 bis 2002 wurde ein Berechnungsverfahren für die Überdruckbelüftung angegeben:

$$\dot{V} = 1{,}5 \cdot h \cdot b^{0,5} \text{ in m}^3/\text{h} \qquad (4.1)$$

mit

- $\dot{V}$ erforderliche Lüfterleistung in m^3/h
- h Höhe der Türöffnung zwischen Vorraum und notwendigem Flur in m
- b Breite der Türöffnung zwischen Vorraum und notwendigem Flur in m

Der Faktor 1,5 geht von einem an den Vorraum anschließenden notwendigen Flur aus. Sollte kein Flur anschließen (was nicht der aktuellen MHHR entspricht), muss der Faktor 1,8 angesetzt werden. Diese Berechnung ist aktuell nicht mehr Bestandteil von Technischen Baubestimmungen.

Eine entscheidende Rolle spielt die **Zahl der Türöffnungen** zwischen Vorraum und angrenzendem notwendigem Flur bzw. in Ausnahmefällen angrenzenden Nutzungseinheiten. Im Idealfall ist nur eine Tür zwischen Vorraum und notwendigem Flur vorgesehen. Erst im notwendigen Flur erfolgt die Verzweigung zu Nutzungseinheiten. Von dieser grundsätzlichen Gestaltungsvariante darf in einzelnen Bundesländern abgewichen werden, wenn die Nutzungseinheiten wohnungs- oder bürovergleichbar und in der

Fläche begrenzt sind sowie die Brandausbreitung aufgrund des Vorhandenseins einer automatischen Feuerlöschanlage stark eingeschränkt werden kann.

Inzwischen gibt es unterschiedliche Herstellerlösungen, die die erforderlichen **Druckverhältnisse** nachweisen. Möglich sind ein Überdruckbereich in Treppenraum und Vorraum sowie druckgesteuerte Lösungen mit Überströmventilen. Entscheidend sind die einzuhaltenden Randbedingungen für die Druckverhältnisse. So darf die Druckdifferenz zwischen 2 Türseiten bei geöffneter Tür nicht höher als 50 Pa sein. Andererseits muss die Druckdifferenz an der Tür zum notwendigen Flur so hoch sein, dass das Einströmen von Rauch in den Vorraum auch bei geöffneter Tür nicht möglich ist. Deshalb ist insbesondere die geschossweise Druckentlastung in den notwendigen Fluren von Bedeutung.

Die Anforderungen an die **Türen des Vorraums** sind:

- die Tür zum Treppenraum muss rauchdicht und selbstschließend,
- die Tür zum notwendigen Flur rauchdicht, selbstschließend und feuerhemmend sein.

Die Ausgangslösung ist dabei so zu wählen, dass der Ausgang selbst aus dem Vorraum oder dem Treppenraum erfolgt. Zu Problemen kann es kommen, wenn die Ausgangstür dauerhaft geöffnet bleibt und so der Druckaufbau im Vorraum bzw. Treppenraum unterbunden wird.

Die Auslösung der Überdrucklüftungsanlage muss manuell von jedem Geschoss aus und ggf. automatisch über Rauchmelder im notwendigen Flur erfolgen. Die Lüfter sind so anzuordnen, dass eine Überdruckführung in allen Geschossen möglich ist. Bei sehr hohen Treppenräumen muss die Druckdifferenz zwischen den Geschossen beachtet werden. Die Drucksteuerung erfolgt durch die Rauchabzugsklappen im Deckenbereich des Treppenraumes bzw. durch Überströmöffnungen. Notwendig ist eine gesicherte Notstromversorgung.

In der Regel kann bei Hochhäusern mit einer Höhe von **bis zu 60 m die Rauchfreihaltung** eines Treppenraumes mit Überdruckvorraum mit großer Wahrscheinlichkeit erreicht werden. Problematisch werden die Druckverhältnisse bei höheren Treppenräumen sowie bei besonderen jahreszeitlichen Temperaturveränderungen. Aus diesem Grund werden 2 unabhängige Sicherheitstreppenräume ab einer Höhe von 60 m erforderlich.

Mehrere strömungstechnische Untersuchungen haben gezeigt, dass **bei über 100 m Treppenraumhöhe** aufgrund des Konvektionsverhaltens im Treppenraum bei Differenzdruckanlagen Strömungsverhältnisse entstehen können, die die Funktionsfähigkeit des Sicherheitstreppenraumes als solchen einschränken (z. B. Albers/Rahn, 2003). Deshalb werden Kompensationslösungen vorgesehen, die den Überdruck im Treppenraum gewährleisten. Um im **Winter**

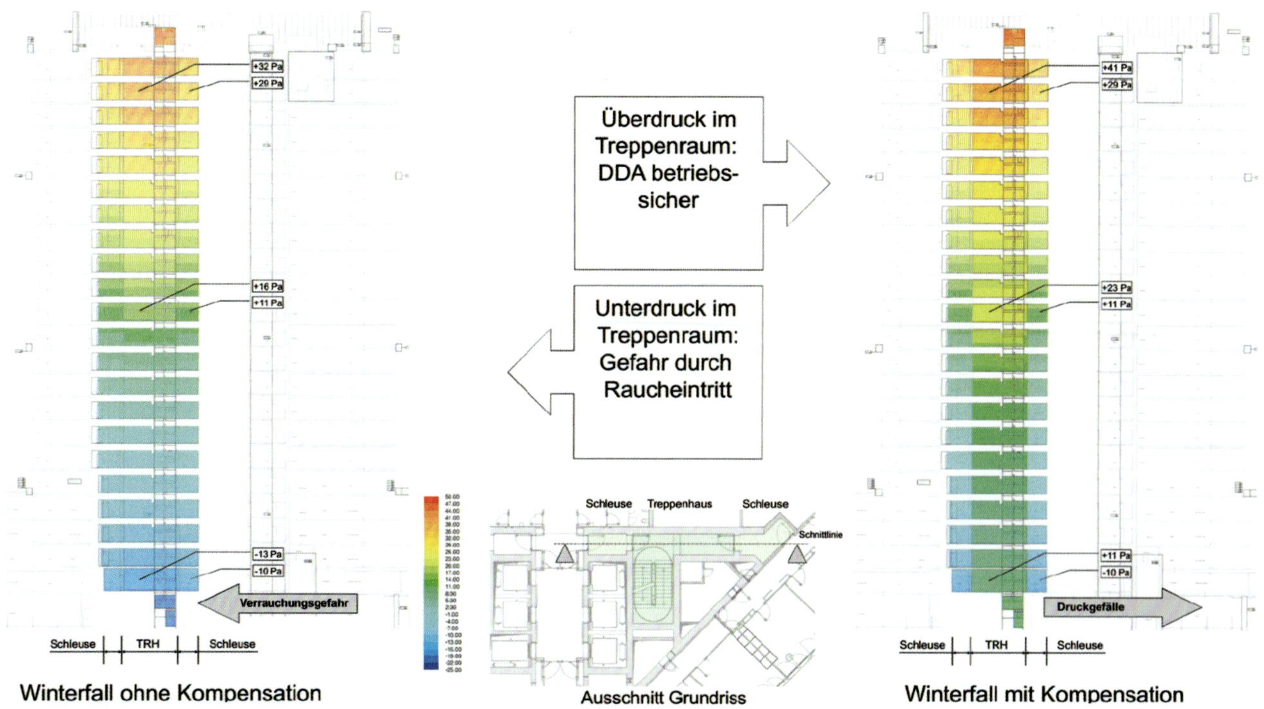

CFD Computational Fluid Dynamics (numerische Strömungsmechanik)

DDA Differenzdruckanlage

TRH Treppenhaus

Abb. 4.36: Bemessung der Kompensation von Differenzdruckanlagen (Quelle: Planungserläuterungen – Differenzdruckanlagen, Strulik GmbH)

eine ausreichende Druckdifferenz zu erreichen, kann entweder

- die Zuluftleistung erhöht werden oder
- die Zuluftöffnungen können auf die Höhe verteilt werden oder
- beide Maßnahmen können gemeinsam angewendet werden.

Maßgebend dafür sind die Höhe und die Geometrie des Sicherheitstreppenraumes.

In Österreich werden Sicherheitstreppenräume für Gebäude von mehr als 90 m Höhe als „Sicherheitstreppenhäuser der Stufe 2" bezeichnet.

4.4.8 Sonstige Vertikalverbindungen

Interne Treppen und Atrien

In Standardgebäuden sind Vertikalverbindungen außerhalb der Treppenräume und Aufzüge unter bestimmten Randbedingungen zulässig, z. B. als Verbindung geschossübergreifender Nutzungseinheiten, wie in Maisonette-Wohnungen, oder als Atrien. In Hochhäusern ist das nur unter strengeren Bedingungen möglich, da hier aufgrund der Erschwernisse der Brandbekämpfung ein Brand auf eine Geschossebene begrenzt bleiben soll. Mit der nicht geschützten Verbindung werden die **Brandausbreitungsmöglichkeiten vergrößert**, weshalb diese Lösungen nur bei dem Vorhandensein einer flächendeckenden automatischen Feuerlöschanlage ausgeführt werden können. Die Erleichterung, wonach bei Zellenbauweise und Nutzungseinheiten mit einer Fläche von bis zu 200 m² auf eine automatische Brandbekämpfung verzichtet werden kann, ist nicht anwendbar, da die Begrenzung auf einen eingeschossigen Entstehungsbrand nicht möglich ist.

Treppen oder Leitern innerhalb von Doppelfassaden können nicht als Rettungswege angerechnet werden.

Auch vertikale Treppen in Atrien können nicht als Rettungswege angerechnet werden. Atrien führen unabhängig von der durch sie verbundenen Geschosszahl und der Größe der internen Treppen zu Gestaltungslösungen, in denen eine automatische Feuerlöschanlage vorzusehen ist.

Dachterrassentreppen

Bei besonderen Geometrien ist es unter bestimmten Bedingungen möglich, offene Dachterrassentreppen zu benutzen, die Geschosse unterschiedlicher Höhe miteinander verbinden. Diese offenen Abstiegstreppen können als **Rettungswege** angerechnet werden, wenn nachgewiesen wird, dass sie im Brandfall ständig nutzbar bleiben. Es ist auch möglich, dass diese Treppenanlagen in einem darunter liegenden Geschoss in einen Sicherheitstreppenraum, der nicht höher geführt werden kann, münden.

Probleme bestehen hier unter Umständen in einer eingeschränkten Zugänglichkeit der Dachterrassen und in der Möglichkeit einer eingeschränkten Wirkung von Feuerlöschanlagen bei Dachterrassen mit hohen Brandlasten.

Außentreppen

Außentreppen können als vertikale Rettungswege analog zu einfachen Treppenräumen angerechnet werden. Hierbei sind folgende Randbedingungen zu beachten: Die Außentreppe muss die **notwendige Breite** erreichen, die auch für die Einsatzkräfte der Feuerwehr ausreichend ist. Bei bestimmten Nutzungen kann auch die Breite für eine Rettungstrage notwendig werden. Dabei muss berücksichtigt werden, dass die Rettungstrage durch die Treppenpodeste getragen werden muss. Außerdem muss die Außentreppe aus **nicht brennbaren** Materialien, in der Regel Stahl, hergestellt werden. Es muss sichergestellt sein, dass die vertikale Rettung bei einem Brand mit Flammenstrahlung in einer angrenzenden Nutzungseinheit nicht beeinträchtigt ist.

Während außen liegende Sicherheitstreppenräume abgeschlossen sind und in diese kein Rauch eindringen kann, sind einfache Außentreppen nicht gegen Verrauchung geschützt, deren Stärke je nach Verrauchung an der Gebäudeaußenseite, Rauchgasmenge, Gebäudegeometrie und Windeinfluss ausgeprägt sein kann.

Abb. 4.37: Spezielle Außentreppen an Hochhäusern (Quelle: links: Hai Nguyen, Unsplash; Mitte: Christian Otto, Pixabay; rechts: Vincent lb, Pixabay)

Um eine Nutzungsbeeinträchtigung der Außentreppen durch aus Fenstern austretende Flammen auszuschließen, müssen die Außentreppen einen Mindestabstand von 3 m zu Fenstern aufweisen, wenn sie als vertikale Rettungswege angerechnet werden sollen.

Die Anwendung von Notleitern als vertikale Rettungswege ist bei Hochhäusern ausgeschlossen.

4.4.9 Aufzüge und Feuerwehraufzüge

Aufzüge

Grundsätzlich sind Aufzüge **nicht als Rettungswege** anrechenbar, wenngleich es international intensive Bemühungen gibt, dies zu ändern. Bei sehr hohen Hochhäusern werden daher international neben Expressaufzügen sog. kleine oder lokale Aufzüge vorgesehen, die z. B. im Brandfall nur bestimmte Geschosse ansteuern. In diesen Fällen kommt den Sky-Lobby-Bereichen (Bereiche, die vorrangig Personen zum Wechseln des Aufzugs dienen) sowie den Wartezonen als Bereiche relativer Sicherheit eine besondere Bedeutung zu (siehe auch „Rettungsbereiche" in Kapitel 4.4.10).

Die **Probleme** bei Aufzügen bestehen hauptsächlich in der **Wartephase** von Personen vor dem Aufzug oder Aufzugsvorraum, die dadurch entsteht, dass generell nicht davon auszugehen ist, dass die Personenzahl pro Geschoss der Anzahl der Aufzugsplätze entspricht. Ebenso werden nicht alle wartenden Personen gleichzeitig Zugang zu einem Aufzug finden. Im Brandfall muss daher immer mit Wartezeiten vor dem Aufzug gerechnet werden, deren Dauer unklar ist. Bei einer beginnenden Verrauchung kann es deshalb insbesondere zu panischem Verhalten kommen. Aus diesen Gründen können Aufzüge, auch Aufzüge mit einem erhöhten Sicherheitsstandard, nicht als redundante Rettungswege angerechnet werden. Die Nutzbarkeit von Aufzügen reduziert nicht die Anforderungen an die Vertikalrettung durch Sicherheitstreppenräume oder Treppenräume.

Feuerwehraufzüge

Nur über Feuerwehraufzüge ist es möglich, einen Löschangriff in angemessener Zeit mit voll einsetzbarem Personal bei Gebäudehöhen von über 30 m durchzuführen. In Hochhäusern ist es kaum sinnvoll, die oberen Geschosse zur Brandbekämpfung über die Treppenräume ohne Aufzugsnutzung erreichen zu wollen, da zu dem ohnehin hohen **Zeitbedarf** dafür auch noch der sich weiter erhöhende Zeitbedarf durch die Erschöpfung der Feuerwehreinsatzkräfte kommt. Eine voll ausgerüstete Feuerwehreinsatzkraft stößt nach einem zeitaufwendigen Aufstieg über einen Treppenraum bereits bei 22 m Höhe an ihre medizinischen Grenzwerte. Das bedeutet, dass ihr aus ärztlicher Sicht zulässiger Maximalpuls erreicht wird (siehe auch Kapitel 5.1.5). Dies wurde durch umfangreiche Versuche in Berlin, Hamburg und Rostock sowie in Reykjavík (Island) bestätigt (Tomasson et al., 2008; Kircher 2011). Es wäre unverantwortlich, eine Feuerwehreinsatzkraft in diesem Zustand zur Brandbekämpfung einzusetzen.

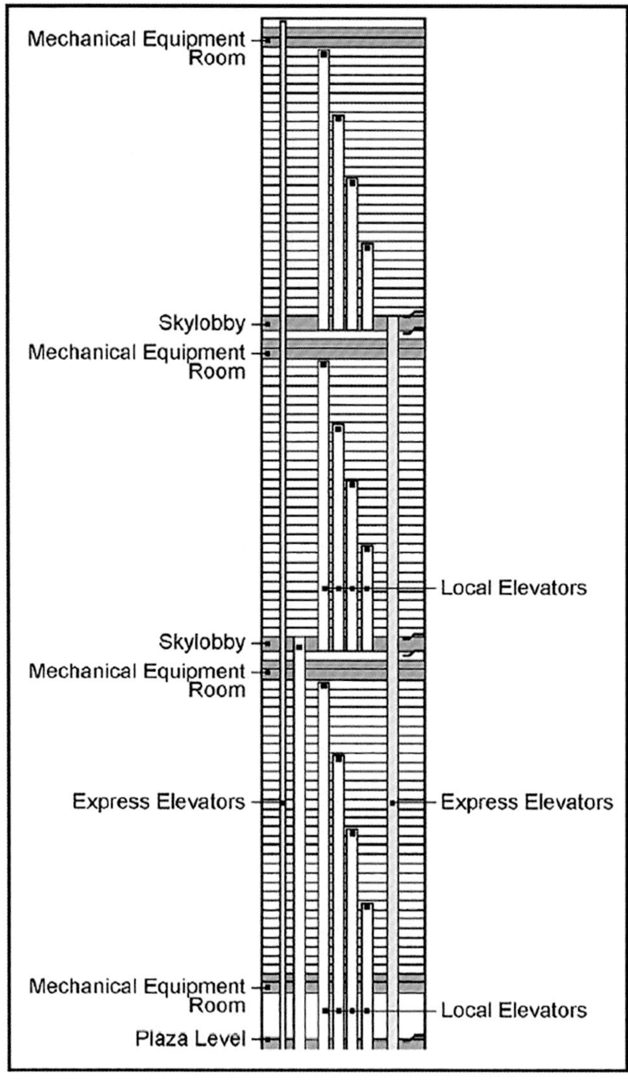

Mechanical Equipment Room	Raum für mechanische Ausrüstung
Skylobby	Lobby zum Wechseln des Aufzugs
Local Elevators	lokale Aufzüge
Express Elevators	Expressaufzüge
Plaza Level	Platzebene

Abb. 4.38: Spezielle Aufzugslogistik bei sehr hohen Hochhäusern (Quelle: National Institute of Standards and Technology, Gaithersburg [USA])

Ein weiteres Problem ergibt sich bei Hochhäusern durch das **Gegenstromprinzip**. Durch die lange Fluchtdauer kann es in den Treppenräumen zu Behinderungen der Aufwärtsbewegung von Feuerwehreinsatzkräften durch sich abwärts bewegende flüchtende Personen kommen.

In Abschnitt 6.1.1 MHHR sind die Grundanforderungen an Feuerwehraufzüge genannt. Um die Angriffswege der Feuerwehr kurz zu halten, ist ein Halt in jedem Geschoss unverzichtbar. Dem erhöhten Sicherheitsniveau der Feuerwehraufzüge ist es geschuldet, dass sie in **eigenen feuerbeständigen Fahrschächten** verlaufen müssen. Die Unterbringung mehrerer Feuerwehraufzüge in einem gemeinsamen Schacht ist möglich. Der vor dem Fahrschacht anzuordnende **Vorraum** mit einer Druckbelüftungsanlage bietet ausreichend Schutz vor dem

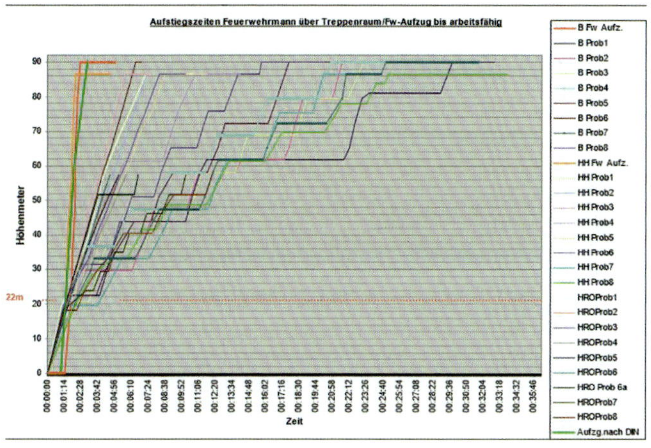

Prob Proband
Fw Aufz. Feuerwehraufzug
Herkunft der Feuerwehrprobanden:
B Berlin
HH Hamburg
HRO Rostock

Abb. 4.39: Untersuchungen zur Dauer für das Erreichen von Obergeschossen in Hochhäusern (Quelle: Roß, 2009)

Eindringen von Feuer und Rauch. Aus diesem Grund besteht keine Anforderung an die Feuerwiderstandsdauer bzw. Rauchdichtigkeit der **Aufzugsschachttür**. Die unmittelbare Nähe des Feuerwehraufzugsvorraums zu dem notwendigen Treppenraum ergibt sich aus der Feuerwehrtaktik. Nachrückende Einsatzkräfte entwickeln ihren Angriff eine Ebene unter dem Brandgeschoss. Über die Verbindung wird ein ungehinderter Einsatzkraft- und Materialnachschub sichergestellt.

Die **Sichtöffnung in der Aufzugstür** ermöglicht es den Feuerwehreinsatzkräften, schon während der Fahrt festzustellen, ob sich z. B. Rollstuhlfahrende im Aufzugsvorraum befinden und gerettet werden müssen. Ohne diese Sichtverbindung wäre ein zeitintensives Anfahren jedes Geschosses erforderlich. Gleichzeitig ermöglicht die Sichtöffnung eine Brandfeststellung im Vorraum selbst. Die anzubringende ortsfeste Leiter an der Innenwand des Fahrschachtes befähigt zu einer Selbstrettung aus dem Feuerwehraufzug.

Die **Abmessungen der Vorräume** der Fahrschächte von Feuerwehraufzügen stellen ein Mindestmaß dar und gewährleisten, dass ausreichend Platz für Rettungsgeräte für die Personenrettung, für feuerwehrtechnisches Gerät sowie für eine Krankentrage vorhanden ist (Abschnitt 6.1.3.1 MHHR). Von diesem Vorraum aus werden die Einsatzmaßnahmen der Feuerwehr durchgeführt; das bedeutet, dass sich mindestens ein Feuerwehrtrupp im Vorraum befindet. Der Vorraum des Feuerwehraufzuges dient auch als gesicherter Wartebereich für Rollstuhlfahrende. In Abhängigkeit von der Geschossfläche und der Zahl der Personen im Geschoss kann sich das Erfordernis größerer Wartebereiche ergeben.

Der Mindestabstand zwischen der Fahrschachttür und der Tür zum notwendigen Flur von 3 m ist der lichte Mindestabstand zwischen den Türzargen. Die Beschränkung der Zahl der Öffnungen von Vorräumen zu anderen Räumen dient der Vermeidung eines Druckabfalls. Die **bauliche Trennung** zwischen Vorräumen von notwendigen Treppenräumen oder Sicherheitstreppenräumen und Vorräumen von Feuerwehraufzügen ist erforderlich, um den Personenstrom auf dem Rettungsweg über die Treppen vom Feuerwehrangriff und der Rettung von Menschen mit Behinderung zu trennen. Die bauliche Trennung verhindert zugleich einen Druckabfall in den mit höherem Druck druckbelüfteten Vorräumen.

Die vorgeschriebene **Geschosskennzeichnung** ermöglicht es den Feuerwehreinsatzkräften, aus dem Feuerwehraufzug heraus zu erkennen, in welchem Geschoss sie sich befinden. Zugleich dient diese Kennzeichnung der Orientierung von Personen, die sich in den Vorraum gerettet haben. So können sie den Rettungskräften über die Kommunikationseinrichtungen mitteilen, in welchem Geschoss sie sich aufhalten. Die Kennzeichnung richtet sich nach DIN 4066 „Hinweisschilder für die Feuerwehr“ (1997).

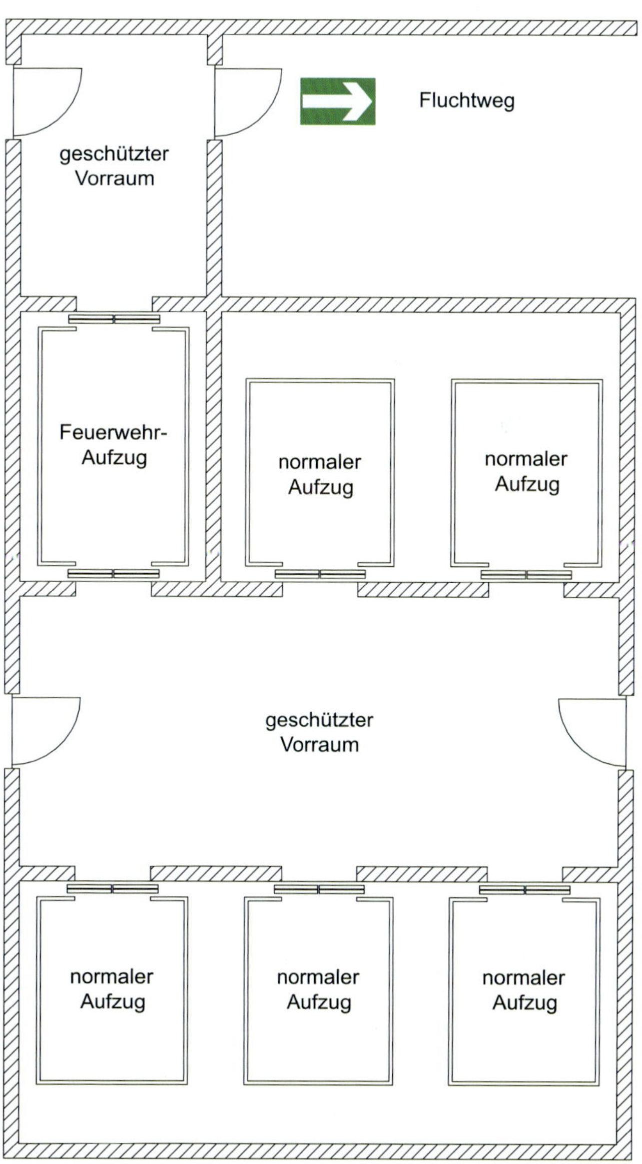

Abb. 4.40: Zugangslösung für Feuerwehraufzüge

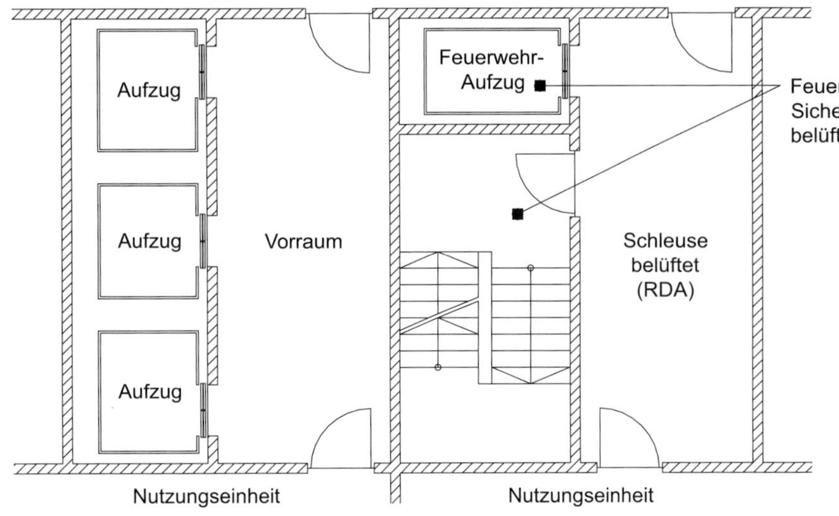

Abb. 4.41: Zugangslösung für Aufzüge/Feuerwehraufzüge in der Schweiz (Quelle: nach Vereinigung kantonaler Feuerversicherungen [VKF])

RDA Rauchschutzdruckanlage

Feuerwehraufzüge sind in einem separaten Schacht zu führen und in jedem Fall mit einer Sicherheitsstromversorgung auszurüsten. Der Zugang erfolgt über eine Schleuse. Die minimalen Abmessungen der Schleuse betragen 2,40 × 2,40 m. Sie muss mit einer beladenen Tragbahre begangen werden können.

Feuerwehraufzüge, die stecken geblieben sind, sollen von dem Maschinenraum aus, der in der Regel über dem obersten Geschoss oder im untersten Geschoss angeordnet ist, wieder in **Notbetrieb** genommen werden können. Für Feuerwehraufzüge ohne Maschinenraum ist vorgeschrieben, dass sich die Bedieneinrichtung für den Notbetrieb im Vorraum der Zugangsebene für die Feuerwehr befindet. Die technische Ausführung ergibt sich aus DIN EN 81-20 „Sicherheitsregeln für die Konstruktion und den Einbau von Aufzügen – Aufzüge für den Personen- und Gütertransport – Teil 20: Personen- und Lastenaufzüge“ (2020).

In der **Schweiz** sind Feuerwehraufzüge für Hochhausbauten ab einer Höhe von 30 m gefordert. Der Feuerwehraufzug soll in den Sicherheitstreppenraum integriert sein.

In **England** sind Feuerwehraufzüge mit Vorräumen vorzusehen, die aber keine Überdruckbelüftung aufweisen müssen (BS 9999 „Code of Practice for Fire Safety in the Design, Management and Use of Buildings“ [2008]).

4.4.10 Sonstige nicht standardisierte Rettungswege und -mittel

Während in Deutschland Rettungsweglösungen jenseits von Treppenräumen und anderen Treppenanlagen ausgeschlossen sind, werden international andere Rettungswegkonzepte gebilligt. Darüber hinaus sind neue Rettungsideen, wie z. B. Abseilanlagen, immer wieder Bestandteil von Patentanmeldungen. Allerdings sind dies keine Standardlösungen, die für eine größere Personenzahl oder körperlich eingeschränkte Personen angewendet werden können.

Rettungsbereiche

Eine besondere Form der Redundanz bezieht sich auf eine international übliche, in Deutschland jedoch weitgehend ausgeschlossene Lösung: Rettungsbereiche als Bereiche mit einer relativen Sicherheit in Hochhäusern mit einer hohen Geschosszahl, sog. „Rescue Areas“ oder auch „Refuge Areas“.

In einigen asiatischen Staaten werden darüber hinaus auch noch „Rettungsflure“ vorgesehen, die alle 10 bis 15 Geschosse bei hohen Hochhäusern angeordnet sind.

Bei den Rettungsbereichen innerhalb der Obergeschosse der Hochhäuser kommen die Schutzziele des Brandschutzes nur teilweise zum Tragen, da die Personenrettung „nur“ in einen Bereich **relativer Sicherheit** führt, aus dem eine direkte zeitnahe Evakuierung nicht vorgesehen ist.

Dieser Bereich muss nachgewiesen die größte thermische Belastbarkeit im Brandfall sowohl bei seinen tragenden als auch bei seinen raumabschließenden Bauteilen haben, sodass die Brandausbreitung aus darunter liegenden Geschossen, darüber liegenden Geschossen sowie aus den Bereichen des gleichen Geschosses zu dem Rettungsbereich verhindert wird. Im Außenbereich müssen balkonartige Möglichkeiten für nicht standardisierte Rettungen bestehen.

International sind derartige Lösungen teilweise bei einem entsprechenden Schutzzielnachweis umsetzbar. Voraussetzung ist in jedem Fall eine automatische Feuerlöschanlage, die insbesondere die thermische Belastung der Gebäudekonstruktion so weit einschränkt, dass ein Verlust der Tragfähigkeit bzw. ein Einsturz mit sehr hoher Zuverlässigkeit bei den zugrunde gelegten Bemessungsbrandszenarien nicht eintritt.

In **Deutschland** waren sog. Rettungsbalkone in einigen Hochhausrichtlinien der Länder vorgesehen. Beispielsweise war bis 2008 in den Hochhausrichtlinien von Bayern, Bremen, Hessen und Schleswig-Holstein die Festlegung enthalten, dass Rettungsbalkone als weitere Rettungswege dienen können. Dabei wurde davon ausgegangen, dass diese Rettungsbalkone einen Bereich relativer Sicherheit darstellen, aus dem eine Rettung über spezielles Rettungsgerät der Feuerwehr möglich ist.

Im deutschen Baurecht sind derartige Lösungen nicht vorgesehen. Sie kämen allenfalls als Sonderlösungen für nicht dem aktuellen Baurecht entsprechende Bestandshochhäuser in Betracht, die anderweitig nicht über eine ausreichende Rettungsweglösung verfügen, immer kombiniert mit sehr hohen organisatorischen Brandschutzanforderungen.

International sind Rettungsbereiche vor allem bei Fernsehtürmen üblich. Der Sky Tower in Auckland hat beispielsweise einen dreigeschossigen Rettungsbereich

Abb. 4.42: Hochhaus in den USA mit Rettungsbereich bzw. Rescue Area (Quelle: Wendy Liga, Unsplash)

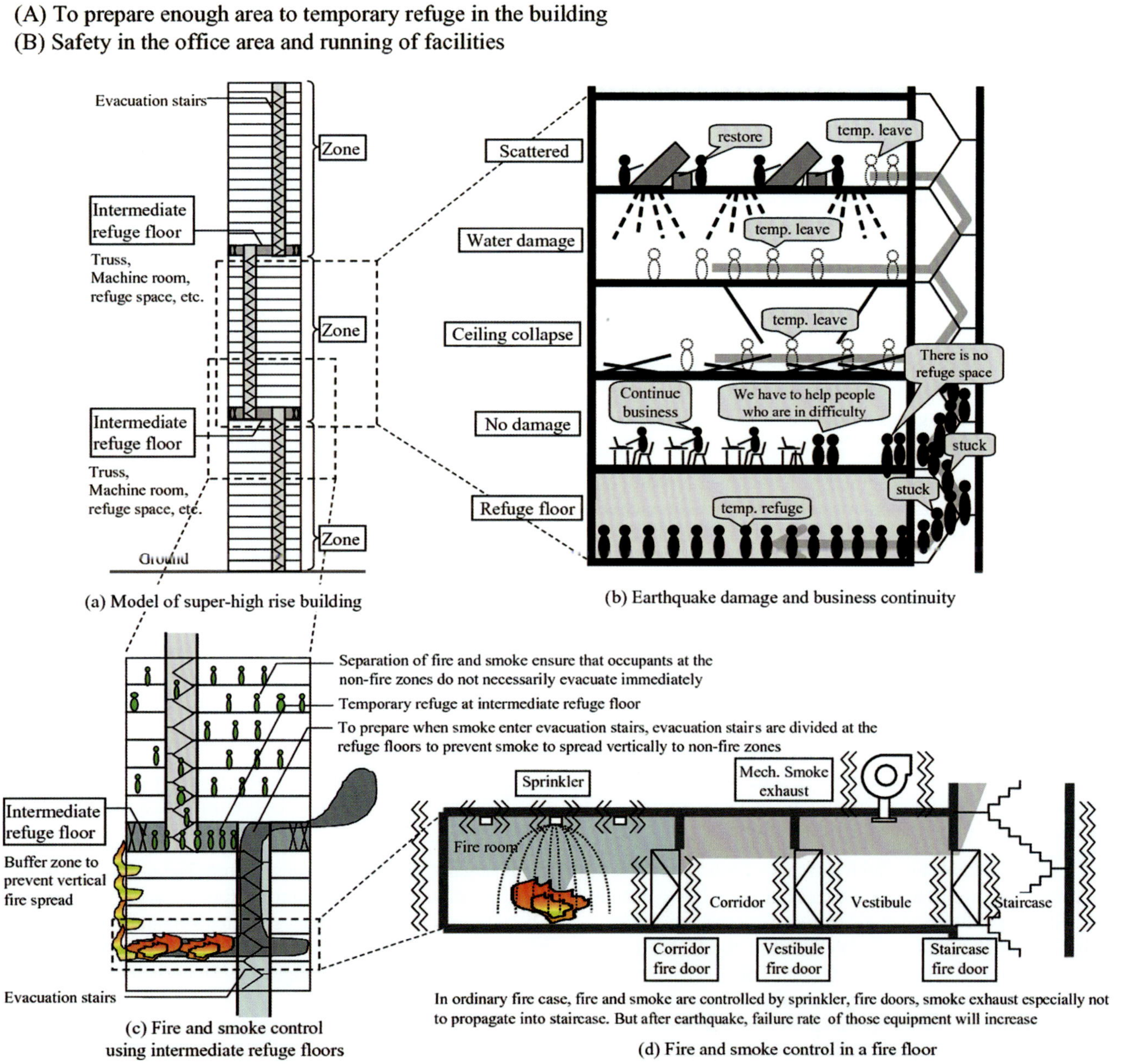

(A) To prepare enough area to temporary refuge in the building
(B) Safety in the office area and running of facilities

Evacuation stairs
Zone
Intermediate refuge floor
Truss, Machine room, refuge space, etc.
Zone
Intermediate refuge floor
Truss, Machine room, refuge space, etc.
Zone
Ground

(a) Model of super-high rise building

Scattered
restore
temp. leave
Water damage
temp. leave
Ceiling collapse
temp. leave
There is no refuge space
Continue business
We have to help people who are in difficulty
No damage
stuck
stuck
Refuge floor
temp. refuge

(b) Earthquake damage and business continuity

Separation of fire and smoke ensure that occupants at the non-fire zones do not necessarily evacuate immediately
Temporary refuge at intermediate refuge floor
To prepare when smoke enter evacuation stairs, evacuation stairs are divided at the refuge floors to prevent smoke to spread vertically to non-fire zones
Intermediate refuge floor
Buffer zone to prevent vertical fire spread
Evacuation stairs

(c) Fire and smoke control using intermediate refuge floors

Sprinkler
Mech. Smoke exhaust
Fire room
Corridor
Vestibule
Staircase
Corridor fire door
Vestibule fire door
Staircase fire door

In ordinary fire case, fire and smoke are controlled by sprinkler, fire doors, smoke exhaust especially not to propagate into staircase. But after earthquake, failure rate of those equipment will increase

(d) Fire and smoke control in a fire floor

Abb. 4.43: Rettungsflur bzw. Rettungsbereich als Prinzipskizze

Abb. 4.44: Grundriss eines Rettungsbereichs

unterhalb der Besucherplattform. Bei derartigen Rettungsbereichen werden Teile des Gebäudes in einem Geschoss so abgetrennt, dass diese dort einen Bereich relativer Sicherheit bieten sollen.

Abseilanlagen

Anfang der 2000er-Jahre gab es mehrere Vorschläge für eine Personenrettung aus Hochhäusern im Brandfall mit speziellen Abseilanlagen. Ebenso wurde über Rettungsschläuche diskutiert.

Diesen Spezialrettungssystemen ist jedoch gemeinsam, dass eine Rettung aller Personen aus den Aufenthaltsbereichen in Hochhäusern nicht möglich ist, sondern allenfalls die Rettung einzelner, z. B. besonders vulnerabler Personen.

Rettung über spezielles Rettungsgerät der Feuerwehr

In einigen Bestandslösungen ist eine Personenrettung aus Höhen zwischen 22 und 30 m über Rettungsgerät der Feuerwehr vorgesehen, da zum Zeitpunkt der Baugenehmigung dieser Hochhäuser entsprechendes Rettungsgerät vorhanden war. Dieses Rettungsgerät ist jedoch keine Standardausrüstung der Feuerwehr, sodass bei baulichen Veränderungen an diesen Gebäuden auch eine andere Rettungsweglösung geschaffen werden muss.

In Einzelfällen kann es jedoch durchaus Lösungen geben, bei denen der zweite Rettungsweg über 22 m Höhe mittels spezieller geprüfter und zugelassener Feuerwehrrettungstechnik ermöglicht wird. Drehleiterfahrzeuge werden auch mit Arbeitshöhen von 32 m hergestellt; die höchsten Drehleitern erreichen Arbeitshöhen von über 60 m. Grundsätzlich kann ein solches Spezialgerät der Feuerwehr in der Hochhausplanung jedoch nicht auf die Rettungswege angerechnet werden, da bei einem Ausfall dieser Einzelgeräte der Rettungsweg nicht gesichert wäre.

4.4.11 Ausgangslösungen

Ausgänge gehören eigentlich zu den Treppenräumen, da jeder Treppenraum, soll er seine Funktion als vertikaler Rettungsweg erfüllen, einen direkten Ausgang ins Freie benötigt. In Hochhäusern ist das oft ein Problem, da die Treppenräume oder Sicherheitstreppenräume häufig in der Mitte des Gebäudes innen liegend ausgeführt werden, weshalb der Ausgang selten direkt ins Freie führt. **Komplizierend** können noch folgende **Gestaltungen** hinzukommen:

- Anbindung des Erdgeschosses an die ggf. anders genutzten Breitfußbereiche,
- repräsentative Eingangsfoyerlösungen, oft Atrien,
- Anbindung des Treppenraums an Concierge-Räume, Eingangsrezeptionen, Logen für Pfortenpersonal usw., ggf. mit Zutrittskontrolle oder Postbereichen,
- gleichzeitige Anbindung von Untergeschossen an den Treppenraum.

Die Redundanz der baulichen Rettungswege ist eingeschränkt, wenn 2 oder mehr Treppenräume über einen gemeinsamen Ausgang verfügen. Da das Sicherheitsniveau vom Aufenthaltsraum über den notwendigen Flur und den Treppenraum bis zum Ausgang aus dem Bauwerk im Rahmen der Sicherheitskaskade unter Berücksichtigung des Brandzeitverlaufs ständig ansteigt, muss ein Ausgang aus dem Treppenraum mindestens die Anforderungen des Treppenraums selbst erfüllen.

In **Österreich** wird diese Forderung explizit genannt:

„*... a) Sicherheitstreppenhäuser müssen jedenfalls einen unmittelbaren Ausgang zu einem sicheren Ort des angrenzenden Geländes im Freien haben. Führt dieser Ausgang nicht unmittelbar ins Freie, so gelten für den Bereich zwischen Treppenhaus und Ausgang ins Freie, der möglichst kurz sein muss, dieselben brandschutztechnischen Anforderungen wie für dieses Treppenhaus. ...*“ (Abschnitt 2.5 OIB-Richtlinie 2.3)

In der **MHHR** findet sich (analog zu vielen Hochhaus-Richtlinien der Länder) folgende Anforderung an einen Raum zwischen dem notwendigen Treppenraum und dem Ausgang:

„*Sofern der Ausgang eines notwendigen Treppenraumes nicht unmittelbar ins Freie führt, muss der Raum zwischen dem notwendigen Treppenraum und dem Ausgang ins Freie*

1. *ohne Öffnungen zu anderen Räumen sein,*
2. *Wände haben, die die Anforderungen an die Wände des Treppenraumes erfüllen.*“ (Abschnitt 4.2.5 MHHR)

Damit sind jegliche Öffnungen ausgeschlossen, auch jegliche Zugänge zu notwendigen Fluren, Nebenräumen usw., selbst wenn diese feuerbeständige Rauchschutztüren hätten. Diese hohen Anforderungen sind der Verrauchungsgefahr bei dem Versagen einer Tür geschuldet. Besonders problematisch ist das bei Ausgängen aus Sicherheitstreppenräumen.

In einigen früheren Hochhausrichtlinien wurde die Anforderung an Ausgänge aus Treppenräumen durch Zusätze aufgeweicht, wonach „mittelbare Ausgänge“ über

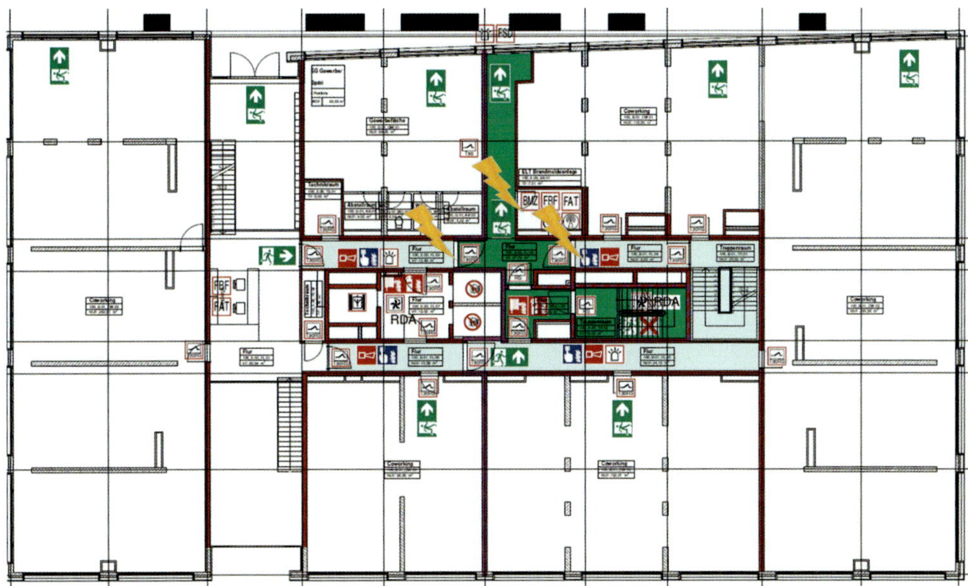

Abb. 4.45:
Ausgangslösung im Erdgeschoss eines Hochhauses mit 3 Türen im Ausgangsflur

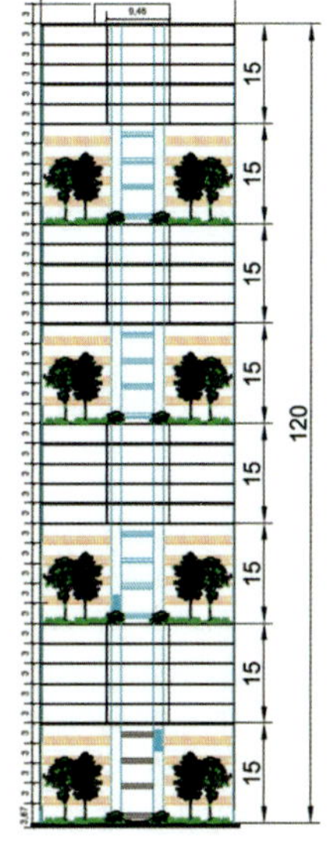

Abb. 4.46:
Planung für ein erdgeschossiges Eingangsfoyer eines Hochhauses (Quelle: Dorka, 2011)

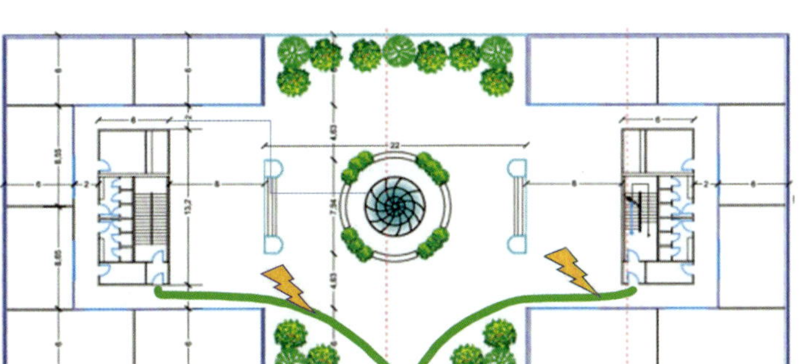

Eingangshallen oder Rettungstunnel zulässig waren, wenn sie weitergehenden Anforderungen genügten. Die Länge dieser Räume war auf 20 m begrenzt und ein zweiter redundanter Ausgang (auch in einem anderen Geschoss, wie dem Kellergeschoss) musste vorhanden sein. Teilweise wurden diese Ausgangslösungen aus innen liegenden Treppenräumen als „Flure“ bezeichnet, analog zu notwendigen Fluren in den Obergeschossen. Auch nach früheren Gaststättenbauverordnungen konnte ein Treppenraum über ein Foyer führen. Es ist aber zu bedenken, dass der Weg über möblierte Eingangsbereiche nachweislich kein sicherer Ausgang aus einem Treppenraum ist. Diese Unterschätzung der Ausgangslösungen hat sich bis heute noch erhalten.

Die in Abb. 4.45 dargestellte Ausgangslösung z. B. muss als unzureichend bewertet werden. Zwar ist hier der Sicherheitstreppenraum bis zum Erdgeschoss geführt. Der Weg zur Außenseite erfolgt jedoch über einen feuerbeständigen Gang, der 3 Türen zu Nebenräumen und Fluren aufweist, wodurch das Sicherheitsniveau des Treppenraumes abgesenkt wird. Die Türen sind zwar rauchdicht, selbstschließend und feuerhemmend, aber diese Anforderungen bestehen für „normale“ Treppenraumtüren bei größeren Brandrisiken, wie im Kellergeschoss, im Dachgeschoss oder in Räumen mit einer Fläche von über 200 m², auch.

Auch die in Abb. 4.46 dargestellte Ausgangslösung ist als unzureichend zu bewerten. Die Treppenräume/Sicherheitstreppenräume befinden sich in der Mitte des Gebäudes und architektonisch ist die repräsentative Eingangslösung über eine große Halle gewünscht. Das Sicherheitsniveau innerhalb der Halle ist jedoch sehr gering, da eine Verrauchung im Brandfall angenommen werden muss. Gleichzeitig löst diese Art von Eingangshallen die Redundanz der Rettungswege auf.

An dieser Stelle ist auch die notwendige automatische Feuerlöschanlage nicht als Kompensation für die Ausgangslösung anzusetzen, da sie nicht in erster Linie gegen eine Verrauchung und damit Nichtnutzbarkeit des Ausgangs schützt.

Die dargestellte Erdgeschosslösung des Hochhauses führt nicht nur **beide Rettungswege** im Foyer über **einen Ausgang**, sondern löst auch die beiden Sicherheitstreppenräume vor dem Erdgeschoss auf. Gerade in derartigen Fällen bieten sich öffnungslose kellergeschossige **Rettungstunnel** aus beiden Sicherheitstreppenräumen als „Bypässe" bzw. als Ausgänge zur Umgehung des repräsentativen Eingangsfoyers an. Diese sind aber in den Schnitten nicht vorgesehen. Ein Rettungstunnel muss beim Ausgang aus einem Sicherheitstreppenraum die gleichen Anforderungen erfüllen wie der Sicherheitstreppenraum selbst, also muss der Zugang über einen überdruckdurchströmten Vorraum erfolgen. Notwendig sind ebenfalls eine entsprechende Rettungswegkennzeichnung sowie einfache Zugänge zu den Feuerwehraufzügen.

Bei einigen Hochhausneubauten bzw. Bestandsumbauten gibt es direkte Ausgänge ins Freie aus Treppenräumen und Sicherheitstreppenräumen im Zwischengeschoss zwischen dem Erdgeschoss und dem 1. Obergeschoss. Es fehlt dann der direkte Zugang innerhalb des Gebäudes vom Erdgeschoss zum Treppenraum. Das wird nicht als kritisch angesehen, da in Hochhäusern die Erschließung der Geschosse ohnehin überwiegend über Aufzüge erfolgt. Günstig ist die Trennung des oberirdischen Teils der Treppe von dem Kellergeschoss, was zu einer Entkopplung der oberirdischen und der unterirdischen Rettungswege im Erdgeschoss führt.

4.4.12 Weg auf dem Grundstück und Rettungswegkennzeichnung

Der letzte Teil des Rettungsweges bis zum öffentlichen Verkehrsraum ist bei Hochhäusern in aller Regel unproblematisch, da ohnehin eine direkte Feuerwehrzufahrt bis zum Gebäudeeingang erforderlich ist. Ungeachtet dessen muss geprüft werden, ob besondere Ausgangslösungen (z. B. aus einem Zwischengeschoss zwischen dem Erdgeschoss und dem 1. Obergeschoss oder aus dem Kellergeschoss bei Rettungstunneln) einen **direkten Zugang** zum öffentlichen Verkehr haben. Bei unterschiedlichen Ausgangslösungen kann es empfehlenswert sein, Sammelstellen vorzusehen.

Notwendig ist bei Hochhäusern eine **geschossweise Kennzeichnung** der Rettungswege sowie der Geschosshöhe in der Nähe der Aufzüge. Die Kennzeichnung der Rettungswege ist deswegen erforderlich, weil in Hochhäusern bei einem großen Anteil horizontaler Rettungswege (notwendiger Flure) immer von einer hohen Zahl ortsunkundiger Personen auszugehen ist. Darüber hinaus werden in Hochhäusern für den vertikalen Zugang fast ausnahmslos Aufzüge benutzt, sodass auch bei ortskundigen Personen oft keine Kenntnis der eigentlichen Rettungswege über Treppenräume besteht. Daher müssen in Hochhäusern selbst bei geringem Publikumsverkehr die Rettungswege insgesamt, sowohl die horizontalen notwendigen Flure als auch die vertikalen Treppenanlagen, gekennzeichnet werden.

Die Rettungswegkennzeichnung erfolgt in aller Regel mit **hinterleuchteten Piktogrammen**. Sie soll horizontal so angeordnet sein, dass bei dem Erreichen des Rettungsweges oder eines Rettungswegkennzeichens das kommende Kennzeichen auch unter Verrauchung erkennbar bleibt. Eine nicht hinterleuchtete Rettungswegkennzeichnung ist für Hochhausneubauten zumeist nicht mehr ausreichend.

Besondere Möglichkeiten der Rettungswegkennzeichnung sind eine Kennzeichnung im **Fußbodenbereich** und **blinkende Signale**. Letztere sind bislang in Deutschland nur mit Erleichterungen zulässig, obwohl sie nachweislich eine erhöhte Sichtweite bei Verrauchungen haben. Möglich ist auch die Hinterleuchtung der Rettungswegkennzeichnung über eine Ansteuerung durch die Brandmeldeanlage, wenn diese die Brandkenngröße „Rauch" signalisiert, was bei Hochhausfluren vorgesehen ist.

4.4.13 Brandschutzingenieurmethoden für die Rettungswegbemessung

Die Berechnung von Rettungswegbreiten bei Hochhäusern bezieht sich in der Regel auf die Rettungswegbreite von notwendigen Fluren und Treppenräumen. Ausgangspunkt ist die **maximale Personenzahl** je Geschoss, die aus der Nutzung bestimmt werden kann. Für 200 Personen können die Mindestbreiten von 1,2 m angesetzt werden. Da in Hochhäusern durchaus vor allem in den Treppenräumen größere Personenzahlen erreichbar sind, muss bei Nachweisen mit Brandschutzingenieurmethoden auf der Grundlage der Personenzahlbelegung der einzelnen Geschosse eine Berechnung der Evakuierungszeiten vorgenommen werden.

Bei der Berechnung der Treppenbreiten muss bedacht werden, ob eine Komplett- oder eine Teilevakuierung stattfindet. Bei einer **Komplettevakuierung** bieten sich sowohl Evakuierungssimulationen an, bei denen die für die Flucht verfügbare Zeit (Available Safe Escape Time [ASET]) der benötigten Evakuierungszeit (Required Safe Escape Time [RSET]) gegenübergestellt wird (ASET-RSET-Prinzip), als auch Personenstromsimulationen mit hydraulischen Modellen. Hydraulische Modelle, z. B. PedGO, ASERI oder FDS-Evac, betrachten den Personenstrom als ein flüssiges Medium, das durch ein Leitungssystem (die Rettungswege) fließt. Dabei sind die maßgeblichen Parameter des Strömungsprozesses die Fortbewegungsgeschwindigkeit und die Personendichte. Probleme bestehen in der Simulation der Zugänge zu den Treppenräumen, da das individuelle Verhalten bei der Personenstromvereinigung an dieser Stelle geometrieabhängig ist. Die Genauigkeit der Modelle kann jedoch als ausreichend bewertet werden.

Ausreichend genaue überschlägliche Berechnungen der ASET-Werte sind auch mit dem hydraulischen Verfahren nach Predtetcensky und Milinski möglich, wenn die Reaktionszeiten zusätzlich berücksichtigt werden. Dieses Verfahren basiert nicht auf Simulationen, sondern auf praktischen Versuchen und Beobachtungen von Personenströmen (Predtetcensky/Milinski, 2010).

Gerade bei Hochhäusern muss bei der Vorgabe der kritischen Zeiten auch berücksichtigt werden, ob die Rettungswege über die Treppenanlagen auch als Angriffswege von den Feuerwehreinsatzkräften benutzt werden oder ob ausreichend Feuerwehraufzüge vorhanden sind, die einen

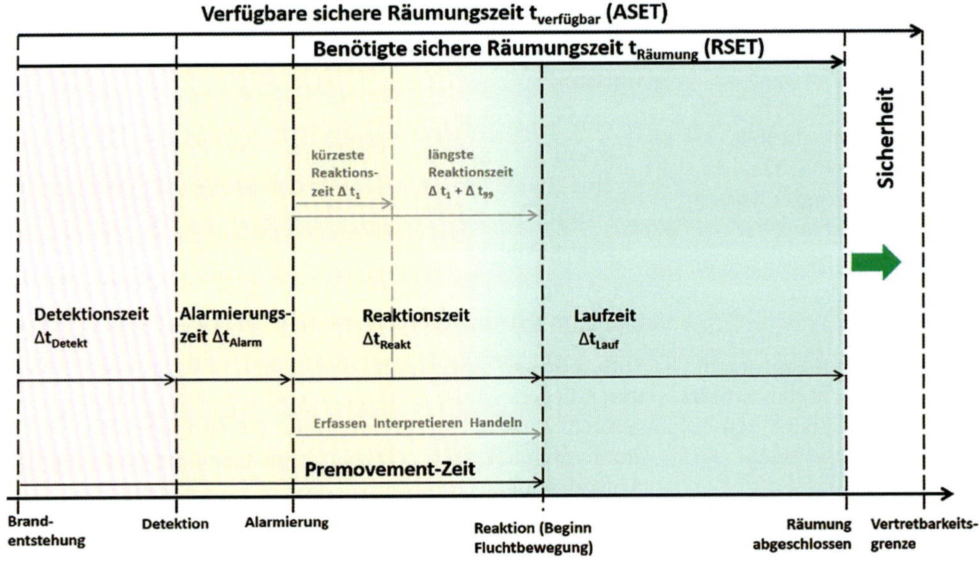

Abb. 4.47: ASET-RSET-Prinzip für den Rettungswegnachweis (Quelle: Zehfuß, 2020)

Gegenstromverkehr in den Treppenräumen ausschließen. Bei vielen Anwendungen von Brandschutzingenieurmethoden wird dieser Zusammenhang bei der Vorgabe oder Berechnung der RSET-Werte nicht beachtet und es wird nur die Verrauchung allein als zeitkritischer Wert angesetzt.

Die Gegenstromproblematik ist jedoch in Hochhäusern von besonderer Bedeutung. Von einem Innenangriff der Einsatzkräfte der Feuerwehr ist ca. 10 Minuten nach der Brandfallmeldung auszugehen. In dieser Zeit ist die Personenrettung selbst bei Hochhäusern zwischen 22 und 60 m noch nicht abgeschlossen, sodass es zu einem Gegenstrom innerhalb der Treppenräume, insbesondere bei Bestandsgebäuden ohne Feuerwehraufzug, kommen kann. Insofern kommt den Feuerwehraufzügen eine entscheidende Rolle zu.

Die Berechnung nach dem ASET-RSET-Prinzip ist insgesamt eine wesentliche und sinnvoll anwendbare Brandschutzingenieurmethode für die Rettungswegbemessung, wenn die Eingangsparameter ausreichend genau bestimmt werden können, insbesondere die Zeiten vor der Bewegung, also die Premovement-Zeit.

Die Verringerung der Wahrscheinlichkeitsdichte der Überlappung von RSET und ASET, die beide in der Regel normal verteilt sind, trägt zur Verbesserung des Brandschutzniveaus bei und kann für den Nachweis des Personenschutzes in Hochhäusern angewendet werden.

In den letzten 10 Jahren sind auch wiederholt Evakuierungssimulationen unter Einbeziehung von **Aufzugsnutzungen** gemacht worden (z. B. Galea et al., 2008). Es scheint allerdings wenig effektiv, diese Evakuierungssimulationen für die Hochhausbemessung vorzunehmen, da auch psychologische Faktoren, z. B. aufgrund von Wartezeiten an den Aufzugszugängen oder direkter Raucheinwirkung, zu berücksichtigen sind. Allenfalls die Bewertung von bestimmten Situationen bei komplizierten und

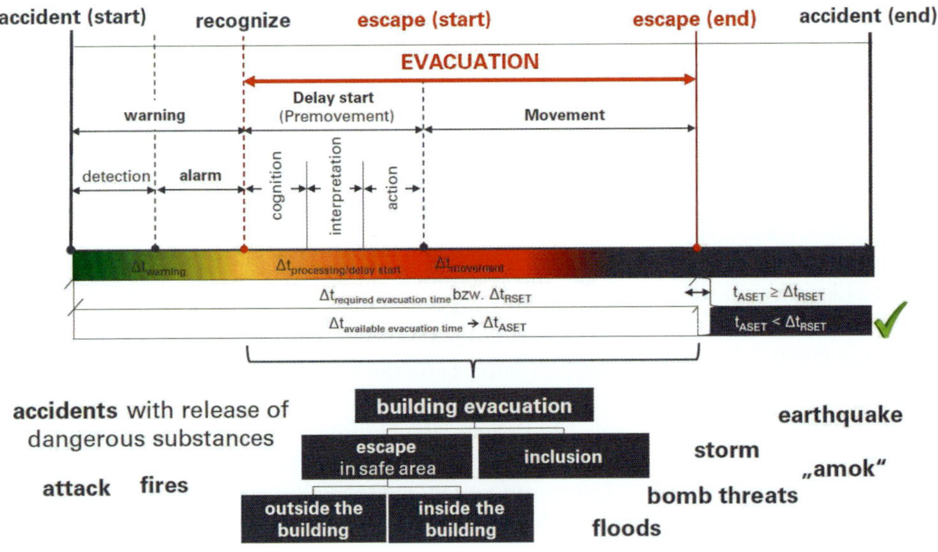

Abb. 4.48: Evakuierungsablauf in Relation zum Brandverlauf (Quelle: Festag, 2018)

aufwendigen Hochhäusern für eine Optimierung des Verhaltens von Personen im Brandfall scheint langfristig sinnvoll.

Vorgaben für Evakuierungssimulationen finden sich in DIN 18009-2 „Brandschutzingenieurwesen – Teil 2: Räumungssimulation und Personensicherheit" (2022). Geeignet sind diese jedoch eher für Abschätzungen von Problemen der Teilevakuierung und des effektiven Verhaltens im Brandfall.

4.5 Rauchableitung

Nach Abschnitt 6.7 MHHR muss jedes Geschoss entraucht werden können. Die Rauchableitung ermöglicht den Einsatz der Feuerwehr im Innenangriff und dient dem Personenschutz durch die Rauchfreihaltung der Rettungswege.

Folgende **Anforderungen** werden an die **Rauchableitung** gestellt:

- Rauchfreihaltung innen liegender Sicherheitstreppenräume,
- Rauchableitung aus Treppenräumen mit einer Höhe von bis zu 60 m,
- Belüftung bzw. Entrauchung notwendiger Flure,
- Entrauchung von Aufzugs- und Feuerwehraufzugsschächten,
- Entrauchung bzw. Belüftung von Räumen mit mehr als 200 m^2 Grundfläche,
- Entrauchung von Atrien sowie
- Entrauchung von bestimmten Doppelfassaden.

Bei der Bemessung der Öffnungen für die Rauchableitung, Rauchfreihaltung und Entrauchung, die meist anlagentechnisch erfolgen, ist in erster Linie das Schutzziel der jeweiligen Anlage zu beachten. Teilweise gibt es dazu keine Bemessungsangaben, sodass auf Brandschutzingenieurmethoden zurückgegriffen werden muss.

4.5.1 Rauchfreihaltung innen liegender Sicherheitstreppenräume

Für innen liegende Sicherheitstreppenräume sind in Abhängigkeit von Geometrie, Öffnungszahl und Öffnungsgrößen Erfahrungswerte zur Gewährleistung des Überdrucks an den Türen zwischen Vorraum und angrenzenden Räumen ermittelt. Dabei geht es vor allem darum, einen Durchstrom von mindestens 2 m/min durch die geöffneten Türen im Vorraumbereich zu gewährleisten.

Eigentliche Rauchableitungen von Brandgasen werden hier nicht vorgenommen. Sicherheitstreppenräume haben deshalb in den allermeisten Fällen keine Rauchabzüge an oberster Stelle, weil der Raucheintritt durch lüftungstechnische Maßnahmen ausgeschlossen sein soll. Zu betrachten sind hier lediglich Rauchentstehungen im Sicherheitstreppenraum selbst, z. B. durch einen Schwelbrand der Beleuchtung.

4.5.2 Rauchableitung aus Treppenräumen bis 60 m Höhe

Diese Treppenräume müssen folgende **Öffnungen** aufweisen:

- eine Fensteröffnung mit einer Fläche von mindestens 0,5 m^2 in jedem Geschoss und
- eine Rauchabzugsöffnung in der Größe von 5 % der Grundfläche des Treppenraumes an oberster Stelle (mindestens 1 m^2).

Die Auslösung der Rauchabzugsöffnung sollte im Hochhaus von jedem Geschoss aus möglich sein.

Sofern diese Treppenräume im Hochhausbereich innen liegen, ist die Ausführung analog eines innen liegenden Sicherheitstreppenraumes mit Vorraum oder einer vergleichbaren Lösung (Treppenraum mit erhöhten Anforderungen) erforderlich, da der Rauchabzug an oberster Stelle allein dann nicht ausreichend für eine Rauchableitung über 22 m Höhe ist. Vergleichbare Lösungen bedürfen hier allerdings meist der Anwendung von Brandschutzingenieurmethoden (Rauchausbreitungssimulationen).

4.5.3 Belüftung bzw. Entrauchung notwendiger Flure

Die Anforderung, dass für jedes Geschoss eine Entrauchung vorzusehen ist, bedeutet für notwendige Flure, dass sie die Entrauchung entweder über **Fenster** ermöglichen müssen oder aber eine **maschinelle Zu- und Abluft** in den Fluren als Kompensation anzuordnen ist. Die Erfordernis ergibt sich aus dem Innenangriff der Einsatzkräfte der Feuerwehr, da sie die notwendigen Flure benutzen müssen, um zu den Nutzungseinheiten zu kommen.

Ein anderes Problem ist die **Druckentlastung** in den Fluren nach Auslösung der Überdruckbelüftung in Sicherheitstreppenräumen. Über Öffnungen ins Freie ist der Druckabbau in den notwendigen Fluren am einfachsten realisierbar.

Bei allen maschinellen Rauchabzugs- und Lüftungslösungen in notwendigen Fluren muss gewährleistet werden, dass kein Unterdruck entsteht, der Rauch aus dem Brandraum oder der Brandnutzungseinheit in die Flure zieht. Wenn eine Lüftungsanlage in den notwendigen Fluren vorgesehen wird, muss die Zuluftleistung mindestens so hoch sein wie die Abluftleistung.

Viele notwendige Flure werden mit automatisch öffnenden Fenstern ausgerüstet, die über Rauchmelder angesteuert werden. Bezüglich der Größe dieser Fenster gibt es keine Vorgaben, da die Flurgeometrie sehr unterschiedlich sein kann.

Weil der Zugang zu Sicherheitstreppenräumen mit Vorraum nur über notwendige Flure erfolgen kann, gibt es bei relativ großen Nutzungseinheiten das Bemühen, einen möglichst kurzen Flur vor dem Vorraum des Sicherheitstreppenraumes anzuordnen. Diese kurzen Flure haben meist eine Länge von ca. 3 m bei einem Volumen von 10 bis 12 m^3. Sehr lange Flure von maximal 30 m Länge im Rauchabschnitt können dagegen ein Raumvolumen von 150 m^3 aufweisen. Dieses Volumen des Rauchabschnitts ist die Ausgangsgröße für die Bemessung einer maschinellen

Rauchableitung und Zuluft, z. B. hinsichtlich einer erforderlichen Luftwechselzahl. Es gibt keine belastbaren Vorgaben für einen der natürlichen Lüftung vergleichbaren Luftwechsel. Mindestens eine Luftwechselzahl von 1/h wird hier erfahrungsgemäß angesetzt, wenn keine Bemessung nach Brandschutzingenieurmethoden erfolgt. In manchen Fällen verbessern sich die Rauchableitungsmöglichkeiten dadurch, dass eine Querlüftung über 2 Fenster ermöglicht wird.

4.5.4 Rauchableitung aus weiteren Gebäudeteilen

Um eine Verrauchung von **Aufzugs- und Feuerwehraufzugsschächten** zu verhindern, ist eine Rauchabzugsfläche von mindestens 0,5 % ihrer Grundfläche an der obersten Stelle der Schächte erforderlich.

Die **Entrauchung bzw. Belüftung von Räumen mit mehr als 200 m² Grundfläche** bedingt immer zusätzliche Rauchabzugsöffnungen oder sonstige Öffnungsflächen. Derart großflächige Räume finden sich im Hochhaus z. B. bei

- Großraumbüros,
- Verkaufsstätten und Versammlungsstätten, insbesondere im Breitfuß,
- Gaststätten und Ausstellungsbereichen sowie
- Garagen im Breitfuß und in Untergeschossen.

Durch das Vorhandensein einer automatischen Feuerlöschanlage, deren Wirksamwerden zu mittleren Rauchgastemperaturen von nur ca. 100 °C führt, ist in diesen Räumen eine Kaltentrauchung möglich (Zitzelsberger et al., 2004). Damit ist die Temperaturanforderung an eine maschinelle Entrauchung hinfällig und eine Lüftungsanlage kann angewendet werden, wenn die Zuluft im unteren Bereich und die Absaugung im Deckenbereich erfolgt.

Atrien ermöglichen die Rauch- und Feuerausbreitung über Geschosse hinweg jenseits von Treppenräumen, Aufzugs- und Haustechnikschächten. Die quantifizierten Rauchableitungsmöglichkeiten für Atrien in Hochhäusern ergeben sich aus der jeweiligen Geometrie, aus möglichen Brandszenarien aufgrund der vorhandenen Brandlasten und aus ihrer Bedeutung für die Personenrettung sowie den Innenangriff der Feuerwehreinsatzkräfte.

Infolge des Vorhandenseins einer automatischen Feuerlöschanlage wird auch hier in den meisten Fällen die maschinelle Entrauchung durch eine Lüftungsanlage (Kaltentrauchung) mit Zuluft im unteren Bereich und Abluft im oberen Bereich zu realisieren sein. Besonders wichtig ist die Auslösung der Kaltentrauchung nach der Auslösung der Sprinkleranlage. Das kann durch eine manuelle Auslösung, z. B. von den Einsatzkräften der Feuerwehr, oder eine verzögerte Auslösung im Rahmen der Brandfallsteuermatrix erfolgen.

Unter bestimmten Bedingungen kann eine **Doppelfassade** als Rauchabzugslösung genutzt werden, insbesondere um dahinter liegende Räume zu entrauchen und den Innenangriff der Einsatzkräfte der Feuerwehr zu unterstützen. Zu diesem Zweck ist es möglich, Doppelfassaden mit maschinellen Rauchabzügen zu versehen. Der damit erzeugte Unterdruck in der Doppelfassade führt dann dazu, dass bei einer Zerstörung oder Öffnung der Innenfassade im Brandgeschoss und Brandbereich Rauch aus dem Brandraum abgezogen wird und sich damit die Bedingungen für den Innenangriff der Einsatzkräfte verbessern.

4.5.5 Brandschutzingenieurmethoden für die Rauchableitung

Insbesondere für Bestandsbauten mit nicht der MHHR entsprechenden Lösungen muss bei geringfügigen Veränderungen das Erreichen der Schutzziele nachgewiesen werden. Bei der Rauchableitung geht es vor allem um die Gewährleistung des Innenangriffs der Feuerwehreinsatzkräfte und um den Personenschutz bei der Personenrettung.

Weitere Anwendungsmöglichkeiten der Brandschutzingenieurmethoden für die Rauchableitung beziehen sich auf Atrien, Doppelfassaden oder andere von der MHHR abweichende Lösungen, insbesondere bei Versammlungsstätten oder nicht standardisierten Lösungen, wie bei Fernseh- und Aussichtstürmen.

Die Probleme von Bestandslösungen wurden am **Beispiel eines 16-geschossigen Punkthochhauses** aufgezeigt (Thom, 2022). Dabei ging es insbesondere um die überlangen Flure, die zu geringen Anforderungen an Türen im Bestand und die zu kurzen bzw. eingeschränkten offenen Gänge. Bei diesen Bestandsbauten sind keine Sprinkleranlagen vorhanden. Die Vorgehensweise bei der Bewertung der Rauchausbreitung innerhalb der notwendigen Flure und offenen Gänge wird hier beispielhaft dargestellt.

Als Erstes wurden Bemessungsbrände (VdS-Richtlinie Bemessungsbrände für Brandsimulationen und Brandschutzkonzepte, 2000) in der am günstigsten und der am ungünstigsten zum Treppenraum gelegenen Wohnung überprüft. Dann wurden Brandszenarien für Brände innerhalb der Wohnungen festgelegt, wobei sowohl die Wärmefreisetzungsrate entsprechend des Ortes des Brandausbruchs als auch die anzunehmenden Brandlasten bzw. flächenbezogenen **Wärmefreisetzungsraten** bestimmt werden müssen. Dazu sind bei Bränden innerhalb von Wohnungen die **Ventilationsbedingungen** je nach Türöffnung, Fensteröffnung und Fensterzerstörung im Brandfall zu berücksichtigen. Die Zeiten des Übergangs von der Brandausbreitungsphase in die Vollbrandphase bzw. des Endpunkts der Vollbrandphase sind in Tabelle 4.14 dargestellt. Weitere Brandszenarien sind möglich, z. B. für die Bemessung von Schwelbränden oder von in Fluren abgestellten und in Brand geratenen Materialien, werden aber hier nicht behandelt.

In dem 16-geschossigen Punkthochhaus wurden Abweichungen der Bestandslösung von der aktuellen MHHR festgestellt (Tabelle 4.15). Darüber hinaus wurden **Veränderungen der Bestandslösung** vorgenommen, die die relativ kleinen offenen Außenwände der offenen Gänge des Sicherheitstreppenraums weiter einschränkten:

- Die ursprünglich in voller Höhe bestehende Öffnung der Außenwände der einseitigen Gänge wurde auf die Höhe zwischen Brüstung und Geschossdecke reduziert, sodass die verbleibenden Öffnungen statt einer Fläche von 2,5 m × 1 m nur noch eine Fläche von 1,7 m × 1,0 m hatten (ca. 0,8 m Brüstungshöhe).

Abb. 4.49:
Beispielgrundriss eines 16-geschossigen Punkthochhauses mit szenarienbildenden Brandwohnungen (Quelle: nach Thom, 2022)

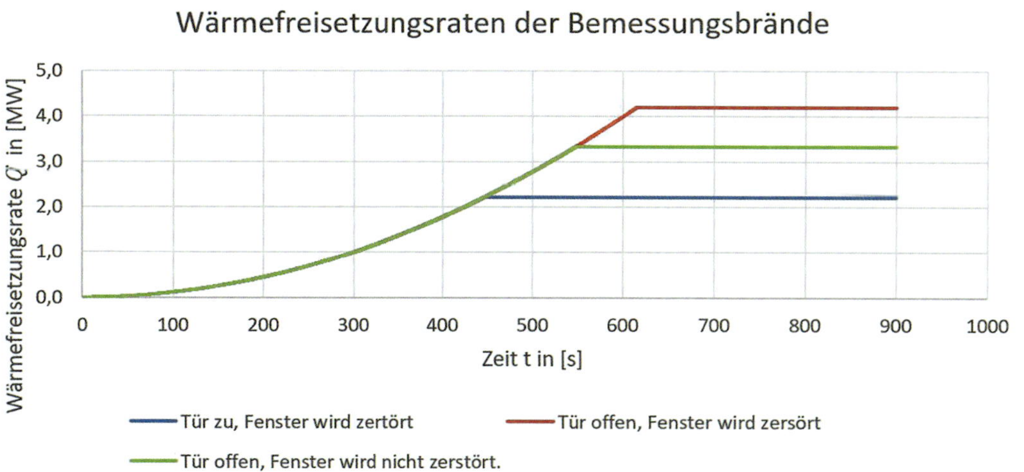

Abb. 4.50:
Wärmefreisetzungsraten der Bemessungsbrände in dem 16-geschossigen Punkthochhaus mit dem Grundriss von Abb. 4.49 (Quelle: Thom, 2022)

Tabelle 4.14: Wärmefreisetzungsraten und Übergangszeiten der Brandausbreitungs- in die Vollbrandphase sowie Endpunktzeiten der Vollbrandphase in Abhängigkeit von den Ventilationsbedingungen

Beschreibung der Bemessungsbrände	Q_{max} in MW	t_1 in s	t_2 in s
1. Wohnungstür zu, Fensterscheibe wird zerstört (ventilationsgesteuert)	2,205	445,48	6.082,71
2. Wohnungstür offen, Fensterscheibe wird zerstört (brandlastgesteuert)	4,200	614,82	3.447,38
3. Wohnungstür offen, Fensterscheibe wird nicht zerstört (ventilations gesteuert)	3,314	546,13	4.214,48
4. Wohnungstür zu, Fensterscheibe wird nicht zerstört (ventilationsgesteuert)	2,205	445,48	6.082,71

Q_{max} maximale Wärmefreisetzungsrate
t_1 Zeit des Übergangs von der Brandausbreitungsphase in die Vollbrandphase
t_2 Zeit bis zum Endpunkt der Vollbrandphase

- Diese Öffnungen wurde in einigen Gängen mit einem über die Rauchmelder angesteuerten Öffnungsfenster oder mit Lamellen verschlossen, was die tatsächliche Öffnungsfläche noch weiter begrenzte.

In Simulationen der Rauchausbreitung wurden die vorhandenen Brandschutzlösungen dann überprüft. Dazu wurden die **ungünstigsten Situationen** im Brandgeschoss dargestellt:

- geöffnete Brandwohnungstür (aufgrund fehlender Selbstschließer entsprechend Bestandslösung),
- geöffnete Tür zwischen notwendigem Flur und offenem Gang,
- geöffnete Tür zwischen offenem Gang und Sicherheitstreppenraum sowie
- geöffnetes Rauchabzugsfenster (Ersatz der ständig offenen Öffnung) im offenen Gang.

Dieses Szenario entspricht den Bedingungen zur Überprüfung der Wirksamkeit von Sicherheitstreppenräumen zum Nachweis des Erreichens des Schutzzieles der Verhinderung eines Raucheintritts.

Die Ergebnisse zeigen, dass ein Raucheintritt in den Sicherheitstreppenraum mit dieser Lösung nicht verhindert werden kann, sodass der Sicherheitstreppenraum seine **Funktion nicht erfüllt** und allenfalls als Treppenraum mit erhöhten Anforderungen bezeichnet werden kann. Nach etwa 7 Minuten tritt der erste Raucheintrag im Treppenraum auf und nach etwa 13 Minuten wird der Grenzwert der optischen Dichte überschritten. Zwar sind die tatsächlichen Werte für CO und CO_2 noch klar unter den Grenzwerten, aber das ist für den Sicherheitstreppenraum nicht ausreichend.

Auch bei dem Öffnen der Türen durch flüchtende Personen kommt es kurzzeitig zum Eintritt von Rauch in den Sicherheitstreppenraum. Der einseitig offene Gang ist kaum in der Lage, einen Raucheintritt in den Sicherheitstreppenraum wirksam zu verhindern. Zusätzliche Probleme, wie starke Windbelastungen, wie sie bei höheren Gebäuden durchaus öfter auftreten können, würden im vorliegenden Fall die Wirksamkeit des einseitig offenen Ganges weiter einschränken. Bei einem dreiseitig offenen Gang kann eher davon ausgegangen werden, dass – abhängig von dem genauen Winkel der Windrichtung – eine Rauchableitung

Tabelle 4.15: Vergleich rauchabzugsrelevanter Kriterien eines 16-geschossigen Punkthochhauses mit den Anforderungen der MHHR

Kriterium	Bestand	MHHR	Anmerkung
Rettungsweglänge	ca. 33 m	< 35 m	zulässig
Stichflurlänge	ca. 25 m	< 15 m	nach Übergangsregelung zulässig
Abstand Rauchschutztüren im Flur	nicht vorhanden	< 30 m	nach Übergangsregelung zulässig
Wohnungstüren	dichtschließend	EI 30CS	nach Übergangsregelung zulässig
offener Gang des Sicherheitstreppenraums	einseitig offen	dreiseitig offen	nach Übergangsregelung zulässig
Tür zum offenen Gang	EI 30S	EI 30CS	nach Übergangsregelung zulässig
Tür offener Gang zum Sicherheitstreppenraum	CS	CS	zulässig
offene Seite des offenen Ganges	Lamellen nachträglich als Witterungsschutz eingebaut	vollständig offen	Mit den nachträglichen baulichen Veränderungen (Lamelleneinbau) ist die ohnehin begrenzte Wirksamkeit des Sicherheitstreppenraums weiter eingeschränkt.

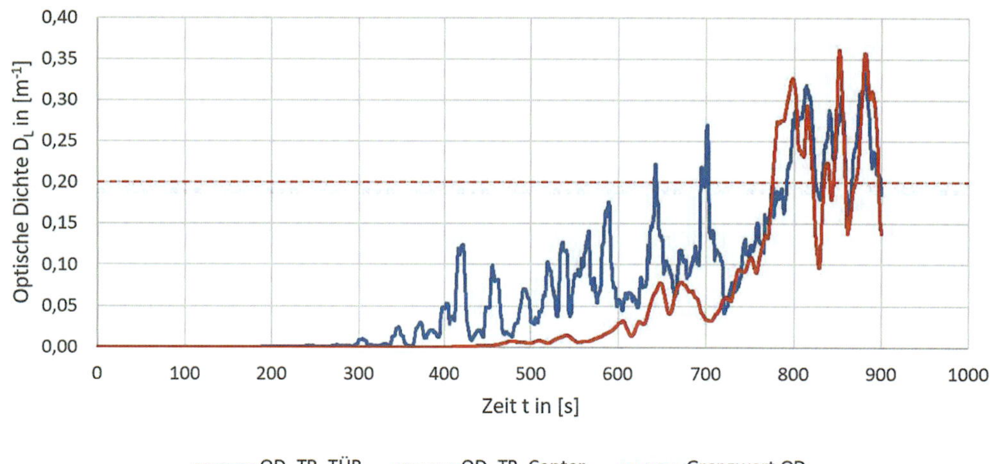

Abb. 4.51: Optische Dichte im Treppenraum und im Türbereich bei geöffneten Türen des Sicherheitstreppenraumes und des offenen Ganges (Quelle: Thom, 2022)

OD optische Dichte
TR Treppenraum

über den offenen Gang erreicht wird. Lediglich bei einem Winkel von etwa 90° der Windrichtung zur Fassade kann hier mit einem Raucheintritt gerechnet werden. Bei einem einseitig offenen Gang tritt dieser Effekt bei fast 50 % der möglichen Windrichtungen ein.

Ein Versagen der Öffnung im offenen Gang, z. B. durch einen Defekt an der technischen Anlage (Öffnungsstellmotor) oder eine zu späte oder verhinderte automatische Auslösung, wurde nicht angenommen. In diesem Fall wäre der Raucheintritt in den Treppenraum noch stärker und die Personenrettung ebenso wie die Brandbekämpfung durch die Einsatzkräfte der Feuerwehr kaum möglich.

Die Bestandslösung bzw. veränderte Bestandslösung erfüllt demnach die **Schutzziele nicht**. Die Personenrettung wäre nur dann möglich, wenn die betroffenen Personen auch im Brandgeschoss in ihren Wohnungen verbleiben würden und der Raucheintritt über entsprechende Türen verzögert werden könnte. Dazu müssten die Wohnungstüren aber im Brandfall über die gesamte Vollbrandphase hinweg den Eintritt von Rauch und Feuer verhindern. Einfache dichtschließende Türen wie im Bestand sind dafür jedoch selbst mit einem zusätzlichen Selbstschließer nicht ausreichend.

4.6 Brandmeldung und Alarmierung

Brandmeldung und Alarmierung gehören neben den automatischen Feuerlöschanlagen (siehe Kapitel 4.7) zum anlagentechnischen Brandschutz. Darunter sind die Maßnahmen des Hochhausbrandschutzes zu verstehen, die feuerwehrunabhängig durch Technik wirksam werden, also alle Maßnahmen der selbsttätigen Brandfrüherkennung und der selbsttätigen Brandbekämpfung.

4.6.1 Bedeutung des anlagentechnischen Brandschutzes für Hochhäuser

Der anlagentechnische Brandschutz ist in der aktuellen MHHR im Gegensatz zu früheren Richtlinien ein zentrales Element der Hochhausgestaltung. Da sowohl die Personenrettung infolge der relativ großen Entfernung vom öffentlichen Verkehrsraum als auch wirksame Löscharbeiten infolge der schlecht erreichbaren Gebäudehöhe und auch der schnellen Brandausbreitung, vor allem in vertikaler Richtung, in Hochhäusern besonders erschwert sind, stellen die frühe Erkennung und Bekämpfung des Entstehungsbrandes einen wesentlichen Punkt des Brandschutzes in Hochhäusern dar.

Die in den Kapiteln 1.2 und 1.3 beschriebenen **Hochhausbrandkatastrophen** stehen alle mit einem **unzureichenden anlagentechnischen Brandschutz** in Verbindung, insbesondere wenn eine vertikale Brandausbreitung im Fassadenbereich auftrat.

Während bei niedrigeren, insbesondere erdgeschossigen, Gebäuden gewisse zeitliche Spielräume im Brandfall bestehen, da die Personenrettung relativ einfach ist, müssen bei Hochhäusern die zeitkritischen Besonderheiten, die aus den Brandszenarien herrühren, besonders berücksichtigt werden. Das betrifft die Rauchausbreitung und die ungestörte Feuerausbreitung im Zusammenhang mit der Personenrettung und wirksamen Löscharbeiten im Innenangriff.

Schwerpunkte des anlagentechnischen Brandschutzes bilden die **automatische Brandfrüherkennung** und die **automatische Brandbekämpfung**. Ausgangspunkt des anlagentechnischen Brandschutzes ist immer eine ausreichend schnelle und effektive Brandfrüherkennung. Dabei geht es bei Hochhäusern in aller Regel nicht nur um batteriebetriebene Wohnungsrauchmelder, die insbesondere bei bestimmten Feuerlöschanlagen eine Art Frühestmeldung vor dem Auslösen der Feuerlöschanlage sichern können, sondern auch um eine Brandfrüherkennung in allen Nutzungsbereichen, Fluren, Treppenräumen, Aufzügen, Nebenräumen und Zwischendecken, natürlich nutzungsabhängig. Die Ganzheitlichkeit der Brandschutzmaßnahmen wird mit ihrer Verknüpfung über die Brandfallsteuermatrix erreicht. Die Brandfallsteuermatrix für die Brandmeldezentrale stellt damit so etwas wie das Herz des anlagentechnischen Brandschutzes dar.

4.6.2 Brandmeldetechnik

Für alle Hochhäuser sind eine automatische Früherkennung, Brandmeldung und Alarmierung sowie insbesondere eine Brandfallsteuermatrix erforderlich. Die konkrete Ausgestaltung der Brandmeldetechnik richtet sich nach der Nutzungsart. 2012 wurde die MHHR an dieser Stelle konkretisiert. Das ist die bislang wesentlichste Anpassung für Hochhäuser seit 2008.

Brandfrüherkennung

Grundsätzlich kommen für die Brandfrüherkennung alle verfügbaren Branddetektionssysteme in Betracht. Falls ohnehin eine automatische Feuerlöschanlage vorgesehen wird, ist die Auslösung der Feuerlöschanlage bereits als Erkennung der Brandkenngröße „Temperatur" anzurechnen. Bei Sprinkleranlagen ist insbesondere die **schnelle Auslösung** mit einem Response Time Index (RTI-Wert) von $< 50\ m^{0,5} \cdot s^{0,5}$ erforderlich, da in Hochhäusern die automatischen Feuerlöschanlagen auch dem Schutzziel des Personenschutzes dienen. Bei Wohnhochhäusern mit einer Sprinkleranlage ist deshalb die Kombination aus Sprinkleranlage und Rauchmeldern in den Wohnungen möglich.

Ungeachtet dessen können zusätzlich schnellere Branderkennungssysteme angeordnet werden, auf Basis der Brandkenngrößen „Rauch" oder „Flamme" oder als Gassensoren. Bei einer Wohnungsnutzung sind mindestens Rauchmelder erforderlich.

Der **Überwachungsumfang** kann entsprechend DIN 14675-1 „Brandmeldeanlagen – Teil 1: Aufbau und Betrieb" (2020) sehr unterschiedlich sein:

- Vollschutz,
- Nutzungseinheiten,
- Rettungswege,
- Nebenräume oder
- sonstige Bereiche.

In Hochhäusern ist bei nahezu allen Nutzungen und Gestaltungsformen ein Vollschutz erforderlich.

In **Nichtwohnungsnutzungen** sind Brandmeldeanlagen mit automatischen Brandmeldern notwendig in

- allen Räumen,
- Installationsschächten und -kanälen,
- Hohlräumen von Systemböden sowie
- Hohlräumen von Unterdecken.

Die **Hohlräume** von Systemböden und Unterdecken müssen mit automatischen Brandmeldern überwacht werden. Bei besonderen Nutzungen dieser Systemböden und hohen Hohlräumen können sich noch weitere Anforderungen ergeben, z. B. an eigene Sprinkler.

In **Wohnungen** dürfen statt einer flächendeckenden automatischen Brandmeldeanlage Rauchwarnmelder mit Netzstromversorgung verwendet werden. Bei gesprinklerten Wohnhochhäusern über 60 m Höhe oder bei einer Mischnutzung stellt sich die Frage, ob z. B. eine Sprinkleranlage mit schnell auslösenden Sprinklern (RTI-Wert $< 50\ m^{0,5} \cdot s^{0,5}$) in Kombination mit batterieversorgten Rauchmeldern ausreichend ist. Derartige Lösungen müssen dann im Rahmen einer ganzheitlichen Betrachtung, ggf. unter Einbeziehung von Erleichterungen oder zusätzlichen Anforderungen, bewertet werden.

Bei speziellen Feuerlöschanlagen können unter bestimmten Voraussetzungen Branderkennungssysteme mit anderen Brandkenngrößen als „Rauch" benutzt werden. Ansonsten muss in Hochhäusern grundsätzlich immer das Auftreten von Rauch detektiert werden und zu einer Alarmierung führen, insbesondere deshalb, weil Schwelbrände mit einem sehr großen Rauchpotenzial die ohnehin in Hochhäusern erschwerten Rettungswege beeinträchtigen können und alle Schutzmaßnahmen auf die Frühdetektion von Rauch ausgelegt sind.

Brandmeldung

Bei der Brandmeldung müssen in Hochhäusern technische Maßnahmen gegen Falschalarme vorgesehen werden. Da insbesondere die Brandkenngröße „Rauch" detektiert werden muss, kommen die folgenden grundlegenden **Systeme** in Betracht:

- Zwei- und Mehr-Melder-Abhängigkeit von Rauchmeldern,
- Zwei-Melder-Abhängigkeit mit unterschiedlichen Brandkenngrößen sowie
- Mehrkriterienmelder.

Neben Rauch können auch Temperatur, Temperaturanstieg, CO-Konzentration, Infrarot-Strahlung und UV-Strahlung als zusätzliche Kriterien detektiert werden. Es gibt Punktmelder und Linienmelder; Letztere können vor allem bei Nutzungen mit größeren Räumen angeordnet werden.

In jedem Fall muss eine Brandmeldung im Hochhaus von der Brandmeldezentrale unmittelbar und automatisch zur Leitstelle der Feuerwehr weitergeleitet werden. Die Auslösung der Sprinkleranlage wird über eine Druckdifferenzmeldung an der Alarmventilstation extern gemeldet, sofern nicht vorher schon eine Meldung, z. B. manuell oder über Rauchmelder, erfolgt ist.

Brandmeldezentrale

Die Brandmeldezentrale muss in einem für die Feuerwehr leicht zugänglichen Raum vorgesehen werden und alle **zentralen Anzeige- und Bedieneinrichtungen** für Rauchabzugs-, Brandmelde-, Alarmierungs- und Lautsprecheranlagen sowie eine zentrale Anzeigevorrichtung für die Feuerlöschanlage beinhalten. Insbesondere bei Breitfußlösungen müssen sich die Brandmeldezentralen in der Nähe des Zuganges zum Feuerwehraufzug befinden. Teilweise werden die eigentliche Brandmeldezentrale und die Sprinklerzentrale von einem Bedienfeld im Zugangsbereich getrennt.

4.6.3 Brandfallsteuermatrix

Schwerpunkt des Brandmeldesystems in Hochhäusern bildet die Brandfallsteuermatrix. In der Brandfallsteuermatrix müssen die Details des Brandmeldesystems vorgegeben werden. Dazu gehört insbesondere eine **Grobmatrix** in der **Baugenehmigungsphase**. Es ist nicht

Tabelle 4.16: Beispiel-Grobvorgabe für die Brandfallsteuermatrix

Melder	A	B	C	D	E	F	G
Handmelder Flur	1	1	1	1	1	0	1
Handmelder Sicherheitstreppenraum	1	1	1	1	1	0	1
Rauchmelder notwendige Flure	1	2	1	1	1	0	2
Rauchmelder Nutzungseinheiten	1	2	1	2	1	0	2
Sprinkler Nutzungseinheiten	1	1	1	1	1	0	1
Sprinkler notwendige Flure	1	1	1	1	1	0	1
Rauchmelder Rauchschutztüren	1	0	1	0	0	1	0
Mehrkriterienmelder Atrium	1	1	1	1	1	0	1

A Internalarm im Gebäude (ggf. noch unterteilt nach Geschossbereichen und nach akustischem Signal, optischem Signal, Sprachdurchsage)
B Externalarm (Alarmierung der Feuerwehrleitstelle)
C sonstige Alarmierung (z. B. des Pfortenpersonals im Eingangsbereich)
D Auslösung der Aufzugsbrandfallsteuerung
E Abschaltung der Lüftungsanlage
F Türschließung der selbstschließenden und Rauchschutztüren
G Auslösung der Überdrucklüftung im Sicherheitstreppenraum, Aufzug
0 keine Reaktion
1 Reaktion bei erstem Signal
2 Reaktion bei zweitem Signal

ausreichend, diese auf die Ausführungsplanung zu verschieben.

Gerade bei Hochhäusern mit ihrer Kombination unterschiedlicher Ausrüstungen des anlagentechnischen Brandschutzes (Brandmeldeanalgen, Feuerlöschanlagen, Rauchableitungs- und Lüftungssysteme usw.) müssen die **Einzelkomponenten** so aufeinander **abgestimmt** werden, dass eine ganzheitliche Brandschutzlösung möglich wird.

Die Vorgaben in der Brandfallsteuermatrix sind notwendig, da die Signalinformationen der Brandfrüherkennung durch Rauchmelder und durch die Feuerlöschanlage unterschiedlich und zeitdifferenziert sein können, Steuerungen der Feuerwehraufzüge und auch der „normalen“ Aufzüge vorzusehen sind, ggf. Zugangsbeschränkungen vorgenommen oder aufgelöst sowie Informationssysteme genutzt werden müssen und gleichzeitig auch haustechnische brandschutzrelevante Einrichtungen zu steuern sind. Das ist bereits bei reinen Wohn- oder Bürohochhäusern relevant, bekommt aber bei Mischnutzungen mit teilweise ortsunkundigen Personen im Gebäude eine noch größere Bedeutung.

Im Brandschutznachweis sollen Grobvorgaben für die Erstellung der Brandfallsteuermatrix festgelegt werden, die dann melder- und meldergruppenbezogen in der Ausführungsplanung spezifiziert werden müssen. Das betrifft die automatischen Melder, unterteilt nach Fluren, Nutzungseinheiten, Nebenräumen, ggf. Treppenräumen, Ausgangs- sowie Kellerbereich, die manuellen Melder und die Meldung über die Feuerlöschanlage. Die **Reaktionsgrößen** sollen insbesondere sein:

- Internalarm, ggf. geschoss- oder geschossbereichsbezogen,
- Externalarm (Feuerwehr),
- Lüftungsanlagen/Überdruckbelüftung, z. B. bei Treppenräumen, Atrien, Doppelfassaden oder Fluren,
- besondere Feuerlöschanlagensteuerungen,
- Türschließungen,
- Aufzugssteuerungen,
- akustische Informationen,
- ggf. Rettungswegsteuerungen und
- Notstromversorgung.

Aufzüge müssen mit einer Brandfallsteuerung ausgestattet sein, die durch die automatische Brandmeldeanlage ausgelöst wird. Die Brandfallsteuerung muss sicherstellen, dass die Aufzüge ein Geschoss mit einem Ausgang ins Freie oder das diesem nächstgelegene, nicht von der Brandmeldung betroffene Geschoss unmittelbar anfahren und dort mit geöffneten Türen außer Betrieb gehen. Folgende **Geschosse** sind **vorrangig anzufahren**:

- Erdgeschoss mit einem Ausgang ins Freie,
- 1. Obergeschoss mit Außentreppe,
- Erdgeschoss mit einem Ausgang ins Freie in der Treppenraumerweiterung,
- Kellergeschoss mit einem Rettungstunnel ins Freie sowie
- dem Erdgeschoss, Kellergeschoss oder 1. Obergeschoss nahe liegendes Geschoss mit anderen Ausgangsmöglichkeiten, was im Einzelfall geprüft werden muss.

Eine mögliche im Brandschutznachweis zu erbringende Grobvorgabe für eine Brandfallsteuermatrix im Hochhaus stellt Tabelle 4.16 dar.

4.6.4 Alarmierungstechnik

In Hochhäusern müssen Alarmierungs- und Lautsprecheranlagen vorgesehen werden, mit denen im Gefahrenfall Personen alarmiert und Anweisungen erteilt werden können.

Diese Anlagen sind notwendig, um bei großen Personenzahlen auch Teilevakuierungen zu ermöglichen bzw. Einfluss auf die Wahl der Rettungswege auszuüben.

Neben der Alarmierung in der betreffenden Nutzungseinheit und im jeweiligen Geschoss (was die Grundvoraussetzung für die Brandmeldung im Hochhaus ist) sind unterschiedliche Alarmierungslösungen möglich. Diese müssen in der Brandschutzordnung festgelegt werden. In der Grobvorgabe für die Brandfallsteuermatrix sind sie Bestandteil des Brandschutznachweises.

4.7 Automatische Feuerlöschanlagen

4.7.1 Technische und rechtliche Grundlagen des Einsatzes automatischer Feuerlöschanlagen

Wirksamkeit und Zuverlässigkeit

Aufgrund der erhöhten Brandrisiken in Hochhäusern ist als Standardlösung in der Regel eine automatische Feuerlöschanlage Voraussetzung, um die folgenden **Schutzziele** zu erreichen:

- Verhinderung der Ausbreitung von Feuer und
- wirksame Löscharbeiten.

Die Feuerlöschanlage wird deshalb auf ein weitgehend abdeckendes Brandszenario ausgelegt: Der Entstehungsbrand wird frühzeitig, spätestens über das Temperaturkriterium bei einem Temperaturanstieg von 50 K bei in der Regel 68 °C erkannt. Die tatsächliche Rauchgastemperatur liegt in Abhängigkeit von der Trägheit des Sprinklerauslöseelements bei ca. 100 °C. Mit dieser Lokalisierung erfolgt eine regionale Brandbekämpfung des Entstehungsbrandes und dieser Entstehungsbrand wird mit sehr hoher Zuverlässigkeit auf seinen Brandentstehungsort begrenzt. Diese **Begrenzung verhindert** Folgendes:

- eine Brandausbreitung auf eine größere Fläche,
- eine Brandausbreitung auf darüber liegende Geschosse, sei es über die Fassade, Haustechnikschächte oder sonstige vertikale Öffnungen, wie Treppenräume, Aufzüge und Atrien,
- ein Außerkontrollegeraten des Brandes, das direkte Löschmaßnahmen unmöglich macht, bzw. die Erschwerung der Brandbekämpfung durch die Einsatzkräfte der Feuerwehr, wenn ein Ablöschen nicht möglich ist,
- eine thermische Belastung der Baukonstruktion, die zum Bauteilversagen führen kann, sowie
- die Notwendigkeit der vollständigen Evakuierung des Gebäudes.

Damit ergeben sich sehr hohe Anforderungen an die **Zuverlässigkeit** der Feuerlöschanlage. Erfahrungen mit Hochhausbränden zeigen eindeutig, dass Brandschäden und Opferzahlen immer dann gering waren, wenn die Feuerlöschanlage voll funktionsfähig war. Bei einer Reihe von Brandereignissen kam es dagegen zu Großschäden, weil keine Feuerlöschanlage vorhanden oder diese nur in Teilbereichen installiert oder wegen baulicher Maßnahmen oder schlechter Wartung nicht voll funktionsfähig war.

Untersuchungen zur Zuverlässigkeit von Feuerlöschanlagen haben allgemein eine Zuverlässigkeit zwischen 96 und 99 % ergeben (z. B. Linden, 1981; Prüser, 2019), wobei der Wert von 96 % eher das letzte Jahrhundert betraf und

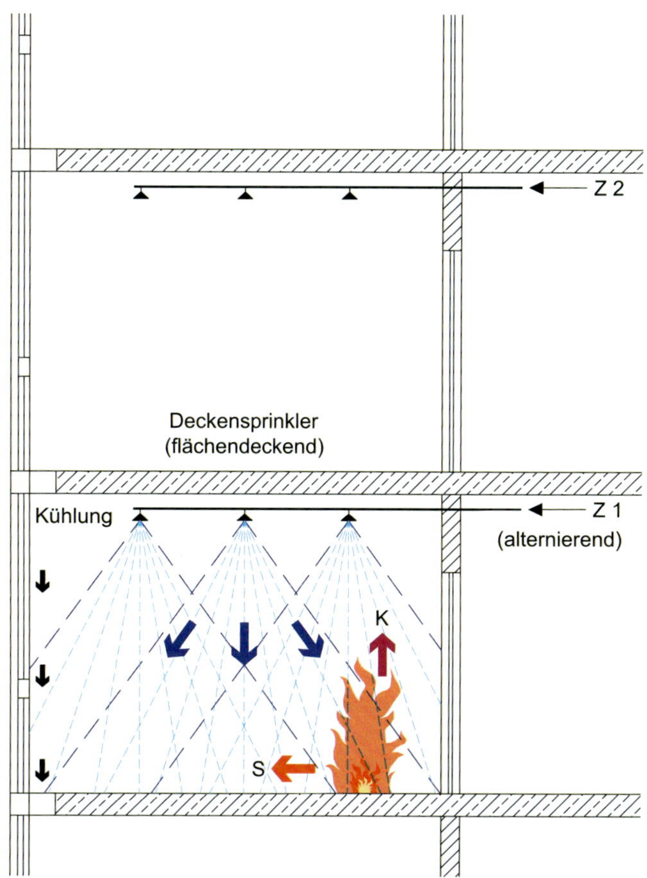

Z Wasserzuführung
K Konvektion
S Strahlung

Abb. 4.52: Entstehungsbrandbekämpfung durch eine automatische Feuerlöschanlage (Quelle: nach Taggart, 2019)

mittlerweile durch die Verbesserung der Anlagen Werte zwischen 98 und 99 % erreicht werden. Einzelne Untersuchungen haben bei bestimmten Normen Ausreißer der Ausfallwahrscheinlichkeiten von bis zu 12 % ergeben, z. B. in Australien (Moinuddin et al., 2008). Diese Ausfallwahrscheinlichkeiten, die vor allem auf eine eher unsichere Wasserversorgung zurückzuführen sind, können aber durch die Gestaltung der Wasser- und Energieversorgung der Feuerlöschanlage und durch Wartungsmaßnahmen reduziert werden.

Kompensation versus Notwendigkeit

Grundsätzlich fordert die Muster-Hochhaus-Richtlinie in Deutschland eine automatische Feuerlöschanlage. Auch in den meisten anderen Industriestaaten bestehen ähnliche oder vergleichbare Forderungen. Teilweise wird der grundsätzliche Sprinklerschutz schon bei mehr als dreigeschossigen Gebäuden vorgeschrieben, wie z. B. in Neuseeland.

Nach Abschnitt 8 MHHR darf nur von der Forderung einer automatischen Feuerlöschanlage abgewichen werden, wenn ganz bestimmte Bedingungen zutreffen. Diese müssen eine echte Kompensation für die Feuerlöschanlage hinsichtlich der Erreichung des Schutzziels sein. Das **Schutzziel einer**

Feuerlöschanlage ist allerdings nicht eindeutig definiert. Am ehesten kann es mit „Brandkontrolle" beschrieben werden. Das bedeutet, dass im ungünstigsten Fall des bestimmungsgemäßen Operierens der Feuerlöschanlage die Brandfläche und die Wärmefreisetzungsrate auf eine bestimmte Größe begrenzt bleiben. Es geht also für die Anwendung der Erleichterung nach Abschnitt 8 MHHR nicht darum nachzuweisen, dass eine Feuerlöschanlage notwendig ist, sondern darum nachzuweisen, dass ein Verzicht unter ganz bestimmten Bedingungen im Einzelfall möglich ist.

Ein **Verzicht** auf eine Feuerlöschanlage ist nur dann möglich, wenn

- die Höhe möglicher Aufenthaltsräume nicht über 60 m über der Geländeoberfläche liegt,
- die vertikale Brandausbreitung im Fassadenbereich zwischen Öffnungen in der Außenwand durchgängig durch feuerbeständige Bauweise nicht unter 1,0 m Höhe bzw. feuerbeständige auskragende Platten nicht unter 1 m Tiefe eingeschränkt wird,
- keine Geschossverbindungen und Geschossöffnungen innerhalb des Gebäudes vorliegen mit Ausnahme von Treppenräumen, Sicherheitstreppenräumen und Aufzügen (womit alle Formen von Atrien und maisonetteartigen Nutzungseinheiten herausfallen),
- Doppelfassaden ausgeschlossen sind, weil hier in der Regel die feuerbeständige Anbindung der äußeren Fassade an die Geschossdecken fehlt,
- keine Abweichungen im geforderten Feuerwiderstand der tragenden und aussteifenden Bauteile sowie der Geschossdecken vorliegen,
- keine Nutzungseinheiten größer als 200 m² sind (Gewährleistung der Zellenbauweise und damit Begrenzung der horizontalen Brandausbreitung),
- keine erhöhten Brandrisiken oder Brandlasten durch die Art der Nutzung bestehen (wie z. B. bei Verkaufsstätten oder Industrienutzungen),
- keine brennbaren Baustoffe (wie z. B. Holz oder Kunststoffe) im Tragwerk und für die Verkleidung (z. B. Wärmedämmung, Haustechnik, Begrünung) angewendet werden,
- keine Sonderbaunutzung vorliegt, die größerer Raumflächen bedarf, wie Versammlungsstätten, Schulbereiche usw.,
- keine Erschwernisse im abwehrenden Brandschutz erwartbar sind, wie z. B. durch eine nicht ausreichend einsatzbereite Feuerwehr, und
- keine Rettung mobilitätseingeschränkter Personen horizontal zu erfolgen hat.

Grundsätzlich reicht bereits die Nichterfüllung eines der genannten Kriterien, um die Notwendigkeit einer Feuerlöschanlage zu erwirken. Allerdings gibt es Fälle, in denen die genannten Bedingungen nur im Erdgeschoss oder nur in den unteren Geschossen nicht erfüllt werden, beispielsweise durch eine atrienartige Verbindung des Erdgeschosses und des 1. Obergeschosses im Breitfuß oder durch größere Besprechungsräume oder Gaststätten im Erdgeschoss. In diesen Fällen sind Einzelprüfungen der erreichbaren Schutzziele vorzunehmen.

Bei **Überschreitung der 60-m-Grenze** werden die Brandbekämpfungsmöglichkeiten der Einsatzkräfte der Feuerwehr selbst bei der Nutzung von Feuerwehraufzügen immer kritischer. Deshalb ist eine automatische Brandbekämpfung zur Reduzierung der auftretenden Wärmemenge hier zwingend erforderlich.

Die Einschränkung der vertikalen Brandausbreitungsmöglichkeiten durch eine 1 m hohe feuerbeständige Außenwand oder eine 1 m tief auskragende Platte zwischen Öffnungen reduziert zwar die Wahrscheinlichkeit einer vertikalen Brandausbreitung über die Fassade, schließt sie jedoch bei Weitem nicht aus (siehe Kapitel 4.3.4). Die Modellierung von **Flammenhöhen** aus Fenstern ergibt je nach Geometrie und zeitabhängiger Wärmefreisetzungsrate Werte von bis zu ca. 5 m. Diese Flammenhöhen können automatische Feuerlöschanlagen bei rechtzeitiger Auslösung und Wärmebindung des Löschmittels verhindern. Dennoch werden auch heute noch aus Kostengründen eher die fragwürdigen auskragenden Platten angewendet als die Brandausbreitung mit einer Feuerlöschanlage zu unterbinden.

In Deutschland und in anderen mitteleuropäischen Staaten ist (anders als in vielen angelsächsischen Staaten) die **Nichtanwendung** von Feuerlöschanlagen **historisch** bedingt. Hier gibt es viel öfter hochleistungsfähige Feuerwehren, insbesondere auch freiwillige Feuerwehren, die über Jahrzehnte den abwehrenden Brandschutz zu einem Großteil erfolgreich leisteten. Bei Hochhäusern werden jedoch Grenzen des abwehrenden Brandschutzes erreicht.

Die hierzulande unzureichende Kenntnis der Wirkprinzipien unterschiedlicher automatischer Feuerlöschanlagen führt oft zu suboptimalen Planungslösungen (Rost, 1988). Grundsätzlich sind verschiedene Anlagenarten in Hochhäusern ausführbar: neben den weltweit am häufigsten angewendeten Sprinkleranlagen auch Sprühwasserlöschanlagen, Wassernebellöschanlagen und ggf. Sonderlösungen wie Schaumlöschanlagen. Alle diese Anlagen basieren auf dem Löschmittel **Wasser**, was am einfachsten für die infrage kommenden Nutzungsarten anwendbar ist. Andere Löschmittel, wie Pulver oder Löschgase, sind infolge des Hauptproblems von Hochhäusern im Brandfall, der Personenrettung, kaum sinnvoll, weil bei Pulver Löschmittelschäden hoch wären und Löschgase gleichzeitig Atemgifte sind, weshalb sie eine Vorwarnzeit benötigen. Lediglich der Einsatz von Netzmitteln kann im Einzelfall zur Verbesserung der Löschwirkung zweckmäßig sein.

Die eingesetzte Feuerlöschanlage hat in allen Varianten ein Ziel: **Begrenzung der Wärmefreisetzung** auf eine Größe, die es den Einsatzkräften der Feuerwehr möglich macht, den Entstehungsbrand, der örtlich begrenzt ist, mit einfachen Mitteln abzulöschen. Mit einer wirksamen Feuerlöschanlage kann die Wärmefreisetzung, die bei einem Büro- oder Wohnungsbrand ohne Feuerlöschanlage bei ca. 6 MW liegt, auf nicht über 0,5 MW (eher noch erheblich darunter) beschränkt werden. Durch die Begrenzung der Brandfläche innerhalb eines Geschosses und die geringe Wärmefreisetzungsrate soll Folgendes erreicht werden:

- Verhinderung der Ausbreitung des Entstehungsbrandes auf andere Geschosse, z. B. über Fenster, Balkone, Doppelfassaden, Atrien, Maisonetten, Flure, Treppenräume und haustechnische Öffnungen, sowie
- Verhinderung der Ausbreitung des Feuers auf eine Brandfläche, die nicht mehr von dem Raum der Brandentstehung selbst aus zu bekämpfen ist, z. B. bei großflächigen Räumen.

Eine Verhinderung der Rauchausbreitung ist in frühen Brandphasen mit der Feuerlöschanlage in aller Regel nicht erreichbar. Zwar entsteht durch die geringere Brandleistung auch insgesamt weniger Rauch. Dieser wird aber verdünnt und mit verdampfenden Wasseranteilen der Feuerlöschanlage wieder etwas vermehrt. Das ist auch der Grund, weshalb die Feuerlöschanlage in aller Regel keine Kompensation für die Rettungsweglösung darstellt. Dabei wird davon ausgegangen, dass die Brandbekämpfung durch die Einsatzkräfte der Feuerwehr trotz Feuerlöschanlage mit Atemschutz erfolgen muss.

Internationale Regelungen

International ist es üblich, dass Hochhausneubauten (bzw. neue Gebäude ab einer Höhe von 30 m) mit Sprinkleranlagen ausgerüstet werden, insbesondere in den USA, in Kanada, Australien, Neuseeland und Schweden. Jedoch gibt es auch hier Bestandshochhäuser, vor allem Wohnhochhäuser, ohne Feuerlöschanlagen. In vielen Großstädten der Welt, die nicht in Industriestaaten liegen, wie in Großstädten Südamerikas, Asiens, Afrikas, aber auch einzelner Staaten Südeuropas, sind Feuerlöschanlagen in

Tabelle 4.17: Anforderungen an die Feuerwiderstände von Bauteilen mit und ohne automatische Feuerlöschanlage in der Schweiz

Nutzung	Konzept des Brandschutzes	Tragwerk	brandabschnittsbildende Geschossdecken	brandabschnittsbildende Wände	vertikale Fluchtwege, Treppenräume
Wohnungen, Büros, Schulen, kleine Verkaufsstätten, Parkhäuser, Industrie und Gewerbe mit geringer Brandlast	baulich	R 90	REI 90	EI 90	REI 90
Wohnungen, Büros, Schulen, kleine Verkaufsstätten, Parkhäuser, Industrie und Gewerbe mit geringer Brandlast	mit flächendeckender automatischer Feuerlöschanlage	R 60	REI 60	EI 30	REI 90
sonstige Industrie- und Gewerbenutzung	baulich	R 120	REI 120	EI 90	REI 120
sonstige Industrie- und Gewerbenutzung	mit flächendeckender automatischer Feuerlöschanlage	R 90	REI 90	EI 60	REI 90
besondere Beherbergung (Krankenhäuser, Pflegeeinrichtungen und Einrichtungen für ältere Menschen)	baulich	R 90	REI 90	EI 60	REI 90
besondere Beherbergung (Krankenhäuser, Pflegeeinrichtungen und Einrichtungen für ältere Menschen)	mit flächendeckender automatischer Feuerlöschanlage	R 60	REI 60	EI 30	REI 90
Hotels, große Verkaufsstätten, Versammlungsstätten (große Personenzahlen)	baulich	R 90	REI 90	EI 60	REI 90
Hotels, große Verkaufsstätten, Versammlungsstätten (große Personenzahlen)	mit flächendeckender automatischer Feuerlöschanlage	R 60	REI 60	EI 30	REI 90

Hochhäusern nur in Einzelfällen vorhanden. Nachfolgend wird auf einige internationale Regelungen zur Forderung von Feuerlöschanlagen in Hochhäusern eingegangen und es werden auch Kompensationsmöglichkeiten aufgezeigt.

Die Anforderungen an Hochhäuser sind in der **Schweiz** sehr behördenermessensbezogen: In Hochhäusern sind auf Verlangen der Brandschutzbehörde Sprinkler- oder Brandmeldeanlagen zu installieren. Je nach Hochhausnutzung ergeben sich unterschiedliche Anforderungen. Bei einer Mischnutzung sind die Anforderungen am höchsten.

Der Einsatz von Feuerlöschanlagen reduziert die erforderlichen Feuerwiderstände der Bauteile, teilweise um ca. 25 %. Zu beachten ist, dass Brandabschnitte in der Schweiz geschossweise definiert sind. Danach können Brandabschnitte auf ein Geschoss oder mehrere Geschosse begrenzt bleiben. Bei der schweizerischen Brandabschnittstrennung ist daher die vertikale Brandausbreitung von Brandabschnitt zu Brandabschnitt nur teilweise eingeschränkt.

In **Österreich** wird generell von einer feuerbeständigen Bauweise ausgegangen. Reduzierungen der Feuerwiderstandsanforderungen sind nicht vorgesehen. Die Verhinderung einer vertikalen Brandausbreitung wird explizit als Schutzziel genannt und muss auf eine der folgenden Weisen gewährleistet werden:

- durch eine geeignete Feuerlöschanlage, die mindestens das Schutzziel „Verhinderung der vertikalen Flammenübertragung“ sicherstellt,
- durch nicht öffenbare Abschlüsse (E 90 A2) aller Öffnungen in Außenwänden oder
- durch Fensterstürze (REI 90 A2 bzw. EI 90 A2), die mindestens 20 cm von der fertigen Deckenuntersicht herabreichen müssen. Der Abstand zwischen dieser Sturzunterkante und der Parapetoberkante des nächsten darüber liegenden Fensters muss mindestens 4,4 m betragen; der dazwischen liegende Bereich muss in REI 90 A2 bzw. EI 90 A2 hergestellt werden. Dieser Abstand reduziert sich auf maximal 1,5 m, wenn der Abstand eines Fensters zu darüber liegenden Fenstern – horizontal von Laibung zu Laibung gemessen – mindestens 2 m beträgt.

In **Österreich** wird demnach eine vertikale Brandausbreitung über mehr als 1 m Höhe zwischen Fenstern als wahrscheinlich eingeschätzt und die in Deutschland vorgeschriebene Begrenzung der Brandausbreitungsmöglichkeiten durch eine 1 m hohe feuerbeständige Außenwand zwischen Fenstern als kritisch bewertet.

Die Anforderungen an Hochhäuser werden in **Neuseeland** innerhalb des allgemeinen Baurechts als sog. „Acceptable Solutions“ vorgegeben. Je nach Gebäudesituation werden katalogisierte Maßnahmen für die Standardanwendung aufgelistet und dann zugeordnet.

In allen Gebäuden mit einer Höhe von über 25 m sind bestimmte Sicherheitssysteme (Systemtypen) erforderlich. Ausnahmen müssen im Einzelfall ingenieurtechnisch nachgewiesen werden. Die Notwendigkeit der Installation von Systemtypen ist in New Zealand Standards (NZS) festgelegt.

Tabelle 4.18: Feuerwiderstände für tragende und aussteifende Bauteile in Abhängigkeit von Nutzung und Ausrüstung mit einer Feuerlöschanlage in Großbritannien

Nutzung	Löschanlage	Gebäudehöhe 18 bis 30 m	Gebäudehöhe > 30 m
Büro	K1	R 90	n. g.
	K4	R 60	R 120
Gewerbe, hohe Brandgefahr	K1	R 150	n. g.
	K4	R 90	R 120
Gewerbe, mittlere Brandgefahr	K1	R 120	n. g.
	K4	R 60	R 90
Gewerbe, geringe Brandgefahr	K1	R 90	n. g.
	K4	R 60	R 60
Lager, geringe Brandgefahr	K1	R 90	n. g.
	K4	R 60	R 60
Garage, offen	K1	R 30	R 30
Garage, geschlossen	K1	R 90	R 120
Verkaufsstätte	K1	R 90	n. g.
	K4	R 60	R 120
Versammlungsstätte, hohe Brandgefahr	K1	R 120	n. g.
	K4	R 90	R 120
Versammlungsstätte, mittlere Brandgefahr	K1	R 90	n. g.
	K4	R 60	R 120
Wohnung	K1	nein	n. g.
	K4	R 90	R 120
sonstige Beherbergung	K1	R 90	n. g.
	K4	R 60	R 120

K1 ohne zusätzliche Anforderungen, außer Rauchwarnmelder in Wohnbereichen

K4 mit flächendeckender automatischer Feuerlöschanlage

n.g. nicht genehmigungsfähig

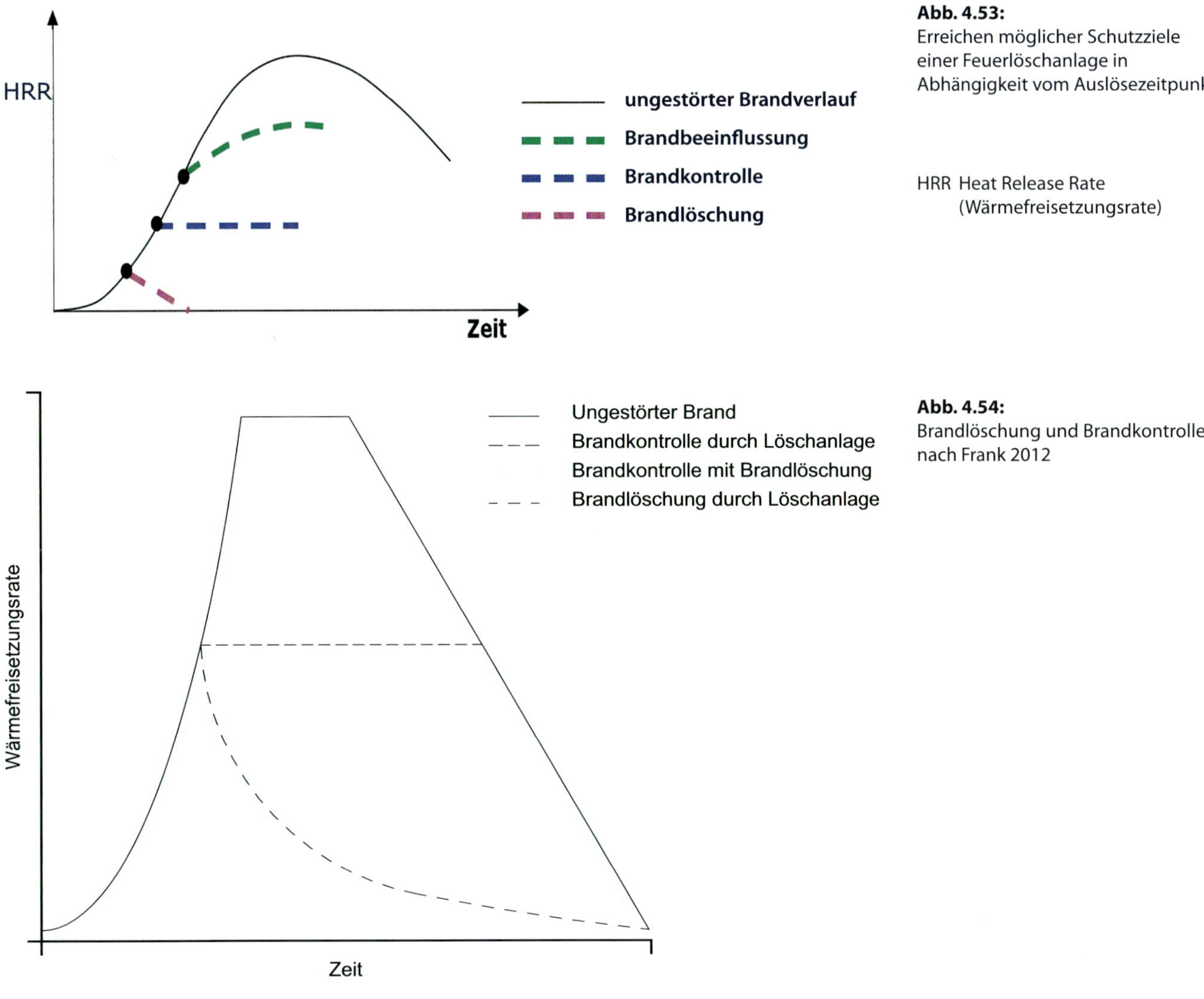

Abb. 4.53:
Erreichen möglicher Schutzziele einer Feuerlöschanlage in Abhängigkeit vom Auslösezeitpunkt

HRR Heat Release Rate (Wärmefreisetzungsrate)

Abb. 4.54:
Brandlöschung und Brandkontrolle nach Frank 2012

Die wichtigsten Systemtypen sind

- Wohnungsrauchmelder,
- manuelle Brandmeldung,
- automatische und manuelle Brandmeldung mit Wärmemeldern,
- automatische und manuelle Brandmeldung mit Rauchmeldern,
- automatische und manuelle Brandmeldung mit speziellen Rauchmeldern,
- Sprinkleranlagen und manuelle Rauchmeldung,
- Sprinkleranlagen und Rauchmelder und manuelle Rauchmeldung,
- spezielle Rauchüberwachung in Lüftungsanlagen,
- Brand- und Notfall-Aufzugsanlagen sowie
- Gebäudehydrantenanlagen.

In **Großbritannien** sind die Anforderungen an Hochhäuser in British Standards festgelegt. Bei Gebäudehöhen von über 30 m sind Sprinkleranlagen fast durchgängig erforderlich. Lediglich Parkhäuser können ohne Sprinkleranlage ausgeführt werden. Die Anforderungen an die Feuerwiderstände von tragenden und aussteifenden Bauteilen reduzieren sich bei dem Vorhandensein einer Feuerlöschanlage (Tabelle 4.18).

Diese Beispiele machen deutlich, dass international (mit Ausnahme der Schweiz und einigen wenigen anderen Staaten) ab einer Gebäudehöhe von 30 m Feuerlöschanlagen (Sprinkleranlagen) als Standardlösungen vorgesehen werden und es darüber hinaus zu Reduzierungen der Feuerwiderstandsanforderungen an bestimmte Bauteile (nicht nur an die Flurbauteile wie in Deutschland) durch die Ausrüstung mit einer Feuerlöschanlage kommt.

Im Folgenden werden die in Hochhäusern hauptsächlich in Betracht kommenden Feuerlöschanlagenarten prinzipiell beschrieben: Sprinkleranlagen, Wassernebellöschanlagen und Sprühwasserlöschanlagen.

4.7.2 Sprinkleranlagen

Sprinkleranlagen sind in der Lage, mit einer lokalen Auslösung durch die Brandkenngröße „Temperatur" und einer lokalen Aufbringung des Löschmittels Wasser mit einem Tropfenspektrum von ca. 0,2 bis 1 mm (die genauen Mittelwerte sind leicht druckabhängig) eine lokale Brandbekämpfung durchzuführen und den Brandentstehungsort sowie das Umfeld auf einer definierten Wirkfläche abzulöschen oder die Wärmefreisetzung so weit unter Kontrolle zu halten, dass eine weitere Brandausbreitung unterbunden wird und die thermische Belastung der Bauteile nicht weiter steigt.

Die Brandlöschung und die Brandkontrolle sind als Schutzziele vorgegeben. In den internationalen Normen ist allerdings nicht überall klar unterschieden, welches der beiden Schutzziele genau erreicht wird. Die **Wirksamkeit** von Sprinkleranlagen ist heute im **Zwischenbereich** von **Brandlöschung** (Supression) und **Brandkontrolle** (Control) einzuordnen. Da es bislang keine quantifizierten Vorgaben für die Bewertung der Leistungsfähigkeit gibt, wird in aller Regel bei Standardsprinkleranlagen „Brandkontrolle“ angenommen. Das Erreichen des Schutzziels „Brandkontrolle“ erscheint im Hochhausbereich allerdings infolge der Notwendigkeit eines Innenangriffs der Feuerwehreinsatzkräfte als nicht ausreichend. Bei einer relativ schnellen Reduktion der Wärmefreisetzungsrate kann das Schutzziel „Brandlöschung“ erfüllt werden.

Das Erreichen der Schutzziele ist abhängig von dem **Auslösezeitpunkt** und der **Wasserbeaufschlagung**. Bei gleicher Wasserbeaufschlagung kann es sein, dass je nach Auslösezeitpunkt unterschiedliche Schutzziele erreicht werden.

Die Sprinkler können als Deckensprinkler, Seitenwand- oder Wohnungssprinkler ausgeführt werden. Da es bei Hochhäusern im Brandfall um Personenschutz geht, sollen nur Sprinkler mit einem RTI-Wert $< 50\ m^{0,5} \cdot s^{0,5}$ (schnell auslösend) eingesetzt werden. Zur Erreichung der notwendigen Wasserbeaufschlagung von 5 mm/min sind in der Regel Sprinkler mit einem K-Faktor von 80 erforderlich. Der K-Faktor bestimmt zusammen mit dem Druck am Sprinkler die Ausflussmenge. Die Rohrnetze müssen vollhydraulisch berechnet werden, wobei insbesondere die erheblichen vertikalen Druckdifferenzen berücksichtigt werden müssen.

Seitenwandsprinkler werden vor allem in notwendigen Fluren eingesetzt. Spezielle schnell auslösende Seitenwandweitwurfsprinkler können bei bestimmten geometrischen Verhältnissen in Hotelzimmern verwendet werden. Besondere Wohnungssprinkler können in Unterdecken so angeordnet werden, dass sie nicht sichtbar sind. Auch bündige Deckensprinkler sowie versenkte und verdeckte Sprinkler können nicht sichtbar installiert werden.

Feuerlöschanlagen in Dachgeschossen sowie auf Dachterrassen und größeren Balkonen können bei höheren Brandlasten notwendig werden, um das Hineinlaufen eines Brandes in die überdachten Geschosse und hohe Wärmefreisetzungsraten zu verhindern. Bei der Gestaltung dieser Feuerlöschanlagen ist die **Frostgefährdung** bei der Anordnung im Freien zu beachten. Das kann dazu führen, dass eine teilweise Trockenleitung für einzelne Düsen vorgesehen werden muss. Ein weiteres Problem stellt die Düsenanordnung dar. Anders als in überdachten Räumen oder Fluren ist eine Auslösung über die Brandkenngröße „Temperatur“ hier nicht möglich. Deshalb können hier Infrarotmelder oder sonstige nicht standardisierte Meldesysteme, auch Linienmelder, zur selektiven Auslösung verwendet werden. Die Düsen selbst können dann Seitenwanddüsen sein. Wenig Erfahrungen gibt es bislang mit in den Fußboden eingelassenen Düsen, die im Brandfall durch

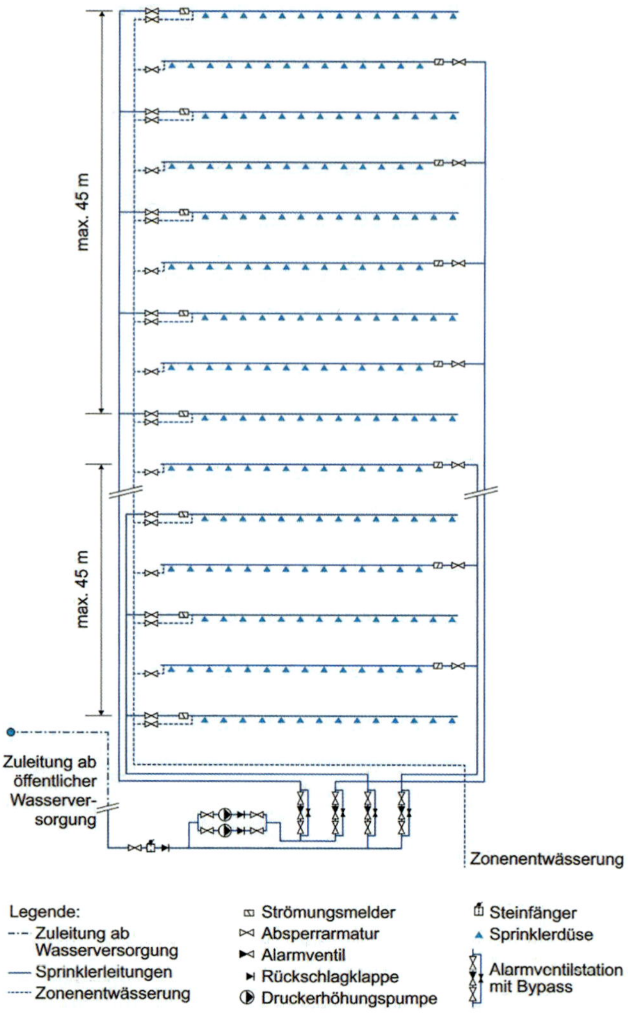

Abb. 4.55: Prinzipskizze einer Sprinkleranlage in Hochhäusern (Quelle: Sprinkleranlagen Weisung, 2015)

eine spezielle Auslösung nach oben in den Brandraum sprühen. Während international Seitenwandsprinkler und Spezialsprinkler sehr häufig angewendet werden, sind sie bisher in Deutschland noch relativ selten anzutreffen.

An Sprinkleranlagen in Hochhäusern werden in der **Schweiz** gemäß Sprinkleranlagen Weisung, Abschnitt 4.9.2, folgende **Anforderungen** gestellt:

- In Hochhäusern müssen die Steigleitungen der Sprinkleranlagen so erstellt werden, dass unmittelbar übereinander liegende Geschosse nicht an die gleiche Steigleitung angeschlossen werden.
- Die Hochhaus-Sprinkleranlagen sind so in Sprinklergruppen zu unterteilen, dass der Höhenunterschied zwischen dem höchsten und dem tiefsten Sprinkler in jeder Sprinklergruppe 45 m nicht überschreitet.
- Hochhaus-Sprinkleranlagen sind in Zonen zu unterteilen. Keine Zone darf mehr als 250 Sprinkler enthalten und mehr als ein Geschoss abdecken, das jedoch ein Halbgeschoss bzw. eine Galerie von nicht mehr als 100 m² beinhalten darf.

- Alle Geschosszuleitungen und Zonen müssen mit Absperrorganen ausgerüstet werden.
- Jede Zone ist entweder am Ende des Verteilrohrs, das hydraulisch am entferntesten von der Wasserversorgung ist, oder am Ende des Nebenverteilrohrs mit einem Spülventil mit mindestens 20 mm Nenndurchmesser auszurüsten. Der Ventilauslass ist mit einem Messingstopfen zu versehen.
- In jeder Zone sind nach dem Absperrorgan Strömungsmelder zu installieren. Diese müssen bei einem Wasserfluss ansprechen, der höchstens dem eines einzelnen Sprinklers entspricht. Unmittelbar hinter dem Strömungswächter jeder Zone sind fest eingebaute Prüf- und Entwässerungseinrichtungen vorzusehen. Die Prüfeinrichtung muss den Betrieb eines einzelnen Sprinklers simulieren. Es ist für einen geeigneten Wasserablauf zu sorgen.
- Die Alarmventilstation muss über einen Bypass mit demselben Durchmesser wie die Alarmventilstation ausgerüstet sein. Der Absperrschieber im Bypass muss elektrisch überwacht und signalisiert werden.
- Rohrleitungen, Fittings, Ventile, Pumpen und andere Teile müssen in der Lage sein, dem maximal möglichen Druck standzuhalten. Der maximal zulässige Druck der verwendeten Komponenten ist für den maximalen Anlagendruck maßgebend.
- Bei Ausfall der Sprinkleranlage (infolge Revisionen, Reparaturen, Umbauten, Sanierungen usw.) in einer Geschossebene darf die Wirksamkeit der Sprinkleranlage in den anderen Geschossen nicht beeinträchtigt werden.

Leistungsparameter und Zuverlässigkeitsparameter

Geregelt werden Sprinkleranlagen in Deutschland insbesondere in VdS CEA 4001 „VdS CEA-Richtlinien für Sprinkleranlagen, Planung und Einbau" (2001). Die Auslegung von Sprinkleranlagen erfolgt unter Berücksichtigung von **Brandgefahrenklassen**, die nach VDS-CEA 4001 in die Hauptkategorien „kleine Brandgefahr" (Low Hazard [LH]), „mittlere Brandgefahr" (Ordinary Hazard [OH]) und „hohe Brandgefahr in Produktions- bzw. Lagerbereichen" (High Hazard Production/High Hazard Storage [HHP/HHS]) eingeteilt sind. Die mittleren und hohen Brandgefahrenklassen sind noch einmal in jeweils 4 Untergruppen (z. B. OH1 bis OH4) unterteilt, wobei eine höhere Ziffer einer höheren Gefahr entspricht. Die Bemessungsgruppe als Gruppe einer Brandgefahrenklasse bei Hochhäusern ist OH3, bei Standardbürobauten OH1 oder LH. Weitere Kriterien für die Auslegung von Sprinkleranlagen sind die Leistungsparameter Wasserbeaufschlagung, Wirkfläche, Schutzfläche, Betriebszeit der Anlagen und Art der Sprinkler (siehe Tabelle 4.19).

Die Tabelle 4.19 zeigt, dass die Leistungsparameter von Sprinkleranlagen in Hochhäusern gegenüber Sprinkleranlagen in Nichthochhäusern erhöht sind. Grundlage sind die Werte aus den VdS-Richtlinien VdS CEA 4001. Ähnlich sind diese Unterschiede in internationalen Normen für Sprinkleranlagen.

Grundsätzlich muss bei Sprinkleranlagen zwischen Leistungsparametern und Zuverlässigkeitsparametern unterschieden werden. Die **Leistungsparameter** werden nach dem bemessenen Brandszenario hinsichtlich der **Wärmefreisetzungsrate** und des **Brandflächenwachstums** ausgelegt. Die **Zuverlässigkeitsparameter** sind **Maßnahmen gegen das Versagen** der Wasser- und Energieversorgung bzw. gegen sonstige Fehler und sichern insbesondere die Wasserzufuhr ab.

Während die Anforderungen an Leistungsparameter für Hochhäuser gegenüber den Anforderungen an Leistungsparameter für Nichthochhäuser nur leicht erhöht sind, ergeben sich hinsichtlich der Zuverlässigkeit der Anlagen vergleichsweise hohe Anforderungen. Für Sprinkleranlagen in Hochhäusern wird eine Zuverlässigkeit in der Größenordnung von ca. 98 bis 99 % gefordert. Versagensfälle von Sprinkleranlagen treten in aller Regel im Bereich der Wasser- und Energieversorgung sowie bei den Alarmventilstationen auf.

Reduzierungen der Feuerlöschanlagenparameter von Sprinkleranlagen sind je nach Anwendungsszenarium möglich. Dabei müssen aber das tatsächliche Brandszenario und die Auslöse- und Löschparameter innerhalb der Gebäudegeometrie berücksichtigt werden, insbesondere wenn eine sehr hohe Ausfallsicherheit im Hochhaus erreicht werden soll.

Leistungsfehler bei der Bemessung der Leistungsparameter, die zu einem Nichtwirksamwerden der Sprinkleranlage führen können, kommen kaum vor. Auch die in den letzten 50 Jahren entwickelten schnell auslösenden Sprinkler mit einem RTI-Wert < 50 $m^{0,5} \cdot s^{0,5}$ und spezielle Sprinkler mit einem RTI-Wert zwischen 50 und 80 $m^{0,5} \cdot s^{0,5}$, die hauptsächlich in Hochhäusern angewendet werden, tragen ihren Teil zu einer höheren Leistungsfähigkeit von Sprinkleranlagen bei, da eine frühere Auslösung dazu führt, dass bei gleicher Wasserbeaufschlagung nicht nur die Brandkontrolle, sondern auch die Brandlöschung als Schutzziel erreicht wird. Allerdings sind auslösebezogene Vorgaben bislang in den Normen nur punktuell berücksichtigt.

Tabelle 4.19: Typische Leistungsparameter für Sprinkleranlagen im Hochhaus im Vergleich zu Sprinkleranlagen in Standardbürobauten

Leistungsparameter	Einheit	Hochhaus (OH3)	Standardbürobau (LH/OH1)
Wasserbeaufschlagung	mm/min	5	2,25 bis 5
Wirkfläche	m^2	216	72 bis 84
Schutzfläche	m^2	12	12 bis 21
Betriebszeit der Anlagen	min	60	30 bis 60
Sprinklerart (K-Faktor)	–	80	58 bzw. 80

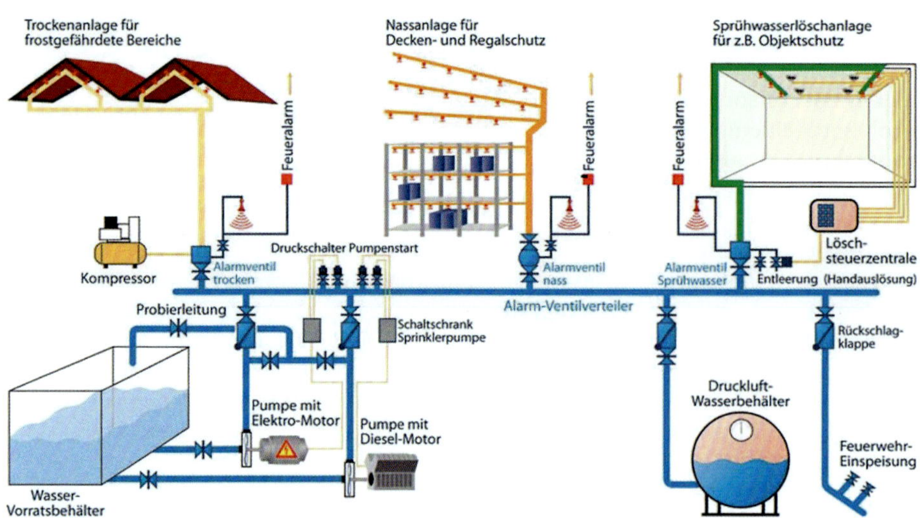

Abb. 4.56: Wasserversorgung einer Sprinkleranlage (Quelle: bvfa – Bundesverband Technischer Brandschutz e. V., Würzburg)

Wasserversorgung

In den VdS-Richtlinien VdS CEA 4001 wird mindestens eine einfache Wasserversorgung mit erhöhter Zuverlässigkeit gefordert. Das ist mindestens eine Wasserversorgung 2. Art (zu den Arten der Wasserversorgung siehe Tabelle 4.20). Die **Wasserversorgung** kann **gewährleistet** werden über

- ein öffentliches Wasserleitungsnetz, das von 2 Seiten eingespeist wird, wobei jede Seite allein in der Lage ist, den Anforderungen an Druck und Durchflussmenge der Anlage zu genügen;
- Hochbehälter ohne Druckerhöhungspumpen oder Behälter mit 2 oder mehr Pumpen oder
- natürliche und künstliche Wasserquellen mit 2 oder mehr Pumpen.

Das öffentliche Wasserleitungsnetz muss von 2 oder mehreren Wasserquellen gespeist werden und darf an keinem Punkt von einer einzigen Hauptversorgungsleitung abhängig sein. Sind Druckerhöhungspumpen erforderlich, sind 2 oder mehr dieser Pumpen vorzusehen.

Die **Behälter** müssen folgende Bedingungen erfüllen:

- Die Behälter müssen die ganze Wassermenge bevorraten.
- Es dürfen weder Licht noch Fremdstoffe eindringen können.
- Es muss Wasser in Trinkwasserqualität verwendet werden.
- Es muss ein Anstrich oder sonstiger Korrosionsschutz vorhanden sein, der von der zuständigen Stelle anerkannt ist.

Sofern die Zuverlässigkeit der Feuerlöschanlage erhöht werden muss, kommen **doppelte Wasserversorgungen** in Betracht. Diese werden entweder mit Pumpenanlagen oder mit Hochbehältern sichergestellt. Dabei ist zu beachten, dass bei Anlagen in Hochhäusern nicht mehr als ein Druckluftwasserbehälter und nicht mehr als ein Zwischenbehälter verwendet werden darf. Als eine zulässige doppelte Wasserversorgung gelten 2 oder mehr Pumpen, die aus 2 voneinander unabhängigen Behältern mit Wasser versorgt werden. Die Pumpenanlagen müssen in Hochhäusern eine gesicherte Energieversorgung haben, die auch bei Stromausfall die Wasserzuführung gewährleistet. Der Wasserdruck wird über Druckluftwasserbehälter gewährleistet.

Die Wasserversorgung eines **Hochbehälters** erfolgt unter Ausnutzung der geodätischen Höhe. Er zählt als erschöpfliche Wasserquelle und muss im Hochhaus mindestens 30 m^3 Wasser für die Sprinkleranlage bevorraten. Bei anderweitigen Anschlüssen an den Hochbehälter müssen diese 30 m^3 in jedem Fall gewährleistet sein.

Hochbehälter, früher die hauptsächliche Wasserversorgung in Hochhäusern, haben heute etwas an Bedeutung verloren, da mit leistungsfähigen Pumpenanlagen oft kostengünstigere Wasserversorgungen erreicht werden können.

Eine zuverlässige doppelte Wasserversorgung ist deshalb eine Mindest- oder Grundanforderung für Standardhochhäuser. Ergeben sich besondere Anforderungen an die Zuverlässigkeit der Sprinkleranlage, z. B. bei Holzhochhäusern, muss eine doppelte Wasserversorgung mit einer weiter erhöhten Zuverlässigkeit in Betracht gezogen werden, abhängig davon, welche Schutzziele und Kompensationen umgesetzt werden sollen. Daraus ergibt sich dann meist eine Wasserversorgung 3. Art, da neben der Wasser- und Energieversorgung die Alarmventilstationen das größte Ausfallrisiko darstellen.

Rohrnetze

Die Rohrnetze müssen in Hochhäusern **vollhydraulisch berechnet** und ausgelegt werden. Vorkalkulierte Rohrnetze nach Rohrnetztabellen sind nicht zugelassen. Grundlage für die Berechnung ist die Hazen-Williams-Gleichung, die den Wasserfluss in einem Rohr mit den physikalischen Eigenschaften des Rohres und mit dem durch Reibung verursachten Druckabfall in Beziehung setzt und mit der für den im Wesentlichen zutreffenden Strömungsbereich eine ausreichende Genauigkeit erreichbar ist.

Die Anlage muss in Zonen von maximal 500 Sprinklern unterteilt werden. Jede Zone soll sich auf ein Geschoss

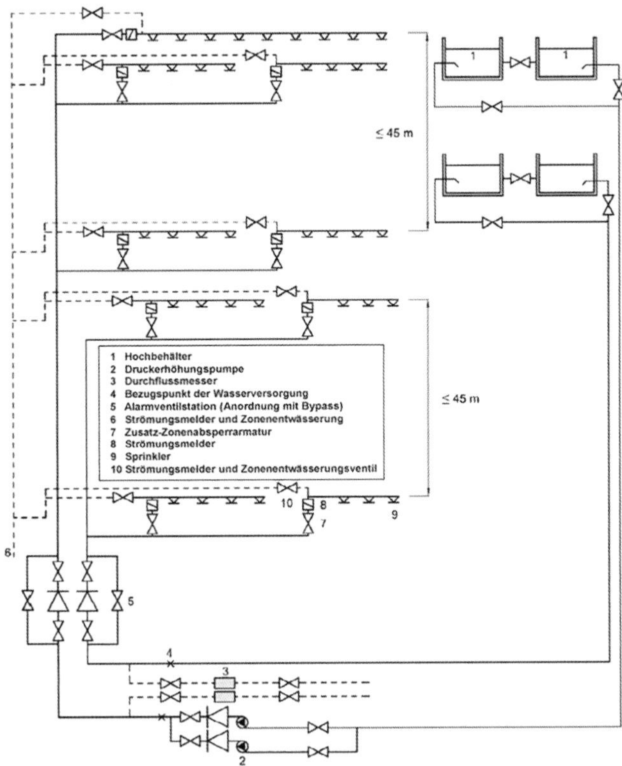

Abb. 4.57: Wasserversorgung im Hochhaus mit Hochbehältern

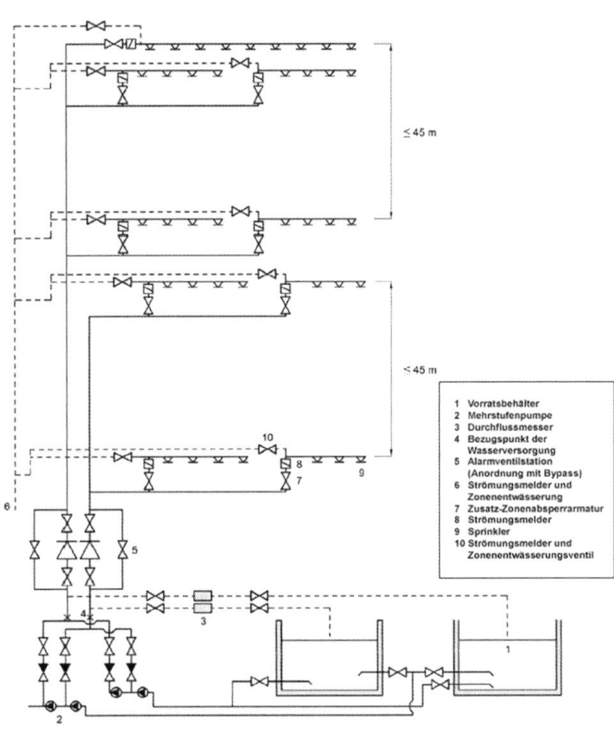

Abb. 4.58: Wasserversorgung im Hochhaus mit Wasserbehältern auf Erdgeschossebene

beziehen, was insbesondere bei Atrien und dem Auftreten von Halb- oder Zwischengeschossen zu beachten ist, und eine unabhängige Zusatz-Zonenabsperrarmatur haben.

Bei Sprinkleranlagen mit einem Höhenunterschied von mehr als 45 m werden besondere Anforderungen an die hydraulische Auslegung gestellt. In diesem Fall müssen Sprinklergruppen so angeordnet werden, wie in Abb. 4.57 bzw. 4.58 dargestellt.

Während bei der Ausbildung der Rohrnetze bis 60 m Gebäudehöhe die Wasserzuführung über **Verästelungsrohrnetze** möglich ist, sind für Hochhäuser über 60 m Höhe infolge der besonderen Druckverluste **vermaschte (ringförmige) Rohrnetze** mit zweiseitiger Einspeisung vorgegeben.

Getrennte Wasserzuführungen zu jedem 2. Geschoss reduzieren die Ausfallwahrscheinlichkeit um 50 %, und selbst bei einer Brandausbreitung über Geschossdecken hinweg (z. B. über die Fassade, ein Atrium oder eine sonstige Deckenöffnung) ist die Feuerlöschanlage noch immer in der Lage, den erweiterten Entstehungsbrand unter Kontrolle zu halten.

Eine doppelte ringförmige Löschwasserversorgung reduziert insgesamt die Druckverluste und kann so eine größere Versorgungssicherheit gewährleisten.

Tabelle 4.20: Arten der Wasserversorgung

Art	Wasserquelle	Einsatz in Hochhäusern
Wasserversorgung 1. Art	eine erschöpfliche Wasserquelle (z. B. Druckluftwasserbehälter oder Hochbehälter)	für Hochhäuser nicht zugelassen
Wasserversorgung 2. Art	eine unerschöpfliche Wasserquelle, z. B. Wasserleitungsnetz	für Hochhäuser in aller Regel aufgrund der begrenzt zulässigen Sprinklerzahl von 1.000 nicht zugelassen, allenfalls bei relativ kleinen und umgerüsteten Bestandshochhäusern
Wasserversorgung 3. Art	eine unerschöpfliche und eine erschöpfliche Wasserquelle, z. B. Wasserleitungsnetz und Druckluftwasserbehälter	**häufigste Lösung für Hochhäuser**
Wasserversorgung 4. Art	2 unerschöpfliche Wasserquellen und eine erschöpfliche Wasserquelle oder 3 erschöpfliche Wasserquellen	vor allem **bei sehr hohen Hochhäusern** mit mehr als 20.000 Sprinklern

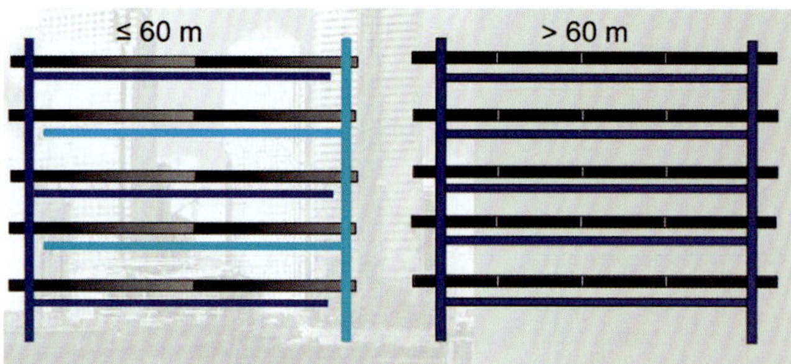

Abb. 4.59: Sprinkleranlage im Hochhaus; links: mit Verästelungsrohrnetz; rechts: mit vermaschtem (ringförmigem) Rohrnetz (Quelle: MHHR, 2008)

4.7.3 Wassernebellöschanlagen

Wassernebellöschanlagen (auch Feinsprühlöschanlagen genannt) stellen hinsichtlich der Löschwirkung die effektivsten Feuerlöschanlagen dar, da neben einem sehr hohen **Kühleffekt** infolge der großen Oberflächen des Wassernebels zusätzlich ein **Stickeffekt** durch den entstehenden Wasserdampf erzielt werden kann, wenn dieser den Brandherd erreicht. Da aufgrund der kleineren Tropfendurchmesser eine gegenüber Sprinkleranlagen höhere Löschwirkung erreichbar ist, sind **Reduzierungen** beim **Wasserbedarf** möglich.

Trotz dieser Vorteile von Wassernebellöschanlagen werden historisch bedingt in vielen Normen für automatische Feuerlöschanlagen nur Sprinkleranlagen erwähnt, da Wassernebellöschanlagen erst seit den 1980er-Jahren angewendet werden und über längere Zeiten hinweg keine allgemeingültige Normierung bestand. International liegen die Normen für Feuerlöschanlagen insbesondere bei den Anforderungen an Wassernebellöschanlagen weit auseinander.

Folgende wesentlichen **Anlagentypen** werden auch bei Hochhäusern vorgesehen:

- Hochdruck-Wassernebellöschanlagen,
- Niederdruck-Wassernebellöschanlagen und
- Sprinkler-Wassernebellöschanlagen.

Hochdruck- und **Niederdruck-Wassernebellöschanlagen** arbeiten auf der Basis von Dralldüsen statt Sprinklern, wobei die Auslösung ähnlich wie bei Sprinklern über lokale Glasfassauslöseelemente erfolgen kann. Aber auch andere, schnellere Brandmeldesysteme können eingesetzt werden, wenn ein ausreichender Schutz gegen Falschalarme erreicht werden muss, z. B. durch Mehrkriterienmelder oder eine redundante Brandfrüherkennung. Eigenständige automatische Brandmeldeanlagen mit Gruppenauslösung kommen bei höheren Brandausbreitungsgeschwindigkeiten, großen Brandlasten und großen Raumhöhen ebenfalls als Auslöseelemente in Betracht.

Bei Niederdruck-Wassernebellöschanlagen bestehen in etwa die gleichen Probleme hinsichtlich der Wasserdrücke an den Düsen wie bei Sprinkleranlagen. Bei Hochdruck-Wassernebellöschanlagen sind erhebliche Reduzierungen

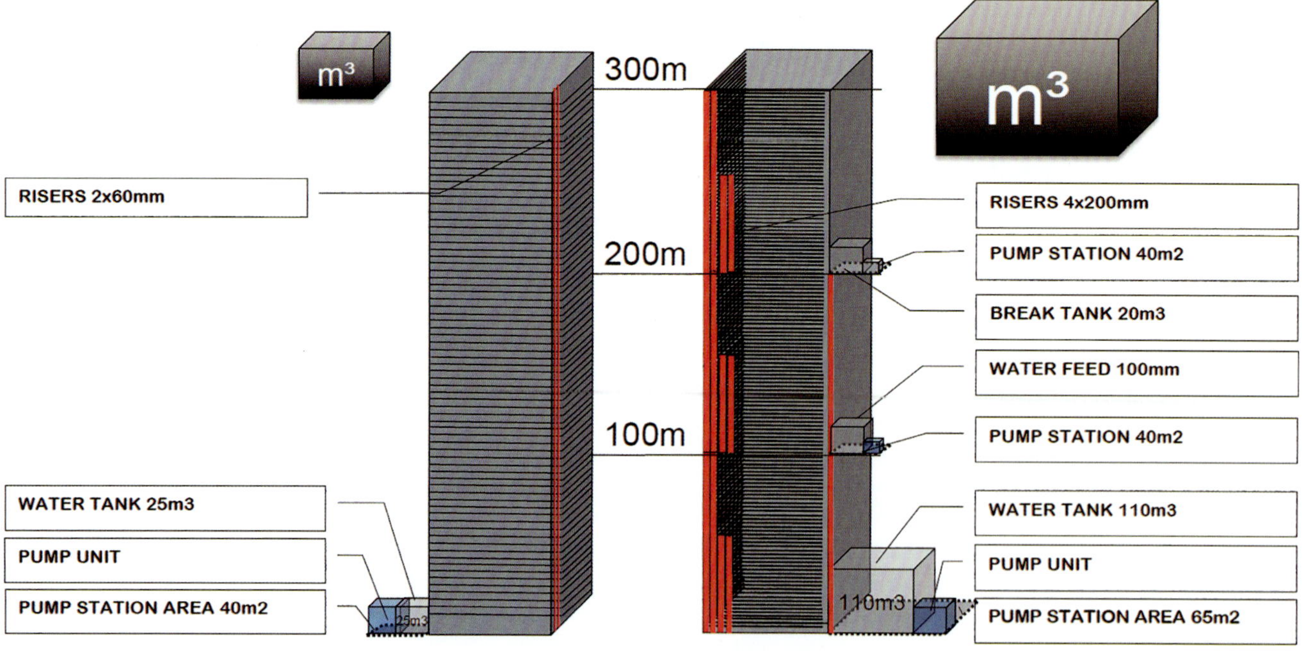

Risers	Steigleitungen
Water Tank	Wassertank
Pump Unit	Pumpeneinheit
Pump Station Area	Pumpenraum
Break Tank	Zwischenbehälter
Water Feed	Wasserzuführung

Abb. 4.60: Vergleich des Wasserbedarfs automatischer Feuerlöschanlagen bei sehr hohen Hochhäusern; links: Hochdruck-Wassernebellöschanlage; rechts: traditionelle Sprinkleranlage (Quelle: Marioff Corporation Oy, Vantaa, Finnland)

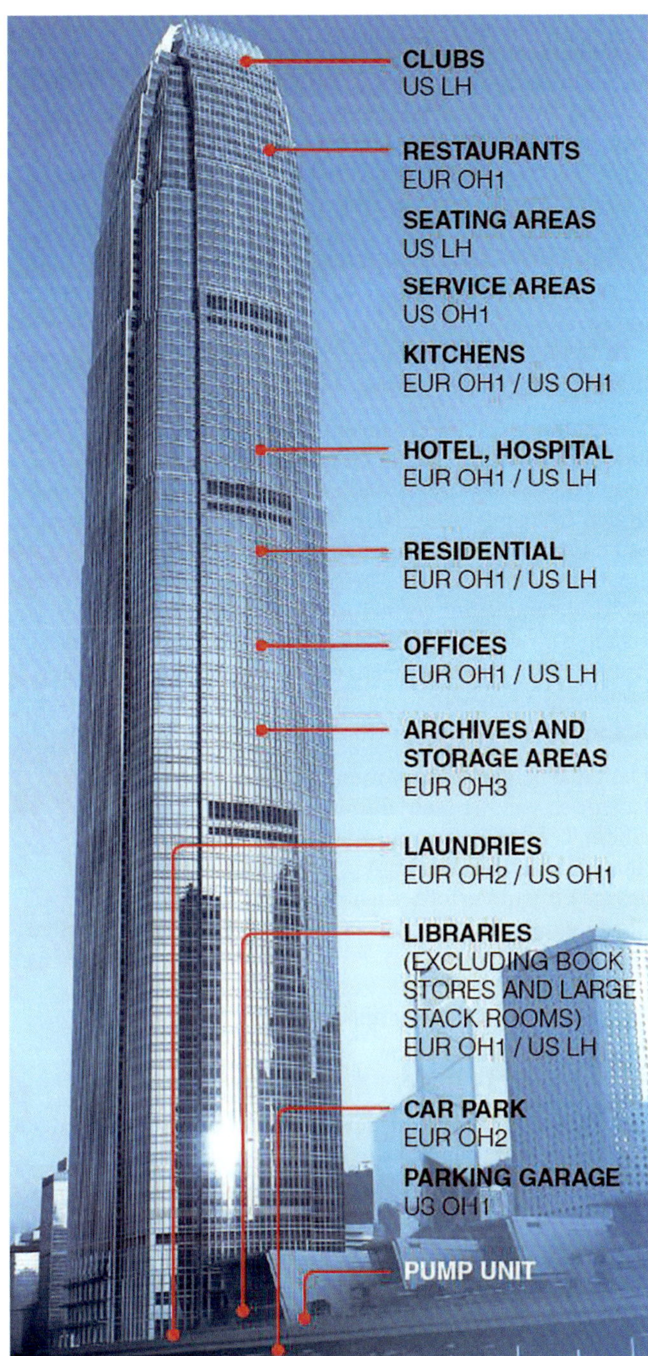

Abb. 4.61: Vergleich unterschiedlicher Brandgefahrenklassen innerhalb eines Hochhauses mit Mischnutzung in den USA und in Europa

des Wasserbedarfs möglich und es entstehen geringere Druckverluste im Rohrnetz.

Sprinkler-Wassernebellöschanlagen sind eigentlich Sprinkleranlagen, die mit einem erhöhten Betriebsdruck errichtet und betrieben werden und dadurch gegenüber anderen Sprinkleranlagen etwas geringere Tropfendurchmesser erreichen, wobei die Auslösung ebenfalls über Glasfassauslöseelemente erfolgt. Der mittlere Tropfendurchmesser verringert sich bei einem etwa 8fach höheren Druck an der Düse um ca. 50 %. Damit wird allenfalls der Grenzbereich zwischen Sprühwasser und Wassernebel erreicht und die Vorteile eines Wassernebels mit einem

Abb. 4.62: Prinzip einer Fensterberieselungsanlage

mittleren Tropfendurchmesser von unter 0,1 mm, der zusätzlich zum Kühleffekt noch einen Stickeffekt ermöglicht, kommen hier nicht zum Tragen, da die notwendige Reduzierung des Tropfendurchmessers allein mit der Druckerhöhung an der Pralltellerdüse nicht erzielt werden kann. Es handelt sich bei Sprinkler-Wassernebellöschanlagen daher lediglich um leicht veränderte Sprinkleranlagen.

Bei Mischnutzungen kann es erforderlich und auch effektiv sein, das **Hochhaus in unterschiedlichen Brandgefahrenklassen** und damit auch mit unterschiedlichen Leistungsparametern zu schützen. Während bei Hochhäusern mit Sprinkleranlagen eine Zuordnung zu der Brandgefahrenklasse OH3 erfolgt, gibt es bei Hochhäusern mit Wassernebellöschanlagen durchaus risikobasierte Abstufungen, insbesondere in der internationalen Auslegung. Nach US-Normen (z. B. NFPA 13 „Standard for the Installation of Sprinkler Systems" [2022]) werden beispielsweise Clubs und Wartebereiche der Brandgefahrenklasse LH zugeordnet, Restaurants, Hotelbereiche, Krankenhausbereiche, Wohnungen und Büros der Brandgefahrenklasse OH1 sowie Archive und Garagen den Brandgefahrenklassen OH2 und OH3.

Zuordnungsprobleme entstehen in Hochhäusern mit Mischnutzung bei Umnutzungen, aber auch bei baulichen Veränderungen. Bei einer reinen Büronutzung, wie z. B. im sog. Telefunken-Hochhaus in Berlin, das mit einer Wassernebellöschanlage ausgerüstet ist, ist die Auslegung der Wassernebellöschanlage einfacher.

4.7.4 Sprühwasserlöschanlagen (SP-Anlagen)

Sprühwasserlöschanlagen (SP-Anlagen) kommen nur dann in Betracht, wenn die Brandausbreitungsgeschwindigkeit im Brandfall sehr hoch und gleichzeitig auf einer größeren Fläche eine frühzeitige Wasseraufbringung (mit kürzeren Auslösezeiten als bei Sprinkleranlagen) erforderlich ist.

Daher eignen sich solche Anlagen vor allem in **Breitfußgeschossen**, wenn dort eine industrielle Nutzung vorgesehen wird.

Sprühwasserlöschanlagen sind auch als **Berieselungsanlagen** bei Sonderlösungen denkbar, z. B. als Fenster- oder Fassadenberieselungsanlage.

4.7.5 Vollschutz oder Teilschutz

Grundsätzlich ist nach der MHHR ein **Vollschutz** für Hochhäuser **erforderlich**. Der Vollschutz umfasst die oberirdischen Geschosse bis zur Hochhausgrenze und die Geschosse darüber, den erd- oder mehrgeschossigen Breitfußbereich, zumindest im Brandabschnitt des Hochhauses, und die Untergeschosse.

Nach DIN EN 12845 „Ortsfeste Brandbekämpfungsanlagen – Automatische Sprinkleranlagen – Planung, Installation und Instandhaltung" (2020) sind zwar Ausnahmen vom Sprinklerschutz möglich, z. B. in Waschräumen und Toiletten, feuerbeständig abgetrennten Treppenräumen, in Systemböden- und Unterdeckenbereichen bis maximal 0,8 m unter ganz bestimmten Randbedingungen, sofern sich dort keine leicht brennbaren Materialien befinden. Im Hochhaus stellen jedoch gerade Systemböden- und Unterdeckenbereiche ein besonderes Brandrisiko dar, weshalb hier oft weitere kompensatorische Maßnahmen zu treffen sein können.

Reparaturarbeiten oder Veränderungen am Gebäude dürfen nicht zu einem Teilschutz oder zu einer Einschränkung des Schutzumfanges der automatischen Feuerlöschanlage führen. Bereits bei der Planung der automatischen Feuerlöschanlage muss sichergestellt werden, dass der durch die automatische Feuerlöschanlage zu leistende Gesamtbrandschutz des Gebäudes im Fall von Revisionen und Reparaturen bestehen bleibt. Für diese meist kurzzeitigen Fälle geben die VdS-Richtlinien VdS CEA 4001 Lösungen vor.

In der 2. Hälfte des **20. Jahrhunderts** war allerdings ein **Teilschutz** noch üblich. Insbesondere bei Hochhäusern mit einer durchgehenden Glasfassade wurden häufig nur die an der Außenfassade liegenden Räume mit einem Sprinklerschutz versehen. Mit dieser Vorgehensweise stellt die Sprinkleranlage nur eine „Reparatur" der ohnehin problematischen Fassadenlösung dar. Nicht betrachtet wird bei dieser Teilsprinklerung ein Hineinlaufen des Brandes aus dem ungeschützten in den geschützten Bereich, z. B. bei geöffneten Türen. Diese Art der Teilsprinklerung rührt noch aus der Idee der Fassadenberieselungsanlagen her, die in den 1950er- und 1960er-Jahren auch bei Hochhäusern zur Verhinderung der vertikalen Brandausbreitung in Einzelfällen angewendet wurden. Sonstige Feuerlöschanlagen, wie z. B. auch Fensterberieselungsanlagen, zum Schutz gegen die vertikale Brandausbreitung haben ihre Bedeutung im Zuge der Einführung des Vollschutzes für Hochhäuser inzwischen verloren, sind aber für die Erfüllung bestimmter zusätzlicher Schutzziele im Einzelfall möglich.

Die Erfahrungen mit Brandereignissen haben aufgezeigt, dass große **Probleme** durch eine **Teilsprinklerung** entstehen. In den 1960er- und 1970er-Jahren wurden z. B. nur bestimmte Geschosse oder auch Teilgeschosse gesprinklert. Bei einer Brandausbreitung von dem nicht gesprinklerten in den gesprinklerten Bereich des Gebäudes konnte es dann zum sog. „Unterlaufen" der Anlage kommen, also zu einer schnelleren horizontalen Brandausbreitung als die Geschwindigkeit der Auslösung der einzelnen Sprinkler. Durch die Anwendung leistungsfähigerer, schnell auslösender Sprinkler ist dies heute eher kein Problem mehr. Problematisch ist es jedoch, wenn durch eine schnelle vertikale Brandausbreitung an der Fassade in viele Geschosse gleichzeitig oder kurz hintereinander die Sprinkleranlage von den Fenstern her die horizontale Brandausbreitung verhindern soll.

International haben Teilsprinklerungen nur im erdgeschossigen oder nur im Untergeschossbereich zu mehreren folgenschweren Brandkatastrophen geführt, vor allem in den 1980er-Jahren in den USA. Dabei ging es weniger um das Unterlaufen der Anlage als vielmehr um die Brandentstehung und Brandausbreitung in den nicht geschützten Gebäudeteilen. Der vermeintlich vorhandene Sprinklerschutz führte oft auch zu einer Unterschätzung anderer Brandschutzanforderungen. Gerade bei einem Teilschutz müssen aber insbesondere die geschossübergreifenden Brandausbreitungsmöglichkeiten kompensiert werden.

Das entscheidende **Argument gegen** einen **Teilschutz** ist jedoch vor allem ein **ökonomisches**: Da auch bei einem Teilschutz die besonders aufwendige und redundante Wasser- und Energieversorgung der Feuerlöschanlage ohnehin erforderlich ist, führen Teilschutzlösungen nur in ganz speziellen Ausnahmefällen zu einer sinnvollen Gesamtlösung.

4.8 Löschwasserversorgung

4.8.1 Innere Löschwasserversorgung

Hochhäuser müssen in jedem Geschoss **Nasssteigleitungen** mit Wandhydranten für die Feuerwehr haben, und zwar

- in den Vorräumen der Feuerwehraufzüge,
- in den Vorräumen der notwendigen Treppenräume und
- bei notwendigen Treppenräumen ohne Vorräume an geeigneter Stelle.

Bei einer gleichzeitigen Löschwasserentnahme von 200 l/min an 3 Entnahmestellen darf der Fließdruck an diesen Entnahmestellen nicht weniger als 0,45 MPa und nicht mehr als 0,80 MPa betragen.

Um Brandbekämpfungen schnell und wirkungsvoll durchführen zu können, sind Löschwasserleitungen nach DIN 14462 „Löschwassereinrichtungen – Planung, Einbau, Betrieb und Instandhaltung von Wandhydrantenanlagen sowie Anlagen mit Über- und Unterflurhydranten" (2012) mit einer eigenen Wasserversorgung und mit Wandhydranten des Typs F (mit einem formstabilen Schlauch oder einem vollsynthetischen Druckschlauch) zu installieren. Für die Kennzeichnung gilt die DIN 4066 „Hinweisschilder für die Feuerwehr" (1997).

Durch die Vorgabe der gleichzeitigen **Wasserentnahme** von 200 l/min an 3 Entnahmestellen werden auch für extreme

Bei gleichzeitiger Löschwasserentnahme von 200 l/min an 3 Entnahmestellen darf der Fließdruck an diesen Entnahmestellen nicht weniger als 0,45 MPa und nicht mehr als 0,80 MPa betragen.

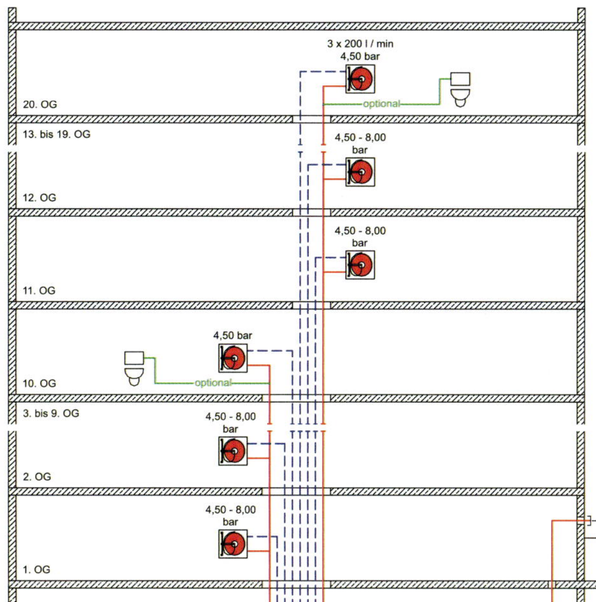

Abb. 4.63: Löschwasserversorgung im Hochhaus; Druckverhältnisse bei 3 Entnahmestellen (notifiziert am 20.03.2008; abschließende Beratung der FK-Bauaufsicht ARGEBAU am 18.04.2008)

Lagen ausreichend Löschmittelreserven zur Verfügung gestellt. Die Leitungen und die Entnahmestellen müssen bereits während der Bauphase ab Erreichen der Hochhausgrenze von 22 m eingeschränkt funktionsfähig sein. Eine Nasssteigleitung ist ständig bis mindestens ein Geschoss unter das im Bau befindliche Geschoss betriebsbereit nachzuführen (Wasserentnahmemenge 200 l/min bei 0,45 MPa an 2 Entnahmestellen).

Die Einhaltung des **Mindest-** und des **Maximalfließdrucks** an den Entnahmestellen ist erforderlich, damit die Armaturen zur Wasserentnahme nach DIN EN 15182-2 „Tragbare Geräte zum Ausbringen von Löschmitteln, die mit Feuerlöschpumpen gefördert werden – Strahlrohre für die Brandbekämpfung – Teil 2: Hohlstrahlrohre PN 16" (2019) wirksam eingesetzt werden können. Die Verwendung von Mehrzweckstrahlrohren ist gleichermaßen gewährleistet. Die Druckerzeugung erfolgt durch Druckerhöhungsanlagen nach DIN 1988-500 „Technische Regeln für Trinkwasser-Installationen – Teil 500: Druckerhöhungsanlagen mit drehzahlgesteuerten Pumpen" (2021) in redundanter Ausführung.

4.8.2 Äußere Löschwasserversorgung

Die äußere Löschwasserversorgung bei Hochhäusern beträgt in aller Regel 96 m³/h für 2 Stunden. Ein höherer Wert ist aus dem Wasserversorgungsnetz zumeist nicht ableitbar und auch nicht erforderlich, da der Brand durch bauliche Maßnahmen, die den Feuerüberschlag über die Fassade verhindern, oder eine automatische Feuerlöschanlage auf ein Geschoss begrenzt bleiben soll.

Gleichzeitig ist durch die für Hochhäuser vorgeschriebenen Nasssteigleitungen noch zusätzlich eine innere Löschwasserversorgung für den Innenangriff der Feuerwehreinsatzkräfte vorhanden, sodass ein erhöhter äußerer Löschwasserbedarf normalerweise nicht besteht.

4.9 Zugangsmöglichkeiten und Flächen für die Feuerwehr

Die Anforderungen an Zugänge, Zufahrten und Flächen für die Feuerwehr richten sich nach den Vorgaben der MHHR, die in den Muster-Richtlinien über Flächen für die Feuerwehr (2007) konkretisiert werden. Darüber hinaus gibt es ergänzend eine technische Regel des Normenausschusses Feuerwehrwesen (FNFW) im Deutschen Institut für Normung e. V. (DIN 14090 „Flächen für die Feuerwehr auf Grundstücken" [2003]) sowie „Empfehlungen zur Ausführung der Flächen für die Feuerwehr" (2021) und ggf. kommunale Merkblätter, die von einer den Bau in Auftrag gebenden Person zu beachten sind und auch für die Feuerwehr eine Wissensbasis darstellen.

Für einen schnellen Einsatzerfolg der Feuerwehr ist es erforderlich, dass bestimmte **Eingänge**, z. B. zu Lobbybereichen oder Räumen, in denen sich brandschutztechnische Bedien- und Anzeigeeinrichtungen befinden, sowie die **Zugänge** zu notwendigen Treppenräumen, Sicherheitstreppenräumen und zu Feuerwehraufzügen von den Einsatzkräften unmittelbar erreicht werden können, um eine Einsatzverzögerung zu verhindern.

Die brandschutztechnischen **Bedien- und Anzeigeeinrichtungen** sind vor allem

- das Feuerwehr-Bedienfeld nach DIN 14661 „Feuerwehrwesen – Feuerwehr-Bedienfeld für Brandmeldeanlagen" (2016), mit dem die Gebäudetechnik zentral gesteuert werden kann, und
- das Feuerwehr-Anzeigetableau nach DIN 14662 „Feuerwehrwesen – Feuerwehr-Anzeigetableau für Brandmeldeanlagen" (2016) mit zur Brandbekämpfung erforderlichen Informationen, wie der Anzeige der Brandmeldung.

Sie geben der Feuerwehr erste Hinweise auf die ausgelöste Brandschutztechnik. Für den taktisch richtigen Einsatz sind diese Erstinformationen von großer Wichtigkeit und müssen deshalb schnellstens zur Verfügung stehen. Aus

Abb. 4.64: Flächen der Feuerwehr bei einem Bestandshochhaus mit einer Höhe zwischen 22 und 30 m

diesem Grund ist das sofortige Auffinden der brandschutztechnischen Bedien- und Anzeigeeinrichtungen in der Nähe der Eingänge erforderlich.

Nach der MHHR ist die Feuerwehr bei Bränden in Hochhäusern einsatztaktisch auf den Innenangriff beschränkt. Dementsprechend sind hier keine Aufstellflächen für Hubrettungsfahrzeuge gefordert. Sehr wohl müssen aber nach den Muster-Richtlinien über Flächen für die Feuerwehr im Bereich der Hauptzugänge für die Feuerwehr sowie bei ggf. vorhandenen Steigleitungen ausreichend große **Bewegungsflächen** für jedes Fahrzeug vorhanden sein. Die DIN 14090 konkretisiert hierzu, dass diese für jedes Fahrzeug der Ausrückefolge vorhanden sein müssen.

Bei einigen Bestandshochhäusern mit Anleiterhöhen zwischen 22 und 30 m kann es vorkommen, dass noch Aufstellflächen für Hubrettungsfahrzeuge vorgesehen sind und erhalten bleiben müssen.

In der Regel sind im Außenbereich von Hochhäusern jedoch keine Aufstellflächen zum Anleitern mehr vorgesehen, da die Personenrettung in Hochhäusern auch unterhalb der Hochhausgrenze durch die bauliche Rettungsweglösung erfolgen muss, was ebenfalls für einen ggf. vorhandenen Breitfuß gilt.

4.10 Sonstige technische Schutzmaßnahmen

4.10.1 Sicherheitsbeleuchtung und Sicherheitsstromversorgung

Sicherheitsbeleuchtung

Bei der Sicherheitsbeleuchtung geht es darum, im Falle eines Stromausfalls im Gebäude oder in Teilen des Gebäudes, z. B. infolge eines Brandes oder eines anderen Schadensereignisses, oder auch bei einem größeren Stromausfall das gefahrlose Verlassen der Nutzungseinheit, der notwendigen Flure und der Treppenräume bis zum Ausgang zu ermöglichen.

Gleichzeitig geht es auch um das Erkennen von Gefahrenbereichen, z. B. bei Verrauchungen, und um das leichte Auffinden von Brandbekämpfungs- und Sicherheitseinrichtungen, wie von Handfeuerlöschern usw. Als Mindeststärke der Beleuchtung ist 1 lx erforderlich. Die notwendige Betriebszeit beträgt mindestens 60 Minuten.

Sicherheitsstromversorgung

Hochhäuser müssen eine Sicherheitsstromversorgungsanlage haben, die den Betrieb der sicherheitstechnisch erforderlichen Einrichtungen bei einem Ausfall der allgemeinen Stromversorgung übernimmt.

Die in einem Hochhaus vorhandenen und sicherheitstechnisch notwendigen **elektrischen Einrichtungen** sind neben der Sicherheitsbeleuchtung:

- Druckbelüftungsanlagen und sonstige Lüftungsanlagen, die eine brandschutztechnische Funktion haben,
- Rauchabzugsanlagen,
- Druckerhöhungsanlagen für die Löschwasserversorgung,
- automatische Brandmelde- und Alarmierungsanlagen,
- Wasserversorgung und sonstige elektrische Bestandteile der automatischen Feuerlöschanlage,
- Feuerwehraufzüge,
- Aufzüge und
- Gebäudefunkanlagen für die Feuerwehr.

Diese Einrichtungen müssen an die Ersatzstromversorgung angeschlossen werden. Das kann z. B. durch mehrere unabhängige Einspeisungen oder durch Batterieanlagen erfolgen.

4.10.2 Gebäudefunkanlagen und Blitzschutzanlagen

Da die Funkkommunikation der Einsatzkräfte der Feuerwehr bei komplexen und ausgedehnten Gebäudestrukturen nicht immer sichergestellt ist, muss dies ggf. mit entsprechenden technischen Anlagen, also **Gebäudefunkanlagen**, kompensiert werden. In jedem Fall ist nach der MHHR eine Einzelfallbewertung in Abhängigkeit von der Bauweise und der Gebäudestruktur erforderlich.

Blitzschutzanlagen sind in Hochhäusern notwendig, weil Hochhäuser zu den baulichen Anlagen gehören, bei denen nach Lage, Bauart oder Nutzung Blitzschlag leicht eintreten oder zu schweren Folgen führen kann. Die Vorgabe der MHHR, das Hochhäuser Blitzschutzanlagen haben müssen, dient der Vermeidung von Bränden und von schweren Schäden an sicherheitstechnischen Einrichtungen.

4.11 Organisatorischer Brandschutz

Bei dem organisatorischen Brandschutz müssen sowohl organisatorische Evakuierungsanforderungen als auch sonstige brandschutzrelevante betriebliche Regelungen betrachtet werden. In Hochhäusern spielen diese eine wesentlich größere Rolle als in anderen Sonderbauten. Dabei geht es nicht nur um die Personenrettung, sondern auch um die Durchführung von präventiven Maßnahmen und um organisatorische Vorgaben zur Sicherstellung des abwehrenden Brandschutzes. In den wenigsten Fällen wird eine Werkfeuerwehr anrechenbar sein.

Aufgrund der Komplexität eines Hochhausgebäudes, z. B. bei Mischnutzung oder wenn ein Breitfuß vorhanden ist, kann es erforderlich sein, neben einer **mit dem Brandschutz beauftragten Person** eine **Hausfeuerwehr**, innerbetriebliche **Brandschutzhilfskräfte** oder **Evakuierungshelfende** vorzusehen. In der Regel sind das nebenamtliche Funktionen, die Nutzende des Gebäudes oder dort Beschäftigte ehrenamtlich ausüben können. Diese Funktionen sind zumeist nicht rechtsverbindlich geregelt. Lediglich für Brandschutz- und Evakuierungshelfende kann es arbeitsschutzrechtliche Vorgaben geben. Keine Regelungen gibt es zur Anzahl der zu beauftragenden Personen sowie zu deren Ausrüstung oder Aus- und Weiterbildung. So kann es sein, dass im Rahmen eines Brandschutznachweises bestimmte Vorgaben dazu erstellt werden.

Wenn diese Vorgaben Bestandteil der Baugenehmigung sind, müssen Rahmenbedingungen für einen dauerhaften Betrieb dieser organisatorischen Maßnahmen in der Brandschutzordnung festgeschrieben werden. Die Nichteinhaltung kann im Extremfall bis zur Nutzungsuntersagung im Rahmen einer Brandverhütungsschau führen.

4.11.1 Flucht- und Rettungswegpläne sowie Feuerwehrpläne

In Hochhäusern müssen unabhängig von der Nutzung **Flucht- und Rettungswegpläne** ausgehängt werden, sobald notwendige Flure vorgesehen werden. Auch in großen, unübersichtlichen Nutzungseinheiten sind diese Pläne erforderlich.

In jedem Geschoss muss der Flucht- und Rettungswegplan des betreffenden Geschosses an einer allgemein zugänglichen Stelle gut sichtbar platziert werden.

Im Einvernehmen mit der Brandschutzdienststelle sind nach der MHHR auch **Feuerwehrpläne** anzufertigen. Die Feuerwehrpläne sind der örtlichen Feuerwehr zur Verfügung zu stellen und müssen Folgendes darstellen:

- die Grundlagen für den Innenangriff,
- die Nutzbarkeit der Feuerwehraufzüge und der Treppenanlagen,
- die Anfahrt zum Gebäude und
- wesentliche Angaben zum baulichen und anlagentechnischen Brandschutz, wie Steigleitungen, Feuerlöschanlagen sowie Rauch- und Brandschutztrennungen.

Auch kleine bauliche Veränderungen (wie die Verlegung von Türen) können im Hochhaus große Auswirkungen haben und müssen in den Feuerwehrplänen berücksichtigt werden.

Feuerwehrpläne und mit dem Brandschutz beauftragte Personen stellen in Hochhäusern eine wichtige Informationsquelle für Feuerwehreinsatzkräfte und insbesondere für die Einsatzleitung dar. Die Feuerwehrpläne geben eine gute Übersicht über die Struktur des Gebäudes, besondere Gefahren und die nutzbare Infrastruktur. Sie müssen jedoch aktuell gehalten werden.

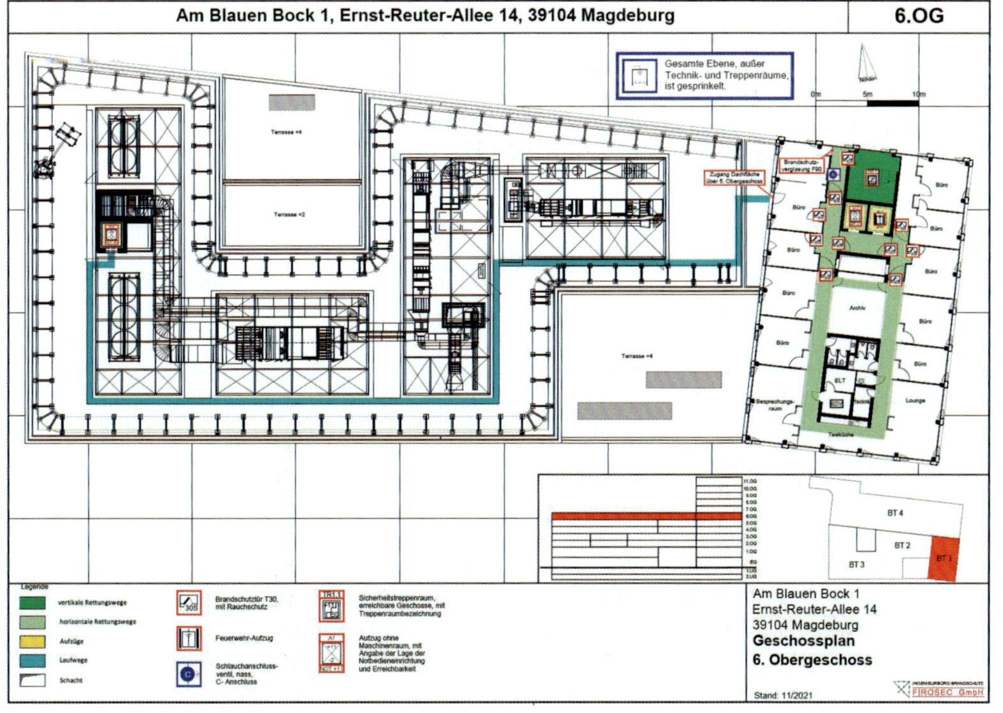

Abb. 4.65: Auszug aus dem Feuerwehrplan eines Hochhauses in Magdeburg

4.11.2 Brandschutzordnung

Ebenfalls im Einvernehmen mit der Brandschutzdienststelle ist nach der MHHR eine Brandschutzordnung aufzustellen. In der Brandschutzordnung ist vor allem **Folgendes festzulegen**:

- die Aufgaben der mit dem Brandschutz beauftragten Person,
- die Maßnahmen im Fall eines Brandes,
- die Regelungen über das Verhalten bei einem Brand und
- die Maßnahmen, die zur Rettung von Menschen mit Beeinträchtigungen erforderlich sind.

Insbesondere die Rettung von körperlich eingeschränkten Personen, die ggf. einzeln über spezielle Aufzüge gerettet werden müssen, erfordert konkrete Angaben in der Brandschutzordnung.

Bei Mischnutzungen sind Regelungen zu Verantwortungsbereichen der mit dem Brandschutz beauftragten Person sowie brandschutzrelevante Regelungen mit den unterschiedlichen Gebäudenutzenden sehr genau anzugeben.

Problematisch sind hierbei **unklare Mietverhältnisse**. Wenn als Wohnungen vorgesehene Bereiche oder Geschosse als Wohnheime, Ferienwohnungen oder Hotelräume ohne Kenntnis der Gebäudeeigentumsparteien vermietet werden, können die für diese Nutzungen im Hochhaus erforderlichen organisatorischen Regelungen und baulichen Anforderungen nicht eingehalten werden, da die erhöhten Anforderungen aus der Beherbergungsverordnung nicht erfüllt oder andere erhöhte Anforderungen für Wohnheime oder Pflegeeinrichtungen nicht umgesetzt werden.

4.11.3 Verantwortliche Personen

Die Gebäudeeigentumsparteien von Hochhäusern sind für die Einhaltung der öffentlich-rechtlichen Vorschriften verantwortlich. Sie müssen nach der MHHR geeignete und mit dem Hochhaus und dessen technischen Einrichtungen vertraute Personen mit dem Brandschutz beauftragen und diese Personen den Brandschutzdienststellen benennen. Die **mit dem Brandschutz beauftragten Personen** haben die Aufgabe, die Einhaltung des genehmigten Brandschutzkonzeptes und der sich daraus ergebenden Anforderungen an den betrieblichen Brandschutz zu überwachen und festgestellte Mängel den Gebäudeeigentumsparteien zu melden.

Durch eine schriftliche Vereinbarung können Gebäudeeigentumsparteien ihre Verpflichtung zur Einhaltung der öffentlich-rechtlichen Vorschriften und zur Bestellung mit dem Brandschutz beauftragter Personen auf Betreibende übertragen, wenn diese oder ihre beauftragten Betriebsleitenden mit dem Hochhaus und dessen Einrichtungen vertraut sind. Die Verantwortung der Gebäudeeigentumsparteien bleibt dabei jedoch unberührt.

Neben den mit dem Brandschutz beauftragten Personen können insbesondere bei unterschiedlichen Nutzungen des Gebäudes bzw. Teilnutzungen in bestimmten Geschossen noch **weitere Personen** namentlich festgelegt werden, die **besondere Verantwortlichkeiten** übernehmen. Dazu kann die laufende Kontrolle während des Betriebes zählen, z. B. der Einhaltung bestimmter Materialbeschränkungen oder in besonderen Fällen der Einhaltung bestimmter Brandlasten, Lagermengen oder Stoffbegrenzungen, wenn diese im Baugenehmigungsverfahren vorgesehen wurden. Auch die Kontrolle der Freihaltung von Rettungswegen (notwendigen Fluren) von Brandlasten kann zu den Aufgaben weiterer festgelegter Personen gehören. Bei Hochhausnutzungen kommt dieser Kontrolle besonders in den Keller- und Erdgeschossen bzw. im Breitfuß Bedeutung zu. Die Kontrolle der zulässigen Personenzahlen kann dann zum Tragen kommen, wenn mit Brandschutzingenieurmethoden grenzwertige Rettungswege nachgewiesen sind.

Weiterhin können Verantwortliche als **Evakuierungshelfende** benannt werden. Für diese Evakuierungshelfenden kann die Aufgabe festgelegt werden zu überprüfen, ob alle Personen das jeweilige Geschoss oder die jeweilige Nutzungseinheit verlassen haben. In Pflegebereichen, Krankenhäusern oder Beherbergungsstätten sind insbesondere Evakuierungsübungen für das Personalverhalten entscheidend. In der Brandschutzordnung kann eine verantwortliche Person für diese Evakuierungsübungen festgelegt werden. Notwendig ist eine jährliche Durchführung der Übungen. Der Nachweis der Durchführung sollte Bestandteil der Brandverhütungsschauen sein.

Die mit dem Brandschutz beauftragten Personen und weitere Objektverantwortliche bieten der Feuerwehr Orts- und Anlagenkenntnisse und sind darüber hinaus auch Ansprechpersonen für die Feuerwehr im Rahmen der Einsatzplanung. Es ist unerlässlich, dass diese Personen der Feuerwehr bekannt und ihre Kontaktdaten aktuell sind. Diese Personen können ebenso bei einer Brandverhütungsschau oder deren Vorbereitung unterstützen und präventiv auf Vandalismusschäden einwirken.

4.11.4 Evakuierung

Bei keinem anderen Gebäudetyp sind regelmäßige Evakuierungsübungen so notwendig wie bei Hochhäusern. Das ergibt sich aus dem Erschließungsverhalten im Hochhaus. Durch die große zu überwindende Höhe wird in aller Regel (noch anwachsend mit steigender Höhe) der Aufzug als vertikales Transportmittel benutzt. In mehreren Untersuchungen wird darauf verwiesen, dass gerade bei der Büronutzung in sehr hohen Hochhäusern einem Teil der Beschäftigten die Treppenräume als vertikale Rettungswege unbekannt sind (u. a. Pauls, 1994; Pauls, 2005). Eine **Evakuierungsübung** kann als Komplettevakuierung oder als Teilevakuierung durchgeführt werden. Innerhalb von mehreren Geschossen bis zu einem Wartebereich ist eine Evakuierungsübung eher ungünstig, da dann die erdgeschossige Ausgangslösung nicht mitgeprobt wird.

Während bei vielen anderen Gebäuden im Brandfall eine Komplettevakuierung stattfindet, kann es gerade bei größeren und höheren Hochhäusern zweckmäßig und möglich sein, eine **Teilevakuierung** vorzunehmen. Grundsätzlich sind die Rettungswege für Gebäude so ausgelegt, dass alle Personen aus allen Geschossen gerettet werden können. Im Brandfall ist aber eine Komplettevakuierung des Hochhausbrandabschnittes nicht immer sinnvoll, da dadurch die

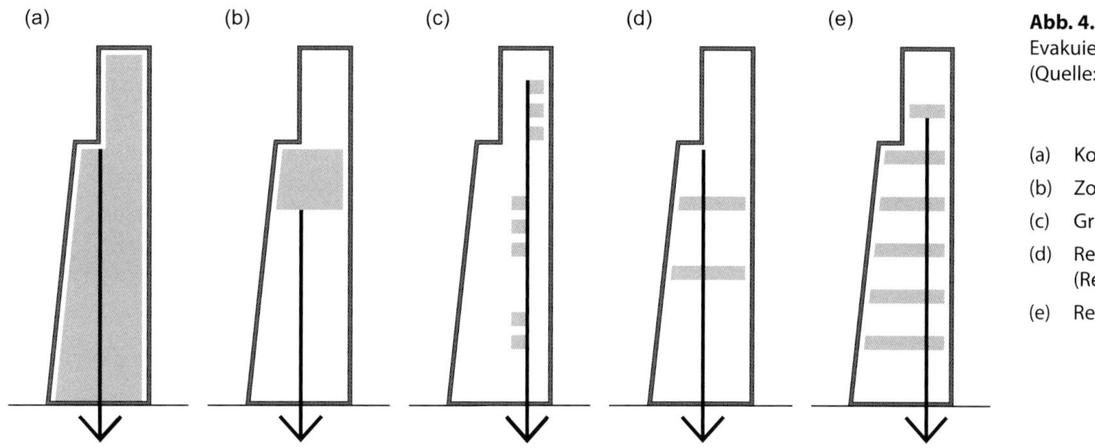

Abb. 4.66:
Evakuierungsvarianten
(Quelle: nach Siikonen, 2022)

(a) Komplettevakuierung
(b) Zonenevakuierung
(c) Gruppenevakuierung
(d) Rettungsbereiche (Rescue Areas)
(e) Rettungsflure

vertikalen Rettungswege (Treppenräume) gefüllt werden, die nicht nur der Fluchtweg, sondern gleichzeitig auch der Angriffsweg für die Feuerwehreinsatzkräfte sind.

Bei der **Evakuierung** muss Folgendes besonders **beachtet** werden:

- Alle Personen werden ins Freie begleitet, was zu einem hohen Personaleinsatz führt. Polizei und Rettungsdienst werden daher eingebunden.
- Alle Personen und Wohnungen müssen erfasst werden.
- Geräumte Wohnungen sind eindeutig zu kennzeichnen.
- Kontrollierte Wohnungen sind eindeutig, aber anders zu kennzeichnen.

Bei einer Teilevakuierung im Hochhaus muss sichergestellt sein, dass die im Hochhaus verbliebenen Personen nicht den Brandrisiken ausgesetzt sind. Der Verbleib ist also nur in den Geschossen möglich, die weit genug vom Brandgeschoss entfernt sind.

Die **Zonenevakuierung** ist eine Teilevakuierung, die meistens das Brandgeschoss oder die Brandgeschosse sowie 2 Geschosse darunter und mindestens 3 Geschosse darüber umfasst. Eine Gruppenevakuierung bedeutet, dass nur bestimmte Bereiche in manchen Geschossen evakuiert werden, z. B. Bereiche, in denen sich körperlich eingeschränkte Personen aufhalten, die über spezielle Aufzüge evakuiert werden.

Rettungsbereiche (Rescue Areas) sind im deutschen Baurecht nicht vorgesehen (siehe dazu Kapitel 4.4.10). Im chinesischen Baurecht gibt es auch Rettungsflure nach ca. 10 bis 15 Geschossen in sehr hohen Hochhäusern, die ebenfalls einer Teilevakuierung dienen.

In den meisten Hochhäusern in Deutschland ist eine Zonenevakuierung oder eine Komplettevakuierung vorgesehen.

4.11.5 Brandschutzmaßnahmen in der Bauphase und während des Betriebes (einschließlich Brandverhütungsschauen)

In der **Bauphase** besteht bei großflächigen Gebäuden ein Interesse an einer Teilinbetriebnahme. Diese kann nur dann erfolgen, wenn die Sicherheitsmaßnahmen bei der Teilnutzung für diese Teilnutzung auch wirksam sind.

Bei einer Erweiterung von bestehenden Gebäuden werden Teile des Gebäudes weitergenutzt, während gleichzeitig ein Dachgeschossausbau oder zusätzlicher Geschossbau, der zur Überschreitung der Hochhausgrenze von 22 m führt, vorgenommen wird. In der Bauphase müssen die Nasssteigleitungen bereits bis unter das jeweilige höchste Geschoss geführt werden, damit hier eine wirksame Brandbekämpfung möglich ist.

Nachdem das Hochhaus fertiggestellt ist und die Nutzung begonnen hat, muss die Wirksamkeit der Brandschutzmaßnahmen **während des Betriebes** sichergestellt werden. Ein besonderes Problem stellt bei Hochhäusern die Vornahme kleinerer, auf den ersten Blick unwesentlicher baulicher Veränderungen während des Betriebes dar, z. B. im Rahmen von Instandhaltungsmaßnahmen. Da gerade in Hochhäusern der Nutzbarkeit von Rettungswegen eine besondere Bedeutung zukommt, können selbst kleinste Veränderungen im Brandfall zu wesentlichen Einschränkungen der Wirksamkeit von Brandschutzmaßnahmen und damit zu einer zusätzlichen Personengefährdung führen. So ist z. B. die Verglasung der offenen Gänge von Sicherheitstreppenräumen aus Wärmedämmgründen immer öfter festzustellen, wodurch die ursprüngliche Rauchfreihaltung des Treppenraumes nicht mehr gegeben ist (siehe auch Kapitel 4.4.7).

Auch die Vergrößerung einzelner Büros durch das Entfernen der Flurabtrennung verschlechtert die Einsatzbedingungen der Einsatzkräfte der Feuerwehr, insbesondere wenn dabei die Flurfenster entfallen und eine Entrauchung des Flures über diese Fenster nicht mehr möglich ist. Bei dem Vorhandensein einer feuerhemmenden oder einer feuerbeständigen Unterdecke gibt es dann auch keinen Anschluss der Flurwand an die Unterdecke mehr, was eine Feuer- und Rauchausbreitung in die notwendigen Flure begünstigt.

Durch die Außerbetriebnahme bzw. Demontage einer Rauchschutztür in einem notwendigen Flur entfällt die redundante Rettungswegführung im Zugang zu den Sicherheitstreppenräumen, sodass diese bauliche Veränderung ebenfalls zu einer zusätzlichen Personengefährdung führt.

In Deutschland sind Hochhäuser als Sonderbauten Teil der regelmäßigen **Brandverhütungsschauen**. Sie werden von der Brandschutzdienststelle und/oder der Bauaufsichtsbehörde durchgeführt und sind notwendig, um die Funktionalität der unterschiedlichen Brandschutzmaßnahmen auch während der Betriebszeit des Gebäudes zu gewährleisten. Formal fallen auch Wohnungen in den Bereich der Brandverhütungsschauen, auch wenn sie nicht betreten werden. Allerdings ist die Funktionsfähigkeit der Wohnungstüren faktisch nur bei deren Öffnung überprüfbar. Die eigentlichen Brandschutzprobleme befinden sich aber im Bereich der Treppenräume, notwendigen Flure und Aufzugsanlagen.

Deutschlandweit ist der Umfang der Brandverhütungsschauen („Gefahrenverhütungsschau" im Saarland, „Feuerbeschau" in Bayern) sehr unterschiedlich geregelt. In der Regel sind die Schauen für Hochhäuser alle 5 Jahre, bei Nutzungen als Beherbergungsstätten, Krankenhäuser und Pflegeeinrichtungen maximal alle 3 Jahre vorgesehen. Diese Fristen werden jedoch aufgrund von Personalmangel nicht immer eingehalten.

Entscheidend ist, dass die Brandverhütungsschauen durch sachkundige Personen auf der Basis des genehmigten Brandschutznachweises (weil dort z. B. auch die organisatorischen Brandschutzmaßnahmen festgelegt sein sollten) in regelmäßigen Abständen durchgeführt werden.

5 Abwehrender Brandschutz in Hochhäusern

Das vorhandene Bewusstsein der (deutschen) Feuerwehren für die Herausforderungen, denen bei der Personenrettung und Brandbekämpfung in Hochhäusern begegnet werden muss, verdeutlicht eine Aussage von Thomas Kirstein, Sprecher der Berliner Feuerwehr: *„Je höher das Feuer ausbricht, desto schwieriger ist es für uns, es zu bekämpfen."* (Brandgefahr – Wie sicher sind Hochhäuser in Deutschland?, 2019, S. 1) Zwischen den Zeilen wird hier auch die Notwendigkeit eines umfangreichen und funktionierenden vorbeugenden Brandschutzes unterstellt. Diese Notwendigkeit spiegelt sich, neben der Musterbauordnung bzw. den jeweiligen Landesbauordnungen, vor allem in der Muster-Hochhaus-Richtlinie sowie ggf. je nach Nutzungsart in weiteren Sonderbauvorschriften wider, die das grundlegende „Drehbuch" für das gelingende Zusammenwirken von vorbeugendem und abwehrendem Brandschutz bilden. Übergeordnetes Ziel ist dabei die Erfüllung der Schutzziele des Brandschutzes, insbesondere der Personenrettung und der Ermöglichung wirksamer Löscharbeiten.

Herausforderungen für die Feuerwehr (und die Rettungsdienste) ergeben sich in Hochhäusern aus

- der Gebäudedimension (Grundfläche, Höhe und möglicherweise komplexe Gebäudestruktur, siehe Abb. 5.1 und 5.2),
- der hohen Personenzahl in den Gebäuden (Betroffene, Verletzte, Personen mit Einschränkungen, ortsunkundige Personen),
- der Nutzungsart (Wohn- oder Mischnutzung, Büronutzung, Verkaufsstätten),
- der vorhandenen Anlagentechnik (Technische Gebäudeausrüstung [TGA]),
- der Verfügbarkeit einer adäquaten Menge an Löschwasser,
- der Zeitdifferenz, die sich zwischen dem Eintreffen und dem Wirksamwerden von Maßnahmen ergibt,
- der körperlichen Belastung der Einsatzkräfte,
- Einschränkungen in der Einsatztaktik,
- sozialen Brennpunkten und
- Vandalismus.

Abb. 5.1: Verdeutlichung der Gebäudedimension als Herausforderung für die Feuerwehr – Höhe des Brandgeschosses (Quelle: Patrick Schüller, Emergency-Report.de)

Abb. 5.2: Verdeutlichung der Gebäudedimension als Herausforderung für die Feuerwehr – Übersicht (Quelle: Patrick Schüller, Emergency-Report.de, publiziert in www.wz.de)

In den vorangegangenen Kapiteln wurden die bestehenden erhöhten Anforderungen an den vorbeugenden Brandschutz in Hochhäusern im Vergleich zu Standardgebäuden, die zu den schärfsten Anforderungen in diesem Bereich weltweit zählen, ausführlich erläutert. Aufgabe der Feuerwehren ist es nun, die resultierenden baulichen, anlagentechnischen und organisatorischen Maßnahmen so effizient wie möglich in die eigenen Strukturen und Verfahrensweisen einzubinden.

Einschränkend muss jedoch darauf verwiesen werden, dass die aktuelle MHHR nur auf Neubauten bzw. auf Bestandsbauten seit ihrer Veröffentlichung angewendet wird. **Ältere Hochhäuser**, die nach früheren Regelungen errichtet wurden, genießen Bestandsschutz (Erläuterungen zur Muster-Hochhaus-Richtlinie, 2008). Ohne eine pauschale Abwertung früherer Brandschutzsysteme zu unterstellen, soll dieser Hinweis dafür sensibilisieren, dass Brandschutzmaßnahmen nach heutigen Maßstäben in Bestandsgebäuden nicht zwingend gegeben sind. Bestandshochhäuser stellen einen überwiegenden Teil der in Deutschland vorhandenen Hochhäuser dar, insbesondere der Hochhäuser, die nur marginal über der Hochhausgrenze liegen (etwa 10-geschossige Bauten, vor allem Wohnhochhäuser). In der Einsatzpraxis ist es daher möglich, dass Maßnahmen des vorbeugenden Brandschutzes angetroffen werden, die auf der Grundlage älterer Regelwerke einen genehmigten Zustand darstellen, aber nicht mehr den aktuellen Brandschutzanforderungen entsprechen (Plischek, 2015). **Im Einsatz vorgefunden** werden beispielsweise

- trockene Steigleitungen anstelle von Nasssteigleitungen und Wandhydranten,
- eine fehlende automatische Feuerlöschanlage,
- eine fehlende Brandmeldeanlage, jedoch Wohnungsrauchmelder,
- 2 notwendige Treppenräume ohne Vorräume mit natürlicher Belüftung, in die nach einer gewissen Zeit Feuer und Rauch eindringen können,
- „normale“ Aufzüge anstelle von Feuerwehraufzügen und
- energetisch sanierte Fassaden.

Bei dem Brand im Grenfell Tower in London am 14. Juni 2017 konnte die Weltgemeinschaft sehr eindrücklich sehen, wie schnell sich **Brände über Fassaden ausbreiten** können (Wieczorek, 2017). Ein weiteres Beispiel dafür ist die Brandausbreitung über die Fassade eines Hochhauses in der französischen Stadt Roubaix im Jahr 2012. Im Gegensatz zu Großbritannien und Frankreich dürfen in Deutschland Fassaden an Hochhäusern nach der aktuellen MHHR ausschließlich aus nicht brennbaren Materialien bestehen. Ältere Regelwerke berücksichtigten das Thema „Brandausbreitung über Fassaden“ ebenfalls bereits, beispielsweise über die Forderung auskragender Platten. Die medienwirksame Evakuierung zweier Hochhäuser in Wuppertal und in Dortmund im Nachgang des Brandes im Grenfell Tower, alle Fassadenbekleidungen waren brennbar bzw. enthielten brennbare Bestandteile, zeigt jedoch, dass bauaufsichtliche Forderungen und die tatsächlich vorhandene Situation voneinander abweichen können (Hegemann, 2017; Klöpper, 2017). Insbesondere Brände von Wärmedämm-Verbundsystemen (WDVS) mit Polystyrolplatten, die aufgrund energetischer Sanierungen nachträglich an Fassaden angebracht werden, müssen im Fokus der Feuerwehren sein. Trotz bauaufsichtlicher Zulassung als „schwer entflammbar“ und konkreter Ausführungsbestimmungen des Deutschen Instituts für Bautechnik (DIBt) kann sich bei diesen WDVS eine schnelle Eskalation des Brandszenarios ergeben, was zahlreiche Einsätze dokumentieren (Ereignisliste Brandereignisse in Verbindung mit brennbaren Außenfassaden, 2022), auch wenn diese Problematik öfter Gebäude unterhalb der Hochhausgrenze betrifft.

Die genannten Umstände müssen im Rahmen der Einsatzvorbereitung der Feuerwehren individuell berücksichtigt werden. Es ist nicht ratsam, sich von dem Begriff „Hochhaus“ zur Unterstellung eines Sicherheitsniveaus entsprechend den Anforderungen der geltenden Fassung der MHHR verleiten zu lassen, das möglicherweise nicht vorhanden ist. Gleichermaßen bedeutet das Vorhandensein anderer Maßnahmen nicht zwangsläufig eine Unsicherheit bestehender Gebäude im Brandfall.

5.1 Grundsätzliche Einsatztaktik

In Deutschland wird im Rahmen der **Bedarfsplanung** von Feuerwehren oft der sog. „kritische Wohnungsbrand“ als standardisiertes Ereignis herangezogen, der als Brand in einer Nutzungseinheit im Obergeschoss eines mehrgeschossigen Gebäudes mit Raucheintrag in den Treppenraum beschrieben wird (Grundsatzpapier Qualitätskriterien für die Bedarfsplanung von Feuerwehren in Städten, 2015). Bei dem **kritischen Wohnungsbrand** sind Personen aus der betroffenen Wohnung und aus angrenzenden Wohnungen sowohl über Leitern als auch über den Treppenraum zu retten, die Brandausbreitung ist zu verhindern und der Brand zu löschen. Aus diesem Szenario werden dann u. a. die **Hilfsfrist** sowie die **Funktionsstärke** abgeleitet. Die Hilfsfrist ist die Zeit von der Entgegennahme des Notrufs in der Leitstelle bis zum Eintreffen der Einsatzkräfte an der Einsatzstelle. Die Funktionsstärke kann als Maß für die Leistungsfähigkeit der Einheit hinsichtlich der Anzahl der Einsatzkräfte und deren erforderlicher Qualifikation angesehen werden. Dem kritischen Wohnungsbrand ist die Funktionsstärke eines Löschzuges zugeordnet.

Das Szenario des kritischen Wohnungsbrandes lässt sich grundlegend auch auf Brandereignisse in Hochhäusern übertragen. Aufgrund der oben beschriebenen Herausforderungen (Gebäudedimension, hohe Personenzahl usw.) ist bei Hochhausbränden jedoch ein höherer Einsatzkräfteansatz notwendig. Hochhausbrände sollten daher als besonderes Einsatzszenario behandelt werden (Grimwood, 2017).

5.1.1 Standardeinsatzregeln

Jeder Einsatz in Hochhäusern muss individuell, jedoch mit dem gleichen definierten und disziplinierten Vorgehen (Funktionsstärke, Ausrüstung, Aufgabenverteilung) bearbeitet werden. Dies lässt sich am besten durch eine Standardeinsatzregel (SER) abbilden, die die grundlegenden zu erfüllenden Aufgaben beschreibt und mit den benötigten Funktionen der Einsatzkräfte (z. B. Einsatzleitung, Angriffs-, Wasser- und Schlauchtrupps) unterlegt. Die Aufgaben sollen so definiert sein, dass sie anfänglich auch mit einem reduzierten Einsatzkräfteansatz bearbeitet werden können bzw. ein zeitversetztes Eintreffen von Einsatzkräften berücksichtigen.

Die SER kann durch weitere Standardeinsatzregeln ergänzt werden, z. B. zur Nutzung von Aufzügen und Feuerwehraufzügen sowie zur Nutzung von Steigleitungen und Feuerlöschanlagen. Wenn vorhanden, soll sie ebenfalls durch einen objektspezifischen Feuerwehrplan ergänzt werden. Die Verwendung von Standardeinsatzregeln hat den wesentlichen Vorteil, dass die hier definierten Aufgaben an der Einsatzstelle nicht neu geplant werden müssen. Daraus ergibt sich ein **Zeitgewinn**, der unter Umständen lebensrettend sein kann. Insbesondere in der oft hektischen Aufwuchsphase eines Einsatzes, in der der Handlungsdruck auf die Einsatzkräfte wesentlich höher ist als die verfügbaren Informationen, helfen vorgeplante Aufgaben enorm, den Fokus auf das Wesentliche zu richten. Die Inhalte der SER und die dort geplanten Aufgaben sind für alle Einsatzkräfte verbindlich. Die SER muss in regelmäßigen Abständen evaluiert und bei Bedarf aktualisiert werden. Eine Abweichung darf ausschließlich durch die Einsatzleitung nach einer eingehenden Lagebeurteilung angeordnet werden.

Bei der Anwendung der SER ist es zwingend erforderlich, dass **alle Einsatzkräfte**, die sie anwenden sollen, durch regelmäßige Fortbildungen das **gleiche Qualifikationsniveau** haben, sodass es keinen Unterschied macht, ob die die vorgefundene Lage nur durch ehrenamtliche, nur durch hauptamtliche oder durch eine Kombination aus ehren- und hauptamtlichen Einsatzkräften bearbeitet wird oder welche Einheit zuerst an der Einsatzstelle eintrifft.

In Anlehnung an den Einsatzkräfteansatz für den kritischen Wohnungsbrand und unter Berücksichtigung der besonderen Herausforderungen bei Hochhausbränden empfiehlt sich ein Einsatzkräfteansatz von **mindestens 2 Löschzügen** (à 16 Einsatzkräften) bzw. **5 Löschfahrzeugen** mit Staffelbesatzung (d. h. mit je 6 Einsatzkräften) und einem **Führungsdienst**. Im Rahmen der Einsatzvorbereitung sollte ein nahe gelegener Bereitstellungsraum ausgewiesen sein. Dieser ist allerdings nicht Bestandteil einer allgemeinen SER, sondern eines ergänzenden Feuerwehrplans (siehe auch Kapitel 4.11.1). Die Platzverhältnisse im Umfeld von Hochhäusern können, beispielsweise aufgrund ihrer städtebaulichen Lage, der örtlichen Parksituation oder aufgrund umliegender Objekte, beengt sein. Aus diesem Grund sollten **nur der erste Löschzug** sowie ein **Führungsdienst** das **Objekt direkt anfahren**. Das Eintreffen muss mitgeteilt werden. Alle weiteren Einsatzkräfte, die gemäß der Alarm- und Ausrückeordnung disponiert sind, fahren dann automatisch einen definierten und möglichst nahe gelegenen Bereitstellungsraum an. Im Rahmen der Einsatzvorbereitung sollten ebenfalls verschiedene Anfahrtswege geplant werden, um sicherzustellen, dass die Einsatzkräfte innerhalb der vorgegebenen Hilfsfrist an der Einsatzstelle eintreffen. Analog sollte mit dem Rettungsdienst verfahren werden. Gemäß dem Konzept der MHHR beschränkt sich das einsatztaktische Vorgehen der Feuerwehr bei Bränden in Hochhäusern auf den Innenangriff. Wenn das Einsatzszenario, beispielsweise ein Brand in einer Nutzungseinheit bis zum 7. Obergeschoss, sowie die örtliche Platz- und Flächensituation es erlauben, kann jedoch auch ein Hubrettungsfahrzeug im Ermessen der Einsatzleitung bis zur technischen Einsatzgrenze von außen zur Unterstützung eingesetzt werden.

Eine **SER** für Brandeinsätze in Hochhäusern sollte **Folgendes beinhalten**:

- die Einsatzführungsstruktur,
- die Brandbekämpfung inklusive Entrauchung,
- die Personenrettung und die Unterstützung der Entfluchtung,
- den Treppenraumschutz,
- die Personal- und Materiallogistik,
- die Eigensicherung,
- die Schnittstelle mit dem Rettungsdienst,
- die Verwendung von Aufzügen (Ergänzung durch eine eigenständige Standardeinsatzregel möglich),
- die Verwendung von Steigleitungen und Feuerlöschanlagen (Ergänzung durch eine eigenständige Standardeinsatzregel möglich) sowie
- Einsätze mit einer Brandmeldeanlage (Ergänzung durch eine eigenständige Standardeinsatzregel möglich).

Beispielhaft könnte eine **Gliederung** und **Aufgabenverteilung** von Feuerwehr und Rettungsdienst wie folgt aussehen:

- Einsatzabschnitt Brandbekämpfung und Personenrettung,
- Einsatzabschnitt Sicherheit,
- Einsatzabschnitt Personal- und Materiallogistik sowie
- Einsatzabschnitt Rettungsdienst.

Gemäß der Grundsätze der Feuerwehr-Dienstvorschrift „Führung und Leitung im Einsatz – Führungssystem" (Feuerwehr-Dienstvorschrift 100 [1999]) sollten nicht mehr als 5 Einsatzabschnitte gebildet werden. Die ersten 3 genannten Einsatzabschnitte werden von den Löschzügen der Feuerwehr übernommen und wie folgt bearbeitet:

Der **Einsatzabschnitt Brandbekämpfung und Personenrettung** wird durch den zuerst eintreffenden Löschzug (Löschfahrzeug 1 und 2) übernommen. Die erste Führungskraft bzw. der erste Führungsdienst übernimmt die erste Lageerkundung von außen (360°) sowie an der Brandmeldeanlage, falls diese vorhanden ist. An der Brandmeldeanlage sind unterstützende Systeme bei Bedarf manuell in Betrieb zu nehmen und die Aufzüge unter Kontrolle zu bringen. Parallel werden von dem ersten Löschfahrzeug 2 Trupps zur Erkundung in das betroffene Geschoss entsendet. Die beiden Trupps sind vollständig ausgerüstet, um die Aufgaben Personenrettung und Brandbekämpfung einzuleiten. Von dem zweiten Löschfahrzeug unterstützen 2 Trupps Personen bei der Entfluchtung und es wird zur Eigensicherung ein Sicherheitstrupp gestellt. Sollten weitere Einsatzkräfte zur Verfügung stehen, übernehmen diese zugewiesene Aufgaben, beispielsweise bei dem äußeren Aufbau sowie der Absicherung der Einsatzstelle.

Brandbekämpfung und Personenrettung sollten nicht als 2 voneinander getrennte Aufgaben betrachtet werden. Die Wirksamkeit von Maßnahmen der Brandbekämpfung zur Erhöhung der Überlebenschancen von Personen in brennenden und angrenzenden Nutzungseinheiten wurde in den vergangenen Jahren durch mehrere Forschungsprojekte des UL Fire Saftey Research Institute in den USA detailliert untersucht und öffentlich zugänglich publiziert (beispielsweise Zevotek et al., 2018; Kerber et al., 2019). Erkenntnisse dieser Studien wurden in der empfehlenswerten „Fachempfehlung für die Brandbekämpfung zur Menschenrettung" (2018) einsatztaktisch in Bezug auf deutsche Feuerwehren aufgearbeitet.

Der zweite Löschzug (Löschfahrzeug 3 und 4) übernimmt den **Einsatzabschnitt Sicherheit**. Dazu zählen die wichtigen Aufgaben der Treppenraumkontrolle bzw. der Geschosskontrolle. Zur Gewährleistung der Eigensicherung ist es empfehlenswert, ein Löschfahrzeug mit der Aufgabe der Eigensicherung für den Fall eines Atemschutznotfalls zu betrauen.

Mit dem dritten Löschzug wird der **Einsatzabschnitt Personal- und Materiallogistik** eröffnet. Damit wird der hohen körperlichen Belastung der Einsatzkräfte Rechnung getragen. Der dritte Löschzug dient zum Austausch von Einsatzkräften und beginnt mit der Einrichtung eines Depotgeschosses (siehe Kapitel 5.1.2), wenn die Lage dieses erfordert. Dabei sollte er zunächst auf die Ausrüstung zurückgreifen, die ohnehin schon in Verwendung ist. Dies kann zur Minderung des Aufwandes bei der Wiederherstellung und Reinigung verwendeter Ausrüstung beitragen und erleichtert die spätere Zuordnung in den beteiligten Werkstätten bzw. in der Hintergrundlogistik.

Spätestens ab dem Einsatz eines zweiten Löschzuges ist eine höhere Führungsebene erforderlich. Führungstaktisch müssen die Grundsätze der Feuerwehrdienstvorschrift 100 berücksichtigt werden. Um bei dem hohen Einsatzkräfteaufkommen nicht den Überblick zu verlieren, ist eine rechtzeitige bzw. vordefinierte Einsatzabschnittstrennung, beispielsweise wie oben beschrieben, notwendig. Damit verbunden ist ebenfalls eine, idealerweise vordefinierte, Zuweisung unterschiedlicher Funkkanäle zu den einzelnen Einsatzabschnitten. Dabei muss eine eventuell vorhandene Gebäudefunkanlage berücksichtigt werden. Dieses Vorgehen ist nicht spezifisch für Hochhausbrände, sondern gängige Praxis in komplexen Einsatzlagen.

Grundsätzlich sollte der kooperative Führungsstil „**Auftragstaktik**" (im Gegensatz zum autoritären Führungsstil „Befehlstaktik") angewandt werden, d. h., Einsatzaufträge sollten in allen Führungsebenen mit einem Ermessensspielraum vergeben werden, der zwar in einer vorgegebenen Richtung liegt, aber Ausführungsvarianten erlaubt (Plischek, 2015). Die Auftragstaktik verbindet den Willen zum Einsatzerfolg mit der Möglichkeit einer flexiblen Auftragsausführung. Für die Einsatzleitung und weitere Führungskräfte ergibt sich der Vorteil, auch bei wenigen Informationen schnell auf den Einsatzerfolg hinwirken und flexibel auf Veränderungen der Lage reagieren zu können. Die Auftragstaktik erleichtert auch die Übernahme einer Einsatzstelle bei einem verzögerten Eintreffen. Indirekt kann durch die Anwendung der Auftragstaktik auch die Motivation ausführender Einsatzkräfte erhöht werden. Die Anwendung der Auftragstaktik bedeutet jedoch auch eine Übertragung von Kontrolle der Situation. Aus diesem Grund ist neben dem regelmäßigen Training komplexer Lagen und zugehöriger SER auch die persönliche Eigenschaft jeder Führungskraft, Vertrauen in die Fähigkeiten der ihr unterstellten Einsatzkräfte zu haben, von essenzieller Bedeutung. Die Übertragung von Kontrolle ist nicht gleichbedeutend mit einem Kontrollverlust.

Spätestens mit der Einrichtung des Depotgeschosses ergibt es Sinn, mindestens die Einsatzabschnitte, die mit Aufgaben der Brandbekämpfung, der Personenrettung, des Treppenraumschutzes und der Eigensicherung betraut sind, **von innen zu führen**. Die Gesamteinsatzleitung befindet sich in der Regel außen in dafür vorgesehenen Einsatzleitfahrzeugen. International ist auch oft die Einrichtung mobiler Einsatzführungsposten in den Zugangsebenen zu beobachten (vgl. beispielweise Butterworth, 2013; Gustin, 2020). Bei der **Aufstellung im Außenbereich** ist, insbesondere bei Bränden mit der Beteiligung von Fassaden, auf einen ausreichenden Abstand zu achten, da es unter Umständen zum Absturz von Trümmerteilen kommen kann. Das gilt auch für Lösch- und sonstige Fahrzeuge. Zur dynamischen Lagebeobachtung empfiehlt es sich, eine oder mehrere Beobachtungskräfte mit guter Sicht und ausreichendem Abstand zum Gebäude zu etablieren. Hierzu können beispielsweise Führungskräfte eingesetzt werden, denen kein Einsatzabschnitt zugewiesen wurde, oder erfahrene Einsatzkräfte (ohne Führungsausbildung).

Abschließend muss bei einer weiteren Verschärfung der Lage oder bei einem erhöhten Kräftebedarf, der sich auch aus der Dauer eines Einsatzes ergeben kann, die rechtzeitige **Nachforderung** bedacht werden. Diese kann ebenfalls bereits im Rahmen der Einsatzvorbereitung geplant werden. Es muss dabei zwingend berücksichtigt werden, dass für alle verfügbaren Einsatzkräfte verpflichtende Ruhepausen sichergestellt werden müssen. Einsatzkräfte, die aus dem Einsatz entlassen werden, benötigen Zeit zur Wiederherstellung der materiellen und persönlichen Einsatzbereitschaft (Kadlez-Gebhardt, 2010; DFV-Fachempfehlung „Erholungs- bzw. Ruhezeiten für Einsatzkräfte der Freiwilligen Feuerwehren nach Einsätzen", 2013).

5.1.2 Depotgeschoss

Bei dem Depotgeschoss handelt es sich im Prinzip um einen **Bereitstellungsraum für Material und Personal**, der eingerichtet wird, um die Interventionszeit zu reduzieren und gleichfalls im Falle eines Atemschutznotfalls oder sonstigen Eigenunfalls schnell reagieren zu können. Das Depotgeschoss dient der Reduzierung der körperlichen Belastung der vorgehenden Einsatzkräfte sowie zur Minimierung der Zeitdifferenz zwischen Auftragserteilung und Wirksamwerden der Maßnahmen. Im Depotgeschoss erfolgt eine Bereitstellung von Ausrüstung und Einsatzkräften für alle Aufgaben sowie die Etablierung des Einsatzabschnittes Sicherheit, in den sowohl die zur Verfügung stehenden Sicherheitstrupps als auch die Atemschutzüberwachung integriert sind. Es sollte auch eine rettungsdienstliche Komponente zur Eigensicherung in Bereitschaft gehalten werden.

Das Depotgeschoss wird üblicherweise zwischen einem und 3 Geschossen unterhalb des Brandgeschosses eingerichtet (Grimwood, 2017; Plischek, 2015; Sulzer, 2017). Die Festlegung ist von den jeweiligen Gegebenheiten abhängig. Ist ein Sicherheitstreppenraum vorhanden, kann das Depotgeschoss unter Umständen direkt in dem unter dem Brandgeschoss liegenden Geschoss, beispielsweise in einem Vorraum, eingerichtet werden. Bei Hochhäusern, die einfache Treppenräume aufweisen, ist es ratsam, ein bis 2 zusätzliche Puffergeschosse zu berücksichtigen, um einen eventuellen Raucheintrag in den Treppenraum und in weitere Geschosse kompensieren zu können. Ein Raucheintrag kann beispielsweise durch eine Windlast auf ein Fenster einer von dem Brand betroffenen Nutzungseinheit begünstigt werden. Es ist empfehlenswert, eine allgemeine Lösung für die Lage des Depotgeschosses in der SER festzulegen. Dabei ist das kritischste Szenario bzw. Gebäude im Zuständigkeitsbereich der jeweiligen Feuerwehr ausschlaggebend.

5.1.3 Treppenraumschutz

Der Schutz des Treppenraums gehört zu den wichtigsten Maßnahmen der Feuerwehr bei Brandeinsätzen. Die Notwendigkeit ergibt sich aus der gesetzlich übertragenen Aufgabe der Personenrettung, da der Treppenraum in der Regel der erste Rettungsweg jedes Gebäudes ist. Weiterhin ist der Treppenraumschutz auch eine notwendige Maßnahme für die eigene Sicherheit der Einsatzkräfte. Besondere Bedeutung gewinnt der Schutz des Treppenraums vor allem in Gebäuden, in denen Feuer und Rauch in den Treppenraum eindringen können. In Hochhäusern, die nach der geltenden MHHR errichtet wurden bzw. betrieben werden, ist die Eindringwahrscheinlichkeit äußerst gering, da ein Sicherheitstreppenraum vorhanden ist. In vielen Bestandshochhäusern in Deutschland kann jedoch nicht von dem Vorhandensein eines Sicherheitstreppenraums ausgegangen werden.

Beim Treppenraumschutz liegt das Hauptaugenmerk auf der **Verhinderung des Eindringens von Feuer und Rauch** in den Treppenraum bzw. Rettungsweg sowie auf der kontinuierlichen **Überwachung der Konzentration von Brandgasen** in der Luft. Zur Standardausrüstung von Einsatzkräften für diese Aufgabe gehören neben der persönlichen Schutzausrüstung inklusive einsatzbereiter Atemschutzgeräte mobile Rauchschutzvorhänge, ein Schlauch mit Strahlrohr zum Eigenschutz (z. B. ein Schlauchpaket) sowie tragbare Gaswarn- bzw. Gasmessgeräte, die mindestens die Konzentration von Kohlenstoffmonoxid in der Umgebungsluft erfassen können. Zusätzlich zur Standardausrüstung sollten Einsatzkräfte auch Brandfluchthauben mitführen, die präventiv bei einer sichtbaren Verrauchung oder bei einer erhöhten Gaskonzentration den Nutzenden des Gebäudes zur Verfügung gestellt werden, die über den Treppenraum flüchten bzw. evakuiert werden müssen.

Idealerweise werden Mehrgasmessgeräte verwendet, mit denen neben Kohlenstoffmonoxid noch weitere übliche Brandgase, beispielsweise aus der Verbrennung von Kunststoffen, erfasst werden können. Zur Orientierung sollten die Leitsubstanzen im Brandrauch entsprechend der vfdb-Richtlinie 10/03 „Schadstoffe bei Bränden" (2020) herangezogen werden, die maßgeblich die Toxizität von Brandrauch widerspiegeln. Diese Leitsubstanzen sind Kohlenstoffmonoxid (CO), Chlorwasserstoff (HCl) und Cyanwasserstoff (HCN). Ergänzend kann auch die Erfassung von Stickoxiden sinnvoll sein.

Bei dem Einsatz und dem Betrieb von **Gaswarn- und -messgeräten** müssen die Grundsätze der DGUV Information 213-056 „Gaswarneinrichtungen für toxische Gase/Dämpfe und Sauerstoff – Einsatz und Betrieb" (2016) und der DGUV Information 213-057 „Gaswarneinrichtungen für den Explosionsschutz – Einsatz und Betrieb" (2016) berücksichtigt werden, da viele Brandgase neben ihrer toxischen Eigenschaft auch brennbar sind. Mehrgasmessgeräte für die Feuerwehr haben oftmals auch Sensoren zur Erfassung der Konzentration brennbarer Gase in der Luft. Die Beurteilung der vorhandenen Gefährdung sollte mithilfe der toxikologisch begründeten Störfallbeurteilungswerte „Acute Exposure Guideline Levels" (AEGL) erfolgen, genauer gesagt, anhand des AEGL-2-Wertes. Dieser Grenzwert stellt eine Quantifizierung der Konzentration an Schadgasen in der Umgebungsluft dar, bei deren Überschreitung irreversible Schäden zu erwarten sind bzw. die Fluchtfähigkeit nicht mehr gegeben oder stark eingeschränkt ist. Die AEGL-Werte werden für einen repräsentativen Querschnitt der Gesamtbevölkerung festgelegt. Es stehen Grenzwerte für verschiedene Zeitintervalle zur Verfügung. Im Sinne des Treppenraumschutzes empfiehlt sich die Verwendung der AEGL-2-Werte für 30 Minuten bzw. eine Stunde. Die für die Tätigkeit von Einsatzkräften festgelegten Einsatztoleranzwerte nach der vfdb-Richtlinie 10/01 „Bewertung von Schadstoffkonzentrationen im ABC-Einsatz mit C-Gefahrstoffen" (2016) korrespondieren mit den AEGL-2-Werten für 4 Stunden.

Der Treppenraumschutz erfolgt üblicherweise oberhalb des Brandgeschosses bzw. ab dem Depotgeschoss aufwärts (Grimwood, 2017). Unterhalb davon liegende Geschosse sollten trotzdem nicht vernachlässigt und mindestens im Bereich der Aufzugsschächte kontrolliert werden. Eine Aufteilung der zu überprüfenden Geschosse kann so vorgenommen werden, dass ein Trupp für je 5 Geschosse veranschlagt wird (Grimwood, 2017). Ein außen stehender Beobachter unterstützt die Einsatzkräfte bei der Lagebeurteilung.

Einsatzkräfte im Treppenraumschutz haben neben der Kontrolle auf Rauchausbreitung auch die Aufgabe, **Personen zu erfassen** und ggf. zu betreuen bzw. zu evakuieren, die sich noch im Gebäude oberhalb des Brandgeschosses befinden und vom Brand betroffen sind. Die Evakuierung ins Freie oder in einen Bereich relativer Sicherheit erfolgt in Absprache mit der Einsatzleitung.

5.1.4 Hinweise zur Personenrettung

Um Menschenleben im Brandfall effektiv zu retten bzw. zu schützen, ist es für die Feuerwehr wichtig zu wissen, um welche **Personenzahl** es geht. Orientierend kann hierfür, zumindest in Wohnhäusern, die Zahl der gemeldeten Personen herangezogen werden. Je nach Tageszeit und Nutzungsart des Gebäudes kann diese Zahl von der Zahl tatsächlich anwesender Personen jedoch abweichen. Außerdem zeigt die Erfahrung, dass Personen oftmals nicht nur das Gebäude, sondern auch die Einsatzstelle verlassen. Aus diesem Grund muss nach dem Eintreffen an der Einsatzstelle die tatsächliche Zahl der anwesenden Personen ermittelt werden.

Zwingend erforderlich ist auch eine Unterscheidung in Personen, die „nur" **betroffen** sind, d. h., die sich selbst retten können oder aufgrund der räumlichen Entfernung zur betroffenen Nutzungseinheit, der Brandausbreitung sowie der Feuerwiderstandsdauer eines Brandabschnittes möglicherweise auch im Gebäude verbleiben können, und Personen, die **tatsächlich verletzt** sind. Aus der Zahl der tatsächlich verletzten Personen kann der Bedarf an rettungsdienstlichen Einsatzmitteln abgeleitet werden. Einsatztaktisch empfiehlt es sich, erst nach dieser Lageerkundung bei Bedarf ein Einsatzstichwort (z. B. „MANV" für Massenanfall von Verletzten oder Erkrankten) in geeigneter Stufe auszulösen, um benötigte rettungsdienstliche Einsatzmittel sowie Einsatzkräfte zur Betreuung an die Einsatzstelle nachzuführen.

Personen, die sich bereits auf dem Weg nach draußen befinden, werden von Einsatzkräften begleitet und nach Möglichkeit mit einer Zugehörigkeit zu einer Wohnung, einem Geschoss oder einer Nutzungseinheit erfasst. Geräumte Nutzungseinheiten sollten einheitlich gekennzeichnet werden. Aufgrund der baulichen Struktur und der Feuerwiderstandsdauer der raumabschließenden Bauteile sowie der anlagentechnischen Ausrüstung von Hochhäusern ist es unter Umständen möglich, dass Personen unbeschadet im Gebäude verbleiben können.

Aus der Erforschung **menschlichen Verhaltens in Fluchtsituationen** ergibt sich, dass sich flüchtende Menschen überwiegend sozial gegenüber ihren Mitmenschen, rational und uneigennützig verhalten (Kuenzer et al., 2012; Guide to Human Behaviour in Fire, 2019). Soziale Normen, die im Allgemeinen gelten, sind auch in Fluchtsituationen für den Umgang miteinander bestimmend. In Bezug auf Brände in Gebäuden wird das menschliche Verhalten u. a. auch durch vorangegangene Erfahrungen, beispielsweise mit Fehlalarmen von Wohnungsrauchmeldern oder Brandmeldeanlagen, durch Notfalltrainings oder durch das Verhalten von Mitmenschen beeinflusst. Panisches Verhalten kann in Einzelfällen nicht ausgeschlossen werden (Guide to Human Behaviour in Fire, 2019). Personen nehmen zur Entfluchtung üblicherweise den bekanntesten Weg, in der Regel den Weg, den sie zum Betreten des Gebäudes benutzen.

5.1.5 Eigensicherung und körperliche Belastung der Einsatzkräfte

Tätigkeiten in Brandschutzbekleidung sind körperlich anstrengend und führen zu einem signifikanten **Anstieg der Körperkerntemperatur**. Dies kann u. a. zu einer Verminderung der Konzentrationsfähigkeit und zu einem Leistungsabfall führen (Horn et al., 2018; Horn et al., 2019). Der Anstieg der Körperkerntemperatur bei Tätigkeiten in Brandschutzbekleidung wurde nicht im Zusammenhang

Abb. 5.3: Feuerwehreinsatzkräfte betreten einen Brandraum

mit Hochhäusern festgestellt und ist auch weitestgehend unabhängig von den betrachteten Aufgaben (Horn et al., 2018; Horn et al., 2019). In Hochhäusern kommt noch erschwerend der Aufstieg hinzu in Verbindung mit dem eigenen Körpergewicht, dem Gewicht der modernen Schutzbekleidung und der zusätzlichen Ausrüstung, sodass eine hohe **muskuläre Beanspruchung** entsteht, die sich ebenfalls in körperlicher Erschöpfung äußert und einen Beitrag zur Hitzebelastung (Thermoregulierung durch Muskelbeanspruchung) der Einsatzkräfte liefert – zu diesem Zeitpunkt hat die eigentliche Aufgabe, beispielsweise die Brandbekämpfung, noch nicht begonnen. Hitzebelastung und die resultierende verminderte Leistungsfähigkeit sind Faktoren, die die Arbeitszeit einer Feuerwehreinsatzkraft stark begrenzen (Kadlez-Gebhardt, 2010). Gemäß der Herstellung eines Zusammenhangs zwischen den fußläufig in voller Ausrüstung erreichbaren Geschossen und der maximalen Herzfrequenz (180 bpm) als durchschnittliche Erschöpfungsgrenze ist eine Einsatzkraft nach 9 Geschossen an ihrer Erschöpfungsgrenze angelangt (Plischek, 2015).

Auch das hohe Anspannungsniveau von Einsatzkräften, das sich bei einer Brandmeldung in einem Hochhaus aufgrund der Gebäudedimension und der hohen Personenzahl bei Bränden in Hochhäusern einstellt, kann zu Stress und infolgedessen zu einer körperlichen Leistungsminderung führen. Insbesondere die Zeitdifferenz zwischen dem Erreichen der Einsatzstelle und dem Wirksamwerden einsatztaktischer Maßnahmen (Interventionszeit), die ab 30 m Geschosshöhe deutlich zunimmt, kann eine hohe psychische Belastung auslösen.

Der fortdauernde Einsatz bereits erschöpfter Einsatzkräfte für die sehr anstrengenden Tätigkeiten der Brandbekämpfung und der Personenrettung oder der Treppenraumkontrolle in Verbindung mit einem weiteren Aufstieg ist aus Gründen der Fürsorgepflicht von Führungskräften, aber auch aus Sicht der Feuerwehr-Unfallkassen zumindest fragwürdig, wenn nicht sogar unverantwortlich. Deshalb sind Brandeinsätze in Hochhäusern besonders personalintensiv.

Es muss rechtzeitig **Personal zum Austauschen** bereitstehen. Außerdem bedarf es Maßnahmen zur **Reduzierung der körperlichen Belastung** von Einsatzkräften, da die Tätigkeiten auch dann ausgeführt werden müssen, wenn (anfänglich) wenig Personal zur Verfügung steht. Die Rettung von Menschenleben bleibt eine zeitkritische Aufgabe.

Die Schutzbekleidung und die Brandbekämpfungsausrüstung können nur verbessert, aber nicht vollständig ersetzt werden. Um Erschöpfungszuständen durch den Aufstieg vor der eigentlichen Tätigkeit vorzubeugen, sollten daher stets Feuerwehraufzüge zum Personal- und Materialtransport verwendet werden. Steht kein Feuerwehraufzug zur Verfügung und muss der Aufstieg fußläufig erfolgen, sollte wenigstens der Versuch unternommen werden, die Ausrüstung mittels „normaler" Aufzüge zu transportieren und so die körperliche Belastung zu reduzieren (zu den Randbedingungen siehe Kapitel 5.2.1).

In stark frequentierten Kommunen kann die disponierende Leitstelle in begrenztem Umfang zur Reduzierung der Einsatzbelastung einzelner Fahrzeugbesatzungen beitragen. Auch im Rahmen von Schichtmodellen und Aufgabenrotationen gibt es weitere Möglichkeiten der Belastungsminimierung. Von den Einsatzkräften selbst, aber auch von den Führungskräften ist auf eine ausreichende Flüssigkeitszufuhr vor und nach körperlicher Anstrengung und auf die Einhaltung von Ruhepausen zu achten (Kadlez-Gebhardt, 2010).

Darüber hinaus helfen **präventive Maßnahmen** im dienstlichen und im persönlichen Alltag, wie interne und externe Sportangebote und eine gesunde Ernährung, die Leistungsfähigkeit der Einsatzkräfte zu erhalten bzw. zu erhöhen. Maßnahmen des betrieblichen Gesundheitsmanagements, die mithilfe der Präventionsprojekte der Feuerwehr-Unfallkassen auch in ehrenamtlichen Einheiten umgesetzt werden können, stellen eine gute Ergänzung dar. Beispielhaft sei hier das Projekt „Fit for Fire" der Hanseatischen Feuerwehr-Unfallkasse Nord (HFUK Nord) genannt. Der erste und wichtigste Baustein in der Reduzierung von Belastungen für Einsatzkräfte bleibt jedoch der Wille der Einsatzkräfte selbst, offen und proaktiv Angebote wahrzunehmen.

An jeder Einsatzstelle muss nach Maßgabe der Feuerwehr-Dienstvorschrift „Atemschutz" (Feuerwehr-Dienstvorschrift 7) ein **Sicherheitstrupp zur Eigensicherung** bereitstehen. Gleichermaßen soll eine rettungsdienstliche Komponente, je nach Verfügbarkeit mit eigenem Notarzt, zur Sicherheit der Einsatzkräfte zur Verfügung stehen. Die personelle Stärke des Sicherheitstrupps sollte erfahrungsgemäß mindestens gleich der Stärke der vorgehenden Trupps sein. Gute und umfangreiche Erfahrungen mit der Etablierung sog. atemschutznotfalltrainierter Staffeln zur Eigensicherung haben u. a. die Feuerwehr Langen, die Berliner Feuerwehr und viele andere große Feuerwehren gemacht. Zur Personenrettung darf zwar formell auch ohne einen bereitstehenden Sicherheitstrupp vorgegangen werden. Vor dem Hintergrund der beschriebenen Belastungen der Einsatzkräfte sollte diese Möglichkeit bei Bränden in Hochhäusern jedoch nur im äußersten Notfall in Betracht gezogen werden.

5.1.6 Grundzüge der Entrauchung

Die Entrauchung im Brandfall trägt zur Personensicherheit bei, ist jedoch vor allem ein essenzieller Bestandteil der Maßnahmen zur Erreichung des bauordnungsrechtlichen Schutzzieles „wirksame Löscharbeiten" (Sachwertschutz). Sie ist ein entscheidender Einflussfaktor für die Sicherheit und die zeitliche Effizienz von Einsatzkräften. Die Rauchableitung, sofern sie nicht automatisch gesteuert ist, wird durch die Feuerwehr in Betrieb genommen. In diesem Fall ist es notwendig, die gebäudetechnische Lüftungsanlage unter Kontrolle der Feuerwehr zu bringen und abzuschalten. Dadurch wird zumindest die Ausbreitung von Rauch durch Lüftungsschächte o. Ä. auf natürliche physikalische Vorgänge reduziert. Die Notwendigkeit der Kontrolle der Geschosse oberhalb und unterhalb des Brandgeschosses im Rahmen des Treppenraumschutzes (Kapitel 5.1.3) oder der (situativen) Festlegung eines Depotgeschosses (Kapitel 5.1.2) bleibt davon unberührt.

Üblicherweise strömt der heiße Rauch aufgrund der Temperaturdifferenz zur umgebenden Luft und ggf. unterstützt durch die natürliche Luftströmung in Gebäuden nach oben und dann in der Regel durch eine Abluft- oder sonstige Öffnung ins Freie. Diese natürliche Luftströmung, die sich aufgrund von Temperaturunterschieden in Kanälen und Schächten einstellt, wird als **Kamineffekt** (Stack Effect) bezeichnet. In Hochhäusern hat er eine besondere Bedeutung, da es einerseits viele Kanäle und Schächte gibt (z. B. Kabelkanäle, Luft-, Wärme-, Fahrstuhl- und ggf. Wäscheschächte) und sich andererseits die Temperaturdifferenz als treibende Kraft für die natürliche Luftströmung über die Höhe hinweg langsam egalisiert. Das heißt, die natürliche Luftströmung wird schwächer. In Bezug auf die Rauchausbreitung bedeutet dies, dass sie unter Umständen in einer gewissen Höhe stagniert, da sich die Temperatur des heißen Rauches beim Auftrieb an die Umgebungstemperatur anpasst. Gleichfalls ist ein Absinken des Rauches möglich, weil er aufgrund seiner Bestandteile etwas schwerer als Luft ist.

Der Kamineffekt wird durch große Temperaturdifferenzen zwischen dem Außen- und dem Innenbereich von Gebäuden beeinflusst. Ist es im Außenbereich kalt und im Innenbereich warm (beispielsweise im Winter), kann Rauch leicht in die oberen Bereiche gelangen und sich dort ausbreiten, stagnieren und aus dem Gebäude entweichen. Dies kann zu einer anfänglichen Fehleinschätzung durch die Feuerwehr bei der Lageerkundung von außen führen. Wenn beim Eintreffen der Feuerwehr kein Rauch zu sehen ist, bedeutet das nicht, dass es sich um einen Fehlalarm handelt. International wird hier oft der Ausdruck „nothing showing means nothing" verwendet. Ist es im Außenbereich wärmer als im Innenbereich (beispielsweise im Sommer, unterstützt durch Klimaanlagen), wird sich der Rauch zunächst nach oben ausbreiten, jedoch durch die schnellere Angleichung an die Innentemperatur frühzeitiger absinken oder stagnieren (**umgekehrter Kamineffekt**). Beide Effekte müssen situativ von den Feuerwehreinsatzkräften berücksichtigt werden.

Bei der Beurteilung der Rauchausbreitung in hohen Gebäuden darf der Einfluss des **Windes**, vor allem in den weiter oben gelegenen Geschossen, nicht unbeachtet bleiben. Das gilt insbesondere, wenn Öffnungen zur Rauchableitung durch die Feuerwehr geschaffen werden oder vorhandene natürliche Entlüftungsöffnungen verwendet werden sollen. Im besten Falle erfolgt die Rauchableitung über die dem Wind abgewandte Seite (zu einer umfangreichen Darstellung der physikalischen Grundlagen der Ventilation und Rauchableitung sowie ihrer Anwendung durch die Feuerwehr siehe z. B. Svensson, 2020).

In Hochhäusern, in denen innen liegende Sicherheitstreppenräume und Feuerwehraufzüge vorhanden sind, werden diese und die angeschlossenen Vorräume durch **Druckbelüftungsanlagen** vor dem Eindringen von Rauch geschützt. Druckbelüftungsanlagen müssen mit der automatischen Brandmeldeanlage gekoppelt sein und automatisch anspringen. Sie sollen im Sinne der Ausfallsicherheit nach der MHHR redundant ausgeführt sein. Diese Systeme unterstützen die Feuerwehr im Rahmen ihrer vorgesehenen Funktion bei der Rauchfreihaltung von Rettungs- und Angriffswegen, sind aber nicht dazu vorgesehen, ganze Geschosse zu entrauchen. In einigen Bestandshochhäusern sowie in Gebäuden nahe, aber noch unterhalb der Hochhausgrenze sind gelegentlich Luftspülanlagen verbaut, die einen ähnlichen Effekt haben, jedoch keinen Überdruck aufbauen (Rost/Schneider/Romahn, 2017; Schlottig, 2020).

Der Feuerwehr stehen auch eigene **mobile Belüftungsgeräte** zur Verfügung, mit denen sowohl Treppenräume als auch lokal ein Geschoss druckbelüftet werden können. Mobile Belüftungsgeräte können nur dann eingesetzt werden, wenn eine ausreichende Abluftöffnung zur Verfügung steht und sichergestellt ist, dass sich der Rauch nicht in Bereiche ausbreitet, die zuvor rauchfrei waren oder aus denen er nur schlecht wieder entfernt werden kann (zu Einsatzgrenzen mobiler Belüftungsgeräte der Feuerwehr in Hochhäusern siehe Schlottig, 2020). Die meisten mobilen Belüftungsgeräte der Feuerwehr sind kraftstoffbetrieben. Für einen Einsatz im Innenbereich eines Gebäudes sind sie daher nur bedingt geeignet, da die entstehenden Abgase zuverlässig ins Freie abgeführt werden müssen. Am ehesten eignen sich elektrisch betriebene mobile Belüftungsgeräte, vorzugsweise mit Akkubetrieb. Bei einer kabelgebundenen Stromversorgung müssen entweder aufwendig Kabel in die

Abb. 5.4: Hydraulische Ventilation

Höhe verlegt werden oder es wird zwingend ein elektrischer Personenschutzschalter (PRCD-S) benötigt (falls überhaupt noch Strom im Gebäude anliegt). Werden mobile Belüftungsgeräte zur Rauchableitung in Treppenräumen oder zur Rauchfreihaltung von Treppenräumen in Hochhäusern eingesetzt, muss berücksichtigt werden, dass die gängigen Belüftungsgeräte in Abhängigkeit von dem vorherrschenden Luftdruck ihre Einsatzgrenze bei ca. 45 m Höhe (ungefähr 14. Geschoss) haben (Sulzer, 2017).

Eine alternative Möglichkeit der Rauchableitung bietet sich der Feuerwehr in Form der sehr wirksamen, aber häufig vernachlässigten **hydraulischen Ventilation** an. Diese kann mit dem Schlauch durchgeführt werden, der bereits zur Brandbekämpfung verwendet wird oder wurde, benötigt aber eine ausreichend große Abluftöffnung, in der Regel ein Fenster. Können Fenster durch die Feuerwehr nicht zerstörungsfrei geöffnet werden, muss der Trümmerflug nach unten berücksichtigt werden. Eine Absprache mit außen tätigen Einsatzkräften ist unerlässlich. Wird die Entrauchung im Sinne einer sog. Einsatzstellenbelüftung durchgeführt, d. h. nach der eigentlichen Brandbekämpfung, sollten die Bereiche währenddessen und im Anschluss auf die vorhandene Konzentration an Schadgasen kontrolliert werden.

Ein besonderes Problem bei der Entrauchung stellen **Kellerräume** dar. Das liegt vor allem an der begrenzten Möglichkeit der Rauchableitung (Näheres hierzu siehe Pahl, 2021). Auch **Atrien** und große, lichtdurchflutete **Lobbybereiche** können durch die Feuerwehr nur schwer rauchfrei gehalten werden. Hier bedarf es der Unterstützung durch Maßnahmen des baulichen Brandschutzes, wie Rauch- und Wärmeabzüge, mechanische Belüftung sowie Brand- und Rauchabschnittstrennungen.

5.2 Unterstützung durch Maßnahmen des baulichen Brandschutzes

5.2.1 Nutzung von Aufzügen und Feuerwehraufzügen

Aufzüge sind neben den Treppenräumen die Haupterschließungswege in Hochhäusern. Regulär bieten sie den Nutzenden eines Gebäudes eine komfortable Möglichkeit, große Höhen in kurzer Zeit zu überwinden, und stellen auch für die Feuerwehr eine Alternative für den Personal- und Materialtransport dar. Im Brandfall müssen allerdings einige Randbedingungen beachtet werden.

In der Einsatzpraxis werden in Hochhäusern neben „normalen" Aufzügen oft **Feuerwehraufzüge** und im Bestand ggf. **„Aufzüge Feuerwehr"** vorgefunden. Bei den Letztgenannten besteht die Gefahr, dass ihnen durch die ähnlich klingende Bezeichnung das Sicherheitsniveau von Feuerwehraufzügen unterstellt wird, das jedoch möglicherweise nicht vorhanden ist. Sie sollten daher mit entsprechender Vorsicht benutzt werden. Feuerwehraufzüge sind genormt und nach der MHHR obligatorisch. Sie müssen als eigenständige Brandabschnitte mit Sicherheitsstromversorgung und druckbelüftetem Schacht sowie mit Vorräumen ausgeführt sein. Trotz dieser hohen Anforderungen sollte in der Einsatzvorbereitung berücksichtigt werden, dass auch das System „Feuerwehraufzug" ausfallen kann.

Abb. 5.5: Kennzeichnungen für Feuerwehraufzüge und „Aufzüge Feuerwehr"

In vielen Brandschutzordnungen (in der Regel bereits in Teil A) ist die Aussage „Aufzüge im Brandfall nicht benutzen" zu finden. Was in diesem Falle eine Aufforderung für die Nutzenden oder Bewohnenden der Gebäude ist, sollte je nach vorhandener Aufzugsart auch von der Feuerwehr in Betracht gezogen werden. Einsatztaktisch gilt es, nachfolgende Grundsätze zu berücksichtigen, die dazu beitragen, die Nutzung von Aufzügen durch die Feuerwehr im Brandfall zu standardisieren und den Fokus der Einsatzkräfte auf wesentliche Aufgaben zu richten.

Grundsätzlich werden alle **Aufzüge** beim Eintreffen der Feuerwehr zunächst von dieser **unter Kontrolle gebracht**. Dazu werden die Aufzüge am besten in das Zugangsgeschoss gefahren, um dort zu verbleiben. Die Ansteuerung kann bei einer vorhandenen Brandmeldeanlage über die Brandfallsteuermatrix realisiert werden (siehe Kapitel 4.6.3). Alternativ muss es eine manuelle Steuerung in räumlicher Nähe des Feuerwehr-Bedienfelds oder einen leicht erreichbaren Aufzugsmaschinenraum geben. In jedem Fall muss sichergestellt werden, dass kein Aufzug in ein von dem Brand betroffenes Geschoss fährt und kein Aufzug zwischen 2 Geschossen stehen bleibt. Aufzugstüren müssen öffnen, um Personen, die sich eventuell noch darin befinden, die Flucht und der Feuerwehr eine einfachere Kontrolle zu ermöglichen.

Aufzüge sollten von Einsatzkräften unabhängig von der Aufzugsausführung nur mit einer vollständigen **persönlichen Schutzausrüstung** (PSA für die Brandbekämpfung) und einem einsatzbereiten **Atemschutzgerät** (PA, umluftunabhängiger Atemschutz) verwendet werden. Zusätzlich ist es empfehlenswert, ein mobiles Gasmessgerät mitzuführen, das mindestens das Brandgas Kohlenstoffmonoxid (CO) detektieren kann. Idealerweise können auch weitere übliche Brandgase erfasst werden. Die Messung erfolgt kontinuierlich.

Beim Transport von Personal und Material sollte darauf geachtet werden, redundant vorzugehen, d. h., Personal und Material werden nacheinander, schrittweise oder über 2 verschiedene Wege in das Depotgeschoss verbracht, falls ein verwendeter Aufzug seine Funktion versagt.

Feuerwehraufzüge können von Einsatzkräften sowohl zum **Material**- als auch zum **Personaltransport** genutzt werden. Weiterhin können und sollen sie verwendet werden, um **Betroffene** oder **Verletzte** zu transportieren, die nicht gehfähig sind (beispielsweise Personen, die auf Gehhilfen oder Rollstühle angewiesen sind). Die Personenrettung erfolgt dabei unter Begleitung der Feuerwehr. Ist nur ein Feuerwehraufzug vorhanden, muss die Verwendung koordiniert werden. Gehfähige betroffene Personen benutzen den Treppenraum für die Flucht. Der Feuerwehraufzug fährt zum Material- und Personaltransport höchstens bis in das eingerichtete Depotgeschoss. Das Brandgeschoss oder Geschosse darüber dürfen nur angesteuert werden, wenn die über den Aufzug zugänglichen Bereiche sicher erkundet wurden und eine Ausbreitung von Feuer und Rauch in diese Bereiche sicher ausgeschlossen werden kann.

Steht kein Feuerwehraufzug zur Verfügung, muss der Aufstieg zu Fuß erfolgen, weil sich über die Schächte „normaler" Aufzüge Rauch und Rauchgase über das gesamte Gebäude ausbreiten könnten. Außerdem besteht die Möglichkeit, dass der Aufzug im Schacht stehen bleibt. Analog erfolgt auch kein Transport von zu rettenden Personen mit „normalen" Aufzügen. Neben der Entfluchtung ins Freie besteht auch die Möglichkeit, dass betroffene Personen im Gebäude verbleiben und ggf. in Bereiche relativer Sicherheit gebracht werden (z. B. in andere Brandabschnitte oder in Rettungsbereiche, vgl. hierzu Kapitel 4.4.10).

Um die körperliche Belastung der Einsatzkräfte beim Aufstieg zu reduzieren, kann benötigtes **Material** über einen vorhandenen „**normalen**" Aufzug transportiert werden. Der Aufzugsschacht sollte mindestens durch eine natürliche Rauchabzugsöffnung entlüftet werden. Bei der Verwendung von Aufzügen in **Bestandsbauten** sollte darüber hinaus berücksichtigt werden, dass

- Aufzüge unter Umständen nachgerüstet wurden,
- vorhandene Aufzüge unter Umständen nicht in jedem Geschoss halten und
- vorhandene Aufzüge unter Umständen in Zwischengeschossen halten.

Solche sehr speziellen Umstände lassen sich am besten in Objektbegehungen ermitteln.

5.2.2 Besonderheiten der Flächen für die Feuerwehr

Einsatztaktisch ist die Feuerwehr auf den Innenangriff begrenzt. Dazu stehen ihr mindestens 2 notwendige Treppenräume bzw. unterhalb von 60 m Gebäudehöhe ggf. nur ein Sicherheitstreppenraum als Angriffsweg zur Verfügung. Der Einsatz von **Hubrettungsfahrzeugen** ist aufgrund der Gebäudehöhe in der MHHR nicht vorgesehen. Es liegt jedoch im Ermessensspielraum jeder Einsatzleitung, Hubrettungsfahrzeuge bis zur technischen Anwendungsgrenze zur Unterstützung bei der Personenrettung und bei Löscharbeiten oder als alternativen Angriffsweg zu nutzen.

In den Muster-Richtlinien über Flächen für die Feuerwehr werden **Bewegungsflächen** für jedes Fahrzeug gefordert (siehe Kapitel 4.9). Die Bewegungsflächen müssen die gleiche Flächenbelastung ermöglichen wie Aufstellflächen für Hubrettungsfahrzeuge und sind etwas breiter und länger als die Aufstellflächen. Sie können bei Bedarf auch für den Einsatz von Hubrettungsfahrzeugen verwendet werden, wenn es Hindernisse im Umfeld, wie Bäume, zulassen und es geeignete Stellen zum Anleitern gibt.

In der Einsatzpraxis sind die geforderten Bewegungsflächen jedoch häufig nicht oder aufgrund der städtebaulichen Situation nur in **begrenztem Umfang** vorhanden. Aus diesem Grund sollten nicht alle disponierten Fahrzeuge unmittelbar bis an die Einsatzstelle heranfahren, sondern nur der erste Löschzug sowie ein Führungsdienst, während die anderen Fahrzeuge nahe gelegene Bereitstellungsräume, beispielsweise umliegende Hauptstraßen oder Parkplätze, nutzen sollten (siehe Kapitel 5.1.1). Durch den zuerst eintreffenden Löschzug muss sichergestellt werden, dass der Weg zum Hauptzugang bzw. zur Brandmeldeanlage, wenn vorhanden, in kurzer Entfernung sicher erreicht wird und flüchtende Personen ungehindert in Freie gelangen können. Bei der Aufstellung muss, insbesondere bei Bränden mit

Beteiligung der Fassade, ein möglicher Trümmerabsturz berücksichtigt werden. Entsprechend ist die Erkundung rund um das Gebäude inklusive einem Blick nach oben durchzuführen.

5.3 Löschwasser

Aufgrund der Branddynamik ist es notwendig, so frühzeitig wie möglich Wasser auf den Brandherd aufzubringen. Die **frühe Wasseraufgabe** auf einen Brand hat einen entscheidenden Einfluss auf die Überlebenswahrscheinlichkeit unmittelbar betroffener Personen, die nicht selbstständig aus betroffenen Nutzungseinheiten geflüchtet sind oder flüchten können, und trägt auch zur Sicherheit der Einsatzkräfte bei (Bonnier, 2017; Fachempfehlung für die Brandbekämpfung zur Menschenrettung, 2018; Kerber et al., 2019; Zevotek et al., 2018).

Über die **benötigte Durchflussmenge** des Löschwassers, die von Einsatzkräften initial am Strahlrohr eingestellt werden sollte, gibt es in der Ausbildung und Einsatzpraxis verschiedene Meinungen. Ein Argument für eine geringe Durchflussmenge ist die Begrenzung eines möglichen Schadens durch das Löschwasser. Außerdem zeigt die Einsatzpraxis, dass bei der überwiegenden Anzahl der Brandeinsätze in Wohngebäuden die Brandausbreitung lokal begrenzt ist. Dagegen stehen vor allem die Argumente, dass (physikalisch) bei einer hohen Energiefreisetzung durch einen Brand auch eine entsprechend hohe Menge Wasser zum Kühlen benötigt wird und dass eine hohe Durchflussmenge erfahrungsgemäß auch einen wirksameren Effekt auf den Eigenschutz hat. Die nachfolgende Betrachtung soll einen Einstieg in die Thematik bieten und zur weiteren Recherche anregen. Auf die Erläuterung verschiedener Löschmittelzusätze zur Erhöhung der Effizienz sowie der verschiedenen Taktiken zur Aufbringung wird bewusst verzichtet, da diese Themen in der verfügbaren Fachliteratur bereits umfangreich behandelt sind (siehe z. B. Smoke cooling and nozzle techniques, 2022).

Bei Wohnungsbränden ist im Mittel von **Brandlastdichten** von 780 ± 234 MJ/m² auszugehen (Leitfaden Ingenieurmethoden des Brandschutzes, 2020; ähnlich Hadjisophocleous/Richardson, 2005). Bei der Brandlastdichte handelt es sich um die flächennormalisierte Energiemenge, die bei einem Brand über die gesamte Dauer freigesetzt werden kann. Eine Berechnung der Brandlast bzw. Brandlastdichte als Grundlage für die Ableitung weiterer brandschutztechnischer Maßnahmen, wie sie beispielsweise im Industriebau praktiziert wird, wird bei Wohngebäuden im Normalfall nicht gemacht. Ursächlich dafür ist, dass der bauliche Brandschutz in Wohngebäuden in Deutschland bauordnungsrechtlich umfangreich reguliert ist. Des Weiteren lässt sich die Brandlast bzw. Brandlastdichte in Wohngebäuden aufgrund der Vielzahl verschiedener (und wechselnder) brennbarer Stoffe und deren Verteilung nur schwer genau bestimmen.

Eine Brandlastdichte von 500 MJ/m², beispielsweise bei einem voll entwickelten Brand von Polstermöbeln und weiterer Zimmereinrichtung, entspricht in etwa einem Brand mit einer Leistung von 10 MW **Wärmefreisetzungsrate** (Grimwood, 2017). Eine Wärmefreisetzungsrate von 10 MW korrespondiert wiederum mit einer rechnerischen Durchflussmenge von 254 l/min (Grimwood, 2017). Unter Berücksichtigung der o. g. mittleren Brandlastdichte, die etwas höher ist, ist zur Brandbekämpfung voll entwickelter Brände auch mehr Wasser notwendig, schätzungsweise in einer Durchflussmengengrößenordnung von **300 bis 600 l/min.**

Der Zusammenhang zwischen der benötigten Menge an Löschwasser und der vom Brand betroffenen Fläche ist in Abb. 5.6 dargestellt. Demnach korrespondiert eine vom Brand betroffene Fläche (voll entwickelter Brand) von 100 m² mit einer benötigten Löschwassermenge von ca. 600 l/min (unterste Kurve in Abb. 5.6 für Privatwohnungen [Private Dwellings]). Dieser Wert ist vergleichbar mit der Größenordnung der o. g. Werte und kann als Richtwert für die Feuerwehr angesehen werden.

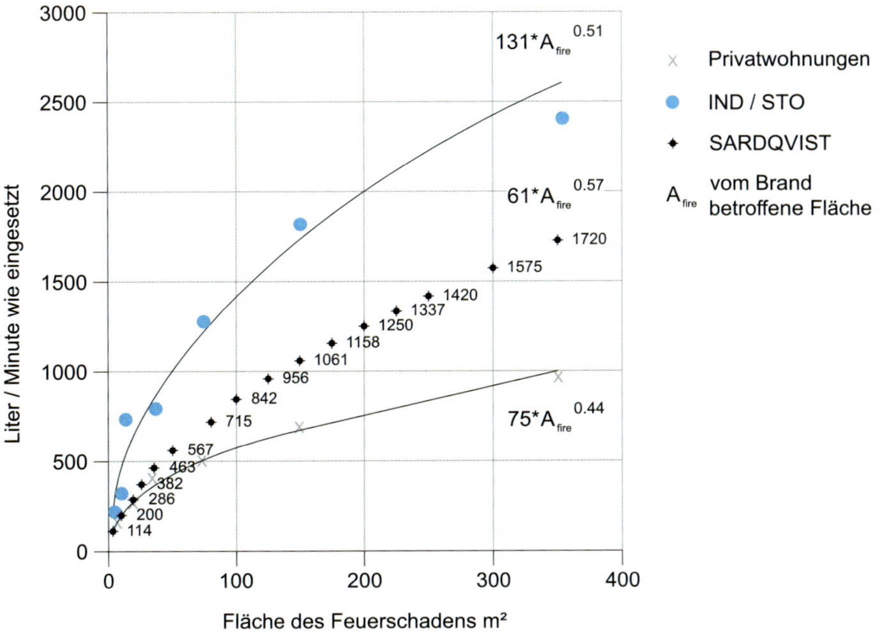

Abb. 5.6: Verhältnis zwischen der Löschwassermenge und der vom Brand betroffenen Fläche (Quelle: nach Grimwood, 2017)

IND/STO
: Industrie- und Lagergebäude; der Autor bezieht sich auf Untersuchungsergebnisse in dieser Art von Nutzung

SARDQVIST
: Der Autor der Quelle bezieht sich auf Untersuchungen von Stefan Särdqvist

Hier wird die Meinung vertreten, dass sich die initial gewählte **Durchflussmenge** an den möglichen **Energiefreisetzungen voll entwickelter Brände** orientieren sollte. Damit besteht zumindest die Möglichkeit, einem Brand auf dem Niveau seiner möglichen Energiefreisetzung zu begegnen. Weiterhin steht damit deutlich mehr Löschwasser zur Verfügung, um eine effiziente Rauchgaskühlung durchführen zu können (Bonnier, 2017). Die positive Wirkung des erhöhten Eigenschutzes ist dabei ein Zugewinn. Moderne Hohlstrahlrohre, wie sie heutzutage nahezu flächendeckend verwendet werden, erlauben eine variable Einstellung der Durchflussmenge, sodass eine Reduzierung jederzeit möglich ist. Dementsprechend ist der o. g. Richtwert nicht als fester Wert zu verstehen, sondern es bedarf vielmehr einer situativen Betrachtung, die die vorherrschende Brandausbreitung und die vorhandenen anlagentechnischen Maßnahmen zur Unterstützung (beispielsweise Feuerlöschanlagen) berücksichtigt. Eine Reduzierung des möglichen Löschwasserschadens wird durch eine effiziente, gezielte Aufbringung des Löschwassers erreicht.

In Hochhäusern, die nach der geltenden MHHR gebaut wurden und betrieben werden, ist eine automatische Feuerlöschanlage obligatorisch. Dadurch wird eine Brandbekämpfung bereits in einer frühen Brandphase sichergestellt und die Produktion von Brandprodukten und Rauchgasen sowie die Wärmeentwicklung werden begrenzt. Bei dem Vorhandensein einer Feuerlöschanlage mit uneingeschränkter Funktion ist eine Brandentwicklung zum Vollbrand zwar möglich, aber weniger wahrscheinlich. Neben einer automatischen Feuerlöschanlage sind in Hochhäusern üblicherweise auch **Wandhydranten** vorhanden. Wünschenswert im Sinne der Brandbekämpfung durch die Feuerwehr ist eine flächendeckende Ausstattung mit Wandhydranten des Typs F mit einer durchschnittlichen Durchflussrate von ca. 320 l/min. Wandhydranten des Typs S, die ebenfalls vorkommen, dienen lediglich der Selbsthilfe und liefern sehr geringe Durchflussraten von 50 bis 100 l/min.

Stehen in Bestandsgebäuden nur Trockensteigleitungen zur Verfügung, erfolgt die Wasserversorgung sowie die frühe Brandbekämpfung durch die Feuerwehr. Durch die Nutzung der **Steigleitungen** wird die Eingreifzeit insofern reduziert, als keine Schlauchleitungen über die Höhe verlegt werden müssen, was sich in Hochhäusern im Normalfall auch als schwierig erweist. Entsprechend DIN 14462 sind Steigleitungen so ausgelegt, dass an 3 Stellen gleichzeitig mindestens 200 l/min Wasser entnommen werden können (insgesamt 600 l/min). Sie sind damit, bei voller Funktionsfähigkeit und gemessen an dem o. g. Richtwert, ausreichend dimensioniert, um voll entwickelte Brände auf einer Fläche von etwas mehr als 100 m^2 bekämpfen zu können. Dieser Umstand ist insbesondere mit Blick auf große Büroräume und sonstige moderne offene Architektur zu berücksichtigen und verdeutlicht auch die Notwendigkeit einer flächendeckenden Feuerlöschanlage.

Die **Entnahmestellen** von Steigleitungen sind üblicherweise geschossweise im Treppenraum oder in Vorräumen installiert. Bei der Nutzung muss ein Eindringen von Feuer und Rauch in den Rettungsweg verhindert werden, beispielsweise durch Schlauchleitungen in Türen. Empfehlenswert ist außerdem das Mitführen von üblichen Werkzeugen (Vierkant- und Dreikantschlüssel, Feuerwehraxt, Handräder usw.) durch die Einsatzkräfte sowie eine Kontrolle des Einspeisepunktes auf Verstopfungen, da Steigleitungen erfahrungsgemäß einem gewissen Vandalismus-Risiko unterliegen. Aus dem gleichen Grund ist es notwendig, die Entnahmestellen geschossweise zu kontrollieren, da durch geöffnete Entnahmestellen gelegentlich unbemerkt Löschwasser austritt. Die Wasserversorgung erfolgt zunächst von den vorhandenen Löschfahrzeugen aus. Ein standardisierter Löschzug bringt üblicherweise zwischen 4.000 und 6.000 l Wasser initial mit. Parallel erfolgt eine Wasserversorgung über das öffentliche Hydrantennetz, das in der Umgebung von Hochhäusern in der Regel ausreichend groß dimensioniert ist.

5.4 Internationale Einsatztaktiken von Feuerwehren

Grundsätzlich **unterscheidet** sich die angewandte Einsatztaktik von Feuerwehren **weltweit** bei Brandeinsätzen in Hochhäusern **nicht mehr wesentlich**. Das lässt sich beispielsweise an der hohen Bedeutung des Depotgeschosses (im Englischen Bridgehead oder Staging; Gustin, 2020) oder des Treppenraumschutzes (Grimwood, 2020) für einen erfolgreichen Einsatz bemessen. Insbesondere der Erhalt des Treppenraums bzw. mindestens eines Treppenraums als Rettungsweg (und ebenso als Angriffsweg) ist ein essenzieller Bestandteil einsatztaktischer Beschreibungen und Handbücher internationaler Feuerwehren. Ein Grund dafür ist die bauliche Ausführung als einfacher Treppenraum mit selbstschließenden Türen, der zwar Anforderungen an die Feuerwiderstandsdauer erfüllt, jedoch in der Regel keine Vorräume, Überdruckbelüftung o. Ä. aufweist. Ein weiterer Grund, der der internationalen Presse im Zusammenhang mit Bränden in Hochhäusern häufig entnommen werden kann, ist der menschliche Faktor. So werden Türen zu in Brand geratenen Nutzungseinheiten und zu Treppenräumen oftmals offen stehen gelassen, wodurch sich Rauch sehr schnell im Gebäude verteilen kann.

Weitere Ausprägungen von Faktoren der Einsatztaktik, wie hohe Personalansätze für die Brandbekämpfung, die Bedeutung einer frühen Wasseraufgabe und das initiale Unterkontrollebringen brandschutz- und gebäudetechnischer Anlagen und Systeme, sind international mit den deutschen vergleichbar. **Unterschiede** ergeben sich vor allem durch die äußeren Randbedingungen, d. h. durch die **Gebäude selbst**. Während in Deutschland der Brandschutz von Gebäuden sehr stark auf brandschutztechnischen Anforderungen an die Bauteile und Bestandteile eines Gebäudes basiert, ist international vor allem die flächendeckende Ausrüstung mit Sprinkler- und anderen Feuerlöschanlagen, auch bereits in Gebäuden geringer Höhe, ein elementarer Bestandteil des Gebäudebrandschutzes. In der Folge kommen international auch in Hochhäusern häufiger Bauteile mit brennbaren Bestandteilen, beispielsweise an Fassaden, zum Einsatz. Es gibt kein mit dem deutschen Bauordnungsrecht vergleichbares Regelwerk. Internationale Building Codes sind oftmals anwendungsorientierter gestaltet. Ferner richtet sich die Sicherheit in Hochhäusern häufig nach den Vorgaben und Empfehlungen der US-amerikanischen National Fire Protection Association (NFPA), die eher den Charakter eines technischen Regelwerkes haben. Der Vorteil besteht darin, dass hier auch verbindliche Einsatztaktiken, Anforderungen an Schutzbekleidung u. Ä. enthalten sind.

In den USA wird im Rahmen der Hochhausbrandbekämpfung durch Feuerwehren seit einiger Zeit das sog. FARS-System (Firefighter Air Replenishment System) diskutiert. Dabei handelt es sich um ein **permanent installiertes Atemluftversorgungssystem**, ähnlich den Steigleitungen für Löschwasser, das Einsatzkräften das Auffüllen ihrer Atemschutzgeräte ermöglicht. Dadurch kann einerseits die Einsatzzeit verlängert und andererseits die Sicherheit von Einsatzkräften erhöht werden (Näheres siehe www.aircoalation.org). Dieses System hat die Unterstützung bekannter Feuerwehrleute und Führungskräfte US-amerikanischer Feuerwehren gefunden, die oft in der einschlägigen Fachliteratur veröffentlichen oder als Redner auf Konferenzen sprechen, und ist nach deren Aussage bereits geforderter Bestandteil neuer Hochhäuser (Firefighter Air Replenishment System, 2022)

Seit einigen Jahren lässt sich international ein sehr starker Fokus auf **forschungsbasierter Einsatztaktik** erkennen. Vor allem durch das National Institute of Standards and Technology (NIST) und das Fire Safety Research Institute (FSRI) werden systematisch bestehende Einsatztaktiken sowie grundsätzliche Anforderungen und Stützpfeiler des US-amerikanischen Feuerwehrwesens mit wissenschaftlichen Methoden untersucht und bewertet sowie Vorschläge zur Weiterentwicklung unterbreitet. Auch in Deutschland wird teilweise intensive Brandschutzforschung betrieben, die ebenfalls zur Verbesserung der Leistungsfähigkeit des Feuerwehrwesens beitragen soll (z. B. von der Vereinigung zur Förderung des Deutschen Brandschutzes e. V., dem Karlsruher Institut für Technologie, von Universitäten und Hochschulen wie in Magdeburg, Braunschweig und Wuppertal, von den Ländern und der Bundeswehr). Es besteht jedoch ein Unterschied in der Publikation und der Zugänglichkeit der gewonnenen Erkenntnisse. International wird ein mehrgleisiges System benutzt: Die Erkenntnisse werden in wissenschaftlichen Veröffentlichungen frei zugänglich publiziert und gleichzeitig in kurze Lernvideos, Schulungen bzw. allgemein lernbare Inhalte überführt sowie anwendungsorientiert aufbereitet, um so ein breites Publikum unter den Feuerwehren anzusprechen. Die Publikation erfolgt auf dieser Schiene oftmals unter Nutzung sozialer Medien. In Deutschland besteht an dieser Stelle noch Verbesserungspotenzial, auch wenn sich ein ähnlicher Ansatz bereits erkennen lässt.

Insgesamt lässt sich festhalten, dass Unterschiede vor allem in den Einflussfaktoren und Randbedingungen bestehen, die angewendeten Einsatztaktiken aber vergleichbar sind.

6 Beispiellösungen zum Brandschutz in Hochhäusern

Die folgenden Beispiellösungen sollen die Probleme bei Bestandshochhäusern verdeutlichen und zukunftsfähige Lösungen für Hochhäuser darstellen. Auch die Vielfältigkeit von Hochhäusern sowie von Möglichkeiten für Brandschutzlösungen im Hochhausbereich sollen aufgezeigt werden.

6.1 Campus Tower, Magdeburg

Der Campus Tower ist ein 16-geschossiges Punkthochhaus. Solche Punkthochhäuser finden sich im Bestand in Erfurt, Leipzig, Neubrandenburg und Magdeburg. Sie genießen Bestandsschutz, das bedeutet, dass die baugenehmigte Lösung aus DDR-Zeiten weiterhin bestehen bleiben kann, sofern keine Veränderungen vorgenommen werden und auch keine Außerbetriebnahme über 3 Jahre erfolgt. Bei den meisten dieser Wohnhochhäuser hat es jedoch bauliche Veränderungen gegeben, die neue Brandschutznachweise erfordern. Die wesentlichsten Veränderungen, die vorgenommen wurden, sind Einschränkungen der bestehenden Rettungsweglösungen, die einen Sicherheitstreppenraum mit offenem Gang vorsehen (hier genehmigt als einseitig offen). Aus wärmetechnischen Gründen wurden die offenen Gänge vielfach mit Fenstern oder

Abb. 6.1: Campus Tower, Magdeburg; links: begrenzte Außenangriffsmöglichkeiten der Feuerwehreinsatzkräfte bis zum 9. Obergeschoss; rechts: mit neuer Außentreppe

lamellenartigen Verschlüssen, die im Brandfall wieder öffnen sollten, verschlossen. Diese Einschränkung der offenen Gänge setzte die bestehenden Sicherheitstreppenräume außer Kraft, da die technischen Verschlüsse eine nicht zu rechtfertigende Ausfallwahrscheinlichkeit besitzen und damit nicht mehr wert sind als unterdimensionierte Rauchabzüge oder Fenster im offenen Gang. Die Verhinderung des Eintritts von Rauch in den Treppenraum kann so bei offenen Türen nicht nachgewiesen werden. Das gilt auch bei weiteren Einschränkungen der geometrischen Öffnungsfläche, wenn diese in der Gebäudefront, also auf Fensterebene, erfolgen.

Ein zusätzliches Problem stellt der offene Gang in der Kellergeschossebene dar. Dort ist es fast unmöglich, den offenen Gang auszuführen oder zu erhalten. Damit ist schon vom Bestand her der Sicherheitstreppenraum unvollständig ausgeführt, weil bei einem Kellerbrand und offenen Türen mit einem Rauchеintritt zu rechnen ist. Vor allem aus diesen beiden Gründen ist es unter Aspekten des Brandschutzes kaum sinnvoll, die Bestandslösung aufrechtzuerhalten.

Beim Campus Tower wurde deshalb der Sicherheitstreppenraum auf einen einfachen außen liegenden Treppenraum zurückgebaut und zusätzlich dazu eine Außentreppe auf der gegenüberliegenden Gebäudeseite vorgesehen. Diese Lösung mit 2 unabhängigen Treppenanlagen verbessert sowohl die vertikale Rettungswegsituation als auch die horizontale, weil die Bestandslösung mit Stichflurlängen von ca. 28 m statt der zugelassenen 15 m aufgelöst wird und nur noch Stichflure von 12 m Länge entstehen.

Die Außentreppe muss so gestaltet werden, dass eine Strahlungs- und Rauchbeeinflussung von einer in Brand geratenen außen liegenden Wohnung verhindert wird. Mit Brandschutzingenieurmethoden ist ein solcher Nachweis möglich, wenn die Wärmestrahlung bei einem Fensterbrand neben der Außentreppe nur so hoch ist, dass die Treppe noch nutzbar bleibt.

Gleichzeitig wurden die überlangen notwendigen Flure, die durch 2 unterschiedliche Zugänge erreicht werden können, in Rauchabschnitte durch 2 Rauchschutztrennungen unterteilt. Auch die Öffnungsverschlüsse in den Fluren wurden feuerhemmend ausgeführt und alle Flur- und Nebenraumbereiche werden mit einer automatischen Brandmeldeanlage überwacht. Dadurch wird eine wesentliche Verbesserung des Brandschutzniveaus erzielt. Nicht umgesetzt wurde ein Feuerwehraufzug, da die nachträgliche Vorraumausbildung faktisch nicht möglich ist.

6.2 Hotel- und Ferienwohnungshochhaus, Harz

Ein in den 1970er-Jahren errichtetes Hotelhochhaus mit 17 Obergeschossen besteht eigentlich aus 2 Hochhäusern, die nahezu baugleich im Keller-, Erd- und Sockelgeschoss über einen Breitfuß verbunden sind. In den Obergeschossen befinden sich ca. 10 Ferienwohnungen pro Geschoss. Die Erschließung erfolgt über einen offenen Flur, der beidseitige Zugänge zum Treppenraum besitzt, aber nicht abgetrennt ist, sodass sich eine Stichflurlänge von ca. 30 m ergibt. Ursprünglich waren nach der Baugenehmigung an den Enden der Stichflure Nottreppen (Spindeltreppen) vom 17. Obergeschoss abwärts gefordert, ebenso rauchdichte Abschlüsse an geeigneter Stelle. Der Treppenraum war als Sicherheitstreppenraum mit offenem Gang genehmigt.

Im Zeitraum von 1976 bis 1996 wurde durch Baumaßnahmen der brandschutztechnische Zustand des Gebäudes,

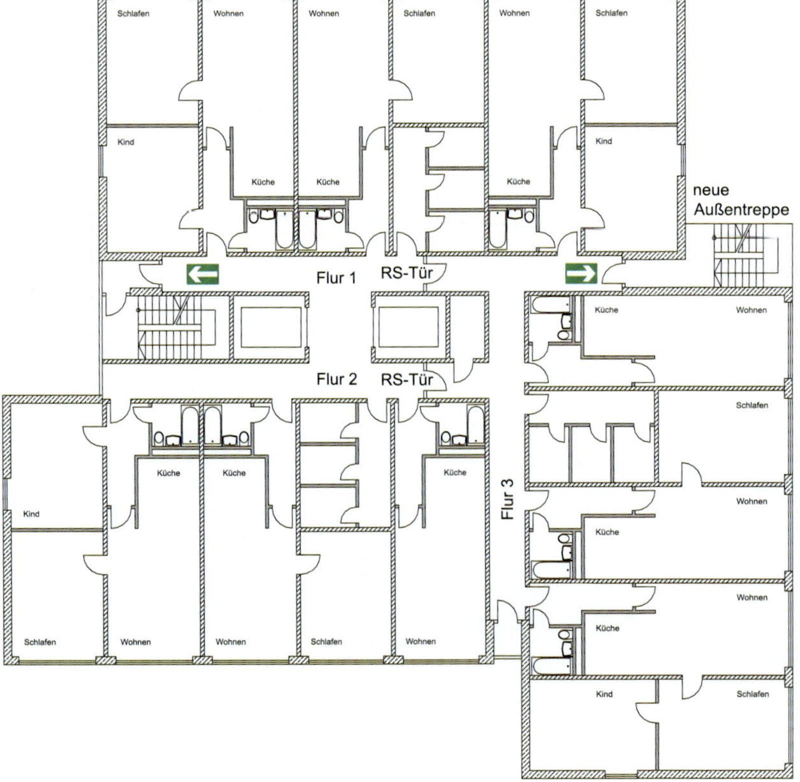

Abb. 6.2: Grundriss Campus Tower nach brandschutzoptimiertem Umbau

RS-Tür Rauchschutztür

Abb. 6.3: Ansicht eines Hotel- und Ferienwohnungshochhauses im Harz

insbesondere der Rettungswege, entscheidend verschlechtert durch

- eine schrittweise Außerbetriebsetzung und einen Rückbau der Spindeltreppen,
- den Vorbau eines die Öffnung weitgehend verdeckenden Installationsschachtes vor die offene Seite des offenen Ganges des Sicherheitstreppenraumes sowie
- den Verschluss der Öffnungen des offenen Ganges durch sich auf Ansteuerung automatisch öffnende Fenster.

So kam es, dass die brandschutzrelevanten Komponenten der Baugenehmigung bei Errichtung des Gebäudes schrittweise „entsorgt“ wurden. Dabei ist festzustellen, dass die bei Baubeginn vorgesehene Breitfußlösung ohnehin sehr problematisch im Bereich des Treppenraumzugangs war und die Bauaufsichtsbehörde durchaus berechtigt gewesen wäre, für das gesamte Gebäude eine Feuerlöschanlage zu fordern, da es im Breitfuß mehrere großräumige Nutzungseinheiten gab.

Bei dem Rückbau der Spindeltreppen zwischen 1976 und 1996 wurde das Vorhandensein eines Sicherheitstreppenraumes mit offenem Gang als Rechtfertigung herangezogen. Dieser offene Gang war zwar von 2 Seiten zugänglich, die Öffnung wurde jedoch in der Mitte durch einen Lüftungsschacht stark eingeschränkt, sodass sich auf einer Länge von ca. 6,5 m nur noch 2 Öffnungen mit einer Breite von 1,5 m befanden. Diese Öffnungen sollten die Wirksamkeit des Sicherheitstreppenraumes gewährleisten und damit den Eintritt von Rauch in den Sicherheitstreppenraum verhindern. Diese problematische Ausführung, deren Effizienz durch keinerlei Messungen oder ingenieurtechnische Berechnungen bestätigt wurde, erhielt aufgrund von Beschwerden der Nutzenden eine neue Dimension. Die Beschwerden führten dazu, dass die einseitig offenen Gänge, deren Öffnungen ohnehin zu klein waren, durch automatisch öffnende Fenster verschlossen wurden.

Dieses Beispiel zeigt die allgemeine Problematik von Sicherheitstreppenräumen mit offenen Gängen, die von Betreibenden und Nutzenden der Gebäude in ihrer Funktion nicht verstanden und dann nicht erhalten werden. Der Nachweis des Nichteintritts von Rauch in den eigentlichen Treppenraum ist grundsätzlich durch einen dreiseitig offenen Gang gegeben. Aufgrund einer energetisch vorteilhaften Gebäudedämmung und der oft unangenehmen Wettereinflüsse im offenen Gang besteht ein Interesse der Betreibenden und Nutzenden, offene Gänge zu verschließen. Dies geschieht häufig mit Fenstern, die über eine Ansteuerung der Brandmeldeanlage geöffnet werden, was als Argument für die brandschutztechnische Unschädlichkeit des Öffnungsverschlusses benutzt wird. Mit solchen Fenstern wird aber nicht nur die Öffnungsfläche des offenen Ganges eingeschränkt, sondern auch die Zuverlässigkeit der Öffnung, da jede technische Anlage eine bestimmte Ausfallwahrscheinlichkeit aufweist, die hier nicht berücksichtigt wird. Damit wird die Funktionsfähigkeit der ursprünglich vorhandenen Personenrettungslösung ausgehebelt. Zumeist geschieht dies schrittweise und die Bauaufsichtsbehörden sowie die Brandschutzdienststellen stimmen diesen vermeintlich unwesentlichen Veränderungen oftmals zu.

Im vorliegenden Fall sind die Rettungswegprobleme in der Flurgestaltung aber noch wesentlicher. Mit dem doppelseitigen Stichflur von insgesamt ca. 30 m Länge, verteilt auf verbundene Zugänge zum zurückgebauten

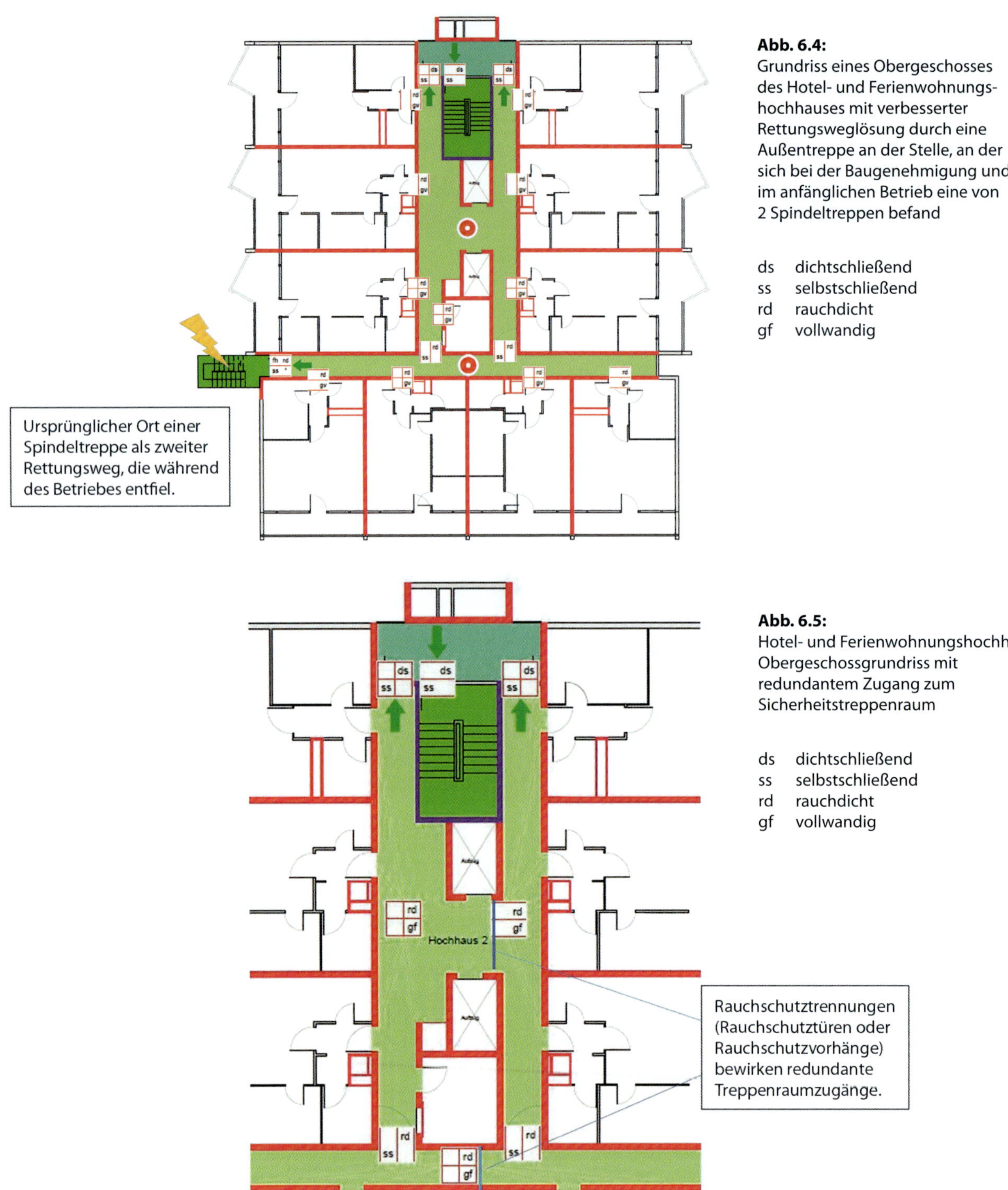

Abb. 6.4: Grundriss eines Obergeschosses des Hotel- und Ferienwohnungshochhauses mit verbesserter Rettungsweglösung durch eine Außentreppe an der Stelle, an der sich bei der Baugenehmigung und im anfänglichen Betrieb eine von 2 Spindeltreppen befand

ds dichtschließend
ss selbstschließend
rd rauchdicht
gf vollwandig

Abb. 6.5: Hotel- und Ferienwohnungshochhaus, Obergeschossgrundriss mit redundantem Zugang zum Sicherheitstreppenraum

ds dichtschließend
ss selbstschließend
rd rauchdicht
gf vollwandig

Sicherheitstreppenraum, wird nicht nur das zulässige Stichflurlängenmaß von 10 m (bei Errichtung) überschritten, sondern auch die zulässige Rauchabschnittsgröße insgesamt. Fehlende Feuerwehraufzüge mit Vorräumen verschärfen die Probleme für wirksame Löscharbeiten.

Da eine Zellenbauweise vorliegt, ist ein Verzicht auf eine Feuerlöschanlage zwar vertretbar. Die fehlende Feuerlöschanlage bedingt aber höhere Anforderungen an die raumabschließenden Trennwände sowie an die Flurwände. Die Bestandstüren zu den Nutzungseinheiten waren einfache dichtschließende Türen. Mittlerweile nach der MHHR erforderliche feuerhemmende Türen wurden im vorliegenden Fall nicht nachgerüstet, dafür Rauchschutztüren analog den Anforderungen an Beherbergungsstätten. Die Rauchschutztüren haben den Vorteil, dass im Brandfall eine Teilevakuierung mit einem Verbleib von Personen in den Wohnungen möglich wird, was allerdings organisatorischer Brandschutzmaßnahmen bedarf, die bei einer „wilden“ Vermietung in einem derartigen Bestandsgebäude kaum wirksam umsetzbar sind.

Unterschiedliche Brandschutzlösungen wären in dem Hotel- und Ferienwohnungshochhaus möglich gewesen. Mit einer Außentreppe an der Stelle, an der sich bei der Baugenehmigung und im anfänglichen Betrieb eine von 2 Spindeltreppen befand, als zweiter Rettungsweg hätte das Außerkraftsetzen des Sicherheitstreppenraums weitgehend kompensiert werden können, weil dadurch 2 unabhängige Rettungswege mit erheblichen Stichflurlängenreduzierungen geschaffen worden wären. Ein Verzicht auf die Außentreppe wäre dann möglich, wenn sowohl in den Obergeschossen als auch im Ausgangsbereich des Erdgeschosses und des 1. Obergeschosses der Sicherheitstreppenraum entweder mit einem echten offenen Gang oder mit einem überdruckbelüfteten Vorraum sowie die beiden Zugänge zum Sicherheitstreppenraum durch Rauchschutztrennungen als Ringflur ausgeführt würden. Ein Rauchschutzvorhang z. B. könnte das Stichflurproblem der horizontalen Rettungswege lösen.

Sinnvolle Veränderungsvorschläge zum Erreichen der Schutzziele des Brandschutzes, insbesondere zur Verbesserung der Rettungswegsituation und der wirksamen Löscharbeiten, wurden jedoch, wie so oft bei Bestandshochhäusern, aus Kostengründen abgelehnt.

6.3 Katharinenturm, Magdeburg

Der Katharinenturm in Magdeburg ist ein Hochhaus mit Mischnutzung, das in den 1970er-Jahren als „Haus des Lehrers“ errichtet wurde. Nach jahrelangem Leerstand wurde in den Jahren um 2012 eine veränderte Nutzung und Gestaltung vorgesehen.

Das Gebäude hat einen zweigeschossigen Breitfuß mit Handels- und Gastronomieeinrichtungen sowie ein Kellergeschoss. In den darüber liegenden Geschossen sind Büros und Wohnungen vorgesehen sowie eine Spezial-Gastronomie im Dachgeschoss. Insgesamt besteht das Gebäude aus Kellergeschoss, Erdgeschoss und 11 Obergeschossen.

Brandschutzprobleme bestanden in

- einem zu geringen Feuerwiderstand der tragenden und aussteifenden Bauteile,
- einer Doppelfassade mit Verglasungen ohne feuerbeständige Vertikalabtrennungen,
- einem fehlenden Feuerwehraufzug,
- Nutzungseinheiten in einzelnen Geschossen mit einer Fläche von über 200 m^2,
- anderen Sonderbaunutzungen als für die Zellenbauweise üblich sowie
- zusätzlichen Geschossverbindungen zwischen dem Erdgeschoss und dem 1. Obergeschoss im Breitfuß.

Das größte Brandschutzproblem löste der zu geringe Feuerwiderstand der Tragkonstruktion aus, der auch nicht durch Umbaumaßnahmen wesentlich zu verbessern war. Allein aus dem unzureichenden Feuerwiderstand ergab sich die Notwendigkeit einer flächendeckenden Feuerlöschanlage.

Da hier mehrere Brandschutzprobleme vorlagen, musste die Ausfallwahrscheinlichkeit der zu installierenden Feuerlöschanlage besonders bewertet werden. In Mitteleuropa beträgt die Ausfallwahrscheinlichkeit von Sprinkleranlagen ca. 1 bis 2 %. Die wahrscheinlichsten Ausfallmöglichkeiten betreffen die Wasser- und Energieversorgung sowie die Alarmventilstation, bei der durch menschliche Fehler (z. B. geschlossenes Ventil) am ehesten ein Versagen eintreten kann. Kaum eine Rolle beim Versagen spielen Düsen, Auslöseelemente, Wasserbeaufschlagung, Sprühbild usw. Also musste im vorliegenden Fall geprüft werden, wie eine besonders hohe Zuverlässigkeit der Wasser- und Energieversorgung sowie des Betriebsregimes erreicht werden kann.

Entscheidend für die Gestaltung der Feuerlöschanlage ist, dass mit sehr hoher Zuverlässigkeit eine Entstehungsbrandbekämpfung gewährleistet werden kann und eine Brandausbreitung sowohl von Geschoss zu Geschoss als auch innerhalb der ggf. größeren Räume eines Geschosses verhindert wird.

Hinsichtlich dieser Bewertung von Feuerlöschanlagen gibt es bisher kein allgemeingültiges Konzept. Es ist daher immer eine Einzelfallprüfung erforderlich. Bei ausreichenden Erfahrungswerten wäre eine Bewertung im Rahmen von semi-quantitativen Modellen möglich. Dabei könnten Risiken (R) und auf der anderen Seite die Kriterien Leistungsfähigkeit und Zuverlässigkeit als Schutzfaktoren (S) in ein R-S-System eingehen.

Über die Installation einer Feuerlöschanlage hinaus wurden im Katharinenturm noch weitere Verbesserungen des Brandschutzes vorgenommen: Die Rettungswege wurden mit einem Sicherheitstreppenraum mit Vorraum ausgeführt. Der Druckausgleich aus dem Flur ins Freie erfolgt über einen Lüftungskanal. Auch ein Feuerwehraufzug mit Vorraum wurde nachgerüstet. Im Erdgeschoss führt der Ausgang aus dem Sicherheitstreppenraum direkt ins Freie. Im Breitfuß des 1. Obergeschosses erfolgt der Zugang über den druckbelüfteten Vorraum.

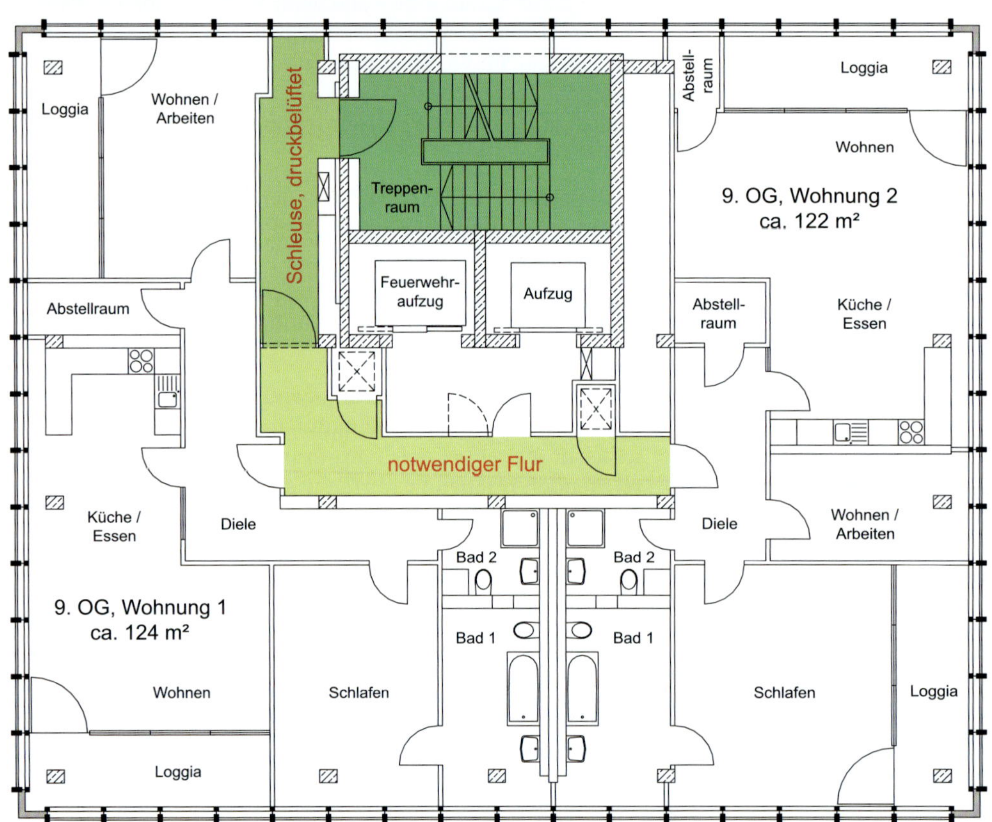

Abb. 6.6: Hochhaus Katharinenturm, Magdeburg; oben: nach Fertigstellung;
unten: Obergeschossgrundriss mit verändertem Sicherheitstreppenraum und Flur sowie einem Feuerwehraufzug

6.4 Hochhaus Jacobstraße, Magdeburg

Abb. 6.7: Ansicht des Hochhauses Jacobstraße in Magdeburg

Das Hochhaus Jacobstraße in Magdeburg zählte lange Zeit als höchstes Wohnhochhaus in Sachsen-Anhalt. Es wurde 1974 fertiggestellt und ist ca. 60 m lang, 18 m breit und unterkellert. In den Obergeschossen befinden sich Wohnungen, im Erdgeschoss Kleingeschäfte und Büros. Der Südteil des Gebäudes hat 16 Obergeschosse, der Nordteil 18 Obergeschosse.

Mit der Übernahme des bundesdeutschen Baurechts Anfang der 1990er-Jahre stellte sich die Frage, ob Bestandsschutz besteht und ob die Schutzziele der MBO erfüllt sind. Mit den Anpassungsverordnungen Anfang der 1990er-Jahre in den neuen Bundesländern war vorläufig Bestandsschutz gegeben. Als jedoch bei Brandverhütungsschauen der Magdeburger Feuerwehr zunehmend erhebliche Mängel festgestellt wurden, stand zeitweise die Sperrung und Schließung dieses Gebäudes im Raum. Die Mängel bestanden insbesondere in

- fehlenden haustechnischen Abschottungen zwischen den Geschossen und den Nutzungseinheiten,
- einer fehlenden Brandabschnittsbildung,
- nur dichtschließenden Türen zu Nutzungseinheiten,
- einer unzureichenden Ausführung des Sicherheitstreppenraumes, insbesondere hinsichtlich der Ausgangslösung,
- Flurabtrennungen in Holzbauweise,
- zu langen Stichfluren,
- einer fehlenden Brandfrüherkennung,
- fehlenden bzw. schwer zugänglichen Steigleitungen und
- einer vertikalen Brandausbreitungsmöglichkeit durch einen Müllabwurfschacht.

Gerade die gravierenden Mängel bei den haustechnischen Abschottungen, die in der häufig „einsparenden" Bauweise in DDR-Zeiten begründet waren, hätten im Brandfall eine Ausbreitung von Feuer und Rauch im gesamten Gebäude ermöglicht. Demzufolge musste die Bestandslösung 2003 im Rahmen eines Brandschutzkonzeptes völlig überarbeitet werden.

Zunächst wurde eine nachträgliche Abschottung von Elektroleitungen und Lüftungsleitungen mit der Feuerwiderstandsklasse EI 90 vorgenommen. Dann wurde eine Brandschutztrennung durch 2 Brandwände in der Mitte des Gebäudes eingerichtet, die den Südteil und den Nordteil von dem mittleren Verkehrsteil abtrennen. Da der mittlere Verkehrsteil nur aus notwendigen Fluren, Aufzügen und abgetrennten technischen Betriebsräumen besteht, konnten die Anforderungen an die Türen in den Brandwänden der notwendigen Flure von EI 90CS auf EI 30CS reduziert werden, weil die doppelte Brandwand im Mittelteil das Schutzziel der Verhinderung einer horizontalen Brandausbreitung ausreichend sichert.

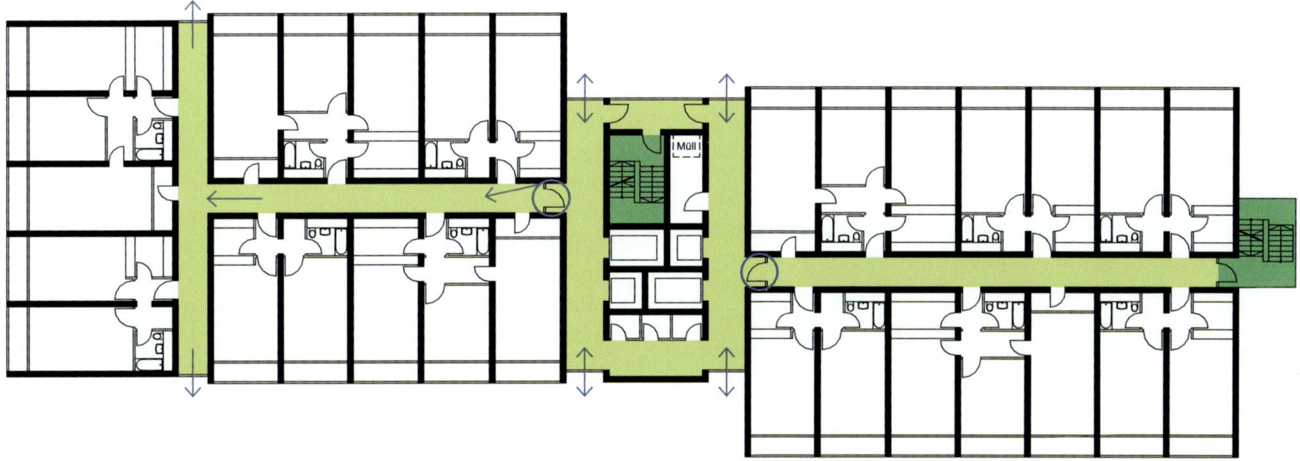

Abb. 6.8: Hochhaus Jacobstraße, Grundriss vor der Sanierung

Abb. 6.9: Hochhaus Jacobstraße; links: mit Stahlblechen verkleideter „offener Gang"; rechts: Einbau einer Luftspülanlage in den notwendigen Fluren als Kompensationsmaßnahme

Infolge des Nichtvorhandenseins einer Sprinkleranlage wurden die Türen zu den Nutzungseinheiten durch Türen der Feuerwiderstandsklasse EI 30 ersetzt, ca. 16 Türen pro Geschoss. Damit sind die Nutzungseinheiten durch feuerbeständige Trenn- und Flurwände voneinander abgetrennt.

Die Rettungsweglösung musste völlig neu konzipiert werden. Der bestehende Sicherheitstreppenraum hatte neben den zugeordneten Stichfluren von fast 30 m Länge nur einen einseitig offenen Gang, wobei die Türen zu geringe Abstände (< 1,5 m) voneinander aufwiesen und der offene Gang selbst durch eine halboffene Stahlverkleidung nicht voll wirksam war. Die Stahlverkleidung, die Selbstmorde verhindern sollte, wurde nach einer Reihe von Rauchversuchen, die die Unmöglichkeit des Eindringens von Rauch in den Sicherheitstreppenraum nachweisen konnten, allerdings als unbedenklich bewertet und damit belassen.

Die beiden angrenzenden Querflure wurden dahingehend aufgewertet, dass die ursprünglich vorhandenen Holztürelemente entfernt wurden und eine automatische Öffnung von Außenfenstern vorgesehen wurde, die eine Querlüftung zusätzlich zum offenen Gang ermöglichte. Damit erhielt dieser redundante Zugang zum offenen Gang eine weitere wirksame Entrauchungsmöglichkeit.

Im Erdgeschoss und im Kellergeschoss war der Sicherheitstreppenraum unwirksam, da der Treppenraum ohne Vorraum an die Räume des Kellergeschosses angeschlossen war. Im Erdgeschoss führte der Ausgang aus dem Treppenraum über notwendige Flure, die wiederum mit anderen Nutzungseinheiten und Nebenräumen über notwendige Flure verbunden waren. Das musste verändert werden, um die Wirksamkeit des Sicherheitstreppenraumes im Ausgangsbereich zu gewährleisten. Der Ausgang aus dem Sicherheitstreppenraum wurde daher über die Gebäuderückseite des 1. Obergeschosses geführt. Der Sicherheitstreppenraum wurde damit zwischen Erdgeschoss und 1. Obergeschoss unterbrochen. Der „Resttreppenraum" verbindet nun nur noch das Kellergeschoss und das Erdgeschoss.

Ein sehr großes Problem stellten die nicht redundanten notwendigen Flure als Stichflure dar, die im südlichen Teil T-förmig, im nördlichen Teil als ca. 20 m lange gerade Stichflure verliefen. Es wurden zwar die Wohnungen mit Rauchmeldern versehen und eine automatische Brandfrüherkennung nachgerüstet, dies allein stellt jedoch keine ausreichende Kompensation für die zu langen Rettungs- und Angriffswege dar. Für die Flure im Südteil wurde eine Luftspülanlage vorgesehen. Ein Zuluftöffnung am Fluranfang und Rauchabzugsklappen an beiden Flurenden im Bereich der Balkone mit einem gesicherten 12fachen Luftwechsel pro Stunde sorgen dafür, dass bei einer Rauchmelderauslösung oder einer manuellen Auslösung im Flur Rauch entgegen der Fluchtrichtung verdrängt wird. Dabei wird in den T-förmigen Fluren immer eine Abströmung nach einer Gebäudeseite erreicht, auch in den obersten Geschossen, und gleichzeitig eine Querlüftung, da auch die im Bestand vorhandenen Türen entfernt wurden. Die Zuluftführung erfolgt über einen feuerbeständigen Trockenbauschacht am Flurbeginn neben der Brandwand, ausgelöst durch einen Dachgeschoss- und einen Erdgeschoss-Ventilator, wobei immer nur die Klappen des Schachts am Auslöseort geöffnet werden.

Im Nordteil war die gleiche Lösung mit einer Luftspülanlage nicht umsetzbar, da im Abströmbereich durch die Flurgeometrie keine Querlüftung erreichbar und bei Nordwinden und geöffneten Abströmöffnungen eine Rückströmung der Rauchgase absehbar war. Dementsprechend musste die Überschreitung der Stichflurlänge mit einer zusätzlichen Außentreppe als Stahlkonstruktion kompensiert werden.

Die Steigleitungen wurden im mittleren Verkehrsteil neben den Aufzügen neu installiert. Einer der Aufzüge wurde zu einem Feuerwehraufzug umgebaut. Der abgetrennte mittlere Teil des notwendigen Flures kann wie ein Vorraum gewertet werden. Der Müllabwurfschacht wurden außer Betrieb genommen.

6.5 Speicher A, Magdeburg

Bei dem Speicher A handelt es sich um ein leer stehendes Speichergebäude, das zu einem Wohngebäude umgebaut und umgenutzt werden soll. Das Gebäude ist ca. 50 m hoch und in Massivbauweise errichtet.

Die Möglichkeit, bei dem Umbau im Rahmen der Erleichterung nach Abschnitt 8 MHHR auf eine Feuerlöschanlage zu verzichten, ergibt sich daraus, dass

- ausreichend dimensionierte feuerbeständige Wandanteile zwischen den Balkonen und Geschossfenstern vorhanden sind,
- keine brennbaren Baustoffe verwendet wurden und
- keine Maisonette-Wohnungen ausgeführt sind, die eine Brandübertragung von Geschoss zu Geschoss ermöglichen.

Probleme bestehen allerdings innerhalb der Geschosse durch Zwischengeschosse. Bei dem Einbau von Stufen in notwendige Flure, um abgestufte Höhenlösungen,

Abb. 6.10: Speicher A in Magdeburg, Ansicht vor dem Umbau

insbesondere bei der Sanierung von Bestandsbauten, zu erreichen, stellt sich die Frage, inwieweit innere erschlossene Zwischengeschosse überhaupt realisierbar sind. Die Erleichterung nach Abschnitt 8 MHHR ist hier nicht anwendbar, da eine Feuer- und Rauchausbreitung nicht auf ein Geschoss begrenzt bleibt. Es müssen daher sowohl tragende als auch Geschossdecken neu vorgesehen werden.

Der Sicherheitstreppenraum mit Vorraum und der Feuerwehraufzug mit Vorraum liegen im Inneren des Gebäudes, erreichbar über notwendige Flure. Die innen liegenden

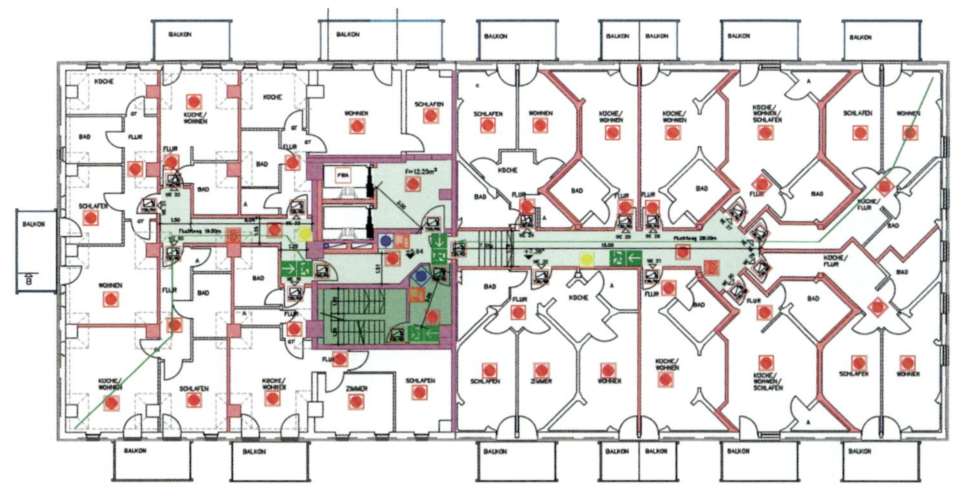

Abb. 6.11: Speicher A, Grundrissvorschlag Regelgeschoss

notwendigen Flure sind nicht belüftbar und auf der rechten Seite knapp an der 15-m-Grenze für Stichflure. Bei 2 Wohnungen wurden sie verlängert. Die Belüftung innen liegender notwendiger Flure kann hier dadurch gelöst werden, dass zusätzlich maschinelle Zu- und Abluftanlagen am Treppenraum bzw. an den Stichflurenden angeordnet werden.

Ein weiteres Problem besteht in der ursprünglichen Ausgangslösung über einen breiten Eingangsbereich, der in einen Flur mit mehreren Türen führt. Die veränderte Ausgangslösung aus dem Sicherheitstreppenraum wurde so gewählt, dass der Sicherheitstreppenraum einen eigenen Ausgang ins Freie aufweist, der Bestandteil des Treppenraumes ist.

Die vorliegende Erschließung eines Zwischengeschosses über einen Zweigeschosstreppenraum kann als grenzwertig eingeschätzt werden, da die Rettung aus den Wohnungen des Zwischengeschosses über Steckleitern erfolgen müsste, wenn dort keine umlaufende Terrasse vorgesehen wird. Die Erschließung und die Rettungswege des Zwischengeschosses könnten über eine Außentreppe direkt ins Freie gelöst werden. Der innen liegende Treppenraum ist notwendig wegen der Überschreitung der Stichflurlänge und des nicht dem Treppenraum zuzuschlagenden Eingangsbereichs.

6.6 Bürohochhaus „Blauer Bock", Magdeburg

Bei dem Bürohochhaus „Blauer Bock“ handelt es sich um einen Bürokomplex mit 2 unterirdischen Garagengeschossen und Nutzungseinheiten mit einer Fläche von bis zu 3.200 m² (ca. 92 m × 38 m in der größten Abmessung) sowie mit einem 11-geschossigen Hochhausteil (Höhe zwischen 22 und 30 m) auf ca. 15 % der Grundfläche des Gebäudes. Der restliche Teil ist ein 6-geschossiger Sonderbau. Hauptnutzende sind die Städtischen Werke SWM.

In dem Gebäude liegt eine Mischnutzung vor mit Versammlungsstätten, Gaststätten und Büros mit einer Fläche von über 400 m². In dem 6-geschossigen „Nichthochhausbereich“ gibt es offene Geschossverbindungen. Es handelt sich um einen Massivbau, bei dem das gesamte Haupttragwerk feuerbeständig ausgeführt wurde.

Abb. 6.12: Ansicht des Bürohochhauses „Blauer Bock“ in Magdeburg

Dieser ungeregelte Sonderbau bedurfte einer Lösung ohne die Erleichterungen des Abschnitts 8 MHHR aufgrund

- der 2 Garagenuntergeschosse,
- der offenen Geschossverbindungen,
- der Nutzungseinheiten mit einer Fläche von mehr als 200 m²,
- der offenen Versammlungsraumlösung im 11. Obergeschoss mit ca. 400 m² Fläche und
- architektonischer Anforderungen an die Fassadengestaltung.

Das gesamte Gebäude wurde als ein Brandabschnitt in Anlehnung an die mögliche Brandabschnittsvergrößerung nach der Muster-Industriebau-Richtlinie (2019) ausgeführt. Danach ist in etwa das 3,5fache der Brandabschnittsgröße eines Standardbaus zulässig. Die Sprinkleranlage ist so ausgelegt, dass ein Entstehungsbrand mit hoher Zuverlässigkeit frühzeitig erkannt wird und begrenzt bleibt.

In dem 6-geschossigen Gebäudeteil wird der Verzicht auf notwendige Flure damit begründet, dass Flurwände

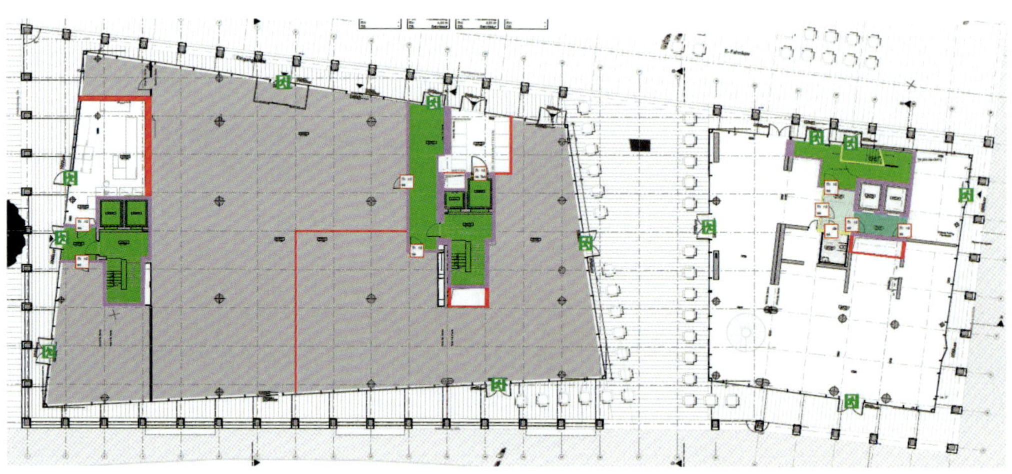

Abb. 6.13: Grundriss Erdgeschoss mit Büro- und Gewerbenutzung und Hochhausteil des Bürohochhauses „Blauer Bock“ (Quelle: Brautzsch/Rost, 2019)

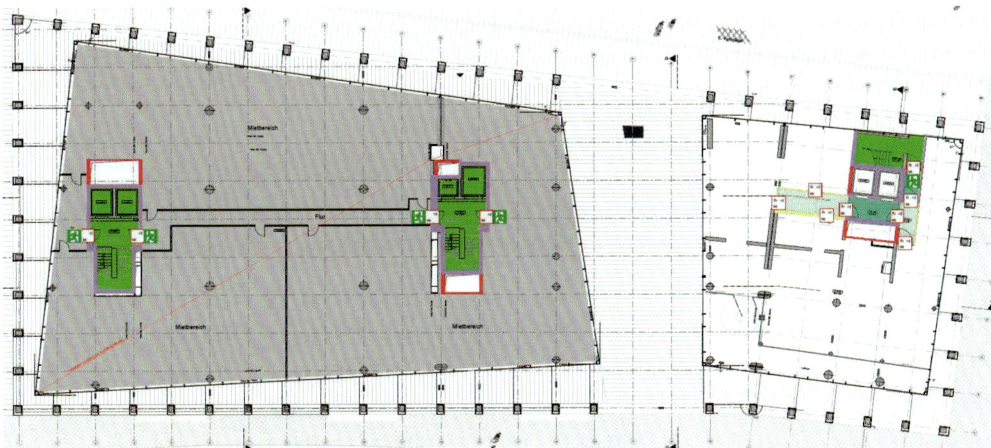

Abb. 6.14: Grundriss 1. Obergeschoss des Bürohochhauses „Blauer Bock“ (Quelle: Brautzsch/Rost, 2019)

Abb. 6.15: Grundriss 5. Obergeschoss des Bürohochhauses „Blauer Bock“ (Quelle: Brautzsch/Rost, 2019)

aufgrund der vorhandenen Feuerlöschanlage nur noch die Funktion der Begrenzung der Rauchausbreitung hätten. In diesem gesprinklerten „Nichthochhausteil“ werden die raumabschließenden Wände zwischen Nutzungseinheiten und Fluren nur in nicht brennbarer Bauweise ausgeführt, um eine Raumflexibilität zu erreichen. Die flexible Fremdnutzung soll jenseits der vorgegebenen baulichen Rettungswege aus jedem Mietbereich großräumige Nutzungen gewährleisten. Dabei geht es in erster Linie um die Bekämpfung des Entstehungsbrandes, die von einer Sprinkleranlage geleistet werden kann.

An die Grenzen kommt die Feuerlöschanlage allerdings bei dem Schutzziel „Verhinderung der Ausbreitung von Rauch“. Zwar ist mit einer Reduzierung der entstehenden Rauchgasmenge durch die Feuerlöschanlage zu rechnen, da insgesamt die Verbrennungsreaktionen reduziert werden. Die Rauchausbreitung findet jedoch in einer frühen Brandphase statt und wird durch den Anteil verdampfender Wassertropfen noch erhöht. Folglich muss bei großen gesprinklerten Nutzungsbereichen die Rauchableitung gesondert nachgewiesen werden. Das kann über Fensteröffnungen oder Entlüftungsleitungen nach dem Kaltrauchprinzip erfolgen.

Vom 2. bis zum 5. Obergeschoss sind eigentlicher Hochhausteil und sonstiger Bürobereich als ein gesprinklerter Brandabschnitt miteinander verbunden. Hier sind zusätzliche feuerhemmende Trennwände der Nutzungseinheiten analog der MHHR vorgesehen. Türen in diesen Wänden und zu Treppenräumen werden in Anlehnung an die Muster-Verkaufsstättenverordnung (1995) nur als dichtschließende bzw. Rauchschutztüren ausgeführt.

Im Hochhausbereich ist die Personenrettung durch einen Sicherheitstreppenraum mit Vorraum gewährleistet, der über einen kurzen notwendigen Flur von den offenen Bürobereichen aus erreicht werden kann. Auf diese Weise sind flexible Büronutzungen und auch offene Sitzbereiche in den nicht notwendigen Fluren möglich.

Bei einer Grundfläche von ca. 400 m² sind im 11. Obergeschoss Veranstaltungen möglich. Es sind bis zu 200 Personen vorgesehen, was eine Rettungswegbreite von 1,2 m erfordert.

Insgesamt stellt sich die Frage, in welchem Umfang eine Feuerlöschanlage in Kombination mit einer Brandfrüherkennung andere Anforderungen an Brandschutzmaßnahmen kompensieren kann. Letztendlich ist eine Kompensation nur mit einer Bewertung des Erreichens der Schutzziele auf Grundlage von Brandschutzingenieurmethoden möglich, wobei die Ausfallwahrscheinlichkeiten der Maßnahmen des anlagentechnischen Brandschutzes ebenso differenziert bewertet werden müssen wie die Maßnahmen des baulichen Brandschutzes, um Abschätzungen mit semi-quantitativen Modellen vornehmen zu können (Brautzsch/Rost, 2019).

6.7 Holzhochhaus Mjøstårnet, Brumunddal (Norwegen)

Das derzeit höchste Holzhochhaus der Welt Mjøstårnet entstand 2019 in Norwegen in Brumunddal. Bei diesem Gebäude in Brettschichtholzbauweise mit Mischnutzung und einem Breitfuß im Erdgeschoss sind fast alle Probleme des Hochhausbrandschutzes konzentriert. Die Hauptnutzungen verteilen sich wie folgt auf die Geschosse:

- Mischnutzung (Gaststätte, Sporteinrichtung, Schwimmbad usw.) im Erdgeschoss,
- Büronutzung im 2. bis 6. Obergeschoss (Großraumbüros),
- Hotelnutzung im 8. bis 11. Obergeschoss,
- Wohnungsnutzung (Apartments) im 12. bis 16. Obergeschoss sowie
- Dachterrasse und Penthouse im 17. Obergeschoss.

Die Gesamthöhe wird mit 85,35 m angegeben, wobei die brandschutztechnisch anrechenbare Höhe (höchste Rettungsebene) zwischen 60 und 70 m liegt.

Das eigentliche Hochhaus ist ca. 37,5 m lang und ca. 17 m breit. Es hat damit eine Fläche von knapp 700 m². Im Erdgeschoss ist das Gebäude ca. 110 m lang und 35 m breit. Bei einer Fläche von knapp 4.000 m² des Breitfußes wäre durch das Vorhandensein einer automatischen Feuerlöschanlage hier nach deutschem Baurecht eine Ausbildung als ein Brandabschnitt vertretbar (nur für den Breitfuß, nicht für das Hochhaus), da die zulässige Brandabschnittsgröße von 1.600 m² aufgrund der automatischen Feuerlöschanlage auf das 3,5fache erhöht werden könnte, also auf maximal 5.000 m². Dennoch wäre diese Brettschichtholzbauweise nach der deutschen MHHR nicht zulässig, auch wenn die Fassade, wie beim Holzhochhaus Mjøstårnet, schwer entflammbar ausgeführt würde.

Abb. 6.16: Holzhochhaus Mjøstårnet in Brumunddal, Norwegen (Quelle: www.moelven.com)

Abb. 6.17: Holzhochhaus Mjøstårnet, Eingangsbereich (Quelle: www.moelven.com)

Abb. 6.18:
Holzhochhaus Mjøstårnet, Tragwerk in Brettschichtholzbauweise (Quelle: www.moelven.com)

Abb. 6.19:
Holzhochhaus Mjøstårnet, Erdgeschosslösung: Breitfuß mit Wasserbassins, die als Löschwasserreservoir dienen (Quelle: www.moelven.com)

In Norwegen besteht allerdings eine andere Definition von Brandabschnitt, die an die Regelungen in England oder Neuseeland angelehnt ist. Danach sind Brandabschnitte oder „Brandcells" eher Nutzungseinheiten, die allseitig durch feuerbeständige Trennwände mit einem entsprechenden Feuerwiderstand abgetrennt sind; sie stellen also eine Art Zellenbauweise dar. Erforderlich sind nach norwegischem Baurecht eine Feuerlöschanlage, eine Feuerwiderstandsdauer des Haupttragwerkes von 120 Minuten und 2 Sicherheitstreppenräume. Das Hochhaus hat ein Haupttragwerk aus Brettschichtholz mit einem Feuerwiderstand von R 120.

Das Grundprinzip ist, dass eine sehr zuverlässige Sprinkleranlage einen Entstehungsbrand frühzeitig detektiert und mindestens die Brandausbreitung stoppt. Die Tragwerksbauteile sind nach DIN EN 1995-1-1 „Eurocode 5: Bemessung und Konstruktion von Holzbauten – Teil 1-1: Allgemeines – Allgemeine Regeln und Regeln für den Hochbau" (2010) so ausgelegt, dass auch ein möglicher Vollbrand nicht zum Verlust der Tragfähigkeit führt. Hierbei kommt die relativ geringe Abbrandrate von Brettschichtholz zum Tragen, die statt bei 0,8 mm/min (Standardholz) bei ca. 0,55 bis 0,6 mm/min liegt. Bei Brandversuchen führten die Brände nach Wegfall des Stützfeuers (dauerhafte Beflammung bei Brandversuchen) zum Selbstverlöschen, auch ohne die Anwendung der Sprinkleranlage. Da jedoch nicht alle möglichen Brandszenarien durch Versuche abgedeckt werden können (z. B. Stützfeuer mit höheren Brandleistungen) und ein Selbstverlöschen durch Verkohlung an der Oberfläche zwar angenommen werden kann, aber ein Restrisiko verbleibt, bewirkt die Feuerlöschanlage durch eine frühzeitige Auslösung, dass kritische Brandszenarien so weit ausgeschlossen werden können, dass das verbleibende Restrisiko sehr gering ist. Die Balken sind so mächtig, dass sie ihre Tragfähigkeit auch bei einem vollständigen Ausbrennen des Gebäudes für

Abb. 6.20: Holzhochhaus Mjøstårnet, Grundriss der Geschosse mit Großraumbüronutzung (Quelle: www.moelven.com)

Abb. 6.21: Holzhochhaus Mjøstårnet, Geschoss mit Hotelnutzung (Quelle: www.moelven.com)

120 Minuten bewahren sollten. Durch ihre Lage können sie sich nicht gegenseitig in Brand setzen.

Obwohl diese Tragwerkslösung nicht den Anforderungen der MHHR entspricht, ist sie eine Beispiellösung für Holzhochhäuser, insbesondere in Brettschichtholzbauweise, wenn durch Brandschutzingenieurmethoden der Nachweis für die Einhaltung des Schutzziels „Verhinderung der Ausbreitung von Feuer" erbracht werden kann.

Zusätzliche Sicherheitsmaßnahmen sind im Holzhochhaus Mjøstårnet vorgesehen worden. Das Sicherheitskonzept beinhaltet neben der Bauteilbemessung und Brandschutzsegmentierung

- eine besonders zuverlässige und überwachte Sprinkleranlage,
- eine Alarmdirektaufschaltung zur Feuerwehr und einen speziellen Überwachungsraum für die örtliche Feuerwehr (Einsatzzentrale),
- eine redundante Wasserversorgung für Sprinkleranlage und Feuerwehr,
- spezielle Feuerschutzstreifen (Dämmschichtbildner), da sich der für die Verbindungen der Holzstrukturen eingesetzte Stahl als das schwächste Glied im Brandfall erweist, um die Stahlplatten und Stifte an den Verbindungen zu schützen, sowie
- eine feuerhemmende Beschichtung der Fassade, da auch Brettschichtholz trotz geringerer Abbrandraten als Standardholz unter die Baustoffkategorie „normal entflammbar" fällt.

Eine Beschichtung mit Holzschutzmitteln kann jedoch langfristig zu Problemen führen, da sowohl ein dauerhafter Witterungseinfluss bei äußerer Anwendung als auch dauerhafte Temperaturen um 20 °C bei innerer Anwendung zu einem Nachlassen der flammenhemmenden Wirkung nach ca. 5 bis 10 Jahren führen können, wie Untersuchungen in den letzten Jahren gezeigt haben (siehe z. B. bauaufsichtliche Zulassungen nach ETAG 028 „Guideline for European Technical Approval of Fire Retardant Products" [2012], wo eine Wirkungsdauer von 5 Jahren nachgewiesen wird).

Die Erschließung des Hochhauses erfolgt über 2 Treppenräume und 3 Aufzüge, die an einem gemeinsamen Vorraum (Foyer) liegen. Diese in Norwegen zulässige Lösung wäre in Deutschland selbst bei einer Überdruckbelüftung im gemeinsamen Vorraum nicht mit den Rettungsweganforderungen der MHHR vereinbar. Nach der MHHR müssten 2 unabhängige Treppenraumanlagen nach unten geführt werden und keiner der beiden Ausgänge dürfte über ein Foyer mit hohen Brandlasten führen. Bei einer Brandentstehung im Foyer oder in einem Nebenraum könnte es zu einer Verrauchung kommen und alle Zugänge zu den Treppenräumen und Aufzügen wären nicht nutzbar. Das Brandszenario einer Brandentstehung in einem Nebenraum vom Zugangsfoyer müsste bei einer schutzzielbezogenen Bewertung berücksichtigt werden.

Problematisch ist auch, dass die Aufzüge in den Geschossen mit Großraumbüronutzung an einen gemeinsamen Vorraum angeschlossen sind. Bei einer Rauchverschleppung über einen Aufzugschacht würden über die gemeinsamen Vorräume gleichzeitig alle Vorräume mit Rauch beaufschlagt.

Die Großraumbüronutzung auf ca. 500 m² ist infolge der Feuerlöschanlage, die eine horizontale Brandausbreitung weitgehend verhindert, unkritisch. Die Zugänglichkeit der Treppenräume über ein gemeinsames Foyer mit dem Zugang zu den Aufzügen stellt jedoch den Schwachpunkt der Rettungsweglösung dar, die in Deutschland infolge der Rauchausbreitungsmöglichkeiten so nicht genehmigungsfähig wäre.

In den mittleren Geschossen mit Hotelnutzung sind getrennte Vorräume vor den Treppenräumen und Aufzügen. Diese Lösung gewährleistet die Redundanz der Rettungswege, die zur Erreichung des Schutzziels der Personenrettung erforderlich ist, da vor jedem der Treppenräume mit einer Überdruckbelüftung der Raucheintritt in die Treppenräume verhindert werden kann. Auch die Stichflurlänge in diesen Geschossen von ca. 11 m würde der Muster-Beherbergungsstättenverordnung und auch der MHHR entsprechen. Bei der Gesamtflurlänge von 37 m wäre jedoch in Deutschland eine Rauchschutztrennung in diesem Flur erforderlich.

Insgesamt ist selbst bei von deutschen Regelungen abweichenden Regelungen des norwegischen Baurechts und bei ebenfalls anderen Vorgehensweisen der Brandschutzingenieurmethoden auf der Grundlage des norwegischen Baurechts hier ein Musterbeispiel für den Holzhochhausbrandschutz geschaffen worden.

7 Anhang

7.1 Glossar

Alarmierung
Die in einem Gebäude befindlichen Personen werden auf eine akute Gefahrenlage im Gebäude (hier: einen Brand) aufmerksam gemacht. Ziel ist es, dass sich alle Personen über ein Gefahrenereignis im Klaren sind und das Gebäude möglichst kontrolliert verlassen.

Alarmierungszeit
Zeitdauer von der Brandentstehung bis zu dem Zeitpunkt, in dem Gebäudenutzende durch einen Alarm oder andere Hinweise vor dem Feuer gewarnt werden

Alarmventilstation
Steuereinrichtung einer Sprinkleranlage, mit der bei Auslösung die Wasserversorgung aktiviert und die Brandmeldung und Alarmierung erfolgt.

Atrium
Ein Atrium ist eine großflächige, über mehrere Geschosse reichende, offene Verbindung. Vor allem in prestigeträchtigen Gebäuden bilden Atrien oft prominente Eingangsbereiche, die architektonisch besonders hervorgehoben werden. In diesen werden mitunter Pflanzen und teilweise sogar ganze Bäume untergebracht.

Bedachung, harte
Die harte Bedachung ist eine bauordnungsrechtliche Definition. Eine Bedachung gilt als harte Bedachung, wenn sie gegen eine Brandbeanspruchung von außen durch Flugfeuer und strahlende Wärme ausreichend lang widerstandsfähig ist.

Bemessungsgruppe
Hier als Gruppe einer Brandgefahrenklasse; verschiedene Nutzungen von Gebäuden oder Gebäudebereichen lassen sich in unterschiedliche Bemessungsgruppen einstufen. Die Klassen ergeben sich durch eine kleine Brandgefahr (**L**ight **H**azard), eine mittlere Brandgefahr (**O**rdinary **H**azard), eine hohe Brandgefahr bei Produktionsrisiken (**H**igh **H**azard Production) und eine hohe Brandgefahr bei Lagerrisiken (**H**igh **H**azard **S**torage). Die mittleren und hohen Brandgefahrenklassen sind noch einmal in jeweils 4 Untergruppen (z. B. OH1 bis OH4) unterteilt, wobei eine höhere Ziffer einer höheren Gefahr entspricht. Die Brandgefahrenklassen dienen als Bemessungskriterium für die Auslegung von Feuerlöschanlagen.

Berieselungsanlage
Berieselungsanlagen werden oftmals bei Industrienutzungen für größere Lagertanks mit brennbaren oder leicht entzündlichen Flüssigkeiten verwendet. Die Anlage soll bei einem Brand (zum Teil auch, wenn benachbarte Bereiche brennen) die Behälterwand mit Wasser berieseln und so herunterkühlen. Damit soll ein Bersten des Behälters (z. B. durch eine von Wärme angeregte chemische Reaktion im Inneren, eine Druckerhöhung oder eine thermische Belastung der Behälterwand) verhindert werden. Das eigentliche Feuer wird dabei nicht gelöscht. Bei Hochhäusern sind in Ausnahmefällen Fensterberieselungsanlagen vorgesehen.

Brandfallsteuermatrix
Die Brandfallsteuermatrix gibt das Zusammenspiel von verschiedenen brandschutztechnisch relevanten technischen Anlagen im Brandfall an. Sie beschreibt also, welche Anlagen bei einer Branddetektion über eine Brandmeldeanlage in welche Betriebsart schalten müssen. So benötigen beispielsweise manche Aufzüge eine Brandfallsteuerung, die die Aufzüge bei einem Brand in ein sicheres Geschoss fährt und dort außer Betrieb setzt. Diese Betriebsart soll jedoch nur im Brandfall eingeleitet werden. Dabei können auch Abhängigkeiten der einzelnen technischen Anlagen voneinander bestehen, welche dann in der Matrix aufgezeigt werden.

Brandleistung
Die Brandleistung ist die Energie, die ein Brand pro Zeiteinheit freisetzen kann, und wird üblicherweise in kW oder MW angegeben. Dabei ist der betrachtete Bereich ausschlaggebend, da die Brandleistung maßgeblich von den vorzufindenden Materialien und Gegenständen abhängt. So sind die maximalen Brandleistungen von Wohnungen (mit vielen brennbaren Stoffen, wie Holz und Polstermöbel) höher als beispielsweise von Lagerräumen für Metallteile in nicht brennbaren Schränken.

Brandmeldung
Die Brandmeldung erfolgt, wenn die Information, dass es einen Brand im Gebäude gibt, an eine bestimmte Stelle übermittelt wird. Meist wird diese Information der Feuerwehr übermittelt, damit diese ausrücken und den Brand bekämpfen kann.

Brandschutz, abwehrender
Hierunter werden alle Maßnahmen der Feuerwehr während eines Brandereignisses zusammengefasst. Dazu gehören insbesondere die Personenrettung und das Löschen des Brandes. Aber auch die Verminderung von Begleitschäden des Brandes, wie beispielsweise infolge von Rauch oder verunreinigtem Löschwasser, werden diesem Bereich zugeordnet.

Brandschutz, anlagentechnischer
Hierzu zählen alle Maßnahmen, die über technische Mittel eine Verbesserung der Brandschutzsituation und so eine Erhöhung des Sicherheitsniveaus erbringen sollen. Beispiele hierfür sind Anlagen, die Brände frühzeitig automatisch detektieren (Brandmeldeanlagen), die Brände automatisch löschen (**Feuerlöschanlagen**), die Personen alarmieren oder die Rauch fernhalten (z. B. **SÜLA**). Viele anlagentechnische Maßnahmen können zur Kompensation von konstruktiven Mängeln bei Bestandsbauten verwendet werden, wenn eine Ertüchtigung (beispielsweise von Decken) im Bestand nur schwer möglich ist.

Brandschutz, baulicher
Hierunter werden alle Maßnahmen, die durch konstruktive Mittel eine Verbesserung der Brandschutzsituation herbeiführen, zusammengefasst. In erster Linie betrifft dies die Gebäudekonstruktion. Dazu werden Anforderungen an Bauteile (tragende Bauteile, Wände, Decken, Türen usw.) definiert. So können beispielsweise bestimmte Bereiche voneinander brandschutztechnisch abgetrennt werden oder Brandlasten und Brandausbreitungsmöglichkeiten können durch die Auswahl der verwendeten Baustoffe (z. B. von nicht brennbaren Baustoffen) reduziert werden.

Brandschutz, organisatorischer
Hierzu zählen alle Maßnahmen, die das Handeln von Personen beeinflussen. Dazu gehören Unterweisungen, die Ausbildung in der Benutzung von Feuerlöschgeräten oder besondere Handlungsabläufe im Brandfall (Evakuierungsübungen), aber auch die Bestellung einer mit dem Brandschutz beauftragten Person, die regelmäßig die Brandschutzeinrichtungen des Gebäudes zu kontrollieren hat und für die Unterweisungen zuständig sein kann.

Brandverhütungsschau
Bei dieser regelmäßigen Begehung eines Gebäudes, die zusammen mit den Betreibenden und den Beauftragten der Brandschutzdienststelle durchgeführt wird, sollen offensichtliche Mängel im Brandschutz festgestellt und später beseitigt werden. Sehr häufig vorkommende Mängel sind verkeilte Brandschutztüren („Brandschutzkeile") oder Brandlasten innerhalb notwendiger Flure und Treppenräume. Es können aber auch bauliche Mängel festgestellt werden, wie beispielsweise ohne Genehmigung umgebaute Bereiche, deren Umbau in die Brandschutzlösung eingreift.

Breitfuß
Viele Hochhäuser besitzen auf Bodenniveau einen Gebäudeteil mit einer größeren Grundfläche als die Grundfläche jenes Teils, der sich bis zum höchsten Punkt des Gebäudes erstreckt. Dieser Bereich wird als Breitfuß bezeichnet. Ein Breitfuß ist nicht auf ein einzelnes Geschoss beschränkt, erreicht aber bei Weitem nicht die Höhe des Gesamthochhauses. In diesem meist prestigeträchtigen Bereich eines Hochhauses befinden sich oftmals großräumige Eingangsbereiche, die zum eigentlichen Hochhaus hinführen. Häufig sind aufgrund der direkten Nähe zu den Straßen auf Bodenhöhe auch Gewerbeeinheiten im Bereich des Breitfußes zu finden.

Dralldüse
Die Dralldüse ist Teil einer Wassernebellöschanlage. Tritt Wasser mit hohem Druck durch dieses Bauteil, wird der feine Wassernebel erzeugt, der charakteristisch für Wassernebellöschanlagen ist.

Evakuierungszeit, benötigte
Zeitdauer von der Brandentstehung bis zum Verlassen des Gebäudes bzw. bis zum Erreichen eines sicheren Ortes innerhalb des Gebäudes; Summe aus Alarmierungszeit, Reaktionszeit und Fluchtdauer (Required Safe Escape Time [RSET])

Fassade, Doppelfassade
Eine zusätzliche Fassade wird vor der eigentlichen Fassade des Gebäudes angebracht. Der Luftspalt zwischen den beiden Fassaden ist dabei meistens so groß, dass ein Mensch durch diesen Zwischenraum hindurchgehen könnte. Durch diese Zwischenraumebene kann somit problemlos Luft, aber auch Rauch durchströmen.

Fassade, vorgehängte hinterlüftete
Die Fassade wird mittels Unterkonstruktion vor die Außenwand vorgehängt. Die Fassade selbst hat keine tragende Funktion. Zwischen Außenwand und der Fassade ist ein kleiner Luftspalt (wenige Zentimeter).

Fassade, Vorhangfassade
Diese Fassade bildet die Außenhülle des Gebäudes. Sie wird dabei direkt an den tragenden Teilen des Gebäudes angebracht und hat selbst keine tragende Funktion. Sie muss nur ihr Eigengewicht halten. Es befindet sich keine zusätzliche Wand zwischen der Fassade und den inneren Räumen. Diese Fassadenart ist häufig bei prestigeträchtigen Hochhäusern mit ihren charakteristischen Glasfassaden zu sehen, die einen großflächigen Einblick in das Gebäude ermöglichen.

Feinsprühanlage
siehe **Wassernebellöschanlage**

feuerbeständig
Dies ist ein bauordnungsrechtlicher Begriff, der die Feuerwiderstandsfähigkeit von Bauteilen beschreibt. Ein feuerbeständiges Bauteil muss seine Funktion bei Brandeinwirkung für mindestens 90 Minuten beibehalten.

feuerhemmend
Dies ist ein bauordnungsrechtlicher Begriff, der die Feuerwiderstandsfähigkeit von Bauteilen beschreibt. Ein feuerhemmendes Bauteil muss seine Funktion bei Brandeinwirkung für mindestens 30 Minuten beibehalten.

Feuerlöschanlage
Eine Feuerlöschanlage ist eine technische Anlage, die beim Auftreten eines Brandes ausgelöst wird mit dem Ziel, die Brandausbreitung zu behindern und im besten Fall den Brand zu löschen. Sie besteht aus mehreren Komponenten

und wird meist großflächig eingesetzt, um ganze Geschosse oder ganze Gebäude abzudecken. An ihrem Rohrleitungssystem sind Auslassöffnungen (z. B. Sprinkler oder Düsen) angebracht. Bei einem Brand werden diese geöffnet und das verwendete Löschmittel, meist Wasser, wird freigegeben. Unter dem Oberbegriff der Feuerlöschanlage ordnen sich beispielsweise die **Sprinkleranlage**, die **Sprühwasserlöschanlage**, die **Wassernebellöschanlage** und die **Schaumlöschanlage** als spezielle Anlagen ein.

Feuerwehraufzug
Der Feuerwehraufzug ist ein besonders gesicherter Aufzug, der auch im Brandfall einsatzfähig sein muss. Anders als „normale" Aufzüge wird dieser im Brandfall benutzt. Er dient der Feuerwehr zum schnellen Erreichen des Brandgeschosses, zum Transport von Material, das für die Brandbekämpfung benötigt wird, und zur Rettung von Personen. An Feuerwehraufzüge und deren Fahrschächte werden besondere Anforderungen gestellt. Zudem wird vor Feuerwehraufzügen immer ein gesonderter **Vorraum** angeordnet.

Feuerwehrplan
Dieses Dokument enthält alle relevanten Informationen, die die Feuerwehr bei einem Einsatz in dem betroffenen Gebäude benötigt. Dazu werden Lagepläne und Geschosspläne angefertigt, in denen alle für den Feuerwehreinsatz wichtigen technischen Anlagen, Rettungswege und auch besondere Gefahren für die Feuerwehreinsatzkräfte eingezeichnet sind. Diese Pläne stehen der Feuerwehr im Einsatzfall zur Verfügung. Somit kann sich die Feuerwehr schon vor Betreten des Gebäudes ein Bild von den örtlichen Gegebenheiten machen und ihre Einsatztaktik entsprechend anpassen. Dieses Dokument muss regelmäßig auf Aktualität überprüft werden. (Feuerwehrpläne dienen nicht den Nutzenden des Gebäudes, siehe hierfür **Flucht- und Rettungsplan**.)

Flächen für die Feuerwehr
Feuerwehrfahrzeuge und Feuerwehrgerätschaften benötigen einen bestimmten Platz, damit beispielsweise eine Drehleiter die Fenster erreichen kann, aus denen Personen gerettet werden müssen. Diese Flächen müssen frei gehalten werden, damit eine Personenrettung im Brandfall möglich ist.

Fluchtdauer
Zeitdauer vom Beginn der Flucht bis zum Verlassen des Gebäudes bzw. bis zum Erreichen eines sicheren Ortes innerhalb des Gebäudes

Flucht- und Rettungsplan
Diese Pläne mit Grundrissen des jeweiligen Geschosses dienen den Nutzenden des Gebäudes. In den Plänen sind die Fluchtwege sowie Erste-Hilfe-Einrichtungen und Feuerlöscher eingezeichnet. Mithilfe dieser Pläne können auch ortsunkundige Personen schnell die möglichen Fluchtwege erkennen. Typischerweise sind mehrere dieser Pläne pro Geschoss an möglichst offensichtlichen Stellen ausgehängt. In den Plänen sind auch allgemeine Hinweise für das Verhalten im Brandfall und das Verhalten bei Unfällen beschrieben.

Flur, notwendiger
Der notwendige Flur ist ein bauordnungsrechtlicher Begriff. Als Teil des horizontalen **Rettungsweges** kommt diesen Fluren eine besondere Bedeutung zu. Sie sind von den umgebenden Bereichen brandschutztechnisch abgetrennt. Die Wände besitzen einen Feuerwiderstand und Türen in diesen Wänden müssen je nach angeschlossenem Bereich besondere Anforderungen an den Rauchschutz erfüllen. Oftmals sind diese Flure zwischen 2 Treppenräumen angeordnet, um als Verbindungsstück zwischen den angeschlossenen **Nutzungseinheiten** und dem vertikalen **Rettungsweg** zu dienen.

Gang, offener
Ein offener Gang ist gegenüber der Außenluft nicht vollständig abgeschlossen. Grundsätzlich wird zwischen einseitig, zweiseitig (z. B. bei Ecksituationen) und dreiseitig offenen Gängen unterschieden.

Gebäudefunkanlage
Manche Gebäude sind derart groß oder so durch einen erhöhten Anteil an Stahlbetonbauteilen abgeschirmt, dass die Funkkommunikation der Feuerwehr nicht ausreicht. Die Gebäudefunkanlage wird dann im gesamten Gebäude errichtet und ermöglicht die Kommunikation der Feuerwehreinsatzkräfte.

Hauptgang
Ein von Gegenständen frei zu haltender Gang definierter Mindestbreite, über den Rettungswege geführt werden. Entsprechend dient der Hauptgang auch als Angriffsweg für die Feuerwehr.

Hochhaus
In Deutschland werden Gebäude mit einer Höhe von mehr als 22 m bauordnungsrechtlich als Hochhaus definiert. Maßgeblich für die Höhe ist die Fußbodenoberkante des höchstgelegenen möglichen Aufenthaltsraumes. Diese Höhe orientiert sich an den Möglichkeiten, Personen mittels Hubrettungsgerät der Feuerwehr aus dem Gebäude zu retten. Oberhalb dieser Höhe können die meisten Drehleitern der Feuerwehr in Deutschland nicht mehr operieren.

Kaltentrauchung
Diese Entrauchung ist eine Abführung von kaltem Rauch aus dem Gebäude. Rauch, der unmittelbar bei einem Brandereignis auftritt, hat eine hohe Temperatur (Heißrauch). Dieser steigt aufgrund der im Vergleich zur Umgebung höheren Temperatur schnell nach oben. Kühlt dieser Rauch mit der Zeit ab, so beginnt er abzusinken (Kaltrauch). In Gebäuden mit automatischen Feuerlöschanlagen wird von einer Reduzierung der frei werdenden Wärme, abhängig von der Auslöse- und Aufbringzeit des Löschmittels, ausgegangen. Je nach Wirksamkeit der Feuerlöschanlage kann die Rauchgastemperatur im Mittel auf ca. 100 °C begrenzt bleiben, auch wenn es punktuell zu wesentlich höheren Werten kommen kann. Diese geringeren Rauchgastemperaturen ermöglichen es, Lüftungsanlagen statt maschineller Rauchabzüge einzusetzen.

K-Faktor
Diese Kenngröße von Sprinklern beschreibt den Ausfluss von Wasser am Sprinkler. Der K-Faktor gibt an, wie viel Liter Wasser pro Minute bei einem Druck von 1 bar

durch den Sprinkler gehen. Mit dem K-Faktor kann in Abhängigkeit von dem anliegenden Druck die tatsächliche Durchflussmenge (in Litern pro Minute) eines Sprinklers bestimmt werden.

Luftspülanlage
Die Luftspülanlage (auch Spüllüftungsanlage) ist eine technische Anlage, die durch einen sehr hohen Luftwechsel die Nutzbarkeit eines Treppenraumes bei Raucheintritt in den Treppenraum sicherstellen soll. Der eintretende Rauch wird durch den hohen Luftwechsel stark verdünnt und aus dem Treppenraum mit herausgetragen. Diese Anlage arbeitet im Gegensatz zu Druckbelüftungsanlagen (siehe auch **SÜLA**) ohne eine (wesentliche) Druckerhöhung im Treppenraum. Es werden allgemein in Treppenräumen ein 30facher Luftwechsel und in notwendigen Fluren ein ca. 12facher Luftwechsel pro Stunde vorgesehen.

Maisonette
Diese **Nutzungseinheit** (meist eine Wohnung) erstreckt sich über mindestens 2 Geschosse. Die Geschosse stehen dabei in offener Verbindung.

Melder, automatischer
Dieser Anlagenteil einer Brandmeldeanlage dient der Überwachung von Bereichen mit dem Ziel, einen Brand automatisch zu detektieren. Dabei wird der Bereich auf ein Kriterium (z. B. Rauch oder Temperatur) hin überwacht. Überschreitet das Kriterium einen bestimmten Wert (beispielsweise eine bestimmte Temperatur), löst der Melder automatisch aus.

Melder, Handmelder
Druckknopfmelder, der von einer Person manuell betätigt wird, um die Brandmeldeanlage auszulösen

Melder, Linienmelder
Diese Melder sind eine besondere Form automatischer Melder und bestehen meist aus mehreren Komponenten. Sie funktionieren nach dem Lichtschrankenprinzip. Der Linienmelder wirft einen Laserstrahl durch den zu überwachenden Raum. Wird der Strahl durch Brandrauch abgeschwächt oder unterbrochen, so löst der Melder aus. Bei dieser Form des Melders können große Flächen mit relativ wenigen Meldern überwacht werden.

Melder, Punktmelder
Diese Melder sind eine besondere Form automatischer Melder und messen in der Umgebung eines festen Punktes (des Anbringungsorts). Für diese Form des Melders stehen diverse Meldekriterien zur Verfügung, wie z. B. Rauch oder Temperatur.

Nutzungseinheit
Dieser Bereich steht einem bestimmten Kreis von Nutzenden zur Verfügung. Das klassische Beispiel hierfür ist die Wohnung, die nur den sie Bewohnenden zur Verfügung steht. Eine angrenzende Wohnung ist somit eine andere Nutzungseinheit. Nutzungseinheiten können allerdings auch größer ausfallen als bei der Wohnnutzung mit nur einigen Räumen. So sind beispielsweise Schulen auch als Gesamtgebäude eine einzelne Nutzungseinheit, da sie demselben Kreis von Nutzenden zur Verfügung stehen. In Hochhäusern können sich daher viele unterschiedliche Nutzungseinheiten befinden. Nach dem deutschen Baurecht werden Nutzungseinheiten voneinander brandschutztechnisch abgetrennt.

Personenstromsimulation
Bei diesen Simulationen von Personenbewegungen wird die Bewegung einer großen Anzahl an Personen als Strom (vergleichbar einem Fluss) betrachtet. Dabei wird, meist computergestützt, mittels vorher getroffener Annahmen untersucht, wie sich eine Personengruppe beim Verlassen eines Gebäudes verhält. Es können somit Zeiten ermittelt werden, nach denen alle Personen das Gebäude verlassen haben. Innerhalb der Simulation lassen sich auch Staupunkte, wie zu enge Türen, schon in der Planungsphase ermitteln. Als Grundlage solcher Simulationen dienen verschiedene Modelle. Beispielsweise ist die Berechnung jeder einzelnen Person mit Individualentscheidung möglich (mikroskopisches Modell) oder die Betrachtung der Personenmenge als einheitlicher Strom bzw. Flüssigkeit (makroskopisches Modell bzw. Flussmodell).

Reaktionszeit
Zeitdauer von der Alarmierung von Gebäudenutzenden bis zu dem Moment, in dem sie mit der Flucht aus dem Gebäude beginnen

Rettungsbereich (Rescue-Area)
Ein Bereich relativer Sicherheit, in dem Personen verharren können, bis sie von der Feuerwehr gerettet werden. Dieser muss besonders ausgebildet sein, damit sichergestellt ist, dass die dort befindlichen Personen so lange sicher sind, bis die Rettung aller dort wartenden Personen abgeschlossen ist.

Rettungstunnel
Horizontale Führung eines Treppenraumes oder Sicherheitstreppenraumes (vertikale Rettungswege), z. B. von der Gebäudemitte zum direkten Ausgang ins Freie. Diese müssen in der Regel öffnungslos und bezüglich Geometrie, Bauteilen, Baustoffen, Rauchableitung, Kennzeichnung den gleichen Anforderungen genügen, wie die Treppenräume selbst.

Rettungsweg
Bei den Wegen, über die eine Rettung erfolgt, ist nicht allein die Entfluchtung, also das Fliehen von Personen aus dem Gebäude, relevant, sondern die Rettungswege sind auch gleichzeitig die Angriffswege für die Feuerwehr, also die Wege in das Gebäude bei einem Brandfall. Diesen Wegen kommt folglich eine hohe Bedeutung zu. Grundsätzlich wird in horizontale und vertikale Rettungswege unterschieden.

RTI-Wert
Der Begriff steht für „Response Time Index". Er ist eine Materialkonstante eines Sprinklers und ermöglicht die Berechnung der Auslösezeit unter Berücksichtigung der Strömungsgeschwindigkeit der Rauchgase. Je geringer dieser Wert ist, desto schneller löst ein Sprinkler im Brandfall aus.

Schaumlöschanlage
Dies ist eine besondere Form der **Löschanlage**. Sie benutzt als Löschmittel Schaum (eine Mischung aus Wasser, Schaummittel und Luft) anstelle von Wasser.

Schleuse
Dieser bauordnungsrechtliche Begriff bezeichnet einen **Vorraum** (in der Regel vor einem Treppenraum oder Sicherheitstreppenraum), an den besondere brandschutztechnische Anforderungen gestellt werden. Diese können sich auf die Geometrie (Größe), die Türen oder die Belüftung (z. B. Überdruckhaltung) beziehen.

Schutzfläche
maximale Fläche, die von einem einzelnen Sprinkler abgedeckt wird

Sicherheitsbeleuchtung
Diese Beleuchtung wird oder bleibt beim Ausfall der allgemeinen Stromversorgung wirksam. Damit wird das sichere Verlassen eines Bereiches im Gefahrenfall gewährleistet.

Sicherheitsstromversorgung
übernimmt bei Ausfall der allgemeinen Stromversorgung die Versorgung von sicherheitstechnischen Einrichtungen, wie z. B. der Brandmeldeanlage

Sicherheitstreppenraum
Dieser bauordnungsrechtliche Begriff bezeichnet einen Treppenraum, in den Feuer und Rauch nicht eindringen können. Um dies zu erreichen, sind besondere bauliche oder technische Vorkehrungen zu treffen.

Sprinkler
Aus diesem Teil einer **Sprinkleranlage** wird das Löschmittel bei einem Brand nach Bersten des **Glasfassauslöseelementes** (ggf. auch Schmelzlotauslöseelements) freigesetzt. Das ausströmende Wasser spritzt auf eine Fläche am unteren Ende des Sprinklerkopfes (Sprühteller) und wird so im Raum verteilt.

Sprinkleranlage
Diese besondere Form der **Feuerlöschanlage** besteht grundsätzlich aus einer Wasserversorgung, einem Rohrleitungsnetz, Pumpen und **Sprinklern**. Diese Anlage verwendet Wasser als Löschmittel. Sie löst nur in dem vom Brand betroffenen Bereich aus.

Sprühwasserlöschanlage
Die Sprühwasserlöschanlage (SP-Anlage, auch Sprühflutanlage) löst im Gegensatz zur **Sprinkleranlage** nicht punktuell aus. Bei einem Auslösen der Sprühwasserlöschanlage werden alle an einen Strang angeschlossenen Auslasspunkte mit Wasser beaufschlagt. Somit werden große Bereiche schnell mit Wasser „geflutet".

Steigleitung
Diese Rohrleitung ist meist im Treppenraum fest verbaut. Sie dient dazu, dass die Feuerwehr im Brandgeschoss Löschwasser zur Verfügung hat, ohne einen Schlauch durch den ganzen Treppenraum bis hin zum Brandgeschoss legen zu müssen. In definierten Geschossen befinden sich Entnahmestellen (siehe auch **Wandhydrant**), an denen die Feuerwehr das Löschwasser entnehmen kann. Es gibt Steigleitungen, die bereits bis zu allen Entnahmestellen mit Wasser gefüllt sind (**Nasssteigleitungen**), Steigleitungen, die erst durch die Feuerwehr im Erdgeschoss an eine Wasserversorgung angeschlossen werden (Trockensteigleitungen), und Steigleitungen „nass/trocken" in frostgefährdeten Bereichen, wie Kaltdächern, die durch das Auslösen der automatischen Brandmeldeanlage vorgefüllt werden.

Stichflur
Bei dieser besonderen Form des **notwendigen Flures** existiert nur eine Fluchtrichtung über den Flur, weil dieser beispielsweise nur an einen einzigen Treppenraum angeschlossen ist. Aufgrund der fehlenden Redundanz werden an Stichflure oftmals zusätzliche Anforderungen, wie eine Beschränkung der Stichflurlänge, gestellt.

SÜLA
Die **S**icherheits-**Ü**berdruck-**L**üftungs-**A**nlage (SÜLA) ist eine technische Anlage (Druckbelüftungsanlage), die innerhalb eines **Sicherheitstreppenraumes** einen Überdruck erzeugt, um so zu verhindern, dass Rauch in den Treppenraum eindringen kann.

Trennwand
Mit diesem bauordnungsrechtlichen Begriff ist nicht die umgangssprachliche Trennwand gemeint, sondern eine Wand, an die Anforderungen hinsichtlich des Feuerwiderstandes gestellt werden, um Bereiche brandschutztechnisch voneinander abzutrennen.

Treppenraum mit erhöhten Anforderungen
An diesen Treppenraum (auch Treppenraum mit erhöhter Sicherheit oder „Sicherheitstreppenraum light") werden höhere Anforderungen als an einen einfachen Treppenraum gestellt. Dadurch erreicht er aber nicht das Schutzniveau eines **Sicherheitstreppenraumes**. In Berlin muss beispielsweise für einen Treppenraum mit erhöhter Sicherheit nicht der Raucheintritt verhindert werden, was bei einem **Sicherheitstreppenraum** gefordert ist.

Vorraum
Mit diesem bauordnungsrechtlichen Begriff sind Vorräume gemeint, an die besondere brandschutztechnische Anforderungen gestellt werden, da sie z. B. **Sicherheitstreppenräumen** oder **Feuerwehraufzügen** vorgelagert sind. Um diese Bereiche besonders zu schützen und beispielsweise einen Raucheintrag zu vermindern, werden für solche Bereiche speziell ausgebildete Vorräume gefordert.

Wandhydrant
im Gebäude installierte Wasserentnahmestelle für die Brandbekämpfung, die mit einem vorinstallierten entnehmbaren Schlauch ausgestattet ist

Wasserbeaufschlagung
beschreibt die Mindestmenge an Wasser in mm/min, die eine **Sprinkleranlage**, bezogen auf einen Quadratmeter, ausbringen muss

Wassernebellöschanlage
Bei dieser besonderen Form der **Feuerlöschanlage** wird das Löschmittel Wasser über spezielle Düsen (größtenteils **Dralldüsen**) fein zerteilt. Dadurch bildet sich ein Wassernebel mit sehr kleinen Wassertröpfchen. Das entstehende Tropfenspektrum wird meist nach einer logarithmischen Normalverteilung gebildet. Es wird dazu ein mittlerer Tropfendurchmesser zwischen 0,1 und 0,01 mm angegeben. Durch die so entstehende sehr große Oberfläche des Wassers kann der Wassernebel besonders effektiv Wärme

aufnehmen. Die Vernebelung bewirkt auch, dass wesentlich weniger Wasser benötigt wird als für **Sprinkleranlagen**.

Wirkfläche
Diese Bemessungsgröße von **Sprinkleranlagen** beschreibt die maximale Fläche, bei der davon ausgegangen wird, dass im ungünstigsten Fall alle **Sprinkler** dieser Fläche bei einem Brand auslösen.

Zeit, für die Flucht verfügbare
Zeitdauer von der Brandentstehung bis zu dem Zeitpunkt, in dem sich die Bedingungen in einem Raum so weit verschlechtert haben, dass die Gebäudenutzenden die Flucht nicht mehr fortsetzen können (Available Safe Escape Time [ASET])

Zellenbauweise
Das Gebäude wird in kleinteilige Nutzungseinheiten (Zellen) untergliedert. Da Nutzungseinheiten voneinander mit feuerwiderstandsfähigen Bauteilen abgetrennt werden müssen, wirkt sich eine solche Bauweise positiv auf die Brandschutzsituation aus. Eine Brandausbreitung wird stärker behindert als bei großflächigen Nutzungseinheiten, innerhalb derer die Brandausbreitung uneingeschränkt erfolgen kann.

7.2 Normen, Rechtsvorschriften und Literatur

Normen

BS 9999 Code of Practice for Fire Safety in the Design, Management and Use of Buildings. London: British Standards Institution (BSI), BSI Group, 2008

DIN 1988-500:2021-05 Technische Regeln für Trinkwasser-Installationen – Teil 500: Druckerhöhungsanlagen mit drehzahlgesteuerten Pumpen

DIN 4066:1997-07 Hinweisschilder für die Feuerwehr

DIN 4102-1:1998-05 Brandverhalten von Baustoffen und Bauteilen – Teil 1: Baustoffe; Begriffe, Anforderungen und Prüfungen

DIN 4102-2:1977-09 Brandverhalten von Baustoffen und Bauteilen; Bauteile, Begriffe, Anforderungen und Prüfungen

DIN 14090:2003-05 Flächen für die Feuerwehr auf Grundstücken

DIN 14462:2012-09 Löschwassereinrichtungen – Planung, Einbau, Betrieb und Instandhaltung von Wandhydrantenanlagen sowie Anlagen mit Über- und Unterflurhydranten

DIN 14661:2016-11 Feuerwehrwesen – Feuerwehr-Bedienfeld für Brandmeldeanlagen

DIN 14662:2016-11 Feuerwehrwesen – Feuerwehr-Anzeigetableau für Brandmeldeanlagen

DIN 14675-1:2020-01 Brandmeldeanlagen – Teil 1: Aufbau und Betrieb

DIN 18009-2:2022-08 Brandschutzingenieurwesen – Teil 2: Räumungssimulation und Personensicherheit

DIN 18230-1:2010-09 Baulicher Brandschutz im Industriebau – Teil 1: Rechnerisch erforderliche Feuerwiderstandsdauer

DIN EN 81-20:2020-06 Sicherheitsregeln für die Konstruktion und den Einbau von Aufzügen – Aufzüge für den Personen- und Gütertransport – Teil 20: Personen- und Lastenaufzüge

DIN EN 81-72:2020-11 Sicherheitsregeln für die Konstruktion und den Einbau von Aufzügen – Besondere Anwendungen für Personen- und Lastenaufzüge – Teil 72: Feuerwehraufzüge

DIN EN 1995-1-1:2010-12 Eurocode 5: Bemessung und Konstruktion von Holzbauten – Teil 1-1: Allgemeines – Allgemeine Regeln und Regeln für den Hochbau

DIN EN 12845:2020-11 Ortsfeste Brandbekämpfungsanlagen – Automatische Sprinkleranlagen – Planung, Installation und Instandhaltung

DIN EN 13501-1:2019-05 Klassifizierung von Bauprodukten und Bauarten zu ihrem Brandverhalten – Teil 1: Klassifizierung mit den Ergebnissen aus den Prüfungen zum Brandverhalten von Bauprodukten

DIN EN 13501-2:2016-12 Klassifizierung von Bauprodukten und Bauarten zu ihrem Brandverhalten – Teil 2: Klassifizierung mit den Ergebnissen aus den Feuerwiderstandsprüfungen, mit Ausnahme von Lüftungsanlagen

DIN EN 15182-2:2019-11 Tragbare Geräte zum Ausbringen von Löschmitteln, die mit Feuerlöschpumpen gefördert werden – Strahlrohre für die Brandbekämpfung – Teil 2: Hohlstrahlrohre PN 16

NFPA 13 Standard for the Installation of Sprinkler Systems. Quincy (USA): National Fire Protection Association (NFPA), 2022

TGL 10685/04:1971-04 Evakuierungswege für Menschen in Bauwerken, Zugänge und Zufahrten der Feuerwehr

TGL 10723:1970-09 Vielgeschossige Gebäude und Hochhäuser

Rechtsvorschriften

[Anpassungsverordnung für Hochhäuser in Sachsen-Anhalt]: Brandschutz in bestehenden Hochhäusern, Runderlass des Ministeriums für Raumordnung, Städtebau und Wohnungswesen vom 12.11.1993, Aktenzeichen 22/24158/1, Ministerialblatt für das Land Sachsen-Anhalt 1993, S. 2818

Bauordnung des Landes Sachsen-Anhalt (BauO LSA) in der Fassung vom 10.09.2013, zuletzt geändert am 18.11.2020

Baupolizeiliche Richtlinien für Hochhäuser. Senator für Bau- und Wohnungswesen, Amtsblatt für Berlin 1955, S. 885

Durchführungsverordnung zur Richtlinie über den Bau und Betrieb von Hochhäusern in der Fassung von 1971

Erläuterungen zur Muster-Hochhaus-Richtlinie. Fachkommission Bauaufsicht, 2008 [online]. Internet: https://www.pruefsv.de/upload/files/Gesetze%20und%20Verordnungen/Musterwelt/MHHR_2008_04.pdf [Zugriff: 07.09.2022]

[HochhVO NRW] Verordnung über den Bau und Betrieb von Hochhäusern (Hochhausverordnung – HochhVO) vom 11. Juni 1986, aufgehoben am 17. November 2009

Musterbauordnung (MBO) in der Fassung vom November 2002, zuletzt geändert am 22.02.2019

Muster-Beherbergungsstättenverordnung: Muster-Verordnung über den Bau und Betrieb von Beherbergungsstätten (Muster-Beherbergungsstättenverordnung – MBeVO) in der Fassung vom Dezember 2000, zuletzt geändert im Mai 2014

[Muster-Hochhausrichtlinie]: Muster für die Richtlinien über die bauaufsichtliche Behandlung von Hochhäusern in der Fassung vom Mai 1981

Muster-Hochhaus-Richtlinie: Muster-Richtlinie über den Bau und Betrieb von Hochhäusern (Muster-Hochhaus-Richtlinie – MHHR) in der Fassung vom April 2008, zuletzt geändert im Februar 2012

Muster-Industriebau-Richtlinie: Muster-Richtlinie über den baulichen Brandschutz im Industriebau (Muster-Industriebau-Richtlinie – MIndBauRL), Stand: Mai 2019

Muster-Leitungsanlagen-Richtlinie: Muster-Richtlinie über brandschutztechnische Anforderungen an Leitungsanlagen (Muster-Leitungsanlagen-Richtlinie – MLAR) in der Fassung vom 10.02.2015, zuletzt geändert am 03.09.2020

Muster-Richtlinien über Flächen für die Feuerwehr in der Fassung vom Februar 2007, zuletzt geändert im Oktober 2009

Muster-Verkaufsstättenverordnung: Musterverordnung über den Bau und Betrieb von Verkaufsstätten (Muster-Verkaufsstättenverordnung – MVKVO) in der Fassung vom September 1995, zuletzt geändert im Februar 2014

Muster-Versammlungsstättenverordnung: Musterverordnung über den Bau und Betrieb von Versammlungsstätten (Muster-Versammlungsstättenverordnung – MVStättVO) in der Fassung vom Juni 2005, zuletzt geändert im Juli 2014

Literatur

Ahrens, M.: High-Rise Building Fires. Quincy, Massachusetts: NFPA, 2016

Albers, K.-J.; Rahn, B.: Strömungsverhältnisse in einem Sicherheitstreppenraum – Einfluss der Thermik. In: Technik am Bau (2003), Nr. 1, S. 51–56

Atemschutz (Feuerwehr-Dienstvorschrift 7). Ausschuss Feuerwehrangelegenheiten, Katastrophenschutz und zivile Verteidigung (AFKzV), 2002 mit Änderungen 2005

Bailey, C.: The Windsor Tower Fire, Madrid. One Stop Shop in Structural Fire Engineering, University of Manchester [online]. Internet: https://materialsforinteriorsind54862016.files.wordpress.com/2016/08/04_case-studies_-historical-fires_-windsor-tower-fire.pdf [Zugriff: 20.12.2022]

Barber, D.: Tall Timber Buildings. What's Next in Fire Safety? In: Fire Technology (2015), S. 1279–1284

Baumgartner, R.: Richtlinien über die bauaufsichtliche Behandlung von Hochhäusern. In: Schadenprisma (1979), Nr. 1, S. 1–7

Best, R.; Demers, D.: Investigation Report on the MGM Grand Hotel Fire, Las Vegas, Nevada, November 21, 1980: Report Revised January 15, 1982. Boston: National Fire Protection Association, 1982

Bird, S.: UK residential high-rise experience, fire safety and sprinkler protection. Engineering training, Fixes Firefighting System Bureau, 2019

Blair, A. J.; Milke, J. A.: The Effect of Stair Width on Occupant Speed and Flow Rate for Egress of High Rise Buildings. In: R. D. Peacock et al. (ed.): Pedestrian and Evacuation Dynamics (2011). Boston: Springer, S. 747–750. https://doi.org/10.1007/978-1-4419-9725-8_67

Boenke, D.; Grossmann, H., Michels, K.: Organisatorische und bauliche Maßnahmen zur Bewältigung von Notfallsituationen körperlich und sensorisch behinderter Menschen in Hochhäusern und öffentlichen Gebäuden mit hoher Benutzerfrequenz. Stuttgart: Fraunhofer IRB-Verlag, 2011

Bonner, M.; Wegrzynski, W.; Papis, B. K.; Rein, G: Kresnik: A top-down, statistical approach to understand the fire performance of building facades using standard test data. Building and Environment, Bd. 169. Elsevier B. V., 2020

Bonner, M.; Rein, G.: List of Facade Fires 1990–2020. 2020 [online]. Internet: https://zenodo.org/record/3743863 [Zugriff: 21.09.2022]

Bonnier, J.: Studies on the application of gas cooling as used by firefighters. Lund: Lund University, Masterarbeit, 2017

BPD 1/2008 Anforderungen an den Bau und Betrieb von Hochhäusern (BPD Hochhäuser). Hamburg: Bauprüfdienst (BPD), Behörde für Stadtentwicklung und Umwelt – Amt für Bauordnung und Hochbau, 2008

BPD 6/2020 Sicherheitstreppenräume in Wohngebäuden. Hamburg: Bauprüfdienst (BPD), Behörde für Stadtentwicklung und Wohnen – Amt für Bauordnung und Hochbau, 2020

Brandgefahr – Wie sicher sind Hochhäuser in Deutschland? ARD Brisant, Fragen und Antworten. 2019 [online]. Internet: https://www.mdr.de/brisant/ratgeber/brandgefahr-hochhaeuser-deutschland-100.html [Zugriff: 07.09.2022]

Brautzsch, M.; Rost, M.: Brandschutznachweis Blauer Bock. Barleben: Ingenieurbüro Brandschutz FIROSEC, 2019

Butterworth, N.: Fire Strategies for Super-high Rise. Glasgow: Arup Fire UK, 2013

C/AS2: Acceptable Solution for Buildings other than risk-group SH [Anm. d. A.: bedeutet in Deutschland: alle Gebäude außer GK1+2]. Wellington: Ministry of Business, Innovation and Employment, 2019

Cherner, J.: So sieht es im schmalsten Wolkenkratzer der Welt aus [online]. Internet: https://www.ad-magazin.de/artikel/new-york-das-ist-der-schmalste-wolkenkratzer-der-welt [Zugriff: 21.09.2022]

Clawson, K.; O'Connor, D. J.: Considerations and Challenges for Refuge Areas in Tall Buildings. In: CTBUH 2011 World Conference, Seoul (2011)

Comparative study of national fire safety requirements. Identifying key trends across the EU for high-rise residential buildings and hospitals. eufiresafety.community, Fire Information Exchange Platform, Online Meeting 2021 [online]. Internet: https://www.tecnifuego.org/recursos/arxius/20210513_05122021-04-15+FSEU+FIEP+Presentation+-+National+Fire+Safety+Requirements+-+FINAL.pdf [Zugriff: 21.09.2022]

Conaghan, R.: High-Pressure Water Mist for High-Rise Buildings. IWMA UK water mist seminar. 2018 [online]. Internet: https://iwma.net/fileadmin/user_upload/Seminar_UK_2018/Marioff_Conaghan_UK2018.pdf [Zugriff: 16.12.2022]

Cowlard, A.; Bittern, A.; Abecassis-Empis, C.; Torero, J.: Fire Safety Design for Tall Buildings. In: Procedia Engineering (2013), Nr. 62, S. 169–181 [online]. Internet: https://doi.org/10.1016/j.proeng.2013.08.053 [Zugriff: 16.12.2022]

Craig, J.: Lessons to be learned from the First Inter-State Bank skyscraper fire. Übers. v. H. Krüger. In: Fire (1988), S. 37

Demers, D. P.: Hotel Fire. Las Vegas, Nevada, February 10, 1981. NFPA Fire Investigations Department, 1981

DFV-Fachempfehlung Erholungs- bzw. Ruhezeiten für Einsatzkräfte der Freiwilligen Feuerwehren nach Einsätzen. Stand: März 2013. Deutscher Feuerwehrverband (DFV), 2013 [online]. Internet: https://www.feuerwehrverband.de/app/uploads/2020/05/DFV_Ruhezeiten_der_FF_nach_Einsaetzen.pdf [Zugriff: 29.10.2022]

DGUV Information 213-056 Gaswarneinrichtungen für toxische Gase/Dämpfe und Sauerstoff – Einsatz und Betrieb. Stand: Februar 2016. Berlin: Deutsche Gesetzliche Unfallversicherung e. V. (DGUV), 2016

DGUV Information 213-057 Gaswarneinrichtungen für den Explosionsschutz – Einsatz und Betrieb. Stand: Februar 2016. Berlin: Deutsche Gesetzliche Unfallversicherung e. V. (DGUV), 2016

Dorka, U.: Konstruktiver Ingenieurbau KIB 2, Hochhausentwurf. Lehrveranstaltung. Kassel: Universität Kassel, 2011

Empfehlungen zur Ausführung der Flächen für die Feuerwehr. Stand: Oktober 2021. Bonn: Arbeitsgemeinschaft der Leiter der Berufsfeuerwehren in der Bundesrepublik Deutschland (AGBF), 2021

Ereignisliste Brandereignisse in Verbindung mit brennbaren Außenfassaden. Frankfurt am Main: Branddirektion Frankfurt am Main, 2022

ETAG 028 Guideline for European Technical Approval of Fire Retardant Products, Version June 2012

Fachempfehlung für die Brandbekämpfung zur Menschenrettung. Gemeinsames Positionspapier des Verbandes der Feuerwehren in NRW e. V. (VdF NRW), der Arbeitsgemeinschaft der Leiter der Berufsfeuerwehren in NRW (AGBF NRW) und des Instituts der Feuerwehr Nordrhein-Westfalen. Wuppertal/Düsseldorf, 2018

Festag, S.: Considering the human factor into modern technologies: Explanation on Adaptive Escape Routing Systems. Bremen: EUSAS-EURALARM Conference 2018, Fire detection and security in the aviation sector, 2018

Firefighter Air Replenishment System. Firefighter Air Coalition, 2022 [online]. Internet: https://aircoalition.org/firefighter-air-replenishment-systems/ [Zugriff: 29.10.2022]

Fire Safety for very tall Buildings. Engineering Guide. 2nd Edition, 1st Draft Public Comment Version. Gaithersbury, Maryland: Society of Fire Protection Engineers (SFPE), Springer, 2020

Frank, K.; Spearpoint; M.J.; Fleischmann, C.M.; Wade, C.A.: Modelling the activation of multiple sprinklers with a riskinformed design tool. 9th International Conference on Performance-Based Codes and Fire Safety Design. Hongkong, 2012

Fritsch, F.: Vergleich Hochhausbrände. Magdeburg: Hochschule Magdeburg-Stendal, Bachelorarbeit, 2020

Fu, F.: Fire Safety Design for Tall Buildings. Boca Raton, Florida: CRC Press, 2021

Führung und Leitung im Einsatz – Führungssystem (Feuerwehr-Dienstvorschrift 100). Arbeitskreis Feuerwehrangelegenheiten, Rettungswesen, Katastrophenschutz und zivile Verteidigung, 1999

Galea, E. R.; Sharp, G.; Lawrence, P. J.; Holden, R.: Approximating the evacuation of the World Trade Center North Tower using computer simulation. In: Sage Journals (2008), S. 85–115

Galea, E. R.; Blake, S.: Collection and Analysis of Human Behaviour Data Appearing in the Mass Media Relating to the Evacuation of the World Trade Centre Towers of 11 September 2001. Report prepared for the Building Disaster Assessment Group (BDAG). London: Office of the Deputy Prime Minister, 2004

Gerard, R.; Barber, D.; Wolski, A.: Fire Safety Challenges of Tall Wood Buildings. Final Report. Quincy, Massachusetts: The Fire Protection Research Foundation, 2013 [online]. Internet: http://www.unece.lsu.edu/greenbuilding/documents/2015Mar/gb15-10.pdf [Zugriff: 16.12.2022]

Gernay, T.; Ni, S.: Timber High Rise Buildings and Fire Safety. Final Technical Report. Baltimore: Johns Hopkins University, 2020

Grimwood, P.: Euro Firefighter 2, Firefighting Tactics and Fire Engineer's Handbook. Huddersfield: D & M Heritage Press, 2017

Grimwood, P.: Stairwell Protection teams in High-Rise Fires. A Collection of 2020, Papers by Paul Grimwood PhD, FIFireE Kent Fire and Rescue Service, 2020 [online]. Internet: https://img1.wsimg.com/blobby/go/877d587b-6900-4f7f-b145-e75cc02aff97/downloads/Stairwell%20Protection%20Teams%20-%20A%20Collection%20of%20P.pdf?ver=1618140373868 [Zugriff: 21.09.2022]

Grundsatzpapier Qualitätskriterien für die Bedarfsplanung von Feuerwehren in Städten. Bonn: Arbeitsgemeinschaft der Leiter der Berufsfeuerwehren in der Bundesrepublik Deutschland (AGBF), 2015

Guide to Human Behaviour in Fire. 2nd Edition. Gaithersburg, Maryland: Society of Fire Protection Engineers (SFPE), Springer, 2019

Guoxiang, Z.; Beiji, T.; Merci, B.: Study of FDS simulations of buoyant fire-induced smoke movement in a high-rise building stairwell. 12th International Symposium on Fire Safety Science, Lund. In: Fire Safety Journal (2017), Nr. 91, S. 276–283

Gustin, B.: Improper Staging Can Set a High-rise Operation Up for Failure. In: Fire Engineering (2020) [online]. Internet: https://www.fireengineering.com/firefighting/improper-staging-can-set-a-high-rise-operation-up-for-failure/ [Zugriff: 21.09.2022]

Hadjisophocleous, G. V.; Richardson, J. K.: Water Flow Demands for Firefighting. In: Fire Technology (2005), S. 173–191

Hampe, E.; Heller, H.: Tragstrukturen von Hochhäusern. Bauforschung – Baupraxis. Weimar: Bauakademie der DDR, 1977

Hegemann, J.-E.: Wahnsinn Wärmedämmung: Hochhaus in Wuppertal geräumt. In: Feuerwehrmagazin (2017) [online]. Internet: https://www.feuerwehrmagazin.de/wissen/wahnsinn-waermedaemmunghochhaus-in-wuppertal-geraeumt-71391 [Zugriff: 21.09.2022]

Hinweise zum Brandschutz in bestehenden Hochhäusern. Staatsministerium des Innern, Dresden, 08.12.1994

Hinweise des Sächsischen Staatsministeriums des Innern zu Wiederkehrenden Prüfungen von Hochhäusern nach § 2 Absatz 4 Nummer 1 Sächsische Bauordnung (SächsBO). Sächsisches Staatsministerium des Innern, 11.12.2018

Hochhausleitbild für Berlin. Stand: Februar 2020. Berlin: Senatsverwaltung für Stadtentwicklung und Wohnen, 2020 [online]. Internet: https://www.stadtentwicklung.berlin.de/planen/hochhausleitbild/download/Hochhausleitbild-fuer-Berlin_SenSW.pdf [Zugriff: 21.09.2022]

Horn, G. P.; Kesler, R. M.; Kerber, S.; Fent, K. W.; Schroeder, T. J.; Scott, W. S.; Fehling, P. C.; Fernhall, B.; Smith, D. L.: Thermal response to firefighting activities in residential structure fires: impact of job assignment and suppression tactic. In: Ergonomics (2018), Nr. 3, S. 404–419

Horn, G. P.; Stewart, J. W.; Kesler, R. M.; DeBlois, J.; Kerber, S.; Fent, K. W.; Scott, W. S.; Fernhall, B.; Smith, D. L.: Firefighter and fire instructor's physiological response and safety in various training fire environments. In: Safety Sciences (2019), S. 287–294

IAFSS Agenda 2030 for a Fire Safe World. 2019 [online]. Internet: https://iafss.org/wp-content/uploads/2022/06/IAFSS-Agenda-2030-for-a-Fire-Safe-World-FINAL.pdf [Zugriff: 21.09.2022]

Ilse, F.: Brandschutzkonzept Hotelneubau Hannover. Braunschweig: hhp Nord-Ost, 2018 (unveröffentlicht)

Johnson, P.: High-Rise Building. Definition, Development and Use. In: High-Rise Security and Fire Life Safety, 3d Edition [online]. Internet: https://booksite.elsevier.com/samplechapters/9781856175555/02~Chapter_1.pdf [Zugriff: 16.12.2022]

Kadlez-Gebhardt, S.: Kardiozirkulatorische und thermische Beanspruchung von Feuerwehrleuten in einer Brandsimulationsanlage. München: Ludwig-Maximilians-Universität München, Diss., 2010

Karlsch, D.: Brandschutz in Hochhäusern. In: Schadenprisma (1973), Nr. 1, S. 10–15

Kaufmann, v., F.; Schmid, F.: Hochhausbrandbekämpfung. 2., aktual. Aufl. Stuttgart: W. Kohlhammer, 2019

Kerber, S.; Regan, J. W.; Horn, G. P.; Fent, K. W.; Smith, D. L.: Effect of Firefighting Intervention on Occupant Tenability during a Residential Fire. In: Fire Technology (2019), S. 2289–2316

Kircher, F.: High rise buildings – A challenge for the fire protection and the fire brigades. Arnheim: National Congress of fire safety engineering, 2011

Klöpper, M.: Fehlender Brandschutz: 800 Bewohner aus Hochhaus in Dortmund evakuiert. In: Feuerwehrmagazin (2017) [online]. Internet: https://www.feuerwehrmagazin.de/nachrichten/einsatze/fehlender-brandschutz-800-bewohner-aus-hochhaus-in-dortmund-evakuiert-74250 [Zugriff: 21.09.2022]

Koo, J.; Kim, Y.; Kim, B.: Estimating the impact of residents with disabilities on the evacuation in a high-rise building: A simulation study. In: Simulation Modelling Practice and Theory (2012), Nr. 24, S. 71–83

Kotthoff, I.: Brand des „Grenfell tower" Hochhauses am 15. Juni 2017 in London. Eine Analyse der Brandausbreitung über die Fassaden. 2017 [online]. Internet: https://www.farbe-bw.de/fileadmin/Bundesverband_Farbe/Bundesverband/Mitarbeiter/Nicolai/IBF-Grenfell-tower-london-06-2017-c.pdf [Zugriff: 20.12.2022]

Kotthoff, I.: Brandausbreitung über die Fassaden (Schutzziele). Brand des „Grenfell tower"-Hochhauses am 15. Juni 2017 in London. Brandschutzforum München am 23. November 2018 [online]. Internet: https://www.brandschutz-forum-muenchen.de/fileadmin/user_upload/Vortraege2018/KotthoffBrandschutzforum-Muenchen-2018.pdf [Zugriff: 20.12.2022]

Kunkelmann, J.; Brein, D.: Feuerwehreinsatztaktische Problemstellungen bei der Brandbekämpfung in Gebäuden moderner Bauweise. In: Brandschutzforschung der Länder der BRD, Forschungsbericht Nr. 154 (2010). https://doi.org/10.5445/IR/1000021215

Kuenzer, L.; Zinke, R.; Hofinger, G.: Mythen der Entfluchtung. Jena: Friedrich-Schiller-Universität Jena, Fachgebiet Interkulturelle Wirtschaftskommunikation, 2012

Lay, S.: Alternative evacuation design solutions for high-rise buildings. In: The Structural Design of Tall and Special Buildings (2007), Nr. 16, S. 487–500. https://doi.org/10.1002/tal.412

Lee, J.: Safety Design in High-Rise Construction. Construction Safety Week 2011, NYC [online]. Internet: https://www.nyc.gov/html/dob/downloads/ppt/safety_design_in_highrise_construction.pdf [Zugriff: 20.12.2022]

Leitfaden Ingenieurmethoden des Brandschutzes. Stand: März 2020. Münster: Vereinigung zur Förderung des Deutschen Brandschutzes e. V. (vfdb), 2020

Lew, H. S.; Bukowski, R. W.; Carino, N. J.: Federal Building and Fire Safety Investigation of the World Trade Center Disaster. Design, Construction and Maintenance of Structural and Life Safety Systems. National Construction Safety Team Act Reports (NIST NCSTAR) 1-1, 2005

Linden, G.: Praktische Erfahrungen mit ortsfesten Feuerlöschanlagen. In: Schadenprisma (1981), Nr. 4, S. 63–68

Lo, S. M.; Will, B. F.: A View to the Requirement of Designated Refuge Floors in High-Rise Buildings in Hong Kong. In: Fire Safety Science (1997), S. 737–745 [online]. Internet: https://publications.iafss.org/publications/fss/5/737/view/fss_5-737.pdf [Zugriff: 21.12.2022]

Lo, S. S.: Fire Fighting in High-Rise Buildings. The Role for Engineers. In: Proceedings of the ICE – Civil Engineering (2010), Nr. 163, S. 20–26. https://doi.org/10.1680/cien.2010.163.6.20

Lougheed, G. D.: Expected size of shielded fires in sprinklered office buildings. In: ASHRAE Transactions, Nr. 103, Teil 1 (1997) [online]. Internet: https://nrc-publications.canada.ca/eng/view/accepted/?id=8a3a0def-4870-482c-a0be-482faf5e8648 [Zugriff: 20.12.2022]

Lundsgaard, H.: Skyskraberbrand. In: Brandvaern (1989), übers. v. Christel Matthes, S. 8–13

Maiworm, B.: Durchführung einer Feuerbeschau und Erleichterungen für Hochhäuser unterhalb der 60 m-Marke. Interview vom 21.01.2020

Meacham, B.; McNamee, M.: Fire Safety Challenges of ‚Green' Buildings and Attributes. Final Report. Quincy, Massachusetts: Fire Protection Research Foundation/NFPA, 2020

Merkblatt Innenliegender Sicherheitstreppenraum unterhalb der Hochhausgrenze – Einvernehmliche Abweichungstatbestände. Stand: Dezember 2021. Berlin: Berliner Feuerwehr, 2021

Minegishi, Y.; Matsuda, D.; Shinozuka, R.; Hasemi, Y.: Planning of Intermediate Refuge Floors as a Comprehensive Measure for Business Continuity Planning of After Large Earthquakes and Mitigation of Fire Damage on Super High-Rise Buildings. In: Wu, GY.; Tsai, KC.; Chow; W. K. (eds): The Proceedings of 11th Asia-Oceania Symposium on Fire Science and Technology. AOSFST 2018. Singapore: Springer, S. 831–844. https://doi.org/10.1007/978-981-32-9139-3_61

Moinuddin, K.; Thomas, I.; Chea, S.: Estimating the Reliability of Sprinkler Systems in Australian High-rise Office Buildings. Karlsruhe: 9. IAFSS-Conference, 2008

Nakrani, D.; Srivastava, G.: Quantification of Enhanced Fire Severity in Modern Buildings. Singapore: Springer, 2021

NR24, National Building Code of Canada. Ottawa: National Research Council of Canada, 2015 [online]. Internet: publications.gc.ca/pub?id=9.804878&sl=0 [Zugriff: 22.12.2022]

OIB-Richtlinie 2.3 Brandschutz in Gebäuden mit einem Fluchtniveau von mehr als 22 m. Ausgabe 2015. Wien: Österreichisches Institut für Bautechnik, 2015

OIB-Richtlinie 2.3 Brandschutz in Gebäuden mit einem Fluchtniveau von mehr als 22 m. Ausgabe 2019. Wien: Österreichisches Institut für Bautechnik, 2019

Pahl, F.: Untersuchung der Rauchableitung in Kellergeschossen mittels computergestützter Brandsimulation. In: vfdb-Zeitschrift für Forschung, Technik und Management im Brandschutz (2021), Nr. 3, S. 136–145

Pauls, J. L.: Calculating evacuation times fort all buildings. In: Fire Safety Journal (1987), Nr. 12, S. 213–236

Pauls, J. L.: Vertical Evacuation in Large Buildings: Missed Opportunities for Research. 1994 [online]. Internet: https://citeseerx.ist.psu.edu/viewdoc/download?doi=10.1.1.112.9228&rep=rep1&type=pdf [Zugriff: 21.09.2022]

Pauls, J. L.: Evacuation of Large High-Rise Buildings: Reassessing Procedures and Exit Stairway Requirements in Codes and Standards. In: Proceedings of the 7th Conference of the Council of Tall Buildings and Urban Habitat. New York, 2005, S. 16–19

Pauls, J. L.: Selected Human Factors Aspects of Egress System Design. Workshop on Tall Buildings and Fire, TG50-W014, CIB, 2006

Pelechano, N.; Allbeck, J.; Badler, N.: Evacuation simulation models. Challenges in modeling high rise building evacuation with cellular automata approaches. In: Automation in Construction (2008), Nr. 17, S. 377–385

Planungserläuterungen – Differenzdruckanlagen. Stand: November 2019. Hünfelden-Dauborn: Strulik GmbH, 2019 [online]. Internet: https://www.strulik.com/de/download/1497/pdf/Strulik_Planungserläuterungen_DDA/?cHash=9d00bb418691ed9bf125bd7c180b3bb6 [Zugriff: 21.09.2022]

Plischek, G.: Vortrag zur Führungsweiterbildung zur Hochhausbrandbekämpfung. Böblingen: Landratsamt Böblingen, 2015

Portul, G.: Deutsche Städte ignorieren Feuergefahr bei Hochhäusern. Spiegel, 2018 [online]. Internet: https://www.spiegel.de/wissenschaft/technik/deutschland-staedte-ignorieren-feuergefahr-bei-hochhaeusern-a-1188752.html [Zugriff: 27.09.2022]

Practical fire safety – existing high rise domestic buildings: guidance. Edinburgh: Scottish Government, zuletzt geändert im März 2021

Predtetcenski, W. M.; Milinski, A. I.: Personenströme in Gebäuden – Berechnungsmethoden für die Projektierung. Leipzig: Beilicke Brandschutzverlag, 2010

Prüser, M.: Risikominimierung durch Sprinkleranlagen. 2019 [online]. Internet: https://crisis-prevention.de/feuerwehr/risikominimierung-durch-sprinkleranlagen.html [Zugriff: 27.09.2022]

Rahner, K. M.: Effiziente und wandelbare Tragwerke für Hochhäuser aus Stahlbeton. Zürich: ETH Zürich, Diss., 2017. https://doi.org/10.3929/ethz-a-010603540

Rappold, O.: Der Bau von Wolkenkratzern. München: R. Oldenbourg, 1913

Ronchi, E.; Nilsson, D.: Assessment of Total Evacuation Strategies in Tall Buildings. Final Report. Quincy, Massachusetts: The Fire Protection Research Foundation, 2013

Ronchi, E.; Nilsson, D.: Fire Evacuation in High-Rise Buildings. A Review of Human Behaviour and Modelling Research. In: Fire Science Reviews (2013), 2:7, S. 2–21, Springer [online]. Internet: http://www.firesciencereviews.com/content/2/1/7 [Zugriff: 16.12.2022]

Roß, R.: Die neue Muster-Hochhaus-Richtlinie 2008, Anforderungen an die Löschwasserversorgung, 2009 [online]. Internet: https://docplayer.org/29317931-Dieneuemusterhochhausrichtlinie-2008.html [Zugriff: 11.10.2022]

Rosato, C.: High-Rise Offices. In: Fire Prevention (1992), April/1992, S. 36–38

Rost, M.: Automatische Wasserfeuerlöschanlagen – ihre risikogerechte Gestaltung und Bemessung. Magdeburg: Technische Universität Magdeburg, Diss., 1988

Rost, M.: Brandschutzkonzept Erweiterung Umweltbundesamt. Barleben: Ingenieurbüro Brandschutz FIROSEC, 2016 (unveröffentlicht)

Rost, M.; Fabisch, M.: Fire Safety of people at homes for aged people – Evacuation and human behavior in emergency situations. In: J. Capote: Advanced research workshop. Universidad de Cantabria, Santander 2011, S. 237–246

Rost, M.; Schneider, S.; Romahn, T.-M.: Sicherheitstreppenraum light – eine kritische Analyse. In: Feuertrutz-Magazin (2017), Nr. 3, S. 15–18

Sahin-Bülbül, S.; Eiler, M.; Eberl-Pacan; R.: Brandschutznachweis zum Umbau eines Wohn- und Geschäftshauses in Magdeburg. Berlin: Eberl-Pacan Architekten Ingenieure Brandschutz, 2021 (unveröffentlicht)

Sassi, S.; Setti, P.; Amaro, G.; Mazziotti, L.; Paduano, G.; Cancelliere, P.; Madeddu, M.: Fire safety engineering applied to high-rise building facades. Lund: MATEC Web Conferences 46, 2016

Schnitzer, E.: Vergleich von Sprinkleranlagen und Wassernebelanlagen. Magdeburg: Hochschule Magdeburg-Stendal, Bachelorarbeit, 2008

Schröder, H.-J.: Brandschutzkonzept – Neubau eines Wohnturmes in Berlin. Berlin: HTGS GmbH, 2019 (unveröffentlicht)

Schulz, J.; Rosin, R.: Ermittlung notwendiger Veränderungen beim Brandschutz von Plattenbauten unter Berücksichtigung der Analyse von Bränden. Abschlußbericht. In: Bau- und Wohnforschung (1994), Nr. 2-6

Sekizawa, A.; Ebihara, M.; Notake, H.; Kubota, K.; Nakano, M.; Ohmiya, Y.; Haneko, H.: Occupants' Behaviour in Response to the High-Rise Apartments Fire in Hiroshima City. In: Fire and Materials, Special Issue: Human Behaviour in Fire (1999), Nr. 23, S. 297–303

Sheridan, D.: High-Rise Firefighting Lessons Learned. In: Fire Engineering (2019) [online]. Internet: https://www.fireengineering.com/firefighting/high-rise-firefighting-lessons-learned-sheridan/#gref [Zugriff: 21.12.2022]

Spearpoint, M.: Tall building facade fire indident database for a machine learning environment. Tall Building Conference, London, 18th June 2019 [online]. Internet: https://www.tallbuildingfiresafety.com/downloads/2019/tall-building-fire-database-michael-spearpoint-ofr.pdf [Zugriff: 21.12.2022]

Spearpoint, M.; Fu, I.; Frank, K.: Façade Fire Incidents in Tall Buildings. In: CTBUH Journal (2019), S. 34–39 [online]. Internet: https://www.researchgate.net/publication/332555283_Facade_fire_incidents_in_tall_buildings [Zugriff: 16.12.2022]

Strengthening Fire Safety for High Rise Domestic Buildings. Consultation on Guidance for those responsible for Fire Safety in High Rise Domestic Buildings and Information for People who live in High Rise Domestic Buildings. Edinburgh: Scottish Government, 2019

Taggart, J.; Green, M.: Tall Wood Buildings. Design, Construction and Performance. Basel: Birkhäuser, 2017

Thal, U.: Brandschutznachweis Umbau Silo A. Magdeburg: Architekturbüro Thal, 2019 (unveröffentlicht)

Torero, J. L.; Quintere, J. G.; Steinhaus, T.: Fire Safety in High-Rise Buildings, Lessons Learned from the WTC. Dresden: Jahresfachtagung vfdb, 2002 [online]. Internet: http://hdl.handle.net/1842/1507 [Zugriff: 21.12.2022]

Tubbs, J.; Meacham, A.; Meacham, B.: Selecting appropriate evacuation strategies for super tall buildings. Current challenges and needs. Cambridge: Proceedings of the 4th International Symposium on Human Behaviour in Fire 2009, S. 41–50

WHH Wohnhochhäuser. Leitfaden für die Instandsetzung und Modernisierung von Wohngebäuden in der Plattenbauweise. Bonn: Bundesministerium für Raumordnung, Bauwesen und Städtebau, 1993

Widetschek, O.: Grenfell Tower. Alles daneben! Brisanter Untersuchungsbericht über eine Jahrhundertkatastrophe. In: Blaulicht (2020), S. 8–12 [online]. Internet: https://bfa.fobi24.de/upload/BFA/images/Im%20Brennpunkt/2020-01%20Grenfell%20Tower%20-%20Alles%20ging%20schief!.pdf [Zugriff: 16.12.2022]

Zhou, D.; Dai, Y.; Fan, F.: Analyse der Schadenfeuer und Planung des Brandschutzes von Hochhäusern. Beking Henan, 2006

Zwingmann, R.; Müller, F.: Das Hochhaus in der Bauordnung von 1887–1966 am Beispiel Berlins. In: Schadenprisma (1980), Nr. 2, S. 26–36 [online]. Internet: https://www.schadenprisma.de/wp-content/uploads/sp_1980_2_3.pdf [Zugriff: 16.12.2022]

7.3 Stichwortverzeichnis